Spatial Analysis of Geographical Flow

地理流空间分析

裴 韬等/著

科学出版社
北京

内 容 简 介

　　地理流是不同位置之间地理对象移动或时空关联关系的抽象，承载了不同位置之间的空间交互信息。地理流是形成与改变地理空间分布的原因，同时也受到地理空间分布的控制，因此，研究地理流的性质及其空间模式对于深入理解地理过程的变化特征以及地理现象背后的机制具有重要意义。本书从流空间的概念出发，以地理学的视角分别阐述了地理流的定义和内涵、地理流空间概念及其统计特征、地理流的可视化表达、地理流的几何分析、地理流的空间相关性、地理流的空间异质性、地理流的空间模式挖掘、地理流的空间插值、地理流的分形、地理流的交互模拟、多元地理流空间分析等方面的原理和应用。本书是一部系统论述地理流空间分析原理及方法的专著。地理流的相关理论与方法将成为分析社交行为大数据中人群活动、社交关系、交通模式、城市功能等的基础理论工具。

　　本书可供地理、城市规划、公共卫生、交通等专业的科研人员参考。

审图号：GS京（2024）0752号

图书在版编目（CIP）数据

地理流空间分析 / 裴韬等著 . —北京：科学出版社，2024.5
ISBN 978-7-03-078286-1

Ⅰ.①地… Ⅱ.①裴… Ⅲ.①地理信息系统 Ⅳ.① P208.2

中国国家版本馆 CIP 数据核字 (2024) 第 060264 号

责任编辑：杨逢渤 / 责任校对：樊雅琼
责任印制：赵　博 / 封面设计：无极书装

科 学 出 版 社 出版
北京东黄城根北街16号
邮政编码：100717
http://www.sciencep.com
北京中科印刷有限公司印刷
科学出版社发行　各地新华书店经销
*
2024年5月第 一 版　开本：787×1092　1/16
2025年2月第三次印刷　印张：20 1/2
字数：480 000

定价：198.00元
（如有印装质量问题，我社负责调换）

前　　言

不同位置之间地理对象的移动可抽象为地理流，而地理流将不同位置连接起来使之产生联系。以城市为例，城市内部和城市之间充满着人、物、信息、能量、资金等要素的流动，而这些流使得城市内部不同区域以及不同城市之间始终处在各种要素的交互与更新之中。如果我们将位置和流作为组成地理世界的两类单元，那么地理世界据此可分解为两种"成分"，一种是地理空间分布，代表地理世界"静"态的"成分"——"形"，另一种是地理流，代表地理世界中"动"态的"成分"——"流"。地理世界"静-动"共存、"形-流"互馈的状态反映了地理空间分布与地理流之间互为因果的关系：一方面，地理空间分布的异质性会影响地理流的强度，如不同城市间人口数量和距离的差异，会导致人口迁移量的不同；另一方面，地理流的存在也不断塑造着地理空间分布，如人口的迁移会影响城市人口总量的分布。地理空间分布与地理流之间的这种互为因果的关系，是我们观察和分析地理现象和地理过程的基础。

传统地理学的研究虽早已关注到地理流，但由于数据源和计算技术的限制，相关的理论和方法未能得到充分发展。进入大数据时代以来，由于传感器、网络和定位技术的发展，不同来源的地理流被记录下来形成多种类型的流大数据，为解析地理世界"形-流"、"静-动"的关系提供了重要素材。然而，与传统地理数据模型不同，地理流不仅包含起点和终点的位置信息，还包括方向、长度等属性，且起、终点间隐含着不同的地理联系，是一种兼具特殊性与复杂性的新型地理数据类型。在地理信息科学的理论中，已有的空间分析与统计方法更擅长地理空间分布的分析，却难以包容和描述地理流的特殊性与复杂性。为实现地理流模式的表达与分析，破解地理空间分布与地理流之间的关系，系统研究并建立地理流的相关理论成为关键，而这也给地理信息科学提出了严峻的挑战。

针对地理流的研究必须突破传统欧氏空间的框架，构建新的空间概念和分析体系。尽管与地理流相关的研究已取得一定进展，但总体上，其分析仍缺少坚实的数学基础和严密的逻辑体系，尚未形成系统的理论框架。本书针对地理流空间分析的理论基础，从计算几何和地理信息科学交叉的角度，突破其关键理论问题，构建地理流空间分析的理论框架。地理流的相关研究不仅将成为地理信息科学独特的研究领域，还有望逐步发展为新的理论分支，同时还可应用于人文地理、城市规划以及公共卫生等领域相关问题的研究，为解决人群移动规律分析、城市交通规划、公共设施选址、传染病疫情防控等问题提供分析工具。

需要提及的是，本书作者关于流空间的结构与分析的构想，最初萌生于 2009 年，但由于当时"缺兵少粮"，这一构想不得不搁置了整整七年，直到后来团队的逐步扩大和项目经费的渐次到位，才得以实现。过去七年，本书作者在国家重点研发计划项目"地理大数据挖掘与时空模式发现"（2017YFB0503600）和国家杰出青年科学基金项目"时空数据挖掘"（41525004）的资助下，围绕地理流空间分析开展系统研究，最终将相关成果进行梳理和总结后形成本书。全书由裴韬总体构思与设计，各章的内容与撰写人员分别如下：前言，裴韬；第1章绪论，裴韬、舒华；第2章地理流空间概念及其统计特征，裴韬、舒华、闫笑睿；第3章地理流的可视化表达，闫笑睿、蒋镜宇、高猛；第4章地理流的几何分析，蒋镜宇、陈晓；第5章地理流的空间相关性，裴韬、陈晓、刘天宇；第6章地理流的空间异质性，舒华、方子东；第7章地理流的空间模式挖掘，宋辞、裴韬、刘启亮、高勇、姚欣、王席、刘天宇、陈洁；第8章地理流的空间插值，宋辞、方雅、郭北阳、裴韬；第9章地理流的分形，郭思慧、裴韬；第10章地理流的交互模拟，刘亚溪、吴明柏、黄强、蒋林峰；第11章多元地理流空间分析，秦昆、王席、舒华、裴韬、周扬、喻雪松、刘笑寒；第12章结论与展望，裴韬、舒华。全书由裴韬和舒华统稿。

本书的付梓离不开周成虎院士的悉心指导和大力支持。同时，刘瑜、朱阿兴、史文中、刘耀林、赵鹏军、杜云艳、骆剑承、马廷、邓敏、黄波、乐阳、方志祥、苏奋振、陆锋、王姣娥、董卫华、尹凌、唐炉亮、张雪英、张丰、张晶、龙瀛、钮心毅、康朝贵、许立言等知名学者也为本书的成稿给予了很多帮助，在此一并表示感谢！

由于作者水平有限，书中难免存在疏漏之处，敬请各位读者批评指正。

作　者

2023 年 10 月 20 日

目　　录

第 1 章 绪   论

对于一个系统，不同部分之间、要素之间，以及系统与外部环境之间都存在着物质、信息、能量等的移动、传递或交换，从而形成各种形式的流（flow）。在地理学的研究中，不同地理位置之间存在不同强度的联系，通常表现为地理对象在其间的流动。这种地理对象从起点到终点位置间的流动定义为地理流（geographical flow）。地理流的存在，改造着地理空间格局，并成为推动地理系统演化的关键因素。例如，城市某区域因通地铁导致人流的增加会改变该地的城市活力，甚至城市功能，并因辐射效应进而对周边区域产生影响。因此，针对地理流的研究不仅有利于理解地理系统的格局与功能，而且有助于弄清地理系统演化的动力学机制，故而成为地理空间分析的重要视角。本章首先介绍流的定义，并在此基础上给出地理流的定义和内涵；然后，对地理流进行分类并构建每类流的概念模型与数学表达方式；由于流之间相互连接可以构成轨迹和网络，本章还介绍了轨迹和网络的概念及其与地理流的关系；此外，本章还阐述了地理流空间分析研究的总体思路；最后，对本书的主要内容及各部分内容之间的关系进行介绍。

1.1 流的定义

"流"，本义指液体的移动，泛指像液体一样流动的东西（《现代汉语词典（第 6 版）》），本书将其引申为在起点和终点之间流动的对象。例如，大洋中海水流动形成的洋流，人口迁徙形成的迁徙流，金融机构中资金流转产生的资金流，互联网站点之间信息传输产生的信息流（裴韬等，2020）。除此之外，还有两种关系可以视为广义的流，其一，实体之间的关联关系，如人之间的社会关系，城市之间的竞争与协同关系，国家间的政治和外交关系等；其二，实体之间的差异，如个体的收入差异、两地的高程差、国家间经济发展水平差异等。

1.2 地理流的定义和内涵

流的种类众多，内涵丰富，本书主要关注起点和终点具有位置信息的流，即地理流（此后章节中，地理流亦简称流）。地理流可定义为物质、信息、能量等在不同空间位置间的移动，如城市中的职住通勤、手机用户之间的通话以及国家之间的进出口贸易等。在已有研究中，地理流也被称为"地理偶极子"（geo-dipoles）、空间交互（spatial interaction）等（Goodchild et al., 2007）。下面从地理流的表现形式、地理流产生的动力、地理流强弱的影响因素、地理流对空间格局的影响等方面介绍地理流的内涵。

地理流的主要表现形式是移动，系指地理对象在不同空间位置之间的转移。例如，人群在空间上移动形成迁移流，货物在不同位置之间移动形成物流、信息以电磁波的形式在不同站点之间传播形成信息流等。上文也已提到地理流还可以表现为实体间的关联或者差异，如不同地点之间的公交连通关系，不同地点之间的温度差等。

地理流与空间异质性密切相关。空间异质性会导致地理流的产生。例如，不同经济实力的城市之间，人口会从经济实力弱的城市流向经济实力强的城市。反过来，地理流对空间异质性会产生两种作用：一种是加剧空间分异，出现马太效应（一种强者越强、弱者越弱的现象），如人才的流动会导致城市之间的经济实力差距越拉越大；另一种是平衡作用。例如，大城市的生活成本过高，导致人才流向中小城市，进而缩小城市之间经济实力的差异。

地理流的强弱受距离影响，即两地之间的距离越近，通常它们之间流的强度就越高，反之则越低。这里的距离可以是地理距离、时间距离、社会距离等（Andris et al.，2018）。例如，在不考虑其他因素的情况下，两个城市之间人群流动的强弱与这两个城市之间的地理距离成反比，这一规律是本书第 10 章中介绍的引力模型的基础。又如，社会距离近（彼此更熟悉）的个体之间，其信息流的强度通常更高，表现为更频繁的通话或社交媒体的信息往来等。

地理流与地理对象的空间格局相辅相成、互为因果。一方面，地理对象空间格局的形成和变化因地理流而起，如城市人群的实时分布是因城市内部出行流而形成和不断变化的；另一方面，地理流的强弱分布也受到地理对象空间格局的控制，如居民点和工作地的空间格局决定了职住流的疏密与走向。地理流与地理对象空间格局之间的这种关系表明，理解地理对象的空间分布必须从地理流的角度进行解析；而要理解地理流，同样也离不开对地理对象空间分布的分析。

1.3　地理流的分类

根据起点和终点是否连续，可将流分为场流和离散流。场流的起点或终点充满整个研究区，如上文提到的洋流可认为是一种场流。由于场流中移动的对象多为流体，其时空范围和内部组成难以确定（如洋流的例子中，不同位置之间流动的水团的大小、边界以及组分难以确定），对场流的分析属于流体力学的研究范畴，故不在本书讨论范围之内。离散流的起点和终点通常为离散的位置点（或区域），如两个机场之间的航空客货流，两个区域之间人口流动产生的迁徙流等。由于本书研究的对象主要是与人类活动相关的流，依其特征属于离散流，因此，本书后续部分介绍的地理流的概念及空间分析理论也主要面向离散流。

根据地理流的几何与非几何特征，可进一步将地理流分为不同类别。例如，以几何特征区分地理流，可根据地理流所在的空间是否受限（通常以起点和终点所在空间为判断依据），将其分为自由流和受限流。其中，自由流是指起点和终点理论上可位于地理空间内

任何位置的流 [图 1-1(a)]，如篮球场中不同位置运动员之间传接球形成的流；受限流则是指只能产生于地理空间的子空间，即受限空间（constrained space）内的流 [图 1-1(b)]，如路网空间可视为受限空间，而汽车在路网上不同位置之间行驶产生的流则为受限流。无论是自由流或是受限流，均可用起点、终点及二者之间的最短连接表达。对于自由流，最短连接为起点和终点间的有向线段，如图 1-1(a) 所示；对于受限流，其最短连接为受限空间中连接起点和终点的最短路径，如图 1-1(b) 所示。

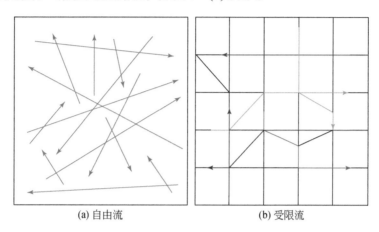

(a) 自由流　　　　　　　　　　　　　　(b) 受限流

图 1-1　自由流和受限流

图（b）中线段的集合为受限空间，其中的流以彩色有向线表达

除几何特征外，还可根据非几何特征区分地理流。根据一条流代表单个对象还是多个对象的流动，可将其分为个体流和群体流（Murray et al.，2012）。其中，个体流是指单个对象从起点到终点的流，而群体流则为多个对象从共同起点到共同终点的流。以人群移动流为例，一个人从家到工作地的流可视为个体流，而一群人乘坐同一趟火车从一个城市到另一个城市形成的流可认为是群体流。在实际研究中，群体流可由个体流聚合而成，如可将一组起点邻近且终点邻近的个体流聚合成具有共同起点和终点的群体流，从而简化表达和计算。

需要注意的是，上述基于几何和非几何特征划分的流的类别之间并非彼此排斥，而是可以相互组合形成更多类型的流。据此，可将地理流进一步划分为四类：自由个体流、自由群体流、受限个体流、受限群体流。

1.4　地理流的概念模型与数学表达

如前所述，地理对象从起点（origin）O 点到终点（destination）D 点的流动被抽象为地理流，因而可以用流动起点与终点的组合构成的有序点对表达地理流。令起点的时空坐标为 (x^o, y^o, t^o)，终点的时空坐标为 (x^D, y^D, t^D)，则一条流 f 可以表示为 $f=((x^o, y^o, t^o), (x^D, y^D, t^D), s)$。其中，$x^o$、$y^o$ 分别为起点的二维平面横、纵坐标，t^o 为地理对象从起点出发的时刻；终点时空坐标的含义与起点类似，不再赘述；s 为流的非时空属性，可以是地理对象的数量，或流的类别、状态、形态等特征。如果仅考虑空间信息，流 f 可以表示为 $f=((x^O,y^O),(x^D,y^D))$。在此情况下，流可以视为一个四维对象。

除了以起终点这种方式表达地理流之外，只考虑空间属性的流还可以通过"（点，方向，长度）"的三元组进行表达，包含起点的三元组模型 $f=((x^O,y^O),\theta,l)$，以及终点的三元组模型 $f=((x^D,y^D),\theta,l)$，其中，x^O、y^O 分别为起点的横、纵坐标，x^D、y^D 分别为终点的横、纵坐标，θ 为流与 x 轴正方向（或地理空间中的正东方向）的夹角，即流的方向，l 为流的长度。这类表达方式同样将地理流视为一个四维对象。本书将"起终点对"的表达模型称为流的"起点–终点"模型 [图 1-2(a)]，而将"（点，方向，长度）"的表达模型称为流的"方向–长度"模型 [图 1-2(b)]。这两种模型是后续流的空间模式分类和流的空间分析方法构建的基础。

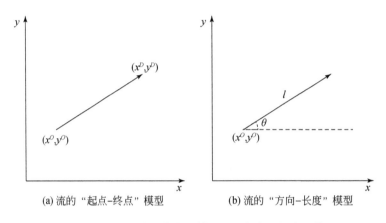

(a) 流的"起点–终点"模型　　　　(b) 流的"方向–长度"模型

图 1-2　流的"起点–终点"模型和"方向–长度"模型

1.5　地理流与时空轨迹、网络

地理流是表达地理对象移动或位置之间关联等的最小单元。将流作为基本要素，可以组合构成其他类型的空间数据，常见的包括时空轨迹和网络，下面分别介绍。

1. 时空轨迹

时空轨迹用于刻画地理对象的运动过程，一般通过对该过程的时空位置信息采样产生，可表达为以时间为序的时空坐标多元组。如仅考虑时空信息，则时空轨迹可由式 (1-1) 表达：

$$Tr=((x_1,y_1,t_1),(x_2,y_2,t_2),\cdots,(x_m,y_n,t_n)) \tag{1-1}$$

式中，Tr 为一条时空轨迹；(x_i,y_i,t_i) 为轨迹上第 i 个采样点的时空位置，由第 i 个点的位置坐标 (x_i,y_i) 及其对应的时刻 t_i 组成（$i=1,2,\cdots,n$）；n 为轨迹采样点的数目。

根据采样方式和驱动因素的不同，可将轨迹数据分为三类：基于时间采样的轨迹数据、基于位置采样的轨迹数据、基于事件触发采样的轨迹数据（李婷等，2014）。其中，基于时间采样的轨迹数据是指通过等时间间隔记录移动对象的信息而得到的数据，如车载全球定位系统（GPS）数据、动物迁徙数据、飓风路径数据、海洋涡旋数据等；基于位置采样的轨迹数据是指当采样对象位置发生变化时记录其位置和时间信息而得到的数据，如居民出行调查、人口迁徙统计数据等；基于事件触发采样的轨迹数据是指移动对象触发传感器后，其位置和时间信息被记录下来而得到的数据，如手机通话、公交刷卡、用户签到等事件触发手机基站、读卡器、手机小程序（APP）等工作，从而形成的手机通话数据、公交车刷卡数据、签到数据等。但无论用何种采样方式，时空轨迹本质上都可用式 (1-1) 进行表达。

结合 1.4 节中流的表达模型可知，流和轨迹之间的关系表现在两个层面：其一，流是轨迹的一部分，即轨迹上相邻两个采样点之间的有向连接可视为流，如图 1-3(a) 所示，图中黑色折线表达的轨迹可由流 f_1、f_2、f_3 及 f_4 顺次连接构成；其二，流是完整轨迹的简化，即由轨迹起点到轨迹终点的有向连接构成的流可视为轨迹的简化表达，如图 1-3(a) 所示，红色流 f_g 即为黑色折线所代表的轨迹的简化。

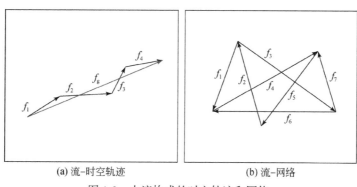

(a) 流-时空轨迹　　　　　　　　(b) 流-网络

图 1-3　由流构成的时空轨迹和网络

2. 网络

网络是由若干给定节点（node）及节点之间的边（edge）构成的图形，常用来描述对象之间的某种特定关系。节点用于代表对象，连接两节点的边则用于表示两两对象之间的联系。在数学上，网络可以表示为 $G=(V, E)$ 的形式，其中，$V=\{v_1, v_2, \cdots, v_N\}$ 表示网络节点的集合，$E=\{e_1, e_2, \cdots, e_M\}$ 表示网络边的集合，N 和 M 分别为网络的节点数与边数（Boccaletti et al., 2006）。对于节点和边，可以根据实际需要赋予其不同的属性。例如，在社交网络中，一个节点可以拥有名字、性别、年龄等属性，一条边可以拥有关系类型、亲密程度等属性。

对于地理流，如将其起点和终点视为网络中的节点，而起终点之间的连接视为网络中的边，则若干共起点或终点的流就形成网络。如图 1-3(b) 所示，流 f_1、f_2、f_3、f_4、f_5、f_6 及 f_7 就构成一个具有 5 个节点、7 条边的网络。在以流为基础构建网络时，网络中的节点通常为某些给定的空间位置或空间单元，边是两个位置或空间单元之间的流。需要注意的是，流具有方向性，因此，流网络一般为有向网络。此外，如果仅考虑流之间的连接情况而不考虑其非几何属性的值，则构成非加权网络；而如果考虑流量等其他非几何属性，则构成加权网络。

1.6　地理流空间分析的总体思路

本章 1.4 节提到，如果将地理流看作为一个整体，则它是一个四维对象。那么，在一个以流为基本元素的四维空间中，流可以视为一个点。据此，针对个体流，可借鉴时空点过程的研究思路，将点过程分析和模式挖掘方法拓展到地理流，以实现其空间分布特征分析和空间模式挖掘。例如，将点事件的邻近距离统计方法（Cressie，1993）、K 函数和 L 函数方法（Ripley，1977，1976）、缓冲区分析方法（de Smith et al.，2007）、空间插值方法（Matheron，1967，1963，1962）、分形维数度量方法（Batty and Longley，1994；Mandelbrot，1967）等拓展到流，可以构建如下地理流分析方法：流的邻近距离统计方法，用以判断流数据集整体上是否存在空间异质性；流的 K 函数和 L 函数（Shu et al.，2021；Tao and Thill，2016），用以判别流在不同尺度下的空间聚集模式，并量化流的空间聚集尺度；流的缓冲区模型，用于生成同时考虑 O、D 缓冲范围的流缓冲区；流的空间插值方法，用以实现任意 OD 之间流的非几何属性的估计；流的分形维数度量方法（Guo et al.，2021），用以度量不同尺度下任意两个区域之间存在流的可能性。将点的空间模式挖掘方法，如层次聚类、密度聚类、空间扫描统计等方法拓展到流，可以构建相应的流的空间模式挖掘方法，以实现流的丛集、聚散等空间模式的提取。此外，对于同一研究范围内所包含的不同类别的个体流，即多元个体流，则可借鉴多元点过程空间模式分析和挖掘方法，构建多元个体流的空间关联性判别、多元个体流的交叉簇提取等方法。

由于群体流可视为以流量为属性的四维点，故其空间分析和空间模式挖掘方法可借鉴带属性点的分析思路。例如，将传统的莫兰指数（Moran's I）（Moran，1950）、G 统计量（Getis-Ord general G）（Getis and Ord，1992）等方法拓展到流，可构建流的莫兰指数、流的 G 统计量等方法，以判别群体流的空间相关性并提取局部相关模式等。类似地，针对多元群体流，可将带属性多元点的空间分析方法进行拓展，构建多元群体流的空间分析方法。

如本章 1.5 节所述，以流为基本元素可以构成轨迹和网络。对于流构成的网络，除了可以通过网络节点之间的连接关系定义流的邻近关系，进而度量网络上流的相关性之外，还可以将复杂网络分析中的方法用于其结构和属性特征的分析。例如，可将复杂网络中的节点中心性、聚集系数、社区等概念和分析方法拓展到流网络，用于其结构的分析和社区模式的提取。针对流构成的轨迹，其空间分析的相关研究十分丰富，限于篇幅，本书不再进行介绍。

1.7 本书的主要内容

本书的主要内容安排如下，第 1 章为绪论，主要介绍流的定义，地理流的定义和内涵，地理流的分类，地理流的概念模型与数学表达，地理流与时空轨迹、网络的关系，地理流空间分析的总体思路，以及本书的主要内容。第 2 章为地理流空间概念及其统计特征，主要介绍地理流空间概念、流空间的基本度量和完全空间随机流的概率基础，从而为流的空间分析提供数学基础。第 3 章为地理流的可视化表达，主要介绍流的聚合可视化、流的 OD 矩阵可视化、流的 OD 嵌套格网可视化和流的起终点符号可视化，进而为流空间分析结果的展示提供工具。第 4 章为地理流的几何分析，主要介绍流的拓扑分析和缓冲区分析。

第 5 章为地理流的空间相关性，主要介绍流空间相关性的含义、流的空间权重矩阵、个体流的空间自相关性度量及群体流的空间自相关性度量。第 6 章为地理流的空间异质性，主要介绍点事件的空间异质性量化、流的空间异质性量化和流空间聚集性尺度特征分析。第 7 章为地理流的空间模式挖掘，主要介绍流的空间模式分类、流的丛集模式挖掘方法、流的聚散模式挖掘方法及流的社区模式挖掘方法。第 8 章为地理流的空间插值，主要介绍流空间插值的内涵、流的全局插值模型和流的局部插值模型。第 9 章为地理流的分形，主要介绍分形的概念、点的分形维数、流的分形维数。第 10 章为地理流的交互模拟，主要介绍三类常见的地理流交互模拟模型，包括引力模型、介入机会模型与辐射模型、多尺度统一模型。第 11 章为多元地理流空间分析，主要介绍多元个体流的空间关联性、多元个体流的交叉簇提取、多元群体流的空间互相关性及多元流网络分析。第 12 章为结论与展望，主要总结地理流空间分析研究面临的问题与挑战，并对地理流空间分析未来的研究方向进行展望。

参 考 文 献

李婷, 裴韬, 袁烨城, 等. 2014. 人类活动轨迹的分类、模式和应用研究综述. 地理科学进展, 33(7): 938-948.

裴韬, 舒华, 郭思慧, 等. 2020. 地理流的空间模式: 概念与分类. 地球信息科学学报, 22(1): 30-40.

Andris C, Liu X, Ferreira Jr J. 2018. Challenges for social flows. Computers, Environment and Urban Systems, 70: 197-207.

Batty M, Longley P A. 1994. Fractal Cities: a Geometry of Form and Function. 1st Edition. Salt Lake City: Academic Press.

Boccaletti S, Latora V, Moreno Y, et al. 2006. Complex networks: structure and dynamics. Physics Reports, 424(4-5): 175-308.

Cressie N A C. 1993. Statistics for Spatial Data. Revised Edition. New York: John Wiley & Sons.

de Smith M J, Goodchild M F, Longley P. 2007. Geospatial Analysis: a Comprehensive Guide to Principles, Techniques, and Software Tools. Leicestershire: Troubador Publishing Ltd.

Getis A, Ord J K. 1992. The analysis of spatial association by use of distance statistics. Geographical Analysis, 24(3): 189-206.

Goodchild M F, Yuan M, Cova T J. 2007. Towards a general theory of geographic representation in GIS. International Journal of Geographical Information Science, 21(3): 239-260.

Guo S, Pei T, Xie S, et al. 2021. Fractal dimension of job-housing flows: a comparison between Beijing and Shenzhen. Cities, 112: 103120.

Mandelbrot B. 1967. How long is the coast of Britain? Statistical self-similarity and fractional dimension. Science, 156(3775): 636-638.

Matheron G. 1962. Traité De Géostatistique Appliquée. Tome I. Paris: Editions Technip.

Matheron G. 1963. Principles of geostatistics. Economic Geology, 58(8): 1246-1266.

Matheron G. 1967. Kriging, or polynomial interpolation procedures: a contribution to polemics in mathematical geology. Canadian Mining and Metallurgical Bulletin, 70: 240-244.

Moran P A P. 1950. Notes on continuous stochastic phenomena. Biometrika, 37(1/2): 17-23.

Murray A T, Liu Y, Rey S J, et al. 2012. Exploring movement object patterns. The Annals of Regional Science, 49: 471-484.

Ripley B D. 1976. The second-order analysis of stationary point processes. Journal of Applied Probability, 13(2): 255-266.

Ripley B D. 1977. Modelling spatial patterns. Journal of the Royal Statistical Society: Series B (Methodological), 39(2): 172-192.

Shu H, Pei T, Song C, et al. 2021. L-function of geographical flows. International Journal of Geographical Information Science, 35(4): 689-716.

Tao R, Thill J C. 2016. Spatial cluster detection in spatial flow data. Geographical Analysis, 48(4): 355-372.

第 2 章　地理流空间概念及其统计特征

地理流的分析与计算若要形成完备的逻辑体系，必须突破传统欧氏空间的局限，建立地理流空间的概念，而建立一个空间所需的基本要素包括距离、夹角、体积、密度等度量，及其概率分布与统计特征。本章首先从位空间与场所空间的内涵入手，逐步引出地理流空间的概念，并定义地理流空间的概念模型。在此基础上，提出了流空间的基本度量，包括流的距离、夹角、体积、密度和混乱度，并推导出完全空间随机流的邻近距离、长度、方向的概率分布。本章所介绍的流空间相关概念和基本度量是地理流空间分析的基础。

2.1　地理流空间概念

2.1.1　位空间与场所空间

传统的地理空间分析以位置为基本单元。位置包括绝对位置和相对位置，其中绝对位置一般用经纬度坐标或投影坐标表示，如国家体育场（"鸟巢"）所处的位置大约是(116.403°E, 39.999°N)；相对位置一般指某一地理对象相对于其他地理对象所处的地点，如国家游泳中心（"水立方"）位于"鸟巢"正西方向大约 300m 处。由位置构成的空间称为位空间，其可以视为几何空间在地理实体空间的具体化（裴韬等，2020）。此外，地理学研究中还较多地关注场所空间，顾名思义，场所空间是以场所为基本单元构成的空间。其中，场所是指"空间中一个独具特色的、人类日常活动发生的位置，是人类生活、工作以及因此可能形成亲密和持久联系的地点"（Pacione，2005）。场所除了具有位置内涵外，更重要的是包含了对位置的描述，如一处自然景观、一栋建筑、某个具有特定含义的地点等。简言之，位置关注在什么地方，而场所关注地方是什么样的。位置和场所回答了地理学的两个首要问题，即在哪里以及为什么在那里，而二者共同构成了地理学的基本观察单元。

无论是位空间还是场所空间，地理对象的空间分布一直是其中的核心内容，不论是关注地理现象邻近相似性的地理学第一定律（Tobler，1970），抑或是强调地理对象空间异质性的地理学第二定律（Goodchild，2004），无不是空间分布普适规律的高度概括。然而，空间分布仅仅是地理现象的表象，正如第 1 章所述，空间分布与地理流之间互为因果的关系才是探索空间分布成因与演化机理的突破口，而传统的位空间和场所空间的相关理论与方法已不能完全满足探究这种关系的需要，尤其是对地理流的刻画与分析。为此，需要构建起以地理流为基本元素的新的空间分析理论，即地理流空间（简称流空间）的概念和分析体系。

2.1.2 流空间

在 21 世纪初，城市社会学家 Castells（2001）就提出了流空间（space of flows）的概念，并将其定义为"通过流运转的共享时间之社会实践的物质组织"（修春亮和魏冶，2015），以区别于传统的场所空间（位空间）。而在论及流空间与场所空间的关系时，Castells（2011）认为流空间和场所空间并非对立关系，本质上，流空间折叠于场所空间中。流空间概念的出现，为地理学研究提供了一种全新的视角。已有针对流空间的研究主要分为两类：其一是将流视为网络，借助复杂网络理论分析流网络的拓扑结构（邱坚坚等，2019；董超等，2014；修春亮等，2013；Neal，2013）；其二是将流视为二维欧氏空间中的对象，直接应用传统的空间分析和空间统计方法对其进行分析（Berglund and Karlström，1999）。然而，复杂网络方法只适用于端点位于固定位置的流，而不能处理端点可出现在任意位置的自由流（如台风，其起点与终点可为特定区域内的任意位置），因而不具有一般性。而传统的空间分析方法在处理流时，通常将其视为二维空间中的矢量，在将流作为整体对象进行研究时，会出现研究对象与研究区所在空间之间维度的错配（流的维度实际上超过二维），从而导致流的性质推导及统计关系的建立存在障碍，如在二维空间中，无法给出随机流的理论分布，使得流数据随机性的判别只能依赖于蒙特卡洛（Monte Carlo）模拟（Tao and Thill，2016）而非基于统计分布的推断。

为解决上述问题，有研究用四维欧氏空间来定义流空间，从而将流视为四维欧氏空间中的点进行处理（Tao and Thill，2019，2016）。四维欧氏空间虽然可实现对流的表达，但其中的四维欧氏距离与现实世界中流之间距离的意义不符，故这种流的表达模型存在缺陷。例如，在评估地铁线路 A 站点—B 站点（A 站点和 B 站点间的地铁线路可视为流）的空间服务范围时，应以出行流 O 点与 A 站点、D 点与 B 站点之间的距离之和作为该地铁线路空间服务范围的度量，而非 A 与 B 构成的四维点同 O 与 D 构成的四维点之间的欧氏距离。由此可见，在流的空间分析研究中，如果要兼顾其空间位置的表达和实用性，则必须突破传统的欧氏空间框架，从流的本质特征出发，在兼顾流距离的可解释性、流的交互性和流的高维性的前提下，构建一种新的空间框架。为此，本书从地理信息科学的视角出发，提出一种新的流空间（flow space）概念及模型（裴韬等，2020；Song et al.，2019），从而为从流的本质特征入手开展流空间分析奠定基础。

本书将流空间定义为以流为基本元素组成的空间。如图 2-1(a) 所示，在二维空间中，流 f 由 O 点 (x^o, y^o) 和 D 点 (x^D, y^D) 的有序连接组成，即 $f=((x^o, y^o), (x^D, y^D))$。由于流的 O 点和 D 点具有独立的地理位置内涵，故以上述表达模型为基础的流空间并非一个四维欧氏空间，而应该是两个二维平面的笛卡儿积（$R^2 \times R^2$）（裴韬等，2020；Song et al.，2019；Gao et al.，2018），本书将二者中 O 点所在的平面命名为 O 平面，D 点所在的平面命名为 D 平面 [图 2-1(b)]。需要说明的是，O 平面和 D 平面仅是为了区分起点和终点以及满足数学推导的需要而从逻辑上划分的两个不同的平面，在地理空间中，它们实际上仍然处于同一个二维平面上。如设起点所在的多边形为 O 区域，终点所在多边形为 D 区域，则 O 区域可与 D 区域重合、相交、邻接或相离。

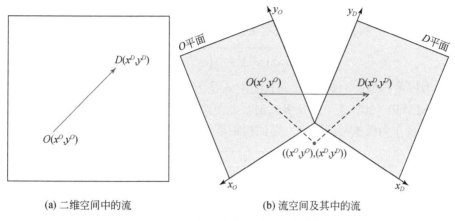

(a) 二维空间中的流　　　　　　　　(b) 流空间及其中的流

图 2-1　流及流空间（$R^2 \times R^2$ 空间）

2.2　流空间的基本度量

流空间的基本度量是进行流的空间分析和空间模式挖掘的基础。为此，本节首先介绍流空间中的几种基本度量，包括流的距离、流的夹角、流空间中的体积和流的密度。其次，本节还以流的密度和方向为基础，介绍两种衡量流混乱度的指标，包括流空间熵和流散度。其中，流空间熵用于表达流在流空间中的混乱程度，而流散度用于表达某一位置上流方向的混乱度。

2.2.1　流的距离

距离是一个空间中最基本的度量之一。在流空间中，两条流之间的距离可表达为它们 O 点之间和 D 点之间距离的组合。以两条流 O 点之间和 D 点之间的欧氏距离为基础，可定义流之间的多种距离，包括最大距离、加和距离、平均距离、加权距离。

令 f_i 为从 O 点 (x_i^O, y_i^O) 到 D 点 (x_i^D, y_i^D) 的流，即 $f_i = ((x_i^O, y_i^O), (x_i^D, y_i^D))$；$d_{ij}$ 为 f_i 和 f_j 之间的距离；d_{ij}^O 为 f_i 和 f_j 二者 O 点之间的欧氏距离，即 $d_{ij}^O = \sqrt{(x_i^O - x_j^O)^2 + (y_i^O - y_j^O)^2}$；$d_{ij}^D$ 为 f_i 和 f_j 二者 D 点之间的欧氏距离，即 $d_{ij}^D = \sqrt{(x_i^D - x_j^D)^2 + (y_i^D - y_j^D)^2}$（$d_{ij}^O$ 和 d_{ij}^D 如图 2-2 所示），则流 f_i 和 f_j 之间的不同距离定义如下。

（1）最大距离。f_i 和 f_j 的 O 点之间欧氏距离和 D 点之间欧氏距离的较大者：

$$d_{ij} = \max(d_{ij}^O, d_{ij}^D) \tag{2-1}$$

（2）加和距离。f_i 和 f_j 的 O 点之间欧氏距离和 D 点之间欧氏距离的加和：

$$d_{ij} = d_{ij}^O + d_{ij}^D \qquad (2\text{-}2)$$

（3）平均距离。f_i 和 f_j 的 O 点之间欧氏距离和 D 点之间欧氏距离的平均：

$$d_{ij} = (d_{ij}^O + d_{ij}^D)\,/2 \qquad (2\text{-}3)$$

（4）加权距离。f_i 和 f_j 的 O 点之间欧氏距离和 D 点之间欧氏距离的加权平均：

$$d_{ij} = \sqrt{\alpha\left(d_{ij}^O\right)^2 + \beta\left(d_{ij}^D\right)^2} \qquad (2\text{-}4)$$

式中，α 和 β 为权重参数，$\alpha+\beta=2$。α 和 β 的引入是为了区分流的 O 点、D 点对流的距离的影响（Tao and Thill，2016）。当 $\alpha=\beta=1$ 时，此距离相当于四维欧氏空间中的欧氏距离。如果将流的长度也作为权重考虑在内，则加权距离可以表达为式 (2-5)：

$$d_{ij} = \sqrt{\frac{a\left(d_{ij}^O\right)^2 + \beta\left(d_{ij}^D\right)^2}{L_i L_j}} \qquad (2\text{-}5)$$

式中，L_i 和 L_j 分别为流 f_i 和 f_j 的长度（Tao and Thill，2019，2016）。

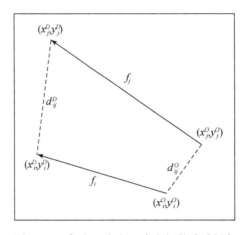

图 2-2　两条流 O 点和 D 点之间的欧氏距离

　　除上述 4 种常见的距离定义外，在城市相关的研究中，与交通相关的流多分布于路网空间中（即受限流），此情形下流之间的距离则无法使用上述定义表达。为此，本书定义基于曼哈顿距离的流距离，以衡量路网中流之间的远近关系。对于前述 4 种距离，只需要将公式中两条流 O 点之间和 D 点之间的欧氏距离换成相应的曼哈顿距离即可。本书后续章节，如非专门强调，所使用的均为以欧氏距离为基础的流距离。

　　相对于传统的二维空间欧氏距离，流距离在地理流相关的研究中能更合理地反映研究对象之间的远近程度。以公共交通服务可达性研究为例，传统方法只能以出发地（或目的地）与公共交通站点间的距离作为可达性的评估指标。然而，公共交通服务可达性不仅与出发地到站点的距离有关，还同目的地与站点之间的距离有关。具体地，乘坐地铁通勤时，地铁服务的可达性应同时包括居住地到出发站点的距离以及到达站点与工作地的距离，而如果将出发站点至到达站点的公共交通出行流视为 f_1，连接居住地和工作地的流视为 f_2，

则 f_1 与 f_2 的加和距离能更全面反映通勤过程中公共交通服务的可达性（详见本书第 4 章）。

2.2.2　流的夹角

流的距离表达了流之间的远近关系，而流的夹角则是衡量流之间方向关系的一种度量。流的夹角的计算方式主要有两种：流向差法和流向量积法。

流向差法将流的夹角视为两条流之间的流向差，其中，流向即为 1.4 节中定义的流的方向，一般为流与 x 轴正方向（或正东方向）的夹角。流向差法的计算公式为

$$\theta_{ij}=|\theta_j-\theta_i| \tag{2-6}$$

式中，θ_{ij} 为流 f_i 和 f_j 之间的夹角；θ_i 和 θ_j 分别为 f_i 和 f_j 的流向。令流 $f_i=((x_i^O, y_i^O), (x_i^D, y_i^D))$，则其流向的计算公式为

$$\theta_i = \arctan\left(\frac{y_i^D - y_i^O}{x_i^D - x_i^O}\right) \tag{2-7}$$

如图 2-3 所示，$f_i=((3, 2), (11, 6))$，$f_j=((4, 4), (8, 12))$，则 f_i 的流向为 26.57°，f_j 的流向为 63.43°，进而根据式 (2-6) 可计算 f_i 和 f_j 的夹角为 36.86°。

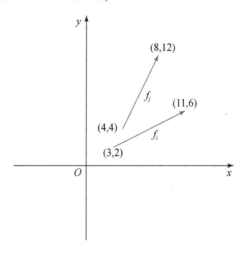

图 2-3　流夹角计算示例

流之间的夹角还可用流对应的向量进行计算，令流 $f_i=((x_i^O, y_i^O), (x_i^D, y_i^D))$，则其对应的向量为 $\boldsymbol{f}_i=(x_i^D-x_i^O, y_i^D-y_i^O)$。与流相比，向量保留了流的长度和方向信息，而忽略其空间位置信息。在定义流对应向量的基础上，流 f_i 和 f_j 之间夹角的计算公式为

$$\theta_{ij} = \arccos\left(\frac{\boldsymbol{f}_i \cdot \boldsymbol{f}_j}{|\boldsymbol{f}_i||\boldsymbol{f}_j|}\right) \tag{2-8}$$

式中，$\boldsymbol{f}_i \cdot \boldsymbol{f}_j=(x_i^D-x_i^O)(x_j^D-x_j^O)+(y_i^D-y_i^O)(y_j^D-y_j^O)$，表示流 f_i 与 f_j 对应向量的点积（内积）；

$|f_i| = \sqrt{(x_i^D - x_i^O)^2 + (y_i^D - y_i^O)^2}$ 表示向量 f_i 的模；f_j 的模的计算方式同 f_i。以图 2-3 中的流为例，f_i 对应的向量 f_i=(11–3, 6–2)=(8, 4)，f_j 对应的向量 f_j=(8–4, 12–4)=(4, 8)，f_i 和 f_j 的点积 $f_i \cdot f_j$= 64，f_i 的模 $|f_i|$=$4\sqrt{5}$，f_j 的模 $|f_j|$=$4\sqrt{5}$，综上，二者的夹角 θ_{ij}=arccos(64/($4\sqrt{5} \times 4\sqrt{5}$)) ≈ 36.87°。

在流模式挖掘的研究中，流之间的夹角可辅助流模式判别，如对于起点（或终点）聚集的一组流来说，如果流的方向彼此相近，那么流构成丛集模式，而如果流之间的方向相互独立或排斥，则流构成发散（或汇聚）模式（流模式的具体定义见第 7 章）。在城市的相关研究中，居民出行流的方向可用于揭示城市公共服务可达性的方向特征。例如，到达城市公共设施（如医院等）的流如果在各个方向上均有分布，则表明该设施的设置兼顾了周围不同方向上居民的使用需求，也说明该设施的选址具有一定合理性；如果流的分布集中在某个方向，则至少从出行成本角度说明该设施的选址未能达到最优。

2.2.3　流空间中的体积

流空间中的体积是指流空间中任意封闭区域的体积。本节主要介绍流多面体及流空间中球体（简称流球）的体积计算方法。由于流空间是四维空间，因而流空间的体积单位为长度的四次方，如长度单位为 m，则流空间的体积单位为 m^4。

流多面体定义为由流起点区域与流终点区域之间的笛卡儿积所构成的流空间子集。流多面体的体积等于流起点区域面积与流终点区域面积的乘积。如图 2-4 所示，流的起点区域为 O 多边形，流的终点区域为 D 多边形，二者的笛卡儿积构成流多面体 P_{OD}，其体积 V_P 等于 O 多边形的面积 S_O 与 D 多边形的面积 S_D 的乘积：$V_P = S_O S_D$。

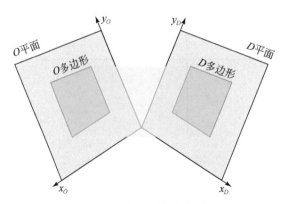

图 2-4　流多面体示意图

流球定义为到一条流的距离小于等于某一给定半径的流的集合，即 $\Omega = \{ f | \mathrm{dist}(f, f_c) \leq r \}$，其中，$f$ 表示任意流，f_c 表示中心流（流球的球心），$\mathrm{dist}(f, f_c)$ 表示流 f 与 f_c 之间的距离，r 表示流球半径。由于流空间可视为 O 平面和 D 平面的笛卡儿积，故流球的体积可以通过其在 O 平面和 D 平面投影的积分求得。具体地，半径为 r 的流球在 O 平面和 D 平面的投影为两个半径为 r 的圆，则流球的体积可通过这两个圆的面积微元乘积的积分求得（装

辐等，2020）。在计算流球体积之前，首先以四维欧氏空间中球体体积 V_E 的推导为例介绍其思路。四维欧氏空间中半径为 r 的球体积可通过欧氏距离约束下两个圆的面积微元乘积的积分得到：

$$V_{\mathrm{E}} = \iint_D 2\pi u \cdot 2\pi v \mathrm{d}u\mathrm{d}v = \int_0^r 2\pi u \mathrm{d}u \int_0^{\sqrt{r^2-u^2}} 2\pi v \mathrm{d}v = \frac{1}{2}\pi^2 r^4 \tag{2-9}$$

式中，u 和 v 分别为两个圆的半径对应的变量。

流空间与四维欧氏空间中球体积计算的不同之处在于距离的定义。以流之间的最大距离为例，半径为 r 的流球体积为

$$V_Q = \iint_D 2\pi u \cdot 2\pi v \mathrm{d}u\mathrm{d}v = \int_0^r 2\pi u \mathrm{d}u \int_0^r 2\pi v \mathrm{d}v = \pi^2 r^4 \tag{2-10}$$

同理，加和距离下半径为 r 的流球体积为

$$V_Q = \iint_{u+v \leqslant r} 2\pi u \cdot 2\pi v \mathrm{d}u\mathrm{d}v = \int_0^r 2\pi u \mathrm{d}u \int_0^{r-u} 2\pi v \mathrm{d}v = \frac{1}{6}\pi^2 r^4 \tag{2-11}$$

2.2.1 节中定义了流之间的最大距离、加和距离、平均距离和加权距离。其中，平均距离度量下流球体积的推导方式与加和距离类似，而加权距离由于包含需人为设定的权重参数，故难以推导相应的球体积公式。由于流球是四维超球体，故难以直接进行可视化，为此，本书采用投影的方式进行表达，图 2-5 展示了最大距离 [图 2-5(a)] 和加和距离 [图 2-5(b)] 定义下流球在 O 平面和 D 平面的投影。

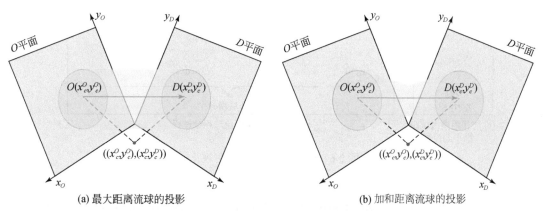

(a) 最大距离流球的投影　　　　　　　　　　(b) 加和距离流球的投影

图 2-5　不同距离下流球在二维空间的投影

由式 (2-10) 和式 (2-11) 可知，流球体积可视为特定距离约束条件下 O 圆对 D 圆的积分（或 D 圆对 O 圆的积分）。为了更好地理解流球的体积，本书采用类似计算机断层扫描（CT）成像的方式对上述积分过程进行可视化，结果如图 2-6 所示。图 2-6(a) 和 (c) 中，红色箭头为中心流，O 圆是流球在 O 平面的投影，D 圆为流球在 D 平面的投影，图 2-6(b) 和 (d) 则分别展示了最大距离和加和距离定义下，应用积分计算流球体积过程中 O 圆和 D 圆面积之间的对应关系（Shu et al.，2021）。

流球在流空间分析中可应用于流的缓冲区覆盖范围计算和流模式的空间统计判别。缓冲区分析是地理空间分析的基础方法之一，在进行流的缓冲区分析时，流球可用于流的缓冲区覆盖分析，而流球的体积可用于计算流缓冲区的覆盖范围。例如，连接交通站点形成

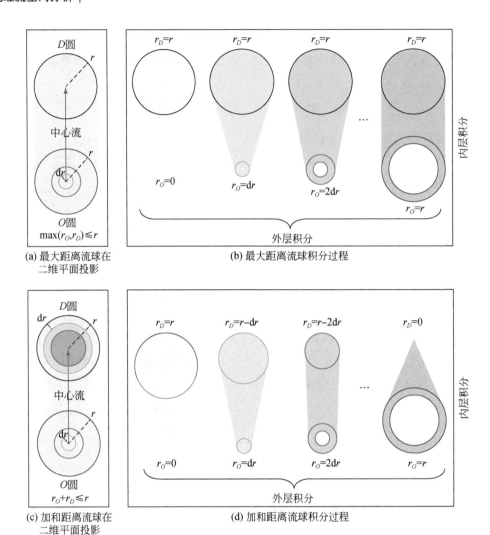

图 2-6 流球体积计算过程可视化

OD 流，则其缓冲区对应流球的体积可用于评价公共交通服务的覆盖情况（详见第 4 章）。此外，基于距离的空间统计是点模式分析中的一类重要方法，而本书将流视为流空间中的点，因而可将基于距离的点模式分析方法拓展到流，构建基于距离的流模式分析方法，而在此过程中，流球的体积是重要的中间变量，在流的邻近距离统计和 L 函数的计算中均会用到（详见第 6 章）。

2.2.4 流的密度

流的密度是指流空间单位体积内流的数目。流的密度有全局密度和局部密度之分，其中，全局密度为整个流数据集的平均密度，可直接用流的数目除以其所在区域的流空间体积得到；而局部密度是指某条流附近局部范围内的流密度，可以用流与其邻近流之间的距离间接表达。后者是与密度相关的流模式挖掘方法的基础。为此，本节以流的 k 阶邻近距离和流的共享邻近距离为例，介绍流的局部密度度量方法。

1. 流的 k 阶邻近距离

k 阶邻近距离定义为一个地理对象到距离其第 k 近"邻居"之间的距离，可用以表达该地理对象附近的局部密度。以二维空间中的点事件为例，一个点的 k 阶邻近距离越小，表明其周边点事件的密度越高，反之则密度越低。对于流，其 k 阶邻近距离同样可以表达流的局部密度。流的 k 阶邻近距离定义为流到距其第 k 近的流的距离。假设采用 2.2.1 节中的最大距离作为流之间的距离度量，如图 2-7 所示，距流 f 最近的流为 f_1，第二近的流为 f_2，则流 f 的 1 阶邻近距离为其到 f_1 的距离 d_1。类似地，流 f 的 2 阶邻近距离为其到 f_2 的距离 d_2，以此类推，流 f 的 k 阶邻近距离为其到距其第 k 近的流的距离 d_k。

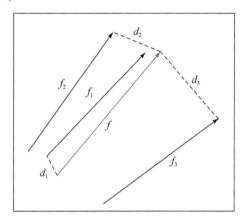

图 2-7　流的 k 阶邻近距离示意图

通过流的 k 阶邻近距离，可将流的局部密度转化为距离度量，从而简化相关分析的计算过程。在对流的空间分布模式进行判别以区分随机、聚集、排斥三种模式时，可基于 k 阶邻近距离构造相应的空间统计量（详见第 6 章）。在挖掘流的空间丛集模式（一组流的 O 点邻近同时 D 点也邻近的模式）时，以流的 k 阶邻近距离为基础，可构造相应的密度聚类及密度分解算法以提取流簇（详见第 7 章）。

2. 流的共享邻近距离

除了流的 k 阶邻近距离，还可以通过两条流的 O 点之间和 D 点之间共享"邻居"的数量定义流之间的距离，即流的共享邻近（shared nearest neighbor，SNN）距离（Zhu and Guo，2014）。在定义流的 SNN 距离之前，需要先定义点的欧氏距离邻域（Euclidean neighborhood，EN）。如图 2-8(a) 所示，流 f 的起点 O_f 的欧氏距离邻域定义为

$$EN(O_f, r)=\{O_p \in O \mid dist(O_f, O_p) \leqslant r\} \tag{2-12}$$

式中，r 为邻域半径；$dist(O_f, O_p)$ 为点 O_f 和 O_p 之间的欧氏距离；O 为起点集合。流终点 D_f 的邻域定义方式与此类似。

在此基础上，可以定义流的 O 点和 D 点的 k 邻近邻域（k-nearest-neighbor neighborhood，KNN neighborhood）。以流 f 的起点 O_f 为例，其 k 邻近邻域定义为

$$\text{KNN}\left(O_f, k\right) = \left\{ O_p \in O \mid O_p \in \text{EN}\left(O_f, r_f\right) \text{ and } \left|\text{EN}\left(O_f, r_f\right)\right| = k \right\} \tag{2-13}$$

式中，k 为邻近点的数目；r_f 为 O_f 的 k–1 阶邻近距离，是 O_f 的邻域半径。流终点 D_f 的 KNN 邻域定义与此类似。需要注意的是，流的起点和终点属于不同类型的点，故在上述两种邻域的定义中，起点的邻近点必须同为起点，而终点只能作为终点的邻近点，需要分别对待。式 (2-12) 中的 EN( ) 和式 (2-13) 中的 KNN( ) 分别定义了两种邻域情形，前者以确定的欧氏距离 r 作为流起点或终点的邻域半径；而后者以流起点和终点的 k–1 阶邻近距离（r_f）作为其邻域半径，故 r_f 会随着不同的起 / 终点以及 k 值的不同而不同。

如图 2-8 所示为不同邻域情形下流的邻近关系。图 2-8(a) 中的两个圆形分别表示流 f 的起点（绿色）和终点（蓝色）的欧氏距离邻域范围。图 2-8(b) 中的两个圆分别表示当 k=8 时流 f 的起点和终点的 KNN 邻域范围。假设一条流的起点和终点同时落在另一条流的起点和终点的邻域范围内时，则认为两条流空间邻近。据此，在起点和终点欧氏距离邻域的定义下，流 p_1 和 p_2 与流 f 空间上不邻近 [图 2-8(a)]，而在起点和终点的 KNN 邻域的定义下，流 p_1 和 p_2 与流 f 空间上邻近 [图 2-8(b)]。

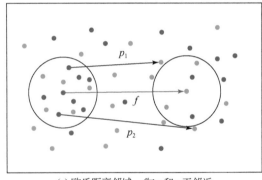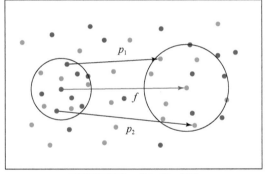

(a) 欧氏距离邻域，f 与 p_1 和 p_2 不邻近   (b) KNN 邻域，f 与 p_1 和 p_2 邻近

图 2-8　欧氏距离邻域及 KNN 邻域下的流邻近关系示意图

流起点为绿色，终点为蓝色

基于流起点和终点 KNN 邻域的定义，可将点的 SNN 距离概念（Guo et al.，2012；Jarvis and Patrick，1973）拓展至流，定义流之间的 SNN 距离（Zhu and Guo，2014）。流 f 和 p 的 SNN 距离定义如下：

$$\text{dist}\left(f, p\right) = 1 - \frac{\left|\text{KNN}\left(O_f, k\right) \cap \text{KNN}\left(O_p, k\right)\right|}{k} \times \frac{\left|\text{KNN}\left(D_f, k\right) \cap \text{KNN}\left(D_p, k\right)\right|}{k} \tag{2-14}$$

图 2-9 为 k=8 时流的 SNN 距离示意图。以流 f 的起点为圆心的圆表示包含 8 个邻近（起）点的 KNN 邻域，即 KNN(O_f, 8)。同理，其他三个圆分别表示 KNN(O_p, 8)、KNN(D_p, 8) 和 KNN(D_f, 8)。由于 $\left|\text{KNN}(O_f, 8) \cap \text{KNN}(O_p, 8)\right|$=3，$\left|\text{KNN}(D_f, 8) \cap \text{KNN}(D_p, 8)\right|$=2，所以流 f 和 p 之间的 SNN 距离为 1–(2/8 × 3/8) ≈ 0.91。根据流的 SNN 距离定义，当两条流没有邻近的起点或终点时，它们之间的距离为 1，而如果两条流的起点和终点相同，则它们之间

的距离为 0。

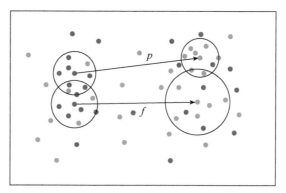

图 2-9　两条流之间的 SNN 距离

流起点为绿色，终点为蓝色，$k=8$

在提取流丛集模式时，使用流的 k 阶邻近距离与流的 SNN 距离所发现的结果是不同的，基于流 k 阶邻近距离的提取方法一般仅能识别起点和终点密度及规模相当的流簇，而以流的 SNN 距离为基础的流聚类方法可以发现形状更自然的流簇。例如，在城市研究中，居民出行流中经常会出现"一头大一头小"的流簇，"大头"通常为包含居住地的大范围的区域，而"小头"为特定的公共设施（机场、火车站、大型商场等），此类流簇的两个端点的密度和空间规模均不相同，对此，基于流 k 阶邻近距离的方法常难以适用，而基于流 SNN 距离的方法恰好适合此类模式的提取（流模式挖掘方法的具体介绍见第 7 章）。

2.2.5　流的混乱度

密度反映了流空间的单位体积内流的数量特征，而这种特征在流空间以及密度区间（密度的最小和最大值之间）内的分布是不均衡的，为了衡量流密度的这种不均衡程度，本书引入流的混乱度这一度量，并使用熵对其进行量化。除了密度之外，流的方向、长度、流量等属性同样可使用混乱度表达其在空间和区间分布的不均衡性。为此，本节首先介绍流的混乱度指标——流空间熵，然后，以流的方向属性为例，介绍流的方向混乱度指标——流散度。

1. 流空间熵

香农熵的提出是为了定量刻画一个系统内在的混乱程度（Shannon，1948），而本书拟借助香农熵的概念描述流的空间混乱程度，并以此构建流的空间熵指标。在此之前，首先介绍香农熵的计算公式：

$$S = -\sum_{i=1}^{n} p_i \log_2 (p_i) \tag{2-15}$$

式中，p_i 为随机变量取值 x_i 时的概率；n 为随机变量取值的个数。

香农熵可以衡量特定对象对于某种分类体系的混乱度，但当这种分类体系是空间单元，且空间单元的形状、大小不一时，由于香农熵仅考虑对象落在空间单元内的概率，而忽略了空间单元的形状和大小对结果的影响，故香农熵值无法反映混乱度的空间差异。例如，在以县域为基本空间单元研究某个地级市人口分布的均衡性时，假设每个县人口数量相同，如果不考虑其面积差异的影响，则根据熵的结果，会误认为该地级市人口分布是均衡的，但这显然不符合一般认知。因为在这种假设下，面积较小的县的人口分布更为集中。为了弥补香农熵难以反映空间差异的缺陷，Batty（1974）提出了空间熵模型：

$$S = -\sum_{i=1}^{n} p_i \log_2\left(\frac{p_i}{\Delta x_i}\right) \tag{2-16}$$

式中，n 为研究区内空间单元的数目；p_i 为研究对象落入空间单元 i 这一事件发生的概率；Δx_i 为空间单元 i 的面积。针对流的空间熵，计算公式为

$$S = -\sum_{i=1}^{n}\sum_{j=1}^{n} p_{ij} \log_2\left(\frac{p_{ij}}{\Delta x_{ij}}\right) \tag{2-17}$$

式中，n 为研究区内空间单元的数目；p_{ij} 为从空间单元 i 到 j 的流的数目占研究区流的总数目的比例；Δx_{ij} 为单元 i 和单元 j 在流空间中所构成的流多面体的体积，其值为空间单元 i 和 j 面积的乘积。下面以模拟数据为例，介绍流空间熵的含义。

假设有两个城市 A 和 B，其内部空间单元的划分如图 2-10(a) 和 (b) 所示，各空间单元之间流的数目相同，二者的区别在于对应位置上部分空间单元的面积不等。城市 A 中

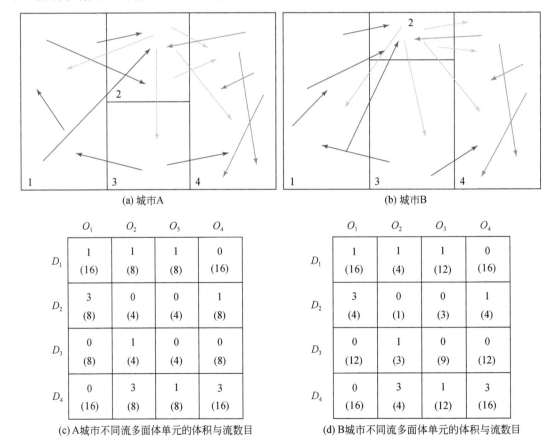

(a) 城市A　　　　　　　　　　　　(b) 城市B

(c) A城市不同流多面体单元的体积与流数目　　　　(d) B城市不同流多面体单元的体积与流数目

图 2-10　流空间熵计算图解

编号从 1 到 4 的空间单元的面积分别为 4、2、2、4[图 2-10(a)]；城市 B 中编号从 1 到 4 的空间单元面积分别为 4、1、3、4[图 2-10(b)]，图 2-10(c) 和 (d) 所示为两个城市中不同空间单元之间形成的流多面体的体积（括号内的数值）以及其中流的数目，其中，O_1 至 O_4 表示起点空间单元的编号，D_1 至 D_4 表示终点空间单元的编号。

以城市 A 和 B 的模拟数据为例分别计算了流的香农熵及空间熵，结果见表 2-1，其中，在计算香农熵时，将式 (2-17) 中的 $\log_2(p_{ij}/\Delta x_{ij})$ 替换为 $\log_2(p_{ij})$。由表 2-1 发现，两个城市的香农熵相同，但城市 B 的空间熵小于城市 A。前者的原因在于，由于香农熵中概率（比例）的计算不受流空间单元大小的影响，故两个城市中流的香农熵值保持一致。而后者的原因在于，城市 B 中编号为 2 的空间单元面积比城市 A 的小，故单元 2 与其他空间单元构成的流多面体中的流密度比城市 A 的大；而城市 B 中空间单元 3 面积较大，故单元 3 与其他空间单元构成的流多面体（除单元 3 与 2 构成的流多面体外）中的流密度比城市 A 的小，因而城市 B 中流的聚集程度相对更高，混乱度更低，故空间熵值低于城市 A。从以上对比可以看出，流的空间熵可以更好地反映其在空间上的混乱度。

表 2-1 城市 A 和 B 中流的香农熵及空间熵比较

模型	城市 A	城市 B
流的香农熵	2.956	2.956
流的空间熵	6.156	5.673

流空间熵提供了一个从流空间的框架下认识混乱度的独特视角，但同时也"继承"了传统空间熵的固有缺点，即对空间单元的划分方式和尺度较为敏感，因此在使用时需要分析 O 平面和 D 平面中空间单元的尺度和形状变化所产生的影响，即流空间下的"可变体积单元问题"（modifiable voluminal unit problem，MVUP）。

2. 流散度

流散度是指一组流的方向的分散程度。以流出某一区域的流为例，如果它们流向四面八方，则流散度较大，表现为发散模式；相反，如果流朝着彼此相近的方向流动，则流散度小，表现为丛集模式。以城市公共设施为例，流散度可用来刻画因使用其服务而产生的出行流的方向特征。对于坐落在中心城区的火车站，以其为起点的出行流，可能表现出较大的流散度，这是因为其服务人群分布于火车站周围各个方向上；而位于郊区的机场则不同，以其为起点的出行流，其散度可能较小，原因是机场一般位于距离城区较远的郊区，导致从机场出发的流多集中于前往城区的方向上。

1）流散度的定义与计算方法

流散度，即流的方向（下文称流向）的分散程度，可通过流在不同方向上分布的均衡性来度量，为此，本书借鉴香农熵来衡量流散度。如图 2-11 所示，流散度的计算思路是：首先以极坐标表达流，并保持原有长度和方向不变；其次，将它们的起点平移至坐标原点；再次，将极坐标等分为 6 个方向区间，分别计算落入每个方向区间内的流的数目与流总数目的比值；最后，根据式 (2-18) 计算得到流向熵，并以此作为流散度的值。

$$S = -\sum_{i=1}^{dn} p_i \log_2(p_i) \qquad (2\text{-}18)$$

式中，dn 为方向区间的数目；p_i 为落入第 i 个方向区间内的流的数目与流总数目的比值。图 2-11 展示了流数目为 6、方向区间数目为 6（每个方向区间大小为 60°）时，流散度的三种不同情形。其中，图 2-11(a) 中的流均落入同一个方向区间内，因而流散度最小，图 2-11(b) 中的流落入三个不同的方向区间，故流散度较大，而图 2-11(c) 中的流则分布于所有 6 个方向区间内，流散度最大。根据式 (2-18) 可得图 2-11(a)~(c) 中三种不同情形下的流向熵：S_a=0、S_b=1.58、S_c=2.58。由此表明，流向熵可以衡量流的散度，即流向熵越大，流的散度越大。

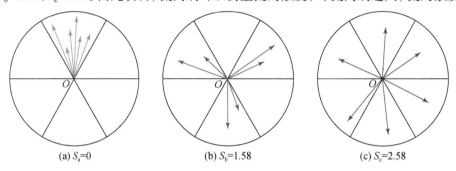

(a) S_a=0   (b) S_b=1.58   (c) S_c=2.58

图 2-11　不同流向分布下的流散度

2）应用案例

为了验证流散度指标的效力，本书对比了北京西站和首都国际机场出租车 OD 流的散度。研究所使用的数据为北京市 2014 年 10 月 20 日的出租车 OD 流。研究以北京西站和首都国际机场为 O 区域，提取从这两个交通枢纽出发的出租车 OD 流（图 2-12），并计算它们的流向熵。结果显示，北京西站的出租车 OD 流的流向熵为 2.42，而首都国际机场的出租车 OD 流的流向熵为 1.34，表明北京西站 OD 流的散度明显高于首都国际机场。造成这种现象的原因在于，首都国际机场位于六环东北角，偏离城市中心，导致从其出发的流更集中于中心城区方向，而北京西站更接近北京市中心，因而从其出发的流均匀地分布于各个方向上，故前者流向分布的不均衡性明显高于后者。

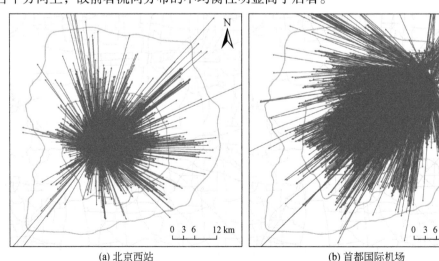

(a) 北京西站   (b) 首都国际机场

图 2-12　从北京西站和首都国际机场流出的出租车 OD 流

2.3　完全空间随机流的概率基础

点的空间分布模式是指点的位置在欧氏空间中所表现出的统计特征，根据点之间的距离关系可将其分为随机、聚集和排斥三种类型。类似地，流的空间分布模式是指流的"位置"在流空间中所表现出的统计特征，如果仅根据流之间的距离关系而不考虑流的其他属性（如流量、类别）之间的关系，则同样可将其分为：随机、聚集和排斥三种模式（需要说明的是，此处对流模式的划分标准与7.1节中的不同，由此得到的两组模式的含义不一样，除随机模式在两组划分中具有相同含义之外，其他模式在两组划分之间的隶属包含关系较为复杂，本书不做详细介绍）。而在上述三种模式中，随机模式是最基本的模式，是其他模式判别的基准。为此，本节首先定义完全空间随机（completely spatial random，CSR）流，然后将流视为流空间中的点，推导随机流 k 阶邻近距离的概率分布，以此刻画随机流模式，并作为随机流模式的判别标准。除了流的空间分布模式外，本节还将探讨随机流长度和方向的概率分布。这些内容是流及其属性的空间异质性和空间相关性研究的基础。

2.3.1　完全空间随机流

点模式的相关研究显示，完全空间随机点可以作为判别点事件空间分布模式（随机、聚集、排斥等）的基准（Cressie，1993）。参考点事件完全空间随机的概念，可以构建流的完全空间随机的数学表达，从而为流的空间分布模式判别及特征刻画提供基础。在定义完全空间随机流之前，本书先介绍完全空间随机点过程的含义。

完全空间随机点过程的定义为：点事件等可能产生在一个有界区域内的任何位置，彼此不存在任何交互，既不相互排斥也不相互吸引（Cressie，1993）。假设有界区域 $A \subset R^2$ 内存在一个完全空间随机点过程，点的数目 $N(A)=n$，则由这些点事件构成的 n 元组 $(s_1, s_2, \cdots, s_n)$ 满足：

$$P\left(s_1 \in B_1, s_2 \in B_2, \cdots, s_n \in B_n\right) = \prod_{i=1}^{n}\left(|B_i|/|A|\right), \quad B_1, B_2, \cdots, B_n \subset A \qquad (2\text{-}19)$$

式中，B 为 A 的子区域；$|B| = \int_B \mathrm{d}s$，其中，$\mathrm{d}s$ 为区域 B 的面积微元。对于一个完全空间随机点过程来说，B 中包含的点的数目服从期望值为 $\mu(B)$ 的泊松分布：

$$P\left\{N(B)=n\right\} = \frac{\left[\mu(B)\right]^n \mathrm{e}^{-\mu(B)}}{n!}, \quad n=0,1,\cdots \qquad (2\text{-}20)$$

式中，$\mu(B)$ 为点过程的强度（密度）。对于完全空间随机点过程，$\mu(B)$ 为一个常数，不仅如此，完全空间随机点过程又可称为均质泊松点过程。

在点模式的研究中，点过程一词用于描述点分布的随机过程。类似地，可以将描述流分布的随机过程称为流过程，并据此定义完全空间随机流过程。

完全空间随机流过程的定义为：流在产生过程中独立且等可能地出现在流空间中一个有界区域内的任何位置，满足这一条件的随机过程称为完全空间随机流过程。

与完全空间随机点过程的表达类似，可以用均质泊松流过程表达完全空间随机流过程。在数学上，均质泊松流过程可视为一个随机计数过程。假设在流空间 Ψ 中，对于一个给定的子集 $S \subset \Psi$，在流过程 N_f 控制下，S 中流的数目为 $N_f(S)$，当 N_f 是一个强度为常数的均质泊松过程时，流的数目 $N_f(S)$ 服从泊松分布，即 S 中包含流的数目为 $n(n=0,1,2,\cdots)$ 的概率为

$$P\left\{N_f\left(S\right)=n\right\}=\frac{\left(\lambda_f V_S\right)^n \mathrm{e}^{-\lambda_f V_S}}{n!}\qquad(2\text{-}21)$$

式中，λ_f 为流过程的强度（密度），可以将其理解为研究区域内单位体积流空间中流的期望数目；V_S 为流空间中研究区 S 的体积。

图 2-13 为 100 条完全空间随机流的示意图。在二维空间中生成完全随机流时，流的起点和终点相互独立并都服从均质泊松点过程，且起点和终点之间的连接随机。在流模式的研究中，完全空间随机流是判别流的空间分布模式（随机、聚集、排斥）的基准，其数学表达是构建流的空间分布模式判别统计量（详见第 6 章）的基础。在应用研究中，以完全空间随机流为参照，可以定量刻画一个城市居民出行流的空间聚集程度，并进一步探究这种空间聚集程度与城市公共交通格局及其通行效率之间的关系。

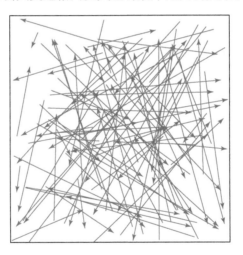

图 2-13　完全空间随机流示例

2.3.2　随机流空间分布模式的表达

随机点过程的空间分布模式可用点的 k 阶邻近距离（点到距其第 k 近的点的距离）的概率分布函数表达。对于均质泊松点过程，任意点的 k 阶邻近距离 W_k 的累积分布函数（cumulative distribution function，CDF）满足：

$$P\left(W_k \geqslant x\right)=\sum_{m=0}^{k-1}\frac{\mathrm{e}^{-\lambda\pi x^2}\left(\lambda\pi x^2\right)^m}{m!}=1-F_{W_k}\left(x\right)\qquad(2\text{-}22)$$

式中，k 为邻近距离的阶数；λ 为点过程的强度；$F_{W_k}(x)$ 为 k 阶邻近距离的累积分布函数。式 (2-22) 的含义是，假设有一个半径为 x 的圆，则当 W_k 大于或等于 x 时，圆内（二维空间中面积为 πx^2 的圆）点的数目必定是 $0, 1, \cdots, k-1$ 中的一个。对 $F_{W_k}(x)$ 求导，可得到完全空间随机点过程 k 阶邻近距离的概率密度函数（probability density function，PDF）：

$$f_{W_k}(x) = \frac{dF_{W_k}(x)}{dx} = \frac{2e^{-\lambda\pi x^2}(\lambda\pi)^k x^{2k-1}}{(k-1)!} \tag{2-23}$$

式中，k 和 λ 的含义与式 (2-22) 相同。

根据完全空间随机流的定义，在均质泊松流过程中，流的 k 阶邻近距离在形式上与点的 k 阶邻近距离的分布类似，只需要将式 (2-22) 中圆的面积（πx^2）换成流球的体积即可。据此，以流最大距离为例，完全空间随机流的 k 阶邻近距离的概率分布满足：

$$P(W_k \geqslant x) = \sum_{m=0}^{k-1} \frac{e^{-\lambda_f \pi^2 x^4}(\lambda_f \pi^2 x^4)^m}{m!} = 1 - F_{W_k}(x) \tag{2-24}$$

式中，k 为流邻近距离的阶数；W_k 为流的 k 阶邻近距离；λ_f 为完全空间随机流过程的强度。其他流距离下的概率分布函数与此类似，不再赘述。

对式 (2-24) 中的 $F_{W_k}(x)$ 求导，可得到流的 k 阶邻近距离的概率密度函数：

$$f_{W_k}(x) = \frac{dF_{W_k}(x)}{dx} = \frac{4e^{-\lambda_f \pi^2 x^4}(\lambda_f \pi^2)^k x^{4k-1}}{(k-1)!} \tag{2-25}$$

式中，k 和 λ_f 的含义与式 (2-24) 相同。

式 (2-25) 中的流 k 阶邻近距离的概率密度函数是对完全空间随机流模式的一种数学表达，在流的空间异质性判别及量化的研究中，可在此公式的基础上拓展并推导出相应的指标与方法（详见第 6 章）。本章 2.2.4 节指出，流的邻近距离可用于表达流的密度特征，故在提取流的模式时，首先假设数据集由不同密度的完全空间随机流过程叠加而成，然后通过对其 k 阶邻近距离的混合概率密度函数进行分解，可实现不同密度流簇及噪声的识别（详见第 7 章）。

2.3.3 随机流几何属性的概率分布

2.3.2 节将流视为流空间中的点，从点过程的角度推导了随机流空间模式的数学表达，本节聚焦流的几何属性，推导随机流的长度和方向的概率分布特征。

1. 随机流长度的概率分布

1）理论推导

前已述及，在二维空间中生成完全空间随机流时，流的起点和终点均服从泊松点过程，且起点和终点的连接亦随机。因此，其长度的概率分布问题可以简化为一个有界区域内两个完全随机且相互独立的点之间距离的概率分布问题（Kostin，2010）。为此，首先假设有一个长为 L_1，宽为 L_2 的矩形研究区 A。为简便起见，令 $L_1=L_2=L$。如图 2-14 所示，假设研究区 A 内有 $O(x_1, y_1)$ 和 $D(x_2, y_2)$ 两个点，其横纵坐标均为 $[0, L]$ 范围内服从均匀分布

的随机变量 X 的实例，即 X 的概率密度函数 $f_X(x)=1/L(x \in [0, L])$。根据欧氏距离的定义，O 点和 D 点之间的距离为

$$d_{OD} = \sqrt{(x_1 - x_2)^2 + (y_1 - y_2)^2} \tag{2-26}$$

式中，d_{OD} 同样为随机变量的一个实例，用 E 表示 d_{OD} 对应的随机变量。

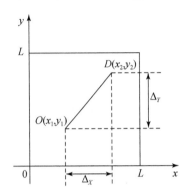

图 2-14　随机流的起点、终点和长度

　　为了确定随机变量 E 的分布，首先构造一个随机变量 $Z=X_1-X_2$，其中，X_1 和 X_2 为两个独立且均服从均匀分布 $f_X(x)=1/L(x \in [0, L])$ 的随机变量。由于 X_1 和 X_2 相互独立，随机变量 Z 的概率密度函数可通过下面的卷积得到：

$$g_Z(z) = \int_{-\infty}^{\infty} f_1(x) f_2(x-z) \mathrm{d}x \tag{2-27}$$

式中，f_1 和 f_2 分别为 X_1 和 X_2 的概率密度函数。在式 (2-27) 中，$f_1(x)$ 在 $x \in [0, L]$ 范围内不为 0，而 $f_2(x-z)$ 在 $x-z \in [0, L]$ 范围内不为 0。因此，当 $z \leqslant 0$ 时，在 $(-L, z]$ 范围内求解式 (2-27) 中的积分，而当 $z>0$ 时，在 $(z, L]$ 范围内求解式 (2-27) 中的积分，可以得到随机变量 Z 的概率密度函数 $g_Z(z)$ 的表达式：

$$g_Z(z) = \begin{cases} 0, & z \notin (-L, L] \\ \dfrac{z+L}{L^2}, & z \in (-L, 0] \\ \dfrac{L-z}{L^2}, & z \in (0, L] \end{cases} \tag{2-28}$$

从式 (2-28) 可以看出，随机变量 $Z=X_1-X_2$ 服从三角分布（辛普森分布）。

　　接下来，需要确定随机变量 $W=Z^2$ 的概率密度函数。此问题可转化为：假设有一个概率密度为 $f_X(x)$ 的随机变量 X，令随机变量 $Y=\phi(X)$，求 Y 的概率密度函数 $g_Y(y)$ 和累积分布函数 $G_Y(y)$。如果 $\phi(x)$ 在 $[a, b]$ 范围内单调且可微，则 Y 的概率密度函数和累积分布函数分别为（Feller，1971）

$$g_Y(y) = \begin{cases} f(\phi(y))\dfrac{\mathrm{d}\phi(y)}{\mathrm{d}y}, & \dfrac{\mathrm{d}\phi(x)}{\mathrm{d}x} > 0, \quad \forall x \in [a,b] \\[3mm] -f(\phi(y))\dfrac{\mathrm{d}\phi(y)}{\mathrm{d}y}, & \dfrac{\mathrm{d}\phi(x)}{\mathrm{d}x} < 0, \quad \forall x \in [a,b] \end{cases} \tag{2-29}$$

$$G_Y(y) = \begin{cases} \displaystyle\int_a^{\phi(y)} f(x)\,\mathrm{d}x, & \dfrac{\mathrm{d}\phi(x)}{\mathrm{d}x} > 0, \quad \forall x \in [a,b] \\[3mm] \displaystyle\int_{\phi(y)}^b f(x)\,\mathrm{d}x, & \dfrac{\mathrm{d}\phi(x)}{\mathrm{d}x} < 0, \quad \forall x \in [a,b] \end{cases} \tag{2-30}$$

式中，式 (2-29) 为 Y 的概率密度函数，式 (2-30) 为 Y 的累积分布函数，式中的条件对应方程在 $[a, b]$ 上的递增和递减情况。

对于随机变量 $W = Z^2$，显然有 $P(W \leqslant 0) = 0$ 且 $P(W > L) = 0$。根据式 (2-29) 和式 (2-30) 中的原理，可以推导出 W 的概率密度函数为

$$g_W(w) = \begin{cases} 0, & w \notin (0, L^2] \\[3mm] \dfrac{1}{L\sqrt{w}} - \dfrac{1}{L^2}, & w \in (0, L^2] \end{cases} \tag{2-31}$$

由于值分别为 $(x_1-x_2)^2$ 和 $(y_1-y_2)^2$ 的随机变量 W_1 和 W_2 相互独立，且它们的概率密度函数均可用式 (2-31) 表达，那么式 (2-26) 中根号内的部分可用随机变量 $Q = W_1 + W_2$ 的值表达。Q 的累积分布函数为

$$F_Q(q) = \iint\limits_C g_{W_1}(x)\, g_{W_2}(y)\,\mathrm{d}x\mathrm{d}y \tag{2-32}$$

式中，C 为边长为 L^2 的正方形内直线 $q = x + y$ 下方的区域；x、y 和 q 分别为随机变量 W_1、W_2 和 Q 的值。根据式 (2-31)，将 $g_{W_1}(w)$ 和 $g_{W_2}(w)$ 代入式 (2-32)，并求解其中的积分，可以得到 Q 的累积分布函数：

$$F_Q(q) = \begin{cases} 0, & q \in (-\infty, 0) \\[3mm] \dfrac{\pi q}{L^2} - \dfrac{8q^{3/2}}{3L^3} + \dfrac{q^2}{2L^4}, & q \in [0, L^2) \\[3mm] \dfrac{1}{3} + \dfrac{\sqrt{q/L^2 - 1}}{3}(8q/L^2 + 4) - \dfrac{2q}{L^2} - \\[3mm] \dfrac{q^2}{2L^4} + \dfrac{2q}{L^2}\arcsin\left(\dfrac{2L^2 - q}{q}\right), & q \in [L^2, 2L^2) \\[3mm] 1, & q \in [2L^2, +\infty) \end{cases} \tag{2-33}$$

这里，代表流长度的随机变量 $E = \sqrt{Q}$，其累积分布函数为

$$F_E(r) = P(E \leqslant r) \tag{2-34}$$

其中，$0 < r < \sqrt{2}L$。由于

$$P(E \leqslant r) = P(\sqrt{q} \leqslant r) = P(q \leqslant r^2) \tag{2-35}$$

则

$$F_E(r)=P(q\leqslant r^2)=F_Q(r^2) \tag{2-36}$$

在式 (2-33) 中，将 q 替换为 r^2，可以得到随机流长度 E 的累积分布函数（Moltchanov，2012；Kostin，2010；Feller，1991）：

$$F_E\left(r\right)=\begin{cases}0, & r\in\left(-\infty,0\right)\\[2mm]\dfrac{\pi r^2}{L^2}-\dfrac{8r^3}{3L^3}+\dfrac{r^4}{2L^4}, & r\in\left[0,L\right)\\[2mm]\dfrac{1}{3}+\dfrac{\sqrt{r^2/L^2-1}}{3}(8r^2/L^2+4)-\dfrac{2r^2}{L^2}-\\[2mm]\dfrac{r^4}{2L^4}+\dfrac{2r^2}{L^2}\arcsin(\dfrac{2L^2-r^2}{r^2}), & r\in\left[L,\sqrt{2}L\right)\\[2mm]1, & r\in\left[\sqrt{2}L,+\infty\right)\end{cases} \tag{2-37}$$

对式 (2-37) 求导，则可以求出随机流长度的概率密度函数：

$$f_E\left(r\right)=\begin{cases}0, & r\in\left(-\infty,0\right)\\[2mm]\dfrac{2\pi r}{L^2}-\dfrac{8r^2}{L^3}+\dfrac{2r^3}{L^4}, & r\in\left[0,L\right)\\[2mm]\dfrac{4r}{L^2}\arcsin(2L^2/r^2-1)+\dfrac{8r}{L^2}\sqrt{r^2/L^2-1}-\dfrac{4r}{L^2}-\dfrac{2r^3}{L^4}, & r\in\left[L,\sqrt{2}L\right)\\[2mm]0, & r\in\left[\sqrt{2}L,+\infty\right)\end{cases} \tag{2-38}$$

上述公式推导过程中，假定了矩形研究区的长和宽相等，即 $L_1=L_2$，而当研究区的长和宽不等时（$L_1\neq L_2$），随机流长度的概率分布的推导过程仍类似，此处不再赘述。假设研究区为边长 $L=1$ 的正方形，则随机流长度的累积分布函数和概率密度函数如图 2-15 所示。在城市地理的研究中，可以参照随机流长度的分布，分析不同城市居民职住流长度的偏离程度，并进一步探究其与城市交通拥堵之间的关系，从而为城市职住规划提供参考。

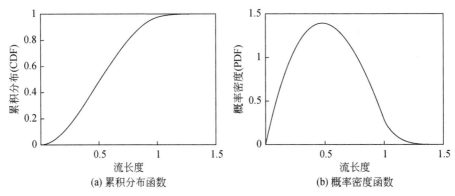

(a) 累积分布函数　　　　　(b) 概率密度函数

图 2-15　随机流长度的累积分布函数和概率密度函数

2）模拟实验

本节通过模拟实验检验上文推导的随机流长度概率密度函数的正确性。实验思路为：首先在 [0,1]×[0,1] 范围内生成 100 万条随机流；其次，计算流长度的频率分布并绘制其归一化直方图；最后，根据式 (2-38) 绘制流长度概率密度函数的理论曲线。结果如图 2-16 所示，其中的蓝色柱状图为模拟流的长度归一化直方图，而红色曲线代表随机流的理论概率密度函数，二者基本重合，从而验证了随机流长度概率密度函数推导的正确性。

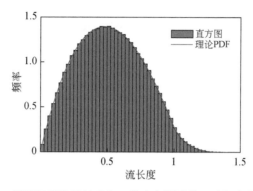

图 2-16　模拟随机流的长度归一化直方图及其理论概率密度函数

3）应用案例

真实世界流的长度分布是否服从随机流长度的理论分布，如果不服从，偏离随机的情况如何？为回答这一问题，本节以出租车 OD 流为例进行分析。案例中的研究区为北京市五环路的外接正方形区域，所用数据为研究区内 2014 年 10 月 20 日约 23 万条出租车 OD 流。部分样例数据如图 2-17(a) 所示，而图 2-17(b) 显示了所有出租车 OD 流的长度归一化直方图，以及相同研究区的条件下随机流长度的理论概率密度函数曲线。从图中可以看出，实际数据的概率分布与理论曲线差异较大，具体为：出租车 OD 流以短距离（10km 以内）为主，

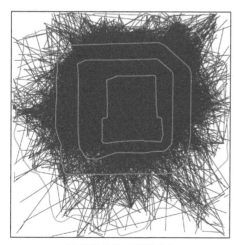

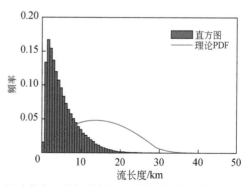

(a) 出租车 OD 流样例分布　　　　(b) 出租车 OD 流长度直方图与随机流长度理论概率密度函数

图 2-17　北京出租车 OD 流及其长度分布

且集中度非常高，而随机流以中距离为主，且集中度不高。这也说明城市中居民乘坐出租车的出行距离并非随机分布，而是主要集中在 10km 以内。

2. 随机流方向的概率分布

1）理论推导

本章 2.2.2 节中提到，直角坐标系中，流的方向为其与 x 轴正方向的夹角。同理，极坐标中，流的方向为其与极轴正方向的夹角。与随机流长度的概率分布的推导类似，随机流方向的概率分布的推导同样需要考虑研究区的形状。由于矩形研究区内随机流方向的分布情况较为复杂，此处以圆形研究区为例，基于极坐标推导随机流方向的概率密度函数（图 2-18）。

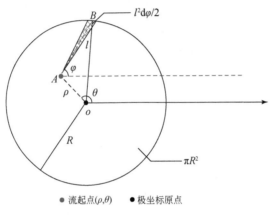

●流起点(ρ,θ) ●极坐标原点

图 2-18 极坐标系中流的方向

如图 2-18 所示，假设半径为 R 的研究区内有一组随机流，其起点均为 A，方向为 φ，根据贝叶斯公式，极坐标下流向 φ 的概率密度函数可表达为

$$f(\varphi) = \int_{\Phi} \frac{f(\varphi|X^O=(\rho,\theta))}{|\Phi|}dX^O = \int_0^{2\pi}\int_0^R f(\varphi|(\rho,\theta))\frac{\rho}{\pi R^2}d\rho d\theta \tag{2-39}$$

式中，Φ 为圆形的研究区；$|\Phi|$ 为圆形区域的面积；X^O 为流的起点 A 的平面坐标，其在极坐标系中的坐标为 (ρ,θ)；$f(\varphi|X^O=(\rho,\theta))$ 为起点位置确定的条件下，流向的条件概率密度函数。由于起点为 A 时，流向相同的流的终点均位于线段 AB 上（B 为研究区边界上的点，且 AB 的方向为 φ），故流向的条件概率等于半径为 AB 的长度、角度为 $d\varphi$ 的扇形（图 2-18 中深色阴影）面积与研究区面积的比值：

$$f(\varphi|(\rho,\theta)) = \frac{l^2}{2\pi R^2} \tag{2-40}$$

式中，l 为线段 AB 的长度，可在三角形 OAB 中通过余弦定理求得：

$$\rho^2 + l^2 - 2\cos(\pi-\theta+\varphi)\rho l = R^2 \tag{2-41}$$

求解方程 (2-41) 得：

$$l = \sqrt{R^2 - \rho^2\sin^2(\theta-\varphi)} - \rho\cos(\theta-\varphi) \tag{2-42}$$

将式 (2-42) 代入式 (2-39) 并整理得：

$$f(\varphi) = \int_0^{2\pi} \int_0^R \frac{\rho\left[\sqrt{R^2 - \rho^2 \sin^2(\theta-\varphi)} - \rho\cos(\theta-\varphi)\right]^2}{2\pi^2 R^4} \mathrm{d}\rho\mathrm{d}\theta = \frac{1}{2\pi^2 R^4}\left[A(\varphi) - B(\varphi)\right] \quad (2\text{-}43)$$

其中，

$$A(\varphi) = \int_0^{2\pi}\left[\frac{1}{2}R^4 - \frac{1}{4}R^4\cos 2(\theta-\varphi)\right]\mathrm{d}\theta \quad (2\text{-}44)$$

$$B(\varphi) = R^4 \int_0^{2\pi} 2\,|\sin(\theta-\varphi)|\cos(\theta-\varphi)\int_0^R \rho^2\sqrt{\frac{R^2}{\sin(\theta-\varphi)^2} - \rho^2}\,\mathrm{d}\rho\mathrm{d}\theta \quad (2\text{-}45)$$

令 $\theta-\varphi=t$，将其代入式 (2-44) 和式 (2-45) 得：

$$A(\varphi) = \int_{-\varphi}^{2\pi-\varphi}\left(\frac{1}{2}R^4 - \frac{1}{4}R^4\cos 2t\right)\mathrm{d}t = \pi R^4 - \int_0^{2\pi}\frac{1}{4}R^4\cos 2t\,\mathrm{d}t = \pi R^4 \quad (2\text{-}46)$$

$$B(\varphi) = R^4 \int_{-\varphi}^{2\pi-\varphi}\frac{\cos t}{4\sin^3 t}\left\{\frac{1}{2}\arcsin(\sin t) - \frac{1}{8}\sin[4\arcsin(\sin t)]\right\}\mathrm{d}t \quad (2\text{-}47)$$

令 $g(t) = \dfrac{\cos t}{4\sin^3 t}\left\{\dfrac{1}{2}\arcsin(\sin t) - \dfrac{1}{8}\sin[4\arcsin(\sin t)]\right\}$，不难看出，$g(t)$ 是一个周期为 2π 的周期函数，同时也是一个奇函数，即 $g(-t) = -g(t)$，根据此类函数的性质可知 $B(\varphi) = R^4\int_{-\varphi}^{2\pi-\varphi}g(t)\mathrm{d}t = R^4\int_{-\pi}^{\pi}g(t)\mathrm{d}t = 0$。

将 $A(\varphi)$、$B(\varphi)$ 代入式 (2-43) 得：

$$f(\varphi) = \frac{1}{2\pi} \quad (2\text{-}48)$$

上述结果表明，在圆形研究区内随机流的方向 φ 服从均匀分布 $U(0,2\pi)$，即 $f(\varphi)=1/(2\pi)$。

2）模拟实验

本节通过模拟实验检验随机流方向概率密度函数推导的正确性。首先，在半径为 1 的圆形区域内产生 100 万条随机流，并计算每条流的方向；其次，计算随机流方向的归一化直方图；最后，对比该直方图与其理论概率密度函数 [式 (2-48)]。实验结果如图 2-19 所示，其中的直方图与随机流方向的理论概率密度曲线基本重合，从而证实圆形区域中随机流的方向服从式 (2-48) 中的均匀分布。

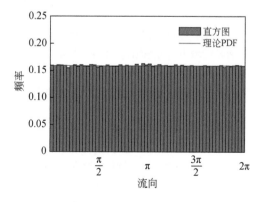

图 2-19　模拟随机流方向的归一化直方图及其理论概率密度函数

3）应用案例

本节以北京市出租车 *OD* 流为例揭示城市中人群出行流的方向特征。研究区为 2.3.3 节所述应用案例中研究区的内接圆，所用数据为 2014 年 10 月 20 日研究区内约 21 万条出租车 *OD* 流。*OD* 流分布及流向计算结果如图 2-20 所示，图 2-20(b) 中的直方图并非如均匀分布那样"平坦"，而是呈现出以东、南、西、北（0° 为正东方向）四个方向为峰值的周期性起伏，这说明北京市出租车 *OD* 流的方向在东、南、西、北四个方向上出现的概率较大。上述结果的原因在于，北京市五环以内城市发展相对均衡，城市功能混合度高，因此，总体上各方向上的出行需求差异不大，但由于北京的路网呈"东西—南北"向棋盘状格局，从而导致出租车 *OD* 流的方向在东、南、西、北四个方向上的优势更加明显。

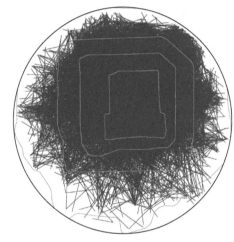

(a) 研究区与出租车*OD*流样例分布　　(b) 出租车*OD*流方向直方图与随机流方向理论概率密度函数

图 2-20　出租车 *OD* 流及其流向分布

参 考 文 献

董超，修春亮，魏冶．2014. 基于通信流的吉林省流空间网络格局．地理学报，69(4): 510-519.

裴韬，舒华，郭思慧，等．2020. 地理流的空间模式：概念与分类．地球信息科学学报，22(1): 30-40.

邱坚坚，刘毅华，陈浩然，等．2019. 流空间视角下的粤港澳大湾区空间网络格局——基于信息流与交通流的对比分析．经济地理，39(6): 1000-8462.

修春亮，孙平军，王绮．2013. 沈阳市居住就业结构的地理空间和流空间分析．地理学报，68(8): 1110-1118.

修春亮，魏冶．2015. "流空间"视角的城市与区域结构．北京：科学出版社．

Batty M. 1974. Spatial entropy. Geographical Analysis, 6(1): 1-31.

Berglund S, Karlström A. 1999. Identifying local spatial association in flow data. Journal of Geographical Systems, 1(3): 219-236.

Castells M. 2001. Space of flows, space of places: materials for a theory of urbanism in the information age// LeGates R T, Stout F. The City Reader. London: Routledge: 572-582.

Castells M. 2011. The Rise of the Network Society. New York: John Wiley & Sons.

Cressie N. 1993. Statistics for Spatial Data. Revised Edition. New York: John Wiley & Sons.

Feller W. 1971. An Introduction to Probability Theory and Its Applications. Volume 2. New York: John Wiley & Sons.

Gao Y, Li T, Wang S, et al. 2018. A multidimensional spatial scan statistics approach to movement pattern comparison. International Journal of Geographical Information Science, 32(7): 1304-1325.

Goodchild M F. 2004. The validity and usefulness of laws in geographic information science and geography. Annals of the Association of American Geographers, 94(2): 300-303.

Guo D, Zhu X, Jin H, et al. 2012. Discovering spatial patterns in origin-destination mobility data. Transactions in GIS, 16 (3): 411-429.

Jarvis R A, Patrick E A. 1973. Clustering using a similarity measure based on shared near neighbors. IEEE Transactions on Computers, 100(11): 1025-1034.

Kostin A. 2010. Probability distribution of distance between pairs of nearest stations in wireless network. Electronics Letters, 46(18): 1299-1300.

Moltchanov D. 2012. Distance distributions in random networks. Ad Hoc Networks, 10(6): 1146-1166.

Neal Z. 2013. Brute force and sorting processes: two perspectives on world city network formation. Urban Studies, 50(6): 1277-1291.

Pacione M. 2005. Urban Geography: a Global Perspective. 2nd Edition. London: Routledge.

Shannon C E. 1948. A mathematical theory of communication. The Bell System Technical Journal, 27(3): 379-423.

Shu H, Pei T, Song C, et al. 2021. L-function of geographical flows. International Journal of Geographical Information Science, 35(4): 689-716.

Song C, Pei T, Shu, H. 2019. Identifying flow clusters based on density domain decomposition. IEEE Access, 8: 5236-5243.

Tao R, Thill J C. 2016. Spatial cluster detection in spatial flow data. Geographical Analysis, 48(4): 355-372.

Tao R, Thill J C. 2019. Flow Cross K-function: a bivariate flow analytical method. International Journal of Geographical Information Science, 33(10): 2055-2071.

Tobler W R. 1970. A computer movie simulating urban growth in the Detroit region. Economic Geography, 46(sup1): 234-240.

Zhu X, Guo D. 2014. Mapping large spatial flow data with hierarchical clustering. Transactions in GIS, 18(3): 421-435.

第 3 章　地理流的可视化表达

流具有高维和时空耦合的特点，导致其时空模式十分复杂。流的可视化有助于直观表达流的时空分布模式，从而为展示流的相关性及异质性分析、模式挖掘、空间插值等的结果提供方法支撑。为此，本章将介绍四类常见的流可视化表达方法，包括流的聚合可视化、流的 OD 矩阵可视化、流的 OD 嵌套格网可视化和流的起终点符号可视化。具体地，流的聚合可视化根据流的距离、密度等将多条流简化为少数具有代表性的流，从而实现大量流数据空间和属性特征的表达；OD 矩阵可视化通过二维矩阵表达起终点之间的交互关系和交互强度；OD 嵌套格网可视化通过格网嵌套的方式在二维格网中表达起终点的位置及流量的空间分布；起终点符号可视化将起终点所处的空间单元用符号表示，以表达流入或流出该空间单元的流的长度、方向、流量等属性特征。

3.1　流的聚合可视化

流可以表达为连接其起终点的有向线段（Johnson and Nelson，1998；Tobler，1981；Robinson，1955），这是最简单且最直观的流可视化方式。然而，当流的数目较大时，大量有向线段相互重叠和遮盖会导致流的空间模式难以辨识。为解决这一难题，可对流进行聚合可视化，即将多条流简化为少数具有代表性的流，并对简化后的流进行可视化以展示原始流数据的主要空间模式（Zhu et al.，2019；Zhu and Guo，2014；Scheepens et al.，2011；Andrienko N and Andrienko G，2010；Andrienko G and Andrienko N，2010）。本节将介绍一种典型的流聚合可视化方法，即流的密度聚合可视化。该方法使用局部密度最高的流代表原始流数据，并采用不同颜色、宽度的有向线段表示不同密度的流，从而得到凸显流模式的可视化结果（Zhu et al.，2019）。

3.1.1　流的密度聚合可视化原理

以图 3-1(a) 中的流数据为例，密度聚合可视化的过程分为两步：估计流的密度 [图 3-1(b)]，选取代表性流并绘制流图 [图 3-1(c)]。下面分别进行详细介绍。

1. 估计流的密度

流的密度聚合可视化的第一步是计算流数据集中每条流的局部密度，这里采用核密度估计（kernel density estimation，KDE）法。流的核密度估计的思路是根据一条流 f 的邻域

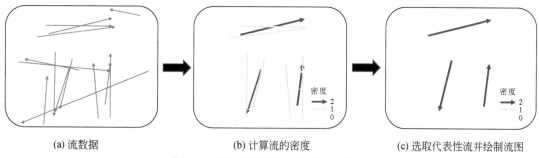

(a) 流数据　　　　　　(b) 计算流的密度　　　　　(c) 选取代表性流并绘制流图

图 3-1　流的密度聚合可视化方法流程

内其他流的分布，采用核函数估计流 f 附近的流密度。如果邻域内其他流的分布越集中于 f 周围，则 f 的核密度估计值越大。流的核密度估计公式为（Zhu et al.，2019；Silverman，1986）

$$k_h(f) = \frac{1}{mh} \sum_{j=1}^{m} K\left(\frac{f - f_j}{h}\right) V(f_j)$$
(3-1)

式中，$k_h(f)$ 为流 f 的核密度；$K(\ )$ 为核函数，常用的有高斯核函数和三角核函数等（Fukunaga and Hostetler，1975）；h 为带宽，其定义了核密度估计过程中流 f 的邻域半径，该值将决定核密度估计结果的平滑程度（流 f 邻域的定义与第 2 章中流球的定义类似，即 $\Omega^f = \{ f_j | \mathrm{dist}(f, f_j) \leqslant h \}$）；$f_j$ 为 f 的 h 邻域内的第 j 条流；m 为 f 的 h 邻域内除其本身外的流的数目（需要注意的是，如果一条流的 h 邻域内不包含其他流，即 $m=0$，为了避免分式分母为 0，可直接令其核密度值为 0）；$f-f_j$ 为流之间的距离，这里使用四维欧氏距离 [即第 2 章中式 (2-4) 所定义的加权距离，并令 $\alpha=\beta=1$]；$V(\ )$ 为流量，指某条流所代表的对象的数目，如人口迁徙流中的迁徙人数、交通流中的车辆数等。

根据式 (3-1)，如果 f 的核密度值越大，不仅说明 f 的 h 邻域内流的数目更多，还意味着这些流与 f 相似程度更高（其原因是它们的起点和终点更加集中于 f 的起点和终点附近），因而可用 f 代表其 h 邻域内的所有流。需要注意的是，为了避免 h 过大或过小导致核密度估计结果过于平滑或尖锐，在流数据的空间分布未知时，可根据 Silverman 法则估算流数据的最佳带宽 h（Silverman，1986）：

$$h = \left(\frac{4\sigma^5}{3n}\right)^{\frac{1}{5}}$$
(3-2)

式中，n 为数据集中流的数目；σ 为流数据集的标准差，可通过式 (3-3) 计算：

$$\sigma = \sqrt{\frac{\sum_{i=1}^{n}(d_i)^2}{n}}$$
(3-3)

式中，d_i 为数据集中任意一条流与几何中心流之间的四维欧氏距离，而几何中心流是指所有流的起点几何中心到终点几何中心的流（图 3-2）；以起点为例，其几何中心坐标的计算公式为

$$\overline{x^O} = \frac{\sum_{i=1}^{n} x_i^O}{n}$$
(3-4)

$$\overline{y^O} = \frac{\sum_{i=1}^{n} y_i^O}{n} \tag{3-5}$$

式中，$\overline{x^O}$ 和 $\overline{y^O}$ 分别表示起点几何中心的 x 坐标和 y 坐标；x_i^O 和 y_i^O 分别表示流 f_i 的起点的 x 和 y 坐标；n 的含义与式 (3-2) 一致；终点几何中心坐标的计算公式类似，此处不再赘述。

图 3-2　流数据集起点几何中心（绿色点）、终点几何中心（红色点）及几何中心流（橙色流）

2. 选取代表性流并绘制流图

1）代表性流的选取

前已述及，f 的 h 邻域内流数目越大，则其核密度值越大，f 也就越"有资格"代表其邻域内流的模式。因此，可以选择局部核密度最高的流代表其周围的流，具体过程如下。首先，计算每条流的核密度，并按照核密度值的大小对流进行降序排序。然后，给定搜索半径 R 值（$R \geqslant h$），按照顺序依次判断每条流是否为其 R 邻域内核密度值最大的流：如果是，则保留该条流，并从流数据集中删除其 R 邻域的其他流；否则，从流数据集中删除该条流本身。通过上述操作，最终可以得到所有局部密度最高的流的集合，并以此代表原始流数据集，从而在保留主要空间模式的前提下实现对原始流数据集的简化。需要注意的是，R 越大，流数据集的简化程度越高，越适合绘制更大空间尺度下的流图。因此，在实际应用中，可根据绘图需求设置搜索半径 R。

2）流的设计

选取具有代表性的流之后，需要将它们绘制成流图，其中，如何设计流的表达方式是绘制流图的关键。下面结合流的结构说明如何设计流的表达方式。一条流由起点、终点和连接它们的流线组成，这三部分的形状、颜色和尺寸（即视觉变量）可以表达起终点及流的属性特征，如流入量、流出量、流的核密度等。具体地，流的视觉变量包括起终点的颜色、箭头的形状、流线的弯曲程度和流线的颜色等。常用的流样式如图 3-3 所示，其中，直线箭头 [图 3-3(a)] 能较好地指示流向；宽箭头 [图 3-3(b)] 和有色箭头 [图 3-3(c)] 可分别通过线宽和颜色表达流的属性特征，如箭头越宽或颜色越深可以表示流的核密度越大；渐强箭头 [图 3-3(d)] 通过颜色的渐变突出流向，即由颜色较浅的一端流向较深一端；异色箭头 [图 3-3(e)] 通过为流两端赋予不同的颜色突出起点和终点的位置，即蓝色一端为起点，红色一端为终点；透明箭头 [图 3-3(f)] 通过在流线中间提高透明度以避免因流的数目过多而产生的流线交叉问题；曲线箭头 [图 3-3(g)] 的弯曲使得流线间的距离增大，而半箭头 [图 3-3(h)] 在指示方向的同时缩小了箭头的面积，这两种样式均能有效减少流的相互堆叠，从而提高图的可读性；锥形线 [图 3-3(i)] 通过流线的粗细区分流的起点或终点，即较粗的一端为起点，较细的一端为终点；端点异色箭头 [图 3-3(j)] 通过不同的端点颜色区分流的起点和终点，即蓝色端点为起点，红色端点为终点。

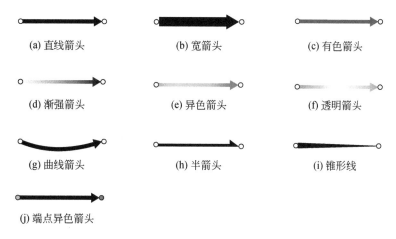

图 3-3　常用的流样式

　　除上述常见的流样式外，为同时展示流的多种属性特征，Koylu 和 Guo（2017）构造了综合多种视觉变量的 5 种复杂流样式。如表 3-1 所示，样式 A 通过起点曲率大、终点曲率小的箭头突出起点位置，通过半箭头突出终点位置，从而更清晰地指示流向，此外，还可通过线宽和颜色反映流的属性特征，如宽度越宽或颜色越深可以表示流的核密度越大；样式 B 在样式 A 的基础上使用异色半箭头替代单色半箭头，以突出起终点和流向，并用线宽反映流的属性特征；样式 C 在样式 B 的基础上通过提高流线中间部分的透明度以防止流的数目过多而导致的流线重叠问题；样式 D 通过起点曲率大、终点曲率小以及渐细的锥形线指示流向，并使用线宽和颜色表达流的属性特征；样式 E 通过起点曲率小、终点曲率大、渐粗锥形线以及颜色渐深指示流向，并使用线宽和颜色表达流的属性特征。上述不同类型的流样式提供了流的多种表达方式，在具体应用中，可以结合表达的重点、底图的制式以及个人的倾向进行选择。

表 3-1　复杂流样式的设计

编号	流样式	视觉变量	
		指示流向	反映属性特征
A		曲线箭头，半箭头	线宽，颜色
B		曲线箭头，半箭头，异色箭头	线宽
C		曲线箭头，半箭头，异色箭头，透明箭头	线宽
D		曲线箭头，锥形线	线宽，颜色
E		曲线箭头，锥形线，渐强箭头	线宽，颜色

资料来源：Koylu 和 Guo（2017）。

3.1.2 应用案例

为评估流的密度聚合可视化方法在实际应用中的效果,本节以 2015 年 1 月 21 日纽约市出租车 OD 流为对象进行案例研究。原始流数据集共包含约 40 万条记录,为提高计算效率,从中随机抽取 10 000 条流进行研究(图 3-4)。

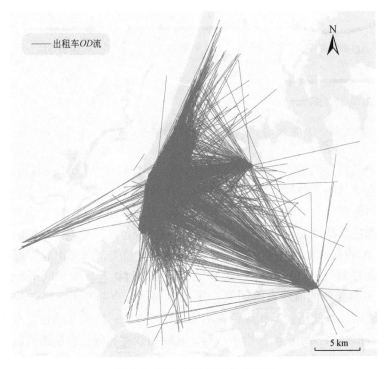

图 3-4 纽约市的出租车 OD 流

对上述流进行密度聚合可视化,具体过程如下。首先,采用式 (3-2) 计算得到最佳带宽 h 为 1km。其次,根据式 (3-1),基于高斯核函数计算每条流的核密度。由于本案例的研究对象为出租车 OD 流,即每条流表示一辆出租车的单次行程,故取 $V(\ )=1$。然后,设置搜索半径 $R=2h=2$km,并提取出半径为 2km 的邻域内局部核密度值最高的流(共 165 条),以此代表原始流数据。最后,使用 3.1.1 节中介绍的样式 A(表 3-1)绘制局部核密度值最高的流,其颜色的深浅和流线的宽度代表核密度值的大小,即颜色越深、宽度越宽表示密度越高,从而得到最终的可视化结果(图 3-5)。从图中可以看出,颜色较深的流线根据其空间分布大致可以分为两类:第一类主要集中分布在曼哈顿区和纽约的三个机场之间,反映了纽约对外长距离出行的强度;第二类主要集中分布在曼哈顿区内部,呈南北向分布,反映了受曼哈顿岛南北狭长形状影响的城区内部出行模式。

流的密度聚合可视化方法的优点在于:①可以较好地解决因流线过多产生的交叉和重叠问题,从而提高流图的可读性;②局部密度最高的流能够有效地反映原始流数据中主要的移动模式;③在进行核密度计算时可以考虑流量,使之既适用于个体流,也适用于群体流。不足之处在于:该方法受带宽参数的影响较大,若对流图的简化程度有明确需求,需

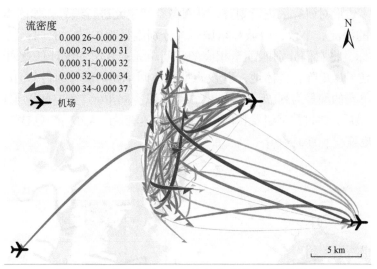

图 3-5　纽约市出租车 *OD* 流的密度聚合可视化结果

进行多次实验才能确定最佳参数。

　　除了上述基于核密度的流的聚合可视化方法之外，还可在流聚类结果的基础上进行聚合可视化。具体思路为：首先对流数据集进行聚类，方法包括流的层次聚类（Zhu and Guo，2014；Andrienko N and Andrienko G，2010）、密度聚类（Tao et al.，2017；Nanni and Pedreschi，2006）、密度分解（Song et al.，2020）等，从而生成多个流簇；然后，用每个流簇的几何中心流[式(3-4)和式(3-5)]代表簇中的所有流，从而实现流的聚合；最后，采用 3.1.1 节所述的流图绘制方法对几何中心流进行可视化，得到最终简化后的流图。这类可视化方法的关键在于流的聚类，而流的聚类方法繁多且主要用于流的空间模式挖掘，故在本书第 7 章中具体介绍，此处不再赘述。

3.2　流的 *OD* 矩阵可视化

　　流的 *OD* 矩阵是指以研究区中空间单元（如行政区划）的编号为行和列，以两两空间单元之间的流量为元素的矩阵。为了直观反映流量的分布，可根据 *OD* 矩阵中元素值的大小生成矩阵热度图（后文简称 *OD* 矩阵图），这种表达方法称为 *OD* 矩阵可视化（Voorhees，2013；Wilkinson and Friendly，2009；Guo and Gahegan，2006；Ghoniem et al.，2004）。然而，*OD* 矩阵图仅能表示行列所对应空间单元之间的交互，而无法显示起终点的位置信息。为了在展示流的空间交互的同时保留起终点的空间位置信息，可以将地图与 *OD* 矩阵图相结合构建 MapTrix（Yang et al.，2016）。下面简要介绍流的 *OD* 矩阵可视化方法的原理，然后详细说明 MapTrix 的构建方法，并通过应用案例评估 MapTrix 的可视化效果。

3.2.1　流的 *OD* 矩阵可视化

　　以图 3-6(a) 中的示例数据为例，流的 *OD* 矩阵可视化方法的具体步骤为：首先，基于行政区或规则多边形对研究区进行划分，并对各空间单元进行编号，如图 3-6(a) 中的空间单元为北京市的海淀、丰台、西城和东城区，分别编号为 1、2、3、4；然后，根据流起终点的空间坐标，将它们分别匹配至相应的空间单元；其次，统计任意两个空间单元之间的流量，构建 OD 矩阵，具体地，以 O 点所在空间单元的编号为行 $O=\{O_i \mid i=1,2,3,4\}$，D 点所在空间单元的编号为列 $D=\{D_j \mid j=1,2,3,4\}$，以空间单元 i 到空间单元 j 的流量为 (O_i, D_j) 的元素值；最后，通过数字以及格网单元颜色表达流量的大小（颜色越深，流量越大），最终生成 OD 矩阵图 [图 3-6(b)]。

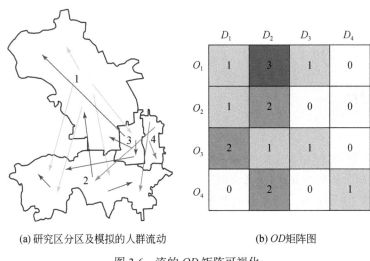

(a) 研究区分区及模拟的人群流动　　　　(b) OD矩阵图

图 3-6　流的 OD 矩阵可视化

3.2.2　流的 MapTrix 可视化

前已述及，OD 矩阵图仅能表示起终点之间的空间交互，而无法表达起终点的位置信息。为了弥补此缺陷，Yang 等（2016）将地图与 OD 矩阵图相结合构建了 MapTrix，从而同时展示流的空间交互和起终点的地理位置。下面介绍 MapTrix 的构建方法以及应用案例。

1. MapTrix 的构建方法

1）整体设计方案

MapTrix 主要包括三个部分：起 / 终点地图（表示起 / 终点位置的地图）、OD 矩阵图和引导线。同样以图 3-6(a) 中的示例数据为例，基于该数据的 MapTrix 结构如图 3-7 所示，图中左侧为起 / 终点地图，右侧为 OD 矩阵图，中间通过引导线将二者相连。构建 MapTrix 的具体步骤如下：①将起点和终点地图上下排列放置在图的一侧，而将 OD 矩阵图放置在另一侧（为尽可能避免引导线间出现重叠或交叉，可以旋转地图将其外接矩形较长的边朝向 OD 矩阵图）。②采用引导线将起 / 终点地图中的空间单元（如北京市的海淀区、丰台区、西城区和东城区）与 OD 矩阵图中相应的行或列相连，并用箭头指示流向，即由起点地图流向终点地图。③以 OD 矩阵元素颜色的深浅表示流量的大小（颜色越深，流量越大），并将 OD 矩阵图顺时针旋转 45°，以便使引导线不产生交叉，同时保证 OD 矩阵图中地理标签的易读性。④在引导线中间插入不同长度的条形图，用于显示引导线所指空间单元的流量，其中，右侧条形图的长度表示流出量的大小，左侧条形图的长度表示流入量的大小。例如，在起/终点地图中，连接丰台区的引导线上的条形图，左侧条形图明显长于右侧，说明丰台区的流入量大于流出量；此外，还使用条形图较深的一侧指示流向，如起点地图上的条形图右侧深于左侧，表明流从起点地图出发由左向右流出；同理，终点地图上的条形图指示流由右向左流入终点地图。⑤在起/终点地图空间单元中设置不同大小的圆，用于显示相应空间单元的流量，其中，起点地图中圆的大小表示流出量的大小，终点地图中圆的大小表示流入量的大小。例如，在起点地图中，海淀区内的圆明显大于丰台区中的圆，说明海淀区的流出量大于丰台区的流出量。相较于图 3-6(b) 中单一的 OD 矩阵图，MapTrix 可以在展示空间交互信息的同时，更为直观地反映起终点的位置信息。

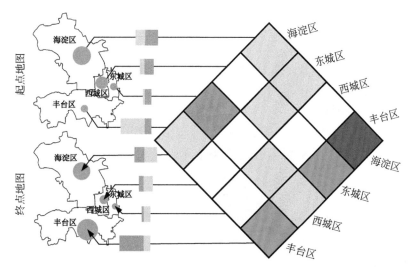

图 3-7　MapTrix 的结构

2）引导线的设计和布局方法

为了布局的清晰美观，引导线在连接 OD 矩阵图与起/终点地图时，应满足以下 4 条标准：①引导线在地图中所指位置明确；②相邻引导线分隔明晰；③引导线不交叉；④引导线分布均匀。为了满足上述标准，在设计引导线时，如图 3-7 所示，可利用斜线和水平线两种线段组成引导线（Bekos et al.，2009，2007），其中，斜线连接起/终点地图，水平线连接 OD 矩阵图。在布局引导线时，需不断调整连接点的位置以及引导线间的距离，由于连接起点地图和终点地图的引导线的布局方法一致，故下面以连接起点地图的引导线为例，详细介绍其布局方法。如图 3-8 所示，根据引导线连接点在起点地图中的位置可以将其分为两类：一类是连接点在地图上半部分的引导线，其斜线段均从右至左向下弯曲（如图 3-8 中的 1 号和 2 号引导线）；另一类是连接点在地图下半部分的引导线，其斜线段均从右至左向上弯曲（如图 3-8 中的 3 号和 4 号引导线）。布局引导线时，在两类引导线间插入一条分割线（图 3-8 中红色虚线 l_c），并保证引导线在地图上的连接点与此分割线相隔一定距离 d_{lc}（可根据经验和实际情况人为设定），即可实现不同类型引导线间不交叉且分隔明确。此外，同一类引导线的布局可以视为一个二次规划问题，其目标函数设计如下。

首先，针对标准①，应优化引导线在地图上的连接位置。通常情况下，本书认为空间单元的几何中心是引导线连接的最佳位置。为此，可将其作为连接位置优化的初始位置，而目标函数中的第一个目标项可定义为连接点位置偏离初始位置的位移，其表达式为

$$S_1 = \sum_{i=1}^{n}\left[(l_{xi} - c_{xi})^2 + (l_{yi} - c_{yi})^2\right] \tag{3-6}$$

式中，c_{xi} 和 c_{yi} 分别为初始位置的 x 和 y 坐标；l_{xi} 和 l_{yi} 分别为引导线第 i 个连接点的 x 和 y 坐标，为需要优化的变量；n 为当前类别引导线的数目；S_1 表示 n 个连接点偏离初始位置位移的总和，当位移总和最小时，即为最优解。

其次，为满足标准②和③，应使引导线间的距离尽可能大。在同类引导线中，相邻引导线间（如图 3-8 中的 1 号和 2 号引导线）的距离可以通过式 (3-7) 计算：

$$d_j = \frac{(kl_{x(j+1)} - l_{y(j+1)} - kl_{xj} + l_{yj})}{\sqrt{k^2 + 1}} \tag{3-7}$$

式中，d_j 为引导线 j 与相邻引导线 $j+1$ 间的距离；k 为斜线的斜率（为了布局美观，设定所有斜线的斜率相等）；l_{xj} 和 l_{yj} 的含义与式 (3-6) 相同。为避免引导线间的重叠，应保证 $d_j > 0$。

最后，除了增大引导线间的距离之外，还应保证同类引导线间隔均匀，即满足上述标准④。为此，第二个目标项 S_2 可以由式 (3-8) 表示：

$$S_2 = \sum_{j=1}^{n-1}(d_j - D_{\max})^2 \tag{3-8}$$

式中，d_j 的含义与式 (3-7) 相同；$D_{\max}$ 为相邻引导线间的最大初始距离，即初始时刻所有 d_j 中的最大值；S_2 越小表明引导线分布越均匀，反之，则表明引导线间距离的差异越大，即引导线的分布越不均匀。

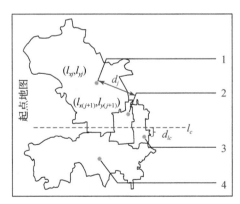

图 3-8 引导线的布局（以连接起点地图的引导线为例）

综上所述，关于引导线布局完整的二次规划目标函数为 $S_1 + w(S_2)$，其中权重 $w \geqslant 0$，用于平衡连接点位移和引导线分布均匀性两个因素的相对重要程度。优化引导线布局的过

程，等同于 $d_j > 0$ 条件下目标函数最小化的过程。具体地，不断微调同类引导线中连接点的位置，当其对应的目标函数达到最小值时，连接点微调完成，从而得到最终的引导线布局。

2. 应用案例

为了评估 MapTrix 可视化的效果，以北京市城六区（东城区、西城区、朝阳区、海淀区、丰台区和石景山区）作为研究区，以 2014 年 10 月 8 日研究区内的出租车 OD 流为例进行研究。数据集共包括 223 812 条 OD 记录。图 3-9 展示了研究区内的出租车 OD 流，从中可以发现，在不进行任何处理的情况下，流之间存在严重的遮挡，因而难以解读出隐藏的空间交互模式。

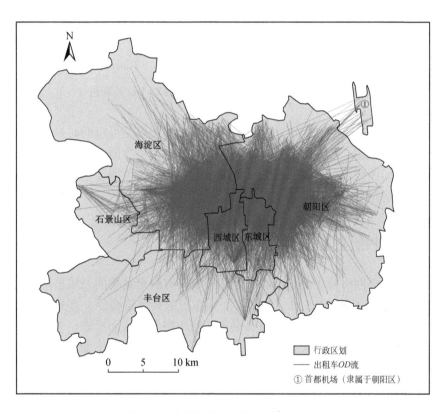

图 3-9　北京市城六区的出租车 OD 流

为了更清晰地展示北京市城六区之间的空间交互模式，基于本节所述方法，构建了北京市城六区出租车 OD 流的 MapTrix（图 3-10）。需要说明的是，案例着眼于空间单元之间的交互模式，故不考虑每个单元内部的流动。由图中的条形图和圆大小可知，在城六区范围内，出租车的上车点和下车点多集中于朝阳区和海淀区；由 OD 矩阵图可知，（朝阳区，东城区）、（朝阳区，海淀区）和（海淀区，西城区）等元素颜色较深，说明出租车出行多集中于这些区域对之间，而石景山区所对应行和列的颜色均较浅，表明流出和流入石景山区的出租车均较少。

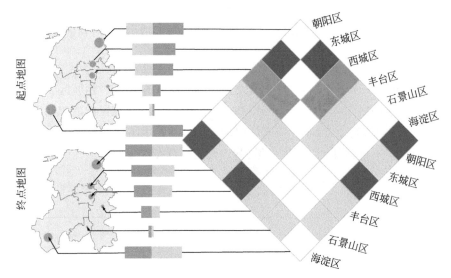

图 3-10　北京城六区出租车 *OD* 流的 MapTrix 可视化

相较于单一的 *OD* 矩阵图，流的 MapTrix 可视化的优点是可以同时显示空间单元的交互和起终点的地理位置。不足之处在于：MapTrix 的结构包含两个地图、一个 *OD* 矩阵图和多条引导线，构图要素较多，当研究区空间单元较多时，可能会增加可视化结果图的复杂性，从而加大解读空间交互模式的难度。

3.3　流的 *OD* 嵌套格网可视化

流的 *OD* 嵌套格网可视化的核心思想是用一个具有嵌套结构的二维格网同时表达起终点的交互和位置信息（Wood et al.，2010）。其实现的具体思路是：首先，将研究区划分为规则格网，然后，在每个格网单元中再嵌入相同的格网，从而形成一个二层嵌套格网，其中的一个嵌套格网单元可以表达一对原始格网单元之间的流。下面将介绍 *OD* 嵌套格网可视化方法的原理以及应用案例。

3.3.1　流的 *OD* 嵌套格网可视化原理

以图 3-11(a) 中的数据为例，*OD* 嵌套格网可视化的具体步骤如下。首先，将研究区划分为 3×3 的规则格网（称为外层格网，一般情况下，行列数相同），并分别对行、列进行编号，如在图 3-11(a) 中，行编号为 $\{R_0, R_1, R_2\}$，列编号为 $\{C_0, C_1, C_2\}$。其次，在每个格网单元中再嵌入一个 3×3 的规则格网（称为内嵌格网），从而形成一个 9×9 的二层嵌套格网，其列的编号采用原始格网列编号两两排列组合的编码方法，如图 3-11(b) 中，第一列的编号为 C_0C_0，第二列为 C_0C_1，以此类推，行的编号同理。再次，基于研究区内流的分布，对流的起点和终点所在原始格网的行编号进行组合，以获取流在嵌套格网中的行编号，列编号的获取同理。以原始格网中的红色流为例，其起点和终点在原始格网中的行编号分别为 R_2 和 R_1，那么其在嵌套格网中的行编号为 R_2 和 R_1 的组合，即 R_2R_1，同理，其列编号为 C_0C_2，故嵌套格网单元 (R_2R_1, C_0C_2) 表示红色流线。类似地，嵌套格网单元 (R_0R_1, C_0C_0) 表示从原始格网单元 (R_0, C_0) 到 (R_1, C_0) 的流（蓝色流线），嵌套格网单元 (R_1R_0, C_2C_0) 表示从原始格网单元 (R_1, C_2) 到 (R_0, C_0) 的流（绿色流线）。最后，通过嵌套格网单元颜色的深浅表示流量的大小，从而生成研究区的 OD 嵌套格网图 [图 3-11(b)]，例如，根据原始格网单元之间流数目的不同，可得到颜色由深至浅的系列嵌套格网单元：(R_1R_0, C_2C_0)、(R_2R_1, C_0C_2) 和 (R_0R_1, C_0C_0)。

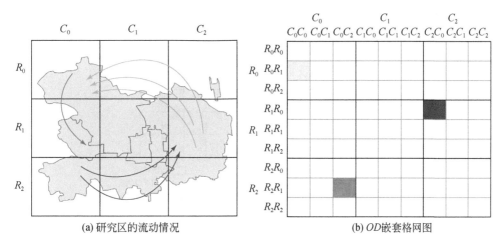

(a) 研究区的流动情况　　　　(b) OD 嵌套格网图

图 3-11　流的 OD 嵌套格网可视化

对于 $n \times n$ 的格网，二层嵌套格网实际上为一个 $n^2 \times n^2$ 的规则格网。在可视化过程中，需要根据 O 点和 D 点在原始 $n \times n$ 格网中的位置，确定 OD 流在 $n^2 \times n^2$ 嵌套格网中的位置。其计算方法如下：假设原始格网和二层嵌套格网的行和列号均从 0 开始，且流的 O 点在原始格网中的行列号分别为 row_O 和 col_O，D 点在原始格网中的行列号分别为 row_D 和 col_D，那么，在二层嵌套格网中，OD 流的行号（row_{OD}）和列号（col_{OD}）可分别通过式 (3-9) 和式 (3-10) 计算。

$$\mathrm{row}_{OD} = n \times \mathrm{row}_O + \mathrm{row}_D \tag{3-9}$$

$$\mathrm{col}_{OD} = n \times \mathrm{col}_O + \mathrm{col}_D \tag{3-10}$$

以图 3-11(a) 中的红色流为例，在 $n=3$ 的情况下，其 $\mathrm{row}_O=2$，$\mathrm{row}_D=1$，故其 O 点在图 3-11(b) 所示二层嵌套格网中的行号为 7，即编号为 R_2R_1 的行，同理可知，其 D 点在二层嵌套格网中列号为 2，即编号为 C_0C_2 的列。

3.3.2　应用案例

为了评估 OD 嵌套格网可视化方法的效果，本节以北京市五环以内的出租车 OD 流为对象进行案例研究。案例所用数据与 3.2.2 节中的一致，此处不再具体介绍。研究区为北京市五环的外接矩形，在可视化之前，将其划分为 10×10 的规则格网。图 3-12 展示了规则格网的划分方案以及随机抽取的 1% 样本的出租车 OD 流数据。

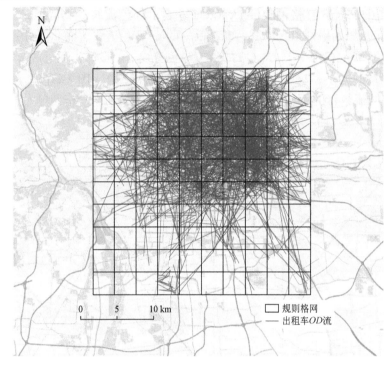

图 3-12　研究区规则格网划分及出租车 OD 流（1% 抽稀）

　　针对所有出租车 OD 流数据，图 3-13 展示了两种不同方法的可视化结果，分别为流线图 [图 3-13(a)] 和 OD 嵌套格网图 [图 3-13(b)]。通过对比发现，流线图在流的数目较大时产生了严重的遮挡，掩盖了大量细节信息，而 OD 嵌套格网图可以更为直观地反映 O 点和 D 点的空间位置以及流量（颜色由浅到深表示流量由低到高）的分布。由 OD 嵌套格网

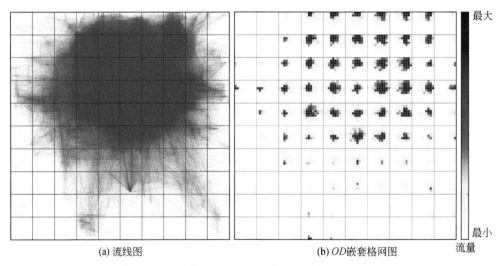

(a) 流线图　　　　　　　　　　　　(b) OD 嵌套格网图

图 3-13　北京市五环以内出租车 OD 流的可视化表达

图可以看出，原始 10×10 格网中市中心和北、东部区域颜色较深，说明出租车上车点主要集中在这些区域；此外，中心和北、东部区域内颜色较深的嵌套格网单元也多集中于中心和北、东部区域，说明北京市五环以内出租车的下车点也集中于此，并进一步表明北京市五环以内的出租车出行也主要集中在这一区域内。这一现象的主要原因在于，北京五环以内中心城区及其北、东部人口高度集中，且居住、工作、商业、休闲和交通等功能混合程度高，因而相关的出行需求量较大。

流的 OD 嵌套格网可视化方法的优点在于：可以较好地解决流数目过多产生的遮挡问题，同时仅用一张二维图就可清晰展示起点和终点的地理位置。然而，该方法也存在着固有不足：由于必须确保外层格网的每个格网单元都能"装下"一个内嵌格网，因此外层格网只能是粗粒度的，导致这种嵌套格网的结构从总体上难以展示研究区内流模式的精细特征。

3.4　流的起终点符号可视化

流的 OD 嵌套格网可视化通过正方形格网的嵌套表示起终点的位置及流的模式，虽然思路巧妙，但嵌套结构的复杂性给判读带来一定难度。为进一步简化，可通过设计特定的符号表示起 / 终点的位置，无须嵌套即可实现流的可视化，这种方法称为流的起终点符号可视化。其基本原理为：用特定符号代表起点或终点所在的空间单元；然后通过符号的形状、颜色和大小等，展示流的流量、长度、方向和起终点位置等信息。下面以流的起点符号可视化为例，详细介绍两种起终点符号可视化方法，包括六边形可视化和调色板可视化。

3.4.1　六边形可视化

六边形可视化方法的基本思路是：将研究区划分为多个正六边形，根据起点位置将流聚合到相应的六边形空间单元中，然后以六边形空间单元为基础，设计流的表达符号，并通过符号的不同属性，可视化起点在该空间单元内的流的不同属性特征（Yao et al., 2019）。下面介绍六边形可视化方法的原理及其应用案例。

1. 方法原理

六边形可视化方法主要包括三方面的内容：符号设计、空间聚合和色彩设计。下面分别对各部分进行详细的说明。

1）符号设计

六边形可视化的首要任务是将研究区划分为多个规则的正六边形空间单元，并对六边形符号进行细节设计。为了表达大量的流数据，同时展示其空间模式，在设计六边形符号时，首先，将六边形等分为六个子单元 [图 3-14(a)]，每一个子单元代表一个方向区间，它们从正东方向开始（将正东方向视为 0°），按照逆时针顺序依次编为 1~6 号子单元，每个子单元所代表的方向区间分别是 [0°, 60°), [60°, 120°), [120°, 180°), [180°, 240°), [240°, 300°), [300°, 360°)；其次，将每个子单元进一步划分为中心和边界两个部分，其中，中心部分的颜色表示该方向区间上的流量，边界部分的颜色表示该方向区间上流的长度 [图 3-14(b)，后文将详细介绍颜色设置的原则]。图 3-14(c) 所示为六边形符号设计的最终效果。

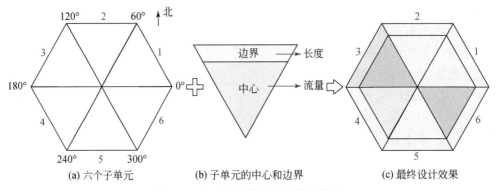

(a) 六个子单元　　　　(b) 子单元的中心和边界　　　　(c) 最终设计效果

图 3-14　六边形可视化中的符号设计

2）空间聚合

六边形可视化的关键步骤是根据起点位置和方向对流进行聚合。如图 3-15 所示，具体的聚合过程为：首先，根据起点位置将每条流聚合到相应的六边形空间单元中；其次，计算六边形单元中每条流的方向（ *OD* 流与正东方向的夹角），继而根据流的方向将每条流分配至相应的子单元中（后文简称定向）；最后，对分配至相同子单元中的流进行聚合，并计算聚合之后流的流量和长度。具体地，针对个体流，聚合之后子单元的流量为分配至其中的流的数目，而长度为其中的流的平均长度。假设定向之后分配到某一子单元中的个体流为 $\{f_1, f_2, \cdots, f_n\}$，那么聚合之后子单元的流量 a_m 和长度 a_d 可分别通过式(3-11)和式(3-12)计算。

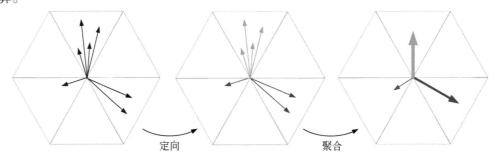

图 3-15　流的定向和聚合过程

线宽表示流量，线长表示流的长度

$$a_m = n \tag{3-11}$$

$$a_d = \frac{\sum_{i=1}^{n} d_i}{n} \tag{3-12}$$

式中，n 为个体流的数目；d_i 为第 i 条个体流的长度。针对群体流，假设定向之后分配到某一子单元中的群体流的流量和长度为 $\{(m_1, d_1), (m_2, d_2), \cdots, (m_n, d_n)\}$，其中，$m_i$ 和 d_i 分别表示第 i 条群体流的流量和长度，那么聚合之后子单元中的流量 a_m 和长度 a_d 可分别通过

式 (3-13) 和式 (3-14) 计算。

$$a_m = \sum_{i=1}^{n} m_i \tag{3-13}$$

$$a_d = \frac{\sum_{i=1}^{n} d_i m_i}{\sum_{i=1}^{n} m_i} \tag{3-14}$$

基于式 (3-14) 计算聚合之后流的长度时，采用流量进行加权，即如果一条群体流的流量越大，其长度对 a_d 的影响也越大。假设定向之后分配至子单元中的两条群体流分别为：f_1=(100, 10) 和 f_2=(5, 100)，根据式 (3-13) 和式 (3-14) 可计算二者聚合之后子单元的流量为 105，长度为 14.3。由于 f_1 的流量比 f_2 大得多，故经过流量加权，聚合之后子单元中流的长度更接近于 f_1 的长度。需要说明的是，如果子单元中不存在流，则 a_m 和 a_d 均为 0。

3）色彩设计

六边形可视化的最后一步是在每个六边形单元中，根据聚合之后每个子单元的流量和长度，用渐变的颜色分别对子单元的中心和边界部分进行渲染。如图 3-16 所示，流量和长度分别采用两种颜色序列以避免混淆：灰色色阶由浅至深表示流量由低至高，橙色色阶由浅至深表示长度由短到长。

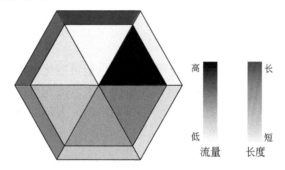

图 3-16　流量和长度的配色方案

2. 应用案例

应用案例使用的数据为北京城六区内随机生成的 20 条 OD 流，得到的流与正东方向的夹角介于 0°~90°，并且起点分布在研究区外围的流比在中心地区的流更长 [图 3-17(a)]。应用六边形可视化方法对上述数据进行可视化展示，具体的实现过程为：首先，将研究区划分为七个规则的正六边形，根据起点位置将每条流聚合到相应的六边形单元中；其次，对每个六边形单元中的流进行定向与聚合，计算每个子单元聚合之后流的长度和流量；最后，根据计算结果，对各子单元进行颜色渲染，从而得到最终的可视化结果 [图 3-17(b)]。从图 3-17(b) 中可以看出，中心部分颜色较深的区域都集中于六边形的第 1 号和第 2 号子单元，且研究区外围六边形单元的边界部分的颜色明显深于研究区中心的六边形单元。由上述结果可知，研究区内多为东或东偏北向的流，且研究区外围多为长距离流，中心地区多为短距离流。这与 *OD* 流数据的生成条件一致，从而验证了六边形可视化方法可以在提高流图可读性的同时较好地表达流的空间模式。

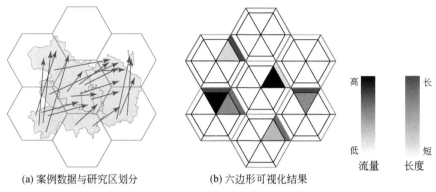

(a) 案例数据与研究区划分   (b) 六边形可视化结果

图 3-17   六边形可视化方法的应用案例

六边形符号可视化方法的优点在于：能够在展示流的分布的同时显示流的方向、流量、长度等多种属性特征。不足之处在于：六边形符号仅能体现流某一端（起点或终点）的空间位置信息，而无法同时表示起点和终点的空间位置信息；此外，六边形单元的结构较为复杂，当单元数目较多时，会给流的空间模式的解读造成一定困难。

3.4.2   调色板可视化

与六边形可视化中结构复杂的六边形不同，调色板可视化仅用正方形格网和色彩就可对流进行可视化。其中，正方形格网单元的位置用于表示流起点的位置，格网单元的颜色用于"指示"流终点的位置，从而通过一个二维网格单元表示一条四维流。下面介绍调色板可视化方法的原理及其应用案例。

1. 方法原理

以图 3-18(a) 中的数据为例，调色板可视化方法的具体思路为：首先，将研究区划分为正方形格网 [图 3-18(a)]；其次，为每个格网单元赋予一种颜色（后文将详细介绍赋色原则），以此构成该研究区的调色板 [图 3-18(b)]；再次，将流的 *O* 点和 *D* 点匹配到相应

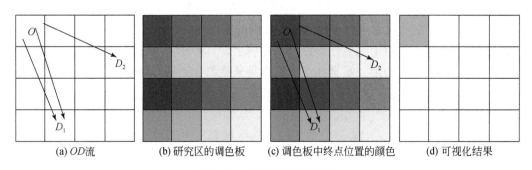

(a) *OD* 流   (b) 研究区的调色板   (c) 调色板中终点位置的颜色   (d) 可视化结果

图 3-18   调色板可视化思路

格网单元中，生成 OD 单元对，即 (O, D_1) 和 (O, D_2)，其中，(O, D_1) 的流量为 2，而 (O, D_2) 的流量为 1，针对格网单元 O，选择流量最大的 OD 单元对 (O, D_1) 代表从 O 点中流出的流；最后，在新生成的格网中，使用调色板中 D_1 所在单元的颜色 [图 3-18(c)] 填充 O 点所在的格网单元，从而实现用格网单元及其颜色同时表达 O 点和 D 点的空间位置 [图 3-18(d)]。

为了保证可视化结果的可读性和辨识度，调色板的设计是关键。在设计调色板时，根据色彩学的基本原理，从组成颜色的三要素（色相、纯度、明度）（图 3-19）中选择色相和纯度作为基础，通过调整色相和纯度构建不同的颜色（Itten，1970）。采用这一设计原则的原因有二：①色相是颜色最主要的特征，而纯度和明度分别是描述颜色饱和度和明暗程度的变量，当格网单元较多时，如果只用同一种色相的不同明度和纯度构建调色板，会导致相邻格网单元间的颜色难以区分，因而在设计调色板时需要调整色相；②由于纯度和明度在颜色区分方面的效果相似，因此二者择一即可满足需求，故本书选择纯度作为调色板设计的另一个要素。

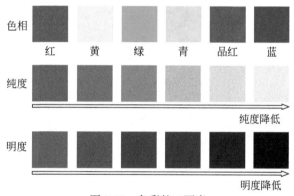

图 3-19　色彩的三要素

基于色相和纯度两种要素，设计调色板的具体思路为：将研究区的正北方向设置为红色，顺时针改变色相，依次为红、黄、绿、青、蓝和品红色；同时，将研究区中心位置设置为白色，距研究区中心越远，色彩的纯度越高（图 3-20）。

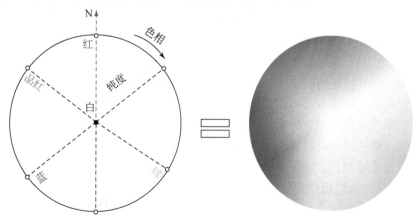

图 3-20　调色板设计方案

2. 应用案例

为评估调色板可视化方法的效果，以北京市五环以内 2014 年 10 月 8~10 日的出租车 *OD* 流作为对象进行案例研究。原始数据共包含约 140 万条记录，为分析北京市五环以内中长距离流的空间模式，从中提取出行距离大于 5km 的出租车 *OD* 流（约 76 万条）作为研究对象。图 3-21 展示了研究区内出租车 *OD* 流的分布情况。

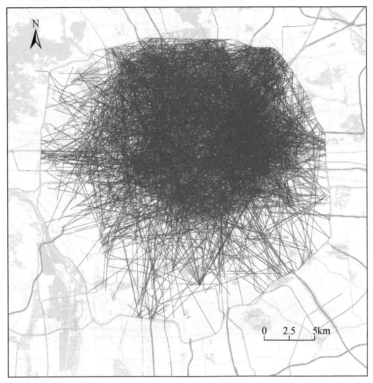

图 3-21　北京市五环以内的出租车 *OD* 流

采用调色板方法对上述数据集进行可视化展示，具体的过程为：首先，将研究区划分为 800m × 800m 的格网，共形成 1114 个格网单元；其次，基于本节所述方法构建研究区的调色板（图 3-22）；最后，基于调色板对中长距离的出租车 *OD* 流进行可视化，结果如图 3-23 所示。从图 3-23 中可以看出，可视化结果中浅紫色、浅青色和浅黄色的格网单元较多。结合调色板中这三种颜色（图 3-22 中黑色标识的区域）所对应的地图中的位置（图 3-24 中红色标识的区域）可以发现，浅紫色对应于北京西站，浅青色对应于北京南站，浅黄色对应于北京站，说明五环以内出租车中长距离出行的目的地有不少为北京市的三大火车站。这一结果符合北京城区中长距离出租车 *OD* 流的出行特征，表明调色板可视化方法可以在消除流线遮挡的同时凸显流的主要空间模式。

相较于六边形可视化方法，调色板可视化方法的优点在于：能够在二维格网单元中同时显示 *O* 点和 *D* 点的地理位置。不足之处在于：该可视化方法只能表达流入或流出空间单元的流量最大的那条流，而无法显示流入或流出该空间单元的其他流的空间分布信息。

本章介绍了四类共六种不同的流可视化表达方法，各种方法的特点如表 3-2 所示。在

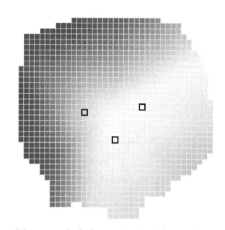

图 3-22　北京市五环以内区域的调色板

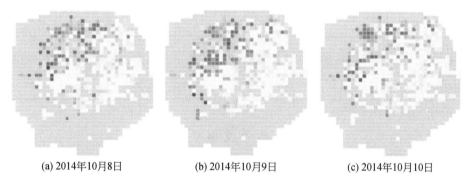

(a) 2014年10月8日　　　(b) 2014年10月9日　　　(c) 2014年10月10日

图 3-23　北京市五环以内中长距离流的调色板可视化

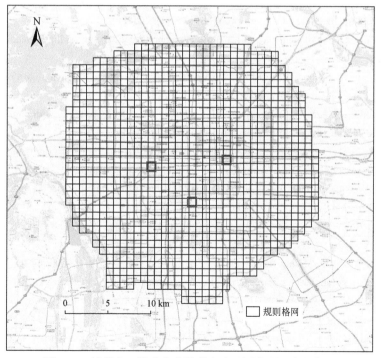

图 3-24　浅紫色、浅青色和浅黄色在地图中所对应的位置

流的可视化时，可根据任务的实际需求选择合适的方法。

表 3-2　流的可视化方法特点对比

特点	聚合可视化	OD 矩阵可视化		OD 嵌套格网可视化	起终点符号可视化	
		OD 矩阵可视化	MapTrix 可视化		六边形可视化	调色板可视化
适用于大规模的流数据	√	√	√	√	√	√
同时表达 O 点和 D 点的地理位置	√		√	√		√
直观展示流量分布	√	√	√	√	√	
直观展示流向分布	√				√	
直观展示流的长度分布	√				√	
无流线交叠现象		√	√	√	√	√
反映全部流数据的空间模式		√	√	√	√	
读图相对简单	√	√		√		

注：√表示该可视化方法存在的特点。

参 考 文 献

Andrienko G, Andrienko N. 2010. A general framework for using aggregation in visual exploration of movement data. The Cartographic Journal, 47(1): 22-40.

Andrienko N, Andrienko G. 2010. Spatial generalization and aggregation of massive movement data. IEEE Transactions on Visualization and Computer Graphics, 17(2): 205-219.

Bekos M A, Kaufmann M, Nöllenburg M, et al. 2009. Boundary labeling with octilinear leaders. Algorithmica, 57(3): 436-461.

Bekos M A, Kaufmann M, Symvonis A. 2007. Boundary labeling: models and efficient algorithms for rectangular maps. Computational Geometry, 36(3): 215-236.

Fukunaga K, Hostetler L. 1975. The estimation of the gradient of a density function, with applications in pattern recognition. IEEE Transactions on Information Theory, 21(1): 32-40.

Ghoniem M, Fekete J D, Castagliola P. 2004. A comparison of the readability of graphs using node-link and matrix-based representations. IEEE Symposium on Information Visualization, doi: 10.1109/INFVIS. 2004.1.

Guo D, Gahegan M. 2006. Spatial ordering and encoding for geographic data mining and visualization. Journal of Intelligent Information Systems, 27: 243-266.

Itten J. 1970. The Elements of Color: a Treatise on the Color System. New York: Van Nostrand Reinhold Company.

Johnson H, Nelson E S. 1998. Using flow maps to visualize time-series data: comparing the effectiveness of a paper map series, a computer map series, and animation. Cartographic Perspectives, (30): 47-64.

Koylu C, Guo D. 2017. Design and evaluation of line symbolizations for origin–destination flow maps. Information Visualization, 16(4): 309-331.

Nanni M, Pedreschi D. 2006. Time-focused clustering of trajectories of moving objects. Journal of Intelligent Information Systems, 27(3): 267-289.

Robinson A H. 1955. The 1837 maps of Henry Drury Harness. Geographical Journal, 121(4): 440-450.

Scheepens R, Willems N, Van de Wetering H, et al. 2011. Composite density maps for multivariate trajectories. IEEE Transactions on Visualization and Computer Graphics, 17(12): 2518-2527.

Silverman B W. 1986. Density Estimation for Statistics and Data Analysis. Boca Raton: Chapman & Hall/CRC.

Song C, Pei T, Shu H. 2020. Identifying flow clusters based on density domain decomposition. IEEE Access, 8(1): 5236-5243.

Tao R. 2017. FlowHDBSCAN: a hierarchical and density-based spatial flow clustering method. Proceedings of the 3rd ACM SIGSPATIAL Workshop on Smart Cities and Urban Analytics. Redondo Beach, CA: 1-8.

Tobler W. 1981. Depicting federal fiscal transfers. Professional Geographer, 33(4): 419-422.

Voorhees A M. 2013. A general theory of traffic movement. Transportation, 40(6): 1105-1116.

Wilkinson L, Friendly M. 2009. The history of the cluster heat map. American Statistician, 63(2): 179-184.

Wood J, Dykes J, Slingsby A. 2010. Visualization of origins, destinations and flows with OD Maps. Cartographic Journal, 47(2): 117-129.

Yang Y L, Dwyer T, Goodwin S, et al. 2016. Many-to-many geographically-embedded glow visualization: an evaluation. IEEE Transactions on Visualization & Computer Graphics, 23(1): 411-420.

Yao X, Wu L, Zhu D, et al. 2019. Visualizing spatial interaction characteristics with direction-based pattern maps. Journal of Visualization, 22: 555-569.

Zhu X, Guo D. 2014. Mapping large spatial flow data with hierarchical clustering. Transactions in GIS, 18(3): 421-435.

Zhu X, Guo D, Koylu C, et al. 2019. Density-based multi-scale flow mapping and generalization. Computers, Environment and Urban Systems, 77: 101359.

第 4 章　地理流的几何分析

　　流之间的空间关系包括几何关系、空间自相关、空间关联等。几何关系包括方位、拓扑、距离、方向关系等，是流之间最基本、最直观的关系。本章将分别介绍几何关系分析中具有代表性的两类：流的拓扑分析和流的缓冲区分析。流的拓扑分析部分将介绍流的拓扑关系模型、推断方法，并将其应用于出租车共享行程的发现；流的缓冲区分析部分将介绍流的缓冲区概念、分析方法，并使用该方法评价北京市六环以内地铁服务的覆盖率。流的几何分析是认识流之间空间关系的基础，同时也是后续流模式分析研究中空间关系推断的依据之一。

4.1　流的拓扑分析

　　流的拓扑关系是流的基本几何关系之一，用于描述流之间是否相交、相等、包含等，是流空间关系分析的基础。不仅如此，流的拓扑关系分析也可用于解决实际问题，如行程规划：如果判断出从 P_1 到 P_2 的出行流包含从 P_3 到 P_4 的出行流 [图 4-1(a)]，则可将两个行程合并，从而实现拼车；若从城市 A 到城市 C 的航线与从城市 B 到城市 D 的出行流部分重叠 [图 4-1(b)]，且从城市 B 到城市 D 的人数较多，而 A 到 C 的客流并不多，则可以考虑在该航线上增加经停站城市 B，并将 C 也作为经停站，同时延长该航线至城市 D，从而使航线规划更趋合理，以服务更多的潜在客户。为实现流的拓扑关系分析，本节将介绍流的拓扑关系模型，构建流的拓扑关系推断方法，并通过实际案例阐释流拓扑关系分析的应用价值（Jiang et al.，2022）。

(a) 计算出行流的拓扑关系以实现拼车　　　　(b) 计算航线与出行流的拓扑关系以调整航线

图 4-1　流的拓扑分析应用示例

4.1.1　流的拓扑关系模型

　　第 1 章中定义了自由流和受限流，它们的差别在于起终点及其最短连接是否受限。由于两类流均满足起终点之间的最短连接唯一，故自由流和受限流的数学模型均可表达为起终点坐标的组合，二者之间的差别亦可简化为起终点位置是否受限。如前所述，在讨论流的拓扑关系时，由于需要分析流之间的包含、相交等关系，故需考虑起终点之间连接的具体路径。由于自由流起终点之间的具体路径一般为连接起终点的直线段，而受限流起终点之间的具体路径通常为受限空间中连接起终点的最短路径，因而受限流起终点的具体路径较自由流更为复杂。因此，相对于自由流，受限流的拓扑关系也更复杂，而自由流的拓扑关系可视为受限流的特例。本节首先从传统的空间拓扑关系模型入手，介绍四交模型和九交模型；然后，根据九交模型定义受限流拓扑关系的点集模型；最后，以点集模型为基础提出流的拓扑关系模型。

1. 四交模型与九交模型

在描述地理对象间的拓扑关系时，四交模型（Egenhofer and Franzosa，1991）和九交模型（Egenhofer，1991）是目前最常用的两种模型。二者均建立在点集拓扑学的基础上，视拓扑空间及其中的地理对象为点的集合（即点集，此处之所以使用点集是因为地理对象以及其拓扑分析结果的最小组成单元是点），从而通过定义地理对象的多个点集并计算两个地理对象点集之间的交集，描述地理对象之间的拓扑关系。具体地，四交模型将地理对象分为两个点集，即内部 $A°$ 和边界 ∂A，以此为基础计算两个对象（如 A 和 B）的内部和边界点集之间两两相交的情况，进而描述地理对象之间的拓扑关系 [式 (4-1)]。九交模型在四交模型的基础上加入了地理对象的外部点集 A^-，通过判断两个对象的内部、边界和外部点集之间两两相交的情况，描述对象之间的拓扑关系 [式 (4-2)]。由于四交模型和九交模型在描述拓扑关系时，多以矩阵形式表达，因此二者均可称为拓扑关系矩阵。

$$\boldsymbol{R}_4(A, B) = \begin{bmatrix} A° \cap B° & A° \cap \partial B \\ \partial A \cap B° & \partial A \cap \partial B \end{bmatrix} \tag{4-1}$$

$$\boldsymbol{R}_9(A, B) = \begin{bmatrix} A° \cap B° & A° \cap \partial B & A° \cap B^- \\ \partial A \cap B° & \partial A \cap \partial B & \partial A \cap B^- \\ A^- \cap B° & A^- \cap \partial B & A^- \cap B^- \end{bmatrix} \tag{4-2}$$

相比于四交模型，九交模型表达拓扑关系的能力更强。如图 4-2 所示，根据九交模型中拓扑关系的定义，图 4-2(a) 和 (b) 中绿色实线和红色虚线之间的拓扑关系分别是相等和相交，这与我们的直观认知相符。然而，如果用四交模型表示，会发现图 4-2(a) 和 (b) 中两条线的拓扑关系矩阵相同，即四交模型无法有效区分这两种拓扑关系。上述结果产生的原因是，四交模型没有考虑地理对象的外部点集（Egenhofer et al.，1993）。因此，为了更精确地描述地理流之间的拓扑关系，本节以九交模型为基础构建地理流的拓扑关系模型。

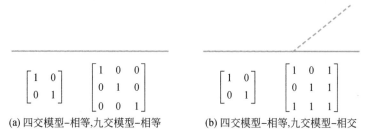

(a) 四交模型-相等,九交模型-相等　　(b) 四交模型-相等,九交模型-相交

图 4-2　四交模型和九交模型的对比

2.受限流拓扑关系的点集模型

合理定义与流相关的点集是建立地理流拓扑关系模型的基础。根据九交模型（Egenhofer，1991）表达的要求，需定义流的边界、内部和外部三个基本点集及相关的并集。为了同时表达流的拓扑关系和方向特征，还需对流的方向进行定义。前已述及，自由流的拓扑关系是受限流的特例，而路网空间又可视为受限空间的典型代表，故本书以路网空间中的流为例，给出与受限流拓扑分析相关的点集定义。

定义1　流的边界：流的起点和终点组成的点集，记为 ∂f。

定义2　流的内部：路网中流起点和终点之间最短路径的开集，记为 f°。

定义3　流的外部：流的边界和内部并集的补集，即流所在的路网空间（全集）减去流的内部和边界得到的点集，记为 f^{-}。

定义4　流的闭包：流的内部和边界点集的并集，记为 $\bar{f}$。

定义5　流的方向：从流的起点指向流的终点的有向线段的方向，可用该有向线段与正东方向的夹角表达。

定义6　流的夹角：两条流的方向之间的夹角。

流的相关点集的示例见图4-3，其中红色点为流的边界 ∂f，绿色折线为流的内部 f°，灰色区域为流的外部 f^{-}，而红色点和绿色折线共同构成流的闭包 $\bar{f}$。下面以路网空间为例介绍其中流的拓扑关系。

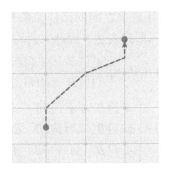

图4-3　流的边界（红色点）、内部（绿色线）和外部（灰色区域）

3.路网空间中流的拓扑关系

流的拓扑关系模型的实质是对两条流的内部、边界和外部点集两两求交，构成9个交集，以描述流之间的拓扑关系。流的拓扑关系模型的数学表达式为

$$\boldsymbol{R}_{9}(f_{1},f_{2})=\begin{bmatrix} f_{1}^{\circ}\cap f_{2}^{\circ} & f_{1}^{\circ}\cap\partial f_{2} & f_{1}^{\circ}\cap f_{2}^{-} \\ \partial f_{1}\cap f_{2}^{\circ} & \partial f_{1}\cap\partial f_{2} & \partial f_{1}\cap f_{2}^{-} \\ f_{1}^{-}\cap f_{2}^{\circ} & f_{1}^{-}\cap\partial f_{2} & f_{1}^{-}\cap f_{2}^{-} \end{bmatrix} \tag{4-3}$$

一般情况下，上述矩阵中每个交集要么为空（∅）要么为非空（¬∅），但为了同时使用该矩阵表示两条流的相对方向，可将不同情况下的交集结果记为0、1或–1：若式(4-3)中拓扑关系矩阵元素对应的交集为空，将交集标记为0；若交集非空且两条流的夹角小于

或等于 90°，则认为两条流同向，将交集标记为 1；若交集非空且两条流之间的夹角大于 90°，则认为两条流反向，将交集标记为 –1。

两条流一旦确定，二者之间的夹角便是固定的，故 1 和 –1 不可能同时出现在同一个拓扑关系矩阵中，即同向流之间的拓扑关系矩阵只能由 0 和 1 构成，而反向流之间的拓扑关系矩阵只能由 0 和 –1 构成。由此可知，流的拓扑关系模型可以表示 $2^9 \times 2 = 1024$ 种可能存在的拓扑关系。然而，并非所有的拓扑关系在路网空间中均存在。为了筛选出路网空间中存在且有意义的流拓扑关系，可根据流在路网空间中的几何特征，列出约束拓扑关系矩阵中各元素值的条件，即约束条件，然后根据约束条件，排除在路网空间中不存在的流拓扑关系。由于两条流在路网空间中的几何特征不因其夹角的变化而变化，故针对同向流的约束条件同样适用于反向流。需要说明的是，以下约束条件的证明必须以假设 1 为基础。

假设 1：两条流闭包的并集不会充满整个路网空间。

在假设 1 的基础上，下面以两条同向流 f_1 和 f_2 为例，列出路网空间中流拓扑关系矩阵的约束条件。

条件 1：f_1 的外部与 f_2 的外部一定相交。

$$R(f_1, f_2) \neq \begin{bmatrix} - & - & - \\ - & - & - \\ - & - & 0 \end{bmatrix} \tag{4-4}$$

式 (4-4) 表示，流的拓扑关系矩阵 $R(f_1, f_2)$ 中，无论其他点集的相交情况如何，f_1 外部（f_1^-）与 f_2 外部（f_2^-）的交集结果一定不为 0。矩阵中 "–" 表示交集的结果可为 0 或 1，下文不等式中此符号的含义相同。条件 1 的证明如下：f_1 的闭包（$\overline{f_1}$）与 f_1^- 组成了路网空间（全集），f_2 的闭包（$\overline{f_2}$）与 f_2^- 的并集也等于路网空间。如果两条流的外部不相交，则有三种可能：$\overline{f_1}$ 等于路网空间，$\overline{f_2}$ 等于路网空间，或者 $\overline{f_1}$ 与 $\overline{f_2}$ 的并集等于路网空间。然而，这与假设 1 不符，故上述三种情况均不合理。由此证明，f_1^- 与 f_2^- 一定相交。

条件 2：如果 f_1 的内部是 f_2 闭包的子集，则 f_1 的边界也是 f_2 闭包的子集，反之亦然。

$$R(f_1, f_2) \neq \begin{bmatrix} - & - & \underline{0} \\ - & - & 1 \\ - & - & - \end{bmatrix} \vee \begin{bmatrix} - & - & - \\ - & - & - \\ \underline{0} & 1 & - \end{bmatrix} \tag{4-5}$$

式 (4-5) 表示，流的拓扑关系矩阵 $R(f_1, f_2)$ 中，在 f_1 内部（f_1°）与 f_2 外部（f_2^-）的交集结果为 0 的前提下，无论其他点集的相交情况如何，f_1 边界（∂f_1）与 f_2^- 的交集结果一定不为 1；反之亦然。公式中带有下划线的数字表示前提条件；符号 "∨" 表示 "或"（下同）。式 (4-5) 说明在流拓扑关系矩阵 $R(f_1, f_2)$ 中，"∨" 连接的两个矩阵表达的拓扑关系均不存在。

上述表述中，"f_1° 与 f_2^- 的交集结果为 0" 等价于 "f_1° 是 f_2 闭包（$\overline{f_2}$）的子集"，而 "∂f_1 与 f_2^- 的交集结果一定不为 1" 等价于 "∂f_1 是 $\overline{f_2}$ 的子集"。其原因在于，f_1° 是非空集合，其与路网空间的交集一定为非空集合，而 f_2^- 与 $\overline{f_2}$ 的并集等于路网空间，如果 f_1° 不与 f_2^- 相交，则 f_1° 一定是 $\overline{f_2}$ 的子集；同理，如果 ∂f_1 不与 f_2^- 相交，则 ∂f_1 一定是 $\overline{f_2}$ 的子集。条件 2 的证

明如下：如果 f_1° 是 $\overline{f_2}$ 的子集，则在 $\overline{f_2}$ 和 f_1° 的差集中一定存在 ∂f_1，即 f_2° 或 ∂f_2 包含了 ∂f_1，所以 ∂f_1 是 $\overline{f_2}$ 的子集。

条件 3：如果 f_1 的内部与 f_2 的边界相交，则 f_1 的内部与 f_2 的外部相交，反之亦然。

$$R(f_1, f_2) \neq \begin{bmatrix} - & 1 & 0 \\ - & - & - \\ - & - & - \end{bmatrix} \vee \begin{bmatrix} - & - & - \\ 1 & - & - \\ 0 & - & - \end{bmatrix} \tag{4-6}$$

式 (4-6) 表示，流的拓扑关系矩阵 $R(f_1, f_2)$ 中，在 f_1 内部（f_1°）与 f_2 边界（∂f_2）的交集结果为 1 的前提下，无论其他点集的相交情况如何，f_1° 与 f_2 外部（f_2^-）的交集结果一定不为 0；反之亦然。条件 3 的证明如下：如果 f_1° 与 ∂f_2 相交，则 f_1 的边界（∂f_1）与 ∂f_2 之间一定存在 f_1° 的子集，且该子集中的点不与 f_2 的闭包（$\overline{f_2}$）相交。然而，由于该子集中的点与路网空间的交集一定非空，且 $\overline{f_2}$ 与 f_2^- 的并集等于路网空间，故 f_1° 一定与 f_2^- 相交。

条件 4：如果 f_1 的内部与 f_2 的外部相交，则 f_1 的边界一定与 f_2 的外部相交，反之亦然。

$$R(f_1, f_2) \neq \begin{bmatrix} - & - & 1 \\ - & - & 0 \\ - & - & - \end{bmatrix} \vee \begin{bmatrix} - & - & - \\ - & - & - \\ 1 & 0 & - \end{bmatrix} \tag{4-7}$$

式 (4-7) 表示，流的拓扑关系矩阵 $R(f_1, f_2)$ 中，在 f_1 内部（f_1°）与 f_2 外部（f_2^-）的交集结果为 1 的前提下，无论其他点集的相交情况如何，f_1 边界（∂f_1）与 f_2^- 的交集结果一定不为 0；反之亦然。条件 4 的证明如下：由于 ∂f_1 与路网空间的交集一定非空，且 f_2 的闭包（$\overline{f_2}$）与 f_2^- 的并集等于路网空间，因此，如果 ∂f_1 不与 f_2^- 相交，则 ∂f_1 是 $\overline{f_2}$ 的子集；由于流的内部是起点和终点之间最短路径的开集，而两点之间的最短路径只有一条，故构成 f_1° 的路段一定是 f_2° 的子集，因此，f_1° 与 f_2^- 不相交；然而，此结论与条件 4 的前提条件相矛盾，所以，当 f_1° 与 f_2^- 相交时，∂f_1 一定与 f_2^- 相交。

条件 5：f_1 的边界至少与 f_2 的内部、边界、外部点集中的一个相交，反之亦然。

$$R(f_1, f_2) \neq \begin{bmatrix} - & - & - \\ 0 & 0 & 0 \\ - & - & - \end{bmatrix} \vee \begin{bmatrix} - & 0 & - \\ - & 0 & - \\ - & 0 & - \end{bmatrix} \tag{4-8}$$

式 (4-8) 表示，流的拓扑关系矩阵 $R(f_1, f_2)$ 中，无论其他点集的相交情况如何，f_1 的边界（∂f_1）与 f_2 的内部（f_2°）、边界（∂f_2）和外部（f_2^-）三个点集的交集结果一定不会同时为 0；反之亦然。条件 5 的证明如下：已知 ∂f_1 是非空集合，故 ∂f_1 与路网空间的交集也是非空集合，而 $f_2^\circ \cup \partial f_2 \cup f_2^-$ 组成了路网空间，因此，∂f_1 一定至少与 f_2°、∂f_2、f_2^- 中的一个相交。

条件 6：f_1 的边界最多与 f_2 的内部、边界、外部点集中的两个相交，反之亦然。

$$R(f_1, f_2) \neq \begin{bmatrix} - & - & - \\ 1 & 1 & 1 \\ - & - & - \end{bmatrix} \vee \begin{bmatrix} - & 1 & - \\ - & 1 & - \\ - & 1 & - \end{bmatrix} \tag{4-9}$$

式 (4-9) 表示，流的拓扑关系矩阵 $\boldsymbol{R}(f_1,f_2)$ 中，无论其他点集的相交情况如何，f_1 的边界（∂f_1）与 f_2 内部（f_2°）、边界（∂f_2）和外部（f_2^-）三个点集的交集结果一定不会同时为 1；反之亦然。条件 6 的证明如下：∂f_1 由流的起点和终点组成，即边界的点集中只包含两个点，而每个点最多只能与一个点集相交，因此，∂f_1 最多与 f_2°、∂f_2、f_2^- 中的两个点集相交。

条件 7：如果 f_1 的内部与 f_2 的内部不相交，则 f_1 的闭包一定与 f_2 的外部相交且 f_2 的闭包也与 f_1 的外部相交。

$$\boldsymbol{R}(f_1,f_2)\neq\begin{bmatrix}\underline{0}&-&-\\-&-&-\\0&-&-\end{bmatrix}\vee\begin{bmatrix}\underline{0}&-&-\\-&-&-\\-&0&-\end{bmatrix}\vee\begin{bmatrix}\underline{0}&-&0\\-&-&-\\-&-&-\end{bmatrix}\vee\begin{bmatrix}\underline{0}&-&-\\-&-&0\\-&-&-\end{bmatrix}\tag{4-10}$$

式 (4-10) 表示，流的拓扑关系矩阵 $\boldsymbol{R}(f_1,f_2)$ 中，在 f_1 内部（f_1°）与 f_2 内部（f_2°）的交集结果为 0 的前提下，无论其他点集的相交情况如何，f_1° 与 f_2 外部（f_2^-）、f_1 边界（∂f_1）与 f_2^-、f_2° 与 f_1 外部（f_1^-）、f_2 边界（∂f_2）与 f_1^- 这四个交集结果一定均不为 0。条件 7 的证明如下：由于 f_1 的闭包（$\overline{f_1}$）是一条折线，因此 $f_1^{\circ}\not\subset f_2^{\circ}$；由 $f_1^{\circ}\cap f_2^{\circ}=\varnothing$ 且 $f_1^{\circ}\not\subset\partial f_2$ 可知，$f_1^{\circ}\not\subset\overline{f_2}$；由于 $f_2^{\circ}\cup\partial f_2\cup f_2^-$ 等于路网空间，因此 f_1° 一定有一部分点不与 $\overline{f_2}$ 相交，但其一定与路网空间相交，故 $f_1^{\circ}\cap f_2^-$ 一定非空；根据条件 4 可知，如果 $f_1^{\circ}\cap f_2^-$ 非空，则 $\partial f_1\cap f_2^-$ 一定非空，故 $\overline{f_1}$ 一定与 f_2^- 相交。同理可得，$\overline{f_2}$ 也一定与 f_1^- 相交。

条件 8：如果 f_1 的边界与 f_2 的内部相交且 f_1 的内部与 f_2 的边界相交，则两条流的内部一定相交。

$$\boldsymbol{R}(f_1,f_2)\neq\begin{bmatrix}0&1&-\\1&-&-\\-&-&-\end{bmatrix}\tag{4-11}$$

式 (4-11) 表示，在流的拓扑关系矩阵 $\boldsymbol{R}(f_1,f_2)$ 中，在 f_1 边界（∂f_1）与 f_2 内部（f_2°）的交集结果为 1，且 f_1 内部（f_1°）与 f_2 边界（∂f_2）的交集结果为 1 的前提下，无论其他点集的相交情况如何，f_1° 与 f_2° 的交集结果一定不为 0。条件 8 的证明如下：由于两点之间只有一条最短路径，如果 ∂f_1 与 f_2° 相交（交点为 A）且 f_1° 与 ∂f_2 相交（交点为 B），那么两个交点 A 与 B 之间的 f_1° 与 f_2° 一定重合，即 f_1° 与 f_2° 的交集一定非空。

条件 9：如果 f_1 的边界是 f_2 边界的子集，则 f_1 的边界与 f_2 的边界相等，反之亦然。

$$\boldsymbol{R}(f_1,f_2)\neq\begin{bmatrix}-&-&-\\\underline{0}&1&0\\-&1&-\end{bmatrix}\vee\begin{bmatrix}-&1&-\\\underline{0}&1&0\\-&-&-\end{bmatrix}\vee\begin{bmatrix}-&\underline{0}&-\\1&1&-\\-&\underline{0}&-\end{bmatrix}\vee\begin{bmatrix}-&\underline{0}&-\\-&1&1\\-&\underline{0}&-\end{bmatrix}\tag{4-12}$$

式 (4-12) 表示，流的拓扑关系矩阵 $\boldsymbol{R}(f_1,f_2)$ 中，在 f_1 的边界（∂f_1）与 f_2 内部（f_2°）、外部（f_2^-）的交集结果均为 0，且与 f_2 边界（∂f_2）交集结果为 1 的前提下，无论其他点集的相交情况如何，∂f_2 与 f_1 内部（f_1°）、外部（f_1^-）的交集结果一定均不为 1。上述表述中，"∂f_1 与 f_2°、f_2^- 的交集结果均为 0，且与 ∂f_2 交集结果为 1"等价于"∂f_1 是 ∂f_2 的子集"；"∂f_2

与 f_1°、f_1^- 的交集结果均不为 1" 等价于 "∂f_1 与 ∂f_2 相等"，其原因是，∂f_2 为非空集合，因而 ∂f_2 与路网空间 $f_1^{\circ} \cup \partial f_1 \cup f_1^-$ 的交集为非空，而 $\partial f_2 \cap f_1^{\circ}$ 为空且 $\partial f_2 \cap f_1^-$ 为空，故 ∂f_1 与 ∂f_2 一定相交且二者只能重合，即 ∂f_1 等于 ∂f_2。条件 9 的证明如下：一条流的起点和终点不会重叠，如果 ∂f_1 是 ∂f_2 的子集，则两条流的端点一定相等。

以同向流为例，在其 512 种可能的拓扑关系矩阵中，如果一个矩阵同时满足上述 9 个约束条件，则该矩阵表达的流拓扑关系存在且有意义，否则，其表达的流拓扑关系不存在。以式 (4-13) 中的矩阵为例，将其与式 (4-4)~式 (4-12) 逐一对比后发现：矩阵虽然满足式 (4-7) 中的前提条件，但不满足式 (4-7) 表达的约束条件，故该矩阵不能表达流的拓扑关系。按照上述方法从 512 种拓扑关系矩阵中排除所有不能表达流拓扑关系的矩阵，最终剩余 14 种存在且有意义的流拓扑关系矩阵（图 4-4）。

$$\boldsymbol{R}(f_1, f_2)_{\text{non-existen}} = \begin{bmatrix} 0 & 0 & 1 \\ 1 & 1 & 1 \\ 1 & 0 & 1 \end{bmatrix} \tag{4-13}$$

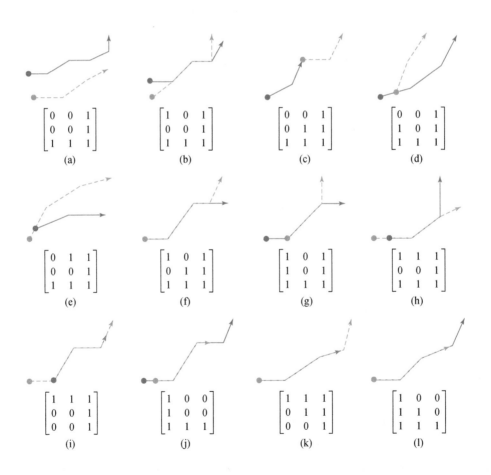

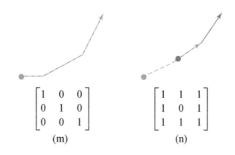

$$\begin{bmatrix} 1 & 0 & 0 \\ 0 & 1 & 0 \\ 0 & 0 & 1 \end{bmatrix}$$

(m)

$$\begin{bmatrix} 1 & 1 & 1 \\ 1 & 0 & 1 \\ 1 & 1 & 1 \end{bmatrix}$$

(n)

图 4-4　路网空间中存在的同向流拓扑关系矩阵

红色流为 f_1，绿色流为 f_2

　　对路网空间中同向流之间存在的 14 种拓扑关系矩阵进行归纳总结，可得到以下 5 种流之间的拓扑关系。

　　（1）相离：两条流的闭包交集为空，如图 4-4(a) 所示；

　　（2）相交：两条流的闭包相交于一个点或部分重叠，且两条流的端点不同时与彼此的内部相交，如图 4-4(b)~(h) 所示；

　　（3）包含：一条流的闭包是另一条流闭包的子集，且两条流的端点不完全重合，如图 4-4(i)~(l) 所示；

　　（4）相等：两条流的端点相等，且内部完全重合，如图 4-4(m) 所示；

　　（5）重叠：两条流各有一个端点和另一条流内部相交，且这两个端点之间两条流的内部完全重合，如图 4-4(n) 所示。

　　由流的相离、相交、包含、相等和重叠 5 种基本拓扑关系组成的集合，被称为流的拓扑关系最小集。这个拓扑关系最小集具有互斥性和完备性。图 4-5 展示了路网空间中流拓

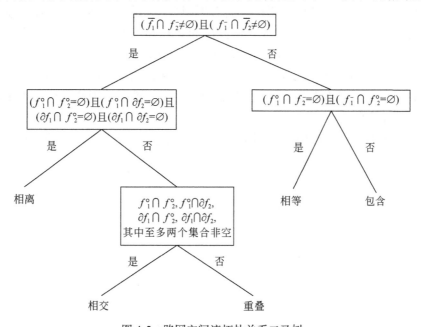

图 4-5　路网空间流拓扑关系二叉树

扑关系的二叉树。从图中可以看出，两条流之间不可能存在两种及以上的拓扑关系，因此，这 5 种拓扑关系具有互斥性。此外，14 种拓扑关系矩阵对应的拓扑关系均可在拓扑关系最小集中找到，即这 5 种拓扑关系能描述路网空间中流之间所有可能出现的拓扑关系，因此，这个拓扑关系最小集是完备的。

4.1.2　流的拓扑关系推断

在流的空间分析过程中，有时需要查询与某条流具有特定拓扑关系的流，或者需要提前计算并存储数据集中流之间的拓扑关系，以便提高流的空间查询效率。为此，需要对流的拓扑关系进行推断，即根据流的空间位置判断它们之间的拓扑关系。下面仍以路网空间中的受限流为例，首先定义流的表达模型，然后具体介绍路网空间中流的拓扑关系推断方法。

1. 路网空间流的表达模型

在考虑连接起终点的具体路径的情况下，路网空间地理流可由连接起点（O）和终点（D）的最短路径表示：$((ID_1, ID_1^O, ID_1^D, offset_1^O, offset_1^D, t^O), \cdots, (ID_k, ID_k^O, ID_k^D, offset_k^O, offset_k^D), \cdots, (ID_n, ID_n^O, ID_n^D, offset_n^O, offset_n^D, t^D), s)$，其中，$n$（$n>0$）为组成流的路段数目；$ID_k$ 为流经过的第 k 个路段的 ID；ID_k^O 为流经过的第 k 个路段起始端点的 ID；ID_k^D 为流经过的第 k 个路段终止端点的 ID；$offset_k^O$ 和 $offset_k^D$ 为第 k 个路段端点的偏移值，具体地，$offset_1^O$ 为第 1 个路段的起始端点与流的起点之间的距离，$offset_n^D$ 为第 n 个路段（即最后一个路段）的终止端点与流的终点之间的距离，而对于 $1<k<n$，$offset_k^O=0$ 且 $offset_k^D=0$，表示流包含第 k 个路段，换句话说，流的第 k 个部分即为第 k 个路段；t^O 为流的起始时刻；t^D 为流的终止时刻；s 为流的属性（流量、类别等）。需要说明的是，流的 $offset_1^O$ 和 $offset_n^D$ 值可能不为 0，即流的起点和终点不一定与路段的端点重合，而其余组成流的路段（$1<k<n$）的 offset 值均为 0。此外，流起点的位置可根据路段起始端点 ID_1^O 的位置及其与流起点之间的距离 $offset_1^O$ 推断，同理，流终点的位置可根据路段终止端点 ID_n^D 的位置及其与流终点之间的距离 $offset_n^D$ 推断。因此，公式中未显示给出流起终点的坐标信息。

图 4-6 中的绿色虚线为路网空间中的一条流，灰色点为路段端点，点中的数值表示端

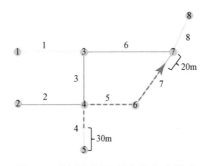

图 4-6　路网空间地理流的表达模型

点 ID，不同颜色的线段代表不同路段。根据上述路网空间地理流的表达模型，图中的流可表示为：((4,5,4,30,0),(5,4,6,0,0),(7,6,7,0,20))。

2. 路网空间地理流的拓扑关系推断

计算路网空间中两条流拓扑关系的具体思路如图 4-7 所示，具体可分为 5 步。

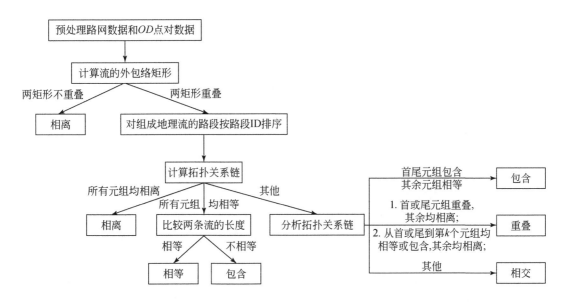

图 4-7　推断流拓扑关系的流程图

第 1 步　预处理路网数据和 *OD* 点对数据。对于路网数据，首先在道路交叉处将道路打断，以形成路段；然后，按照经度升序、纬度降序（若经度相等）的原则，排列所有路段和路段端点，并为它们重新分配 ID。对于 *OD* 点对数据，将 *O* 点和 *D* 点分别匹配到距其最近的路段上，在此基础上计算 *OD* 点之间的最短路径，以形成路网空间中的流。流的每个路段以 $(ID, ID^O, ID^D, offset^O, offset^D)$ 形式的元组存储在列表（list）中，列表中的路段按流从起点出发到达终点经过的路段顺序排列，即 $[(ID_1, ID_1^O, ID_1^D, offset_1^O, offset_1^D),\cdots,(ID_k, ID_k^O, ID_k^D, offset_k^O, offset_k^D),\cdots,(ID_n, ID_n^O, ID_n^D, offset_n^O, offset_n^D)]$。需要注意的是，后续计算步骤中提到的路段均为组成流的路段，而非路网的路段。

第 2 步　计算流的外包络矩形及其之间的关系，初步判断两条流是否相交。首先，计算流外包络矩形顶点坐标，即每条流横纵坐标的最小和最大值，如图 4-8 所示，(x_1^{lb}, y_1^{lb}) 和 (x_1^{rt}, y_1^{rt}) 分别是红色流包络矩形的左下角和右上角的顶点坐标；(x_2^{lb}, y_2^{lb}) 和 (x_2^{rt}, y_2^{rt}) 是绿色流包络矩形的顶点坐标。然后，计算两条流包络矩形的中心点（图 4-8 中红色点），$x^c=(x^{lb} + x^{rt})/2$，$y^c=(y^{lb} + y^{rt})/2$。最后，比较 $d_x^c=x_1^c-x_2^c$ 和 $x=[(x_1^{rt}-x_1^{lb})+(x_2^{rt}-x_2^{lb})]/2$，以及 $d_y^c=y_1^c-y_2^c$ 和 $y=[(y_1^{rt}-y_1^{lb})+(y_2^{rt}-y_2^{lb})]/2$。如果 $d_x^c>x$ 或 $d_y^c>y$，则两个包络矩形不相交，因而两条流一定相离；若 $d_x^c \leqslant x$ 且 $d_y^c \leqslant y$，则两个包络矩形相交，表明两条流可能相交，需转入第 3 步继续判断。

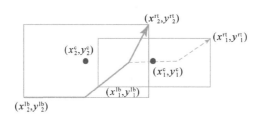

图 4-8　流的外包络矩形示意图

第 3 步　比较两条流的长度，即 OD 点之间的最短路径距离，并将二者中距离较长的流标记为长流，距离较短的流标记为短流。在此基础上，将组成两条流的所有路段合在一起按照路段 ID 升序排列，排列结果以 (ID, ID^O, ID^D, $offset^O$, $offset^D$, flag) 形式的元组保存在列表中；其中，flag 的取值为 1 或 2，当 flag=1 时，表示元组对应的路段属于短流，而当 flag=2 时，表示元组对应的路段属于长流。

第 4 步　计算组成短流的每个路段与组成长流的路段之间的拓扑关系，得到的路段间的拓扑关系记录在一个列表中，形成拓扑关系链，其形式为：[(tp_1, ID_1),…, (tp_k, ID_k),…, (tp_n, ID_n)]，其中，tp_k 为短流第 k 个路段与组成长流的路段间的拓扑关系，ID_k 为短流第 k 个路段的 ID，n 为组成短流的路段数。需要补充的是，此处元组排列顺序是按照路段 ID 值升序排列的，而非流从起点到终点经过路段的顺序。计算拓扑关系链的步骤为：针对包含两条流元组的列表，选取 flag=1 的每个元组，比较该元组和列表中与它相邻的两个元组，得到该元组对应路段与其他路段的拓扑关系，若该元组位于列表首位或末尾，则只需将其与相邻的一个元组比较即可。具体地，如果该元组与相邻元组的 flag 相同，说明两个路段属于同一条流，则该路段不与组成长流的路段相邻，即该路段与组成长流的路段相离。如果两个元组的 flag 不同，则存在以下三种情况：①两个路段的 ID 相等，说明两条流经过了同一个路段，如果路段至少包含任意一条流的起点或终点，则需比较路段端点的偏移值（定义见路网空间流的表达模型），以确定两路段之间的拓扑关系是相离、相交、重叠、包含或相等，否则，两个路段相等；②两路段的 ID 不相等，但是两路段存在一个相同的端点 ID 且对应端点的偏移值为 0，则两路段在路段端点处相交；③两路段 ID 和路段端点 ID 均不相等，则两路段相离。当一个 flag=1 的元组与列表中相邻的两个元组比较时，可能会得到两种不同的拓扑关系，为了使拓扑关系链中记录的拓扑关系能与组成短流的路段一一对应，同时确保拓扑关系链中记录最主要的拓扑关系，我们定义了拓扑关系优先级：相等>包含>重叠>相交>相离。在此基础上，将两种拓扑关系中优先级更高的一种关系及 flag=1 的元组的路段 ID 记录在拓扑关系链中。

第 5 步　根据拓扑关系链中元组的路段 ID 字段，将元组按照短流原始路段的顺序重新排列。在此基础上，根据拓扑关系链中各元组记录的短流路段与长流路段间的拓扑关系确定两条流的拓扑关系：若所有元组中的拓扑关系均为相离，则两条流的拓扑关系为相离；若所有元组中的拓扑关系均为相等，且两条流的长度相等，则两条流的拓扑关系为相等；若所有元组中的拓扑关系均为相等或包含，且两条流的长度不相等，则两条流的拓扑关系为包含；若第一个（或最后一个）元组中的拓扑关系为重叠，其余元组均为相离，且拓扑关系为重叠的元组其路段 ID 与长流最后一个（或第一个）路段的 ID 相同，则两条流的拓扑关系为重叠；若从第一个（或最后一个）元组往后（或往前）连续 $k<n$ 个元组的拓扑关系均为相等或包含，其余元组中的拓扑关系均为相离，且第 k 个元组其路段 ID 等于长流最后一个（或第一个）路段的 ID，则两条流的拓扑关系为重叠；若拓扑关系链不符合以上所有情况，则两条流的拓扑关系为相交。

根据路网空间中流的拓扑关系计算流程可知，对路段 ID 进行排序的复杂度为 $O(n \log n)$，生成、重新排序、分析拓扑关系链的时间复杂度均为 $O(n)$。因为这四步是分别进行的，所以计算两条流拓扑关系的时间复杂度应等于以上四步中最大的时间复杂度，即 $O(n \log n)$，其中，n 为流的路段数。

前述以同向流为例，介绍了流拓扑关系的定义和推断方法。对于反向流，其同样存在相离、相交、包含、相等和重叠这 5 种基本的拓扑关系，且其拓扑关系推断的方法与同向流类似，此处不再赘述。由于流的拓扑关系模型不仅可以表达流之间的拓扑关系，还可以描述流之间的相对方向，因此，在流的拓扑关系推断时，可采用"拓扑关系 + 方向关系"这种方式表达流之间的几何关系。为验证方法的有效性，我们设计了模拟数据集，并采用流的拓扑关系推断方法计算数据集中流之间的拓扑和方向关系。模拟数据及结果如表 4-1 所示，其中，"实验结果"列为流拓扑关系推断方法判断的结果，将其与模拟数据预设的拓扑和方向关系对比，发现该方法能正确判断路网空间中流之间的拓扑和方向关系。

表 4-1　路网空间验证实验

模拟数据	预设拓扑和方向关系	实验结果
	相离，同向	相离，同向
	相交，同向	相交，同向

模拟数据	预设拓扑和方向关系	实验结果
(116.324°E,39.509°N) (116.377°E,39.498°N) (116.377°E,39.498°N) (116.378°E,39.453°N)	相交，反向	相交，反向
(116.428°E,39.777°N) (116.454°E,39.754°N) (116.409°E,39.745°N) (116.428°E,39.746°N)	相交，同向	相交，同向
(116.434°E,39.759°N) (116.454°E,39.754°N) (116.409°E,39.745°N) (116.409°E,39.745°N)	相交，反向	相交，反向
(116.442°E,39.764°N) (116.454°E,39.754°N) (116.409°E,39.745°N) (116.415°E,39.745°N)	相交，同向	相交，同向
(116.394°E,39.601°N) (116.303°E,39.589°N) (116.258°E,39.590°N) (116.384°E,39.593°N)	包含，反向	包含，反向

模拟数据	预设拓扑和方向关系	实验结果
(116.258°E,39.590°N) — (116.394°E,39.601°N) — (116.258°E,39.590°N) — (116.373°E,39.591°N)	包含，同向	包含，同向
(116.387°E,39.670°N) — (116.387°E,39.670°N) — (116.379°E,39.630°N) — (116.379°E,39.630°N)	相等，反向	相等，反向
(116.442°E,39.764°N) — (116.434°E,39.758°N) — (116.415°E,39.745°N) — (116.409°E,39.745°N)	重叠，同向	重叠，同向

注：圆点代表流的起点，星号代表流的终点。

4.1.3　应用案例

城市中普遍存在交通拥堵及交通污染物排放超标的问题，而"共享出行"是提高交通资源利用率、减少能源消耗和污染物排放等的有效措施。共享出行的核心问题是找出城市中可共享的公共交通行程，而流的拓扑关系分析可准确、高效地实现这一过程。为验证方法的有效性，本节以北京市部分出租车 OD 数据为例，采用流的拓扑关系模型及推断方法，根据制定的共享出行规则，找出潜在的可共享出租车行程。

1. 数据及预处理

案例所用数据为北京市路网数据和 2014 年 10 月 20 日的出租车 OD 数据，其中出租车 OD 数据起点的空间位置限定在三环以内，且从起点出发的时间限定在 8:30~8:45 这一时段内。如4.1.2节流的拓扑关系推断过程中的第1步所述，在预处理路网数据时，首先将道路在相交处打断以得到路段数据，并为路段及其端点重新赋予ID；然后，将出租车数据的O、D点匹配到距其最近的路段上，并计算O点和D点之间的最短路径，从而构建路网空间中的出租车OD流。由于长度过短的流可共享的概率较低，因此剔除了长度小于1km的路网空间OD流。最终数据集中共包含2245条出租车OD流。

2. 实验结果

为从出租车OD流中提取可共享行程，首先需确定何种行程可实现共享。为此，本节提出两条流对应行程可共享的三个必要条件：①两条流的相对方向应为同向；②流的拓扑关系应为相等、包含或重叠；③出租车到达上车点的时刻和乘客预计出发时刻之差应小于乘客最大可等待时长，即时间窗。

在上述条件的基础上，根据流拓扑分析方法判断两条流对应行程能否共享的具体步骤如下。

第1步：计算两条流的相对方向。如果两条流相对方向为反向，则两行程不能共享，否则，执行第2步。

第2步：判断两条流的拓扑关系。如果两条流的拓扑关系为相离或相交，则两行程不能共享；如果两条流的拓扑关系为相等、包含或重叠，则执行第3步。

第3步：判断两条流对应行程是否可共享。计算两条流起点之间的最短路径距离，并根据平均车速预估早出发乘客到达晚出发乘客上车点的时刻，如果该时刻与晚出发乘客预计出发时刻之间的时间间隔小于时间窗，则两行程可共享。

假设出租车的平均行驶速度为50km/h，图4-9(a)和(b)展示了时间窗为5min和10min情况下，通过流拓扑分析方法找到的可共享行程，图中颜色的深浅反映了不同的出发时间。为了清晰展示可共享行程的细节，对部分可共享行程进行可视化表达，结果如图4-9(c)所示。通过目视检查发现，采用流拓扑分析方法识别出的可共享行程均准确无误。

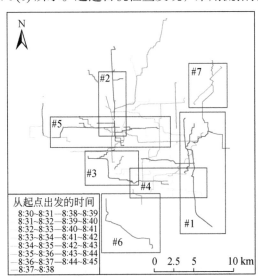

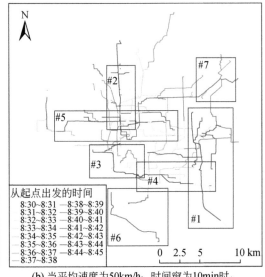

(a) 当平均速度为50km/h、时间窗为5min时，84个行程可共享，可共享行程对数为50对

(b) 当平均速度为50km/h、时间窗为10min时，117个行程可共享，可共享行程对数为84对

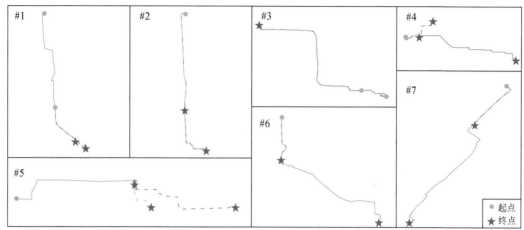

(c) 部分可共享行程[图(a)和(b)中红框内的行程]的细节展示

图 4-9 可共享行程识别结果

两条可以共享的行程组合构成可共享行程对。通过统计发现，不同时间窗条件下的可共享行程数和可共享行程对数均不同，时间窗为 5min 时，共找出 84 个可共享行程和 50 对可共享行程对，而时间窗为 10min 时，共找出 117 个可共享行程和 84 对可共享行程对。由此可知，时间窗越大，可共享行程和可共享行程对的数目也越多，即乘客愿意为共享行程等待的时间越长，获得共享行程的机会就越大。

4.2　流的缓冲区分析

传统的缓冲区分析是指以点、线、面要素为基础，在其周围建立一定宽度的多边形，并判断该多边形与其他要素之间空间关系的一种分析方法。例如，以给定半径构建某地铁站点的缓冲区，统计缓冲区内居住的人口总数，可以评价该地铁站的服务能力。对于地理流，其缓冲区指流的一定半径范围内的区域，可用于估计流的影响区域或服务范围。例如，连接公共交通的起始站点与到达站点所构成的流，其缓冲区可以评价交通站点对的覆盖范围。与站点的缓冲区相比，流的缓冲区兼顾了居民出行起点和终点到周围交通站点的距离，更符合人们的实际出行需求。本节首先介绍了流的缓冲区定义和覆盖分析方法，然后以公共交通服务覆盖率评价为例，揭示流缓冲区分析方法在城市规划中的应用价值（Chen et al.，2022）。

4.2.1　流的缓冲区

流缓冲区定义的基础是流之间的距离关系，而流之间的距离与流起点之间以及流终点之间的距离均有关。因此，与点、线、面的缓冲区相比，流的缓冲区更加复杂，特别是当两条或两条以上的流相距较近或者缓冲区半径较大，从而导致流的缓冲区互相重叠时。下面首先介绍流缓冲区的定义及体积，然后介绍多个缓冲区的叠加及其可视化方法。

1. 流缓冲区的定义

对于二维欧氏空间中的点对象,其缓冲区定义为点周围一定半径范围内的圆。类似地,流的缓冲区可以定义为流空间中一条流周围一定半径范围内的区域。这一定义与第 2 章中流的球体定义一致。因此,流 f_c 周围半径为 R 的缓冲区定义为

$$\text{Buff}(f_c, R) = \{f \mid \text{dist}(f_c, f) \leq R\} \tag{4-14}$$

式中,f_c 为目标流,决定了流缓冲区的中心位置;f 为流空间中的任意流;$\text{dist}(f_c, f)$ 为流 f_c 与 f 之间的距离,可以是第 2 章 2.2.1 节中定义的任何一种流距离;R 为缓冲区的半径,也称缓冲距离,决定了目标流邻近区域的范围。需要注意的是,本节仅以欧氏流距离为例对流的缓冲区分析方法进行介绍,而曼哈顿流距离下的相关方法由于原理相同,不再赘述。

下面以流的最大距离和加和距离为例,介绍流的缓冲区的定义。由于流的缓冲区为四维流空间中的球形区域,难以直观表达,因此,此处仅对流的缓冲区在二维欧氏空间中的投影进行可视化。图 4-10(a) 和 (b) 分别展示了最大距离和加和距离下流缓冲区在二维欧氏空间中的投影。O 圆是以流 f_c 的起点 O_c 为圆心,R 为半径构成的圆,D 圆同理。图 4-10(a) 中,所有起点位于 O 圆内、终点位于 D 圆内的流都位于流 f_c 的最大距离缓冲区内;图 4-10(b) 中,O 圆和 D 圆半径范围是可变的,但二者之和为 R,令流 f_j 的起点 O_j 至圆心 O_c 的距离为 R^O,终点 D_j 至圆心 D_c 的距离为 R^D,则当 R^O 与 R^D 之和小于或等于 R 时,流 f_j 位于流 f_c 的加和距离缓冲区内。

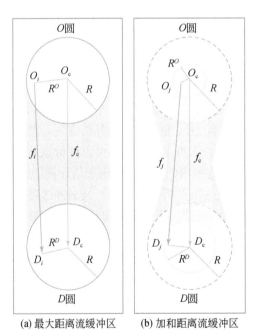

(a) 最大距离流缓冲区　　(b) 加和距离流缓冲区

图 4-10　流的缓冲区投影示意图

2. 流缓冲区的体积

与点的缓冲区的面积相对应,流的缓冲区也具有体积,可用于定量刻画缓冲区在流空

间中覆盖范围的大小。如上所述，流缓冲区的定义与流球的定义一致，因此其体积可直接用流球的体积公式计算。同样以最大距离和加和距离为例，根据第 2 章 2.2.3 节可知，最大距离度量下，半径为 R 的流缓冲区的体积为 $\pi^2 R^4$；而加和距离度量下，半径为 R 的流缓冲区的体积为 $\pi^2 R^4/6$。

3. 流缓冲区的叠加

当同时对多条流进行缓冲区分析时，生成的流缓冲区可能会相互重叠。因此，有必要对流的缓冲区进行叠加分析。流缓冲区的叠加包括联合（union）与求交（intersect），联合操作返回多个流缓冲区的并集，而求交操作返回多个流缓冲区的交集。给定 n 个具有相同半径 R 的流缓冲区 $\text{Buff}(f_i, R), (i=1,\cdots,n)$，两者分别表示如下：

$$\bigcup_{i=1}^{n}\text{Buff}(f_i, R) = \left\{ f \mid \min_{i=1,\cdots,n}(\text{dist}(f_i, f)) \leqslant R \right\} \tag{4-15}$$

$$\bigcap_{i=1}^{n}\text{Buff}(f_i, R) = \left\{ f \mid \max_{i=1,\cdots,n}(\text{dist}(f_i, f)) \leqslant R \right\} \tag{4-16}$$

式中，n 为目标流的数目，$\bigcup_{i=1}^{n}\text{Buff}(f_i, R)$ 表示 n 个流缓冲区的联合操作，$\bigcap_{i=1}^{n}\text{Buff}(f_i, R)$ 表示 n 个流缓冲区的求交操作，f 表示流空间中的任意流，$\text{dist}(f_i, f)$ 为流 f_i 与 f 之间的距离；$\min()$ 和 $\max()$ 分别表示取距离的最小值和最大值。

4. 流缓冲区的可视化

为了表达加和距离流缓冲区内流起终点之间的对应关系，同时直观判断一条流是否位于缓冲区内，需要对流的缓冲区进行可视化。由于最大距离缓冲区的 O 圆和 D 圆边界直接对应了缓冲区的边界，故可视化相对简单，相比之下，加和距离的缓冲区可视化更为复杂，下面着重介绍。图 4-11 展示了一条流的加和距离缓冲区的可视化，其中，O 圆和 D 圆均以灰度递增的系列同心圆表示。具体地，O 圆的灰度从中心向外逐渐变深，而 D 圆的灰度从中心向外逐渐变浅。O 圆和 D 圆内任一处的灰度值均在 0~255，且前者的灰度值与其距 O 圆圆心 (x^O, y^O) 的距离成反比，而后者的灰度值与其距 D 圆圆心 (x^D, y^D) 的距离成正比。流缓冲区中各位置的灰度为

$$g(X^O, Y^O)=[1-d((X^O, Y^O), (x^O, y^O))/R] \times 255, \quad d((X^O, Y^O), (x^O, y^O)) \leqslant R \tag{4-17}$$

$$g(X^D, Y^D)=d((X^O, Y^O), (x^O, y^O))/R \times 255, \quad d((X^O, Y^O), (x^O, y^O)) \leqslant R \tag{4-18}$$

式中，$g(X^O, Y^O)$ 和 $g(X^D, Y^D)$ 分别表示 O 圆 (X^O, Y^O) 处和 D 圆 (X^D, Y^D) 处的灰度；R 为缓冲区半径；$d()$ 为求任意两个二维平面坐标点之间的距离，如 $d((X^O, Y^O), (x^O, y^O))$ 表示点 (X^O, Y^O) 和圆心 (x^O, y^O) 之间的距离。

上述方法的巧妙之处在于：采用 O 圆和 D 圆中灰度的对应关系直观表达缓冲区中流起点和终点之间的对应关系。具体地，O 圆和 D 圆中灰度相同点连接而成的流位于流缓冲区的边界上 [图 4-11(c)]，即该流与目标流的加和距离为 R。此方法可直观判断某一条流是否位于目标流的缓冲区内：如果一条流终点比起点的灰度更低或颜色更深，那么其就位于目标流的缓冲区内，反之，则位于目标流的缓冲区外。例如，图 4-11(b) 中，红色流位于黑色流的缓冲区内，而蓝色流位于黑色流的缓冲区外。

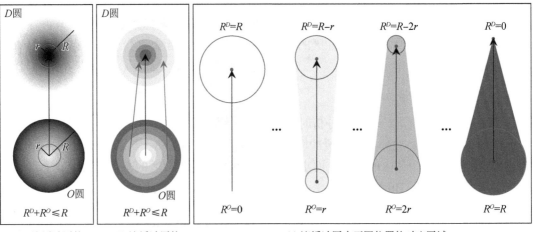

(a) 流缓冲区的
可视化(渐变灰度)
$R^D+R^O\leqslant R$

(b) 流缓冲区的
可视化(分类灰度)
$R^D+R^O\leqslant R$

(c) 流缓冲区中不同位置的对应区域

图 4-11　流缓冲区的可视化方法

当对多条流进行缓冲区分析时，则涉及多个流缓冲区的叠加，其关系较为复杂，难以应用上述方法在二维平面上进行可视化，故不再赘述。

4.2.2　基于流缓冲区的覆盖分析

地理空间分析中，缓冲区可用于判断对象之间是否空间邻近，进而实现地理对象的覆盖分析。对于点对象，常见的覆盖分析包括对象数目覆盖率分析和缓冲区面积覆盖率分析。设同一研究区中有 A 和 B 两类点，则 A 类点的缓冲区对 B 类点对象的数目覆盖率指，位于 A 类点缓冲区内的 B 类点占研究区中 B 类点数目的百分比；而 A 类点对象的缓冲区面积覆盖率指，A 类点缓冲区的面积占研究区总面积的百分比。假设上述 A 类点代表交通枢纽（公交站、地铁站等）的位置，B 类点代表居民居住地所在位置，则覆盖分析可用于估计交通枢纽的人口覆盖率和面积覆盖率，以评价交通枢纽服务的潜在人口及其空间布局状况，为城市交通规划与建设提供参考。

将点的缓冲区概念拓展到流后，可进行流的覆盖分析。同样以公共交通的覆盖分析为例，如将公共交通站点之间的连接视为"站点流"，将居民从一地到另一地的出行视为"出行流"，则可分析站点流缓冲区对出行流的数目覆盖率和站点流缓冲区的体积覆盖率。相对于点的覆盖分析，流的覆盖分析同时考虑了出行的起点和终点，因而更符合人们的实际出行情况。为此，本节首先介绍流缓冲区的覆盖判别，并以流对象数目覆盖率分析和流缓冲区体积覆盖率分析为例，介绍基于流缓冲区的覆盖分析方法。

1. 流缓冲区的覆盖判别

假设区域 K 和区域 L 间有 A 和 B 两类流，对 A 类流进行覆盖分析的第一步是判断 B 类流是否处于 A 类流的缓冲区内。本例中，流之间的距离采用第 2 章中定义的加和距离。

图 4-12 中，f_m^A 表示从起点 O_m 到终点 D_m 的 A 类流，f_i^B 表示从出发地 O_i 到目的地 D_i 的 B 类流（$i=1,\cdots,5$）；d_{im}^O 表示从 O_i 到 O_m 的距离，d_{im}^D 表示从 D_i 到 D_m 的距离，则 A 类流 f_m^A 和 B 类流 f_i^B 之间的距离 $d_{im}^{\text{add}} = d_{im}^O + d_{im}^D$；$R_0$ 表示 A 类流 f_m^A 的加和距离缓冲区半径。

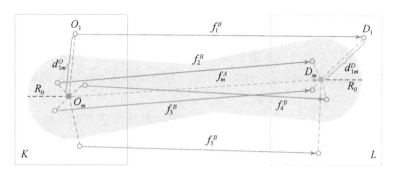

图 4-12　基于流缓冲区的覆盖判断

通过比较 A 类流 f_m^A 和 B 类流 f_i^B 的加和距离 d_{im}^{add} 与 A 类流 f_m^A 的缓冲区半径 R_0 的大小关系，可以判断 B 类流 f_i^B 是否位于 A 类流 f_m^A 的缓冲区内。为方便后续流对象数目覆盖率的分析，将判别结果用二值函数 $\alpha(f_m^A, f_i^B)$ 表达：

$$\alpha(f_m^A, f_i^B) = \begin{cases} 1, & \text{if } f_i^B \in \text{Buff}\left(f_m^A, R_0\right) \\ 0, & \text{otherwise} \end{cases} \tag{4-19}$$

式中，f_m^A 为 A 类流；$\text{Buff}(f_m^A, R_0)$ 为 f_m^A 的半径为 R_0 的加和距离流缓冲区；f_i^B 为任意 B 类流。式 (4-19) 的含义为，对于任意 B 类流 f_i^B，若其位于 A 类流 f_m^A 的缓冲区内，则 $\alpha(f_m^A, f_i^B)=1$；否则，$\alpha(f_m^A, f_i^B)=0$。如图 4-12 所示，图中灰色阴影表示半径为 R_0 的 A 类流 f_m^A 的缓冲区在 O 平面和 D 平面的投影（O 圆和 D 圆）及二者之间的对应关系，比较流距离与缓冲区半径可知，f_2^B、f_3^B 和 f_4^B 落在 f_m^A 的缓冲区内，而 f_1^B 和 f_5^B 落在 f_m^A 的缓冲区外。

2. 覆盖率分析

1）流对象数目覆盖率

为便于理解，在介绍流对象数目覆盖率分析之前，首先介绍点对象的数目覆盖率分析方法。假设区域 K 中存在 A 和 B 两类点，则 B 类点对象的数目覆盖率的计算方法如下：首先，对区域 K 内所有 A 类点进行缓冲区分析，然后，计算位于 A 类点缓冲区内的 B 类点占其总数目的百分比。计算公式如下：

$$\text{pointc}_K^{A \to B} = \frac{\sum_{j=1}^{n_K^B} \alpha\left(p_K^A, p_j^B\right)}{n_K^B} \times 100\% \tag{4-20}$$

式中，p_K^A 为区域 K 内的所有 A 类点；p_j^B 为编号为 j 的 B 类点；$\alpha(p_K^A, p_j^B)$ 为形如式 (4-19) 的二值函数，即当 B 类点 p_j^B 位于区域 K 中任意一个 A 类点的缓冲区内时，$\alpha(p_K^A, p_j^B)=1$，否则 $\alpha(p_K^A, p_j^B)=0$；n_K^B 为区域 K 中 B 类点的总数目。

同理扩展至流，假设起点区域 K 和终点区域 L 之间存在 A 和 B 两类流，则 A 类流的

缓冲区对 B 类流的数目覆盖率是指被 A 类流的缓冲区所覆盖的 B 类流占其总数的百分比。计算公式为

$$\text{flowc}_{KL}^{A \to B} = \frac{\sum_{j=1}^{n_{KL}^B} \alpha\left(f_{KL}^A, f_j^B\right)}{n_{KL}^B} \times 100\% \tag{4-21}$$

式中，f_{KL}^A 为从区域 K 到区域 L 的所有 A 类流；f_j^B 为编号为 j 的 B 类流；当 B 类流 f_j^B 位于任意一条 A 类流的缓冲区内时，$\alpha(f_{KL}^A, f_j^B)=1$，否则 $\alpha(f_{KL}^A, f_j^B)=0$；$n_{KL}^B$ 为从区域 K 到区域 L 的 B 类流总数。

此外，还可定义从某一区域出发的流的流对象数目覆盖率。起点区域为 K 的 A 类流的缓冲区对 B 类流的数目覆盖率定义为：对于起点区域为 K 而终点区域任意的所有 A 类流，其缓冲区覆盖的 B 类流数目占起点区域为 K 的 B 类流数目的百分比。计算公式如下：

$$\text{flowc}_{K\cdot}^{A \to B} = \frac{\sum_{j=1}^{n_{K\cdot}^B} \alpha\left(f_{K\cdot}^A, f_j^B\right)}{n_{K\cdot}^B} \times 100\% \tag{4-22}$$

式中，$f_{K\cdot}^A$ 为从区域 K 出发的所有 A 类流；f_j^B 为编号为 j 的 B 类流；当 B 类流 f_j^B 位于任意一条从区域 K 出发的 A 类流的缓冲区内时，$\alpha(f_{K\cdot}^A, f_j^B)=1$，否则 $\alpha(f_{K\cdot}^A, f_j^B)=0$；$n_{K\cdot}^B$ 为以区域 K 为起点区域的 B 类流的总数目。同理，$f_{K\cdot}^A$ 也可以替换为 $f_{\cdot L}^A$，从而定义到达某区域 L 的 A 类流的缓冲区对 B 类流的数目覆盖率。

2）流缓冲区体积覆盖率

传统的缓冲区分析中，区域 K 中的 A 类点缓冲区的面积覆盖率是指，区域 K 中所有 A 类点缓冲区并集的面积占区域 K 总面积的百分比：

$$sc_K^A = \frac{S\left(\bigcup_{i=1}^{n_K^A} \text{Buff}(p_i^A, R_0)\right)}{S_K} \times 100\% \tag{4-23}$$

式中，p_i^A 为区域 K 内编号为 i 的 A 类点；n_K^A 为区域 K 内 A 类点的总数目；$\bigcup_{i=1}^{n_K^A} \text{Buff}(p_i^A, R_0)$ 为区域 K 内所有 A 类点的半径为 R_0 的缓冲区的并集；分子表示区域 K 内所有 A 类点缓冲区并集的面积 [$S()$ 为求面积]；S_K 为区域 K 的总面积。

类似地，在流空间中，起点区域 K 到终点区域 L 的 A 类流缓冲的体积覆盖率是指区域 K 到区域 L 的所有 A 类流缓冲区的并集的体积占区域总体积的百分比：

$$\text{volc}_{KL}^A = \frac{V\left(\bigcup_{i=1}^{n_{KL}^A} \text{Buff}(f_i^A, R_0)\right)}{V_{KL}} \times 100\% \tag{4-24}$$

式中，f_i^A 为从区域 K 到区域 L 的编号为 i 的 A 类流；n_{KL}^A 为从区域 K 到区域 L 的 A 类流的总数；$\bigcup_{i=1}^{n_{KL}^A} \text{Buff}(f_i^A, R_0)$ 为从区域 K 到区域 L 的所有 A 类流的半径为 R_0 的流缓冲区的并集；分子表示该流缓冲区并集的体积 [$V()$ 为求体积]；V_{KL} 为以区域 K 为起点区域、区域 L 为终点区域的流空间多面体的体积，由第 2 章可知其值为区域 K 与区域 L 面积的乘积。

在流空间中，以区域 K 为起点的 A 类流的缓冲区体积覆盖率定义为，起点区域为 K 而终点区域任意的所有 A 类流，其缓冲区的并集的体积占区域总体积的百分比。其计算公

式为

$$\mathrm{volc}_{K}^{A} = \frac{V\left(\bigcup_{i=1}^{n_{K}^{A}} \mathrm{Buff}(f_{i}^{A}, R_{0})\right)}{V_{K}} \times 100\% \tag{4-25}$$

式中，f_i^A 为从区域 K 出发的编号为 i 的 A 类流；n_K^A 为以区域 K 为起点的 A 类流的总数目；$\bigcup_{i=1}^{n_K^A} \mathrm{Buff}(f_i^A, R)$ 为从区域 K 出发的所有 A 类流的半径为 R_0 的缓冲区的并集；分子表示上述缓冲区的并集的体积 [$V(\ )$ 为求体积]；V_K 为起点区域为 K 的流所在的流空间多面体的体积，其值为区域 K 的面积与终点所在区域总面积的乘积。如前所述，单一流的缓冲区的体积可采用 2.2.3 节流球的体积公式计算。然而，当多条流并存时，不同流的缓冲区会产生重叠，导致缓冲区并集的体积难以通过公式直接计算。为此，可采用蒙特卡洛模拟方法计算流缓冲区的体积覆盖率，具体计算方法将在 4.2.3 节中介绍。

4.2.3　应用案例

随着人口的增长，城市中的出行需求大量增加（Saif et al.，2018），公共交通系统的压力与日俱增（Sun and Yang，2011）。通勤流在日常出行中占据较高的比重，是公共交通研究重点关注的对象。例如，北京交通发展研究院（2021）的数据显示，北京市中心城区工作日出行总量为 3619 万人次，其中通勤类出行占比为 47.4%。另有关于北京市居民通勤特征的问卷调查显示，依靠公共交通方式通勤的样本占比为 62.3%（文婧等，2012）。因此，构建高效的公共交通系统，以确保更多的居民能够获得便捷的公共交通服务，是城市管理和规划的主要目标之一（Saghapour et al.，2016）。为此，在城市公共交通规划时，需要对公共交通服务的水平进行评价，而公共交通服务的覆盖率则是评价公共交通设计与规划水平的重要指标。

在公共交通服务覆盖率分析中，交通站点服务的覆盖半径，即分析时采用的交通站点（流）的缓冲区半径，是一个关键参数。由于步行是接驳公共交通站点的主要方式，因此步行可达性可用于确定公共交通服务的覆盖半径（Tao et al.，2020），即如果某居民到最近的公共交通站点步行可达，则认为其被公共交通服务覆盖。步行可达性通常用人们从所在位置到公共交通站点的步行距离衡量。一般来说，人们到达最近公共交通站点可接受的步行距离在 400～800m（Guerra et al.，2012；Zielstra and Hochmair，2011；Zhao et al.，2003）。然而，现有公共交通服务可达性的研究中，通常只关注出发地周围公共交通站点的可达性，而没有同时考虑目的地的公共交通站点可达性（Vale et al.，2016；Zhao et al.，2003；Murray，2001）。以通勤流为例，相关研究一般只计算居住地到公共交通站点的可达性，而没有同时考虑工作地的公共交通站点可达性。然而，对于有出行需求的个体而言，即使出发地周围有公共交通站点，如果目的地附近没有相应的站点，这种公共交通出行也并非便捷。由于流缓冲区分析可以兼顾出发地和目的地的交通可达性，全面考虑用户的出行需求，因而能更合理地衡量公共交通服务的覆盖率。

为此，本节以北京市六环以内的地铁交通为例，基于居民通勤流和地铁站点数据，应用流缓冲区衡量北京市地铁交通服务的覆盖率，进而评价北京市地铁交通的设计和规划水平。基于流缓冲区的地铁交通服务覆盖率评价方法的基本思路如下：首先，两两连接地铁站点构成站点流，并计算居民通勤流到距其最近的地铁站点流的距离以评估居民的地铁交通可达性；然后，计算流空间下的人口覆盖率、体积覆盖率等指标，以分析地铁交通服务的覆盖率。由于北京市的道路网总体呈"东西－南北"棋盘状布局，因此，案例中以曼哈顿距离及基于曼哈顿距离的流距离（详见第 2 章 2.2 节）为度量计算相关的可达性和覆盖率。

1. 数据及预处理

本案例的通勤流样本提取自北京市六环以内某运营商手机用户的信令数据。该数据集共包含 2018 年 9 月的 1700 多万条用户记录，每条记录包括用户 ID（匿名）、途经基站经纬度及记录时间戳。在提取通勤流时，将用户一个月中晚上 10 时至次日上午 6 时到访次数最多的地点视为用户居住地，而将上午 9 时至 11 时、下午 2 时至 5 时到访次数最多的地点视为用户工作地，以此共得到 341 万余条通勤流。此外，案例还使用了 2018 年北京市六环以内 286 个地铁站点位置数据，占北京市地铁站点总数的 90.7%。研究结果以街道（2010 年中国人口普查数据中的街道划分方案）为空间单元汇总展示。

2. 实验结果

1）基于流距离的地铁服务可达性

案例中以加和距离作为流之间远近的度量，计算每条通勤流到距其最近的地铁站点流的距离，以此衡量通勤流的地铁服务可达性。为了与传统的可达性进行对比，我们还计算了通勤流起点到距其最近的地铁站点的距离，以此度量出行起点的地铁服务可达性。上述两种距离度量下通勤流的可达性统计如表 4-2 所示。无论是哪种距离，其平均值均高于居民到达公共交通站点可接受的步行距离上限（800m）[1]，所以总体上北京市地铁交通的步行可达性较低。另外，与起点距离相比，加和距离的数值显然更高，其原因是传统的可达性度量方法忽略了出行终点的可达性。

表 4-2　北京市六环以内地铁服务的可达性统计　　　　　　（单位：m）

参数	起点距离	加和距离
平均值	1 632	2 809
标准差	1 522	2 045
最小值	8	41
中位数	1 122	2 170
最大值	12 822	22 831

以街道为单元对居民出行流的地铁服务可达性进行汇总，结果如图 4-13 所示。其中，每个街道的可达性数值是居住地位于该街道内的居民的地铁服务可达性的平均值。由图可见，无论是以起点距离还是以加和距离作为度量，四环路以内各街道整体的可达性高于四

---

[1] 见住房和城乡建设部 2015 年发布的《城市轨道沿线地区规划设计导则》。

环路以外街道。其原因在于，四环以内地铁站点的空间密度明显高于四环以外，导致四环内居民通勤流与地铁站点流的平均距离更近。

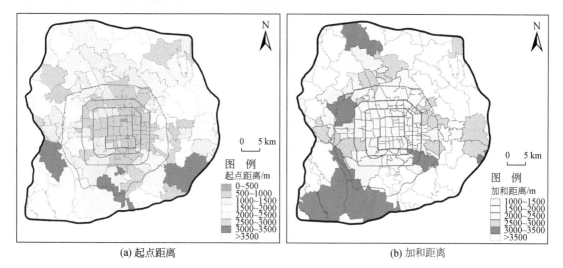

(a) 起点距离　　　　　　　　　　　　(b) 加和距离

图 4-13　不同街道地铁服务可达性的空间分布

通勤流数量排名前 10 的街道其通勤流地铁服务的可达性如图 4-14 所示。结果显示，只有金融街和中关村的起点距离小于 800m，但其加和距离分别超过 1500m 和 1700m。黄村和亦庄的加和距离均超过 3000m。由此可知，即使是通勤出行需求量较大的街道，其中的大部分地铁服务的步行可达性依然不容乐观，故这些街道的居民在通勤中除乘坐公共交通工具外，可能还需要使用共享单车等其他交通工具。

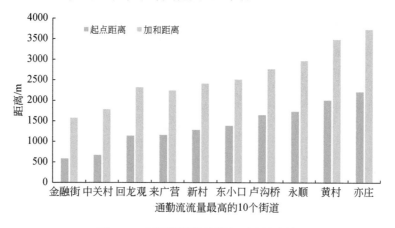

图 4-14　不同街道地铁服务可达性比较

2）人口覆盖率

在计算人口或体积覆盖率时，将地铁站点视为 4.2.2 节中的 A 类点，通勤流起点视为 B 类点，地铁站点流视为 A 类流，通勤流视为 B 类流。在此基础上，案例对比了传统缓冲区方法和流缓冲区方法的人口覆盖率计算结果。由于传统缓冲区仅考虑起点距离，而流缓冲区同时考虑起点和终点距离，故相同距离下，加和距离的覆盖范围会明显"缩水"。考虑到对比的公平性，我们将加和距离流缓冲区的半径设置为传统缓冲区半径的两倍。在实际计算中，将地铁站点缓冲区的半径设为 800m（步行可达距离的上限），站点流缓冲区的半径设为 1600m，分别根据式 (4-20) 和式 (4-22) 计算北京市六环以内不同街道地铁站点及地铁站点流的人口覆盖率，结果如图 4-15 所示。图中的单元颜色越深，表示该区域的人口覆盖率越高。总体上，传统缓冲区与加和距离流缓冲区的人口覆盖率分布模式基本相似，即北京市中心城区的人口覆盖率最高，从中心区域到周边街道的覆盖率逐渐降低。

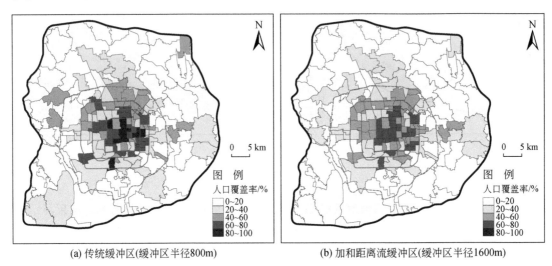

(a) 传统缓冲区(缓冲区半径800m)　　　　　　(b) 加和距离流缓冲区(缓冲区半径1600m)

图 4-15　不同街道地铁服务人口覆盖率的空间分布

通勤流数量排名前 10 的街道的地铁服务人口覆盖率如图 4-16 所示。结合图 4-14 可以发现，人口覆盖率的街道排名与可达性的街道排名相近。金融街和中关村街道的人口覆盖率最高；而黄村地区和卢沟桥街道的人口覆盖率相对较低。相比之下，基于加和距离的人口覆盖率更低，这是因为，加和距离综合考虑了起点和终点的可达性，而传统缓冲区只考

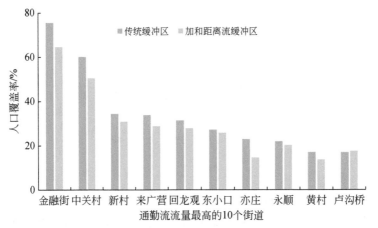

图 4-16　不同街道地铁服务的人口覆盖率

传统缓冲区半径 800m，加和距离流缓冲区半径 1600m

虑起点距离，并不限制终点距离。基于以上的结果可以发现，从居民实际出行需求的角度，传统缓冲区分析方法得到的结果高估了地铁服务的人口覆盖率。

使用式 (4-20) 和式 (4-21) 分别计算整个研究区两类缓冲区不同缓冲区半径下的地铁服务人口覆盖率，结果如图 4-17 所示。总体上，研究区内地铁交通对通勤者的覆盖率较低。随着缓冲区半径从 0 增加到 1500m（以 50m 为步长），两种覆盖率均呈现出上升趋势。在缓冲区半径为 800m 处，传统缓冲区、加和距离流缓冲区的覆盖率分别为 32% 和 29%，且两者在缓冲区半径为 950m 处相交于 41%。

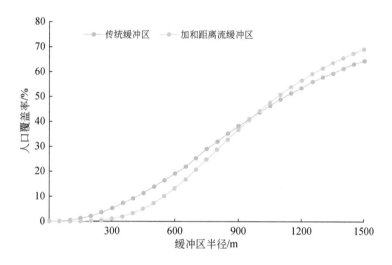

图 4-17　不同缓冲区半径下地铁服务的人口覆盖率

3）体积覆盖率

地铁站点流缓冲区体积覆盖率的计算采用增量实现的蒙特卡洛（incremental implementation of Monte Carlo）模拟方法（Sutton and Barto，1998）。其思路为：每次实验在研究区内生成 1000 万条随机流，并将其与上一次的实验数据合并，作为本次实验的测试数据。例如，在第三次实验中，将前两次实验的数据与本次实验新生成的数据合并，形成包含 3000 万条随机流的数据集，然后计算落在地铁站点流缓冲区内的模拟流数目占比，多次实验直至该比值收敛，并将收敛后的比值作为体积覆盖率的最终结果。实际上，通过蒙特卡洛思想估计体积覆盖率的方法与人口覆盖率的计算思路本质上是相同的，二者的区别在于前者使用了模拟流数据（以模拟流数据代表体积），而后者使用了真实通勤流数据。

设传统缓冲区半径为 800m，站点流缓冲区半径为 1600m，分别计算各街道地铁站点的面积覆盖率及站点流缓冲区体积覆盖率，结果如图 4-18 所示。从图中可以发现，流空间下的体积覆盖率与传统缓冲区的面积覆盖率明显不同。传统缓冲区的面积覆盖率在 0%~100% 的各区间均有分布，而流缓冲区的体积覆盖率均小于 40%，明显低于传统缓冲区。即便是传统缓冲区定义下面积覆盖率较高的四环路内，大多数街道的体积覆盖率仍低于 40%。

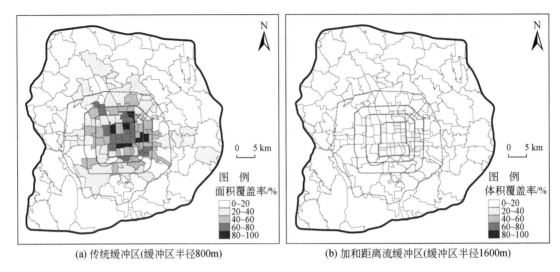

(a) 传统缓冲区(缓冲区半径800m)　　　　　(b) 加和距离流缓冲区(缓冲区半径1600m)

图 4-18　不同街道地铁服务的面积/体积覆盖率的空间分布

通勤流数量排名前 10 的街道的面积和体积覆盖率如图 4-19 所示，虽然各个街道的体积覆盖率与人口覆盖率的排名相似（图 4-16），但前者却比后者小很多。根据地铁站点流体积覆盖率的计算原理，体积覆盖率相当于出行流均匀分布情况下的人口覆盖率。由此，街道地铁站点流的体积覆盖率远低于人口覆盖率的原因在于，与模拟所产生的均匀分布的职住地和职住流相比，居民真实的居住地和工作地更集中在交通站点周围。换言之，密集的人口居住地和工作地促进了它们周围地铁站点的建设，抑或地铁线路的铺设促进了居住和就业向地铁沿线的转移，从而使得缓冲区对人口的覆盖率更高。这也是各街道传统缓冲区的人口覆盖率（图 4-16）大于传统缓冲区的面积覆盖率（图 4-19）的原因。

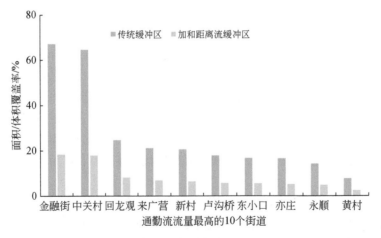

图 4-19　不同街道地铁服务的面积/体积覆盖率

传统缓冲区半径 800 m，加和距离流缓冲区半径 1600m

不同缓冲区半径下研究区整体的面积/体积覆盖率如图 4-20 所示，在 800m 处，传统缓冲区的面积覆盖率与加和距离流缓冲区的体积覆盖率分别为 15% 和 5%。综合以上结果可以看出，无论是不同的街道（图 4-19），还是不同的缓冲区半径（图 4-20），传统缓冲区的面积覆盖率均高于加和距离流缓冲区的体积覆盖率。这是因为流缓冲区和传统缓冲区对于可达性的衡量标准不同，即流缓冲区对起始和终止站点的覆盖情况均进行了限制，而传统缓冲区仅限制起始站点。

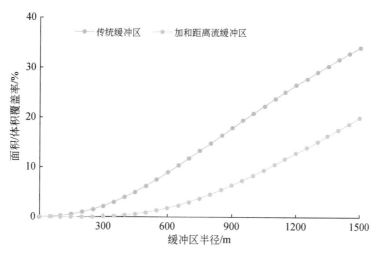

图 4-20　不同缓冲区半径下的面积/体积覆盖率

上述实例从流空间的视角，使用流距离来表示通勤者的地铁服务可达性，并进行了地铁站点流的覆盖率分析。与使用传统缓冲区得到的结果相比，流空间视角下的地铁服务可达性和覆盖率均更低。其原因在于，传统方法在计算可达性和覆盖率时仅考虑单一站点，而流空间下的分析将起终站点作为整体的对象进行可达性和覆盖率的估算。研究实例的结论说明了传统缓冲区分析的局限性，而流空间下缓冲区的概念和分析思路有助于揭示和量化城市居民真实的公共交通服务可达性。

参 考 文 献

北京交通发展研究院 . 2021. 2021 年北京交通发展年度报告 . https://www.bjtrc.org.cn/List/index/cid/7.html.

文婧，王星，连欣 . 2012. 北京市居民通勤特征研究——基于千余份问卷调查的分析 . 人文地理，27(05): 62-68.

Chen X, Pei T, Song C, et al. 2022. Accessing public transportation service coverage by walking accessibility to public transportation under flow buffering. Cities, 125: 103646.

Egenhofer M J. 1991. Reasoning about binary topological relation//Günther O, Schek H. Advances in Spatial Databases. Lecture Notes in Computer Science. Berlin: Springer-Verlag: 143-160.

Egenhofer M J, Franzosa R D. 1991. Point-set topological spatial relations. International Journal of Geographical Information Systems, 5(2): 161-174.

Egenhofer M J, Sharma J, Mark D M. 1993. A critical comparison of the 4-intersection and 9-intersection models for spatial relations: formal analysis//McMaster R, Armstrong M. Proceedings of the Eleventh International Symposium on Computer-Assisted Cartography (Autocarto 11). Maryland: The American Congress on Surveying and Mapping, and the American Society for Photogrammetry and Remote Sensing: 1-11.

Guerra E, Cervero R, Tischler D. 2012. The half-mile circle: does it represent transit station catchments?

Transportation Research Record: Journal of the Transportation Research Board, 2276: 101-109.

Jiang J Y, Wang X, Liu T Y, et al. 2022. Topological relationship model for geographical flows. Cartography and Geographic Information Science, 49(6): 528-544.

Murray A T. 2001. Strategic analysis of public transport coverage. Socio-Economic Planning Sciences, 35(3): 175-188.

Saghapour T, Moridpour S, Thompson R G. 2016. Public transport accessibility in metropolitan areas: a new approach incorporating population density. Journal of Transport Geography, 54: 273-285.

Saif M A, Zefreh M M, Torok A. 2018. Public transport accessibility: a literature review. Periodica Polytechnica Transportation Engineering, 47(1): 36-43.

Sun Y, Yang X. 2011. Investigation of commuting and non-commuting travel features for the popularization of public transportation system. International Journal of Computational Intelligence Systems, 4(6): 1307-1318.

Sutton R S, Barto A G. 1998. Reinforcement Learning: An Introduction. London: MIT Press.

Tao T, Wang J, Cao X. 2020. Exploring the non-linear associations between spatial attributes and walking distance to transit. Journal of Transport Geography, 82: 102560.

Vale D, Saraiva M, Pereira M. 2016. Active accessibility: a review of operational measures of walking and cycling accessibility. Journal of Transport and Land Use, 9(1): 209-235.

Zhao F, Chow L F, Li M T, et al. 2003. Forecasting transit walk accessibility: regression model alternative to buffer method. Transportation Research Record, 1835(1): 34-41.

Zielstra D, Hochmair H H. 2011. Comparative study of pedestrian accessibility to transit stations using free and proprietary network data. Transportation Research Record, 2217(1): 145-152.

第5章　地理流的空间相关性

　　空间相关性是指地理对象或要素之间的相似性随着距离的增加而变化的特征。已有的空间相关性概念通常用于描述欧氏空间的地理现象，如邻近地区的高程、气温及降水量等自然地理属性存在明显的相似性，而相邻省份的人口密度或人均 GDP 等社会经济属性相近。在流空间中，相关性是指流的几何属性（长度和方向等）和非几何属性（流量等）的相似性随着流之间距离的增加而变化的特征。本章首先介绍流的空间相关性的概念和内涵，然后讨论度量流之间空间邻近关系的空间权重矩阵，最后分别介绍个体流和群体流的空间自相关性度量指标，即个体流的莫兰指数，以及群体流的莫兰指数和 G 统计量。

5.1　流空间相关性的含义

　　空间相关性的含义是指地理对象之间的相似性与其距离之间的关系（Fotheringham and Rogerson，2014）。Tobler（1970）将地理空间中普遍存在的相关性总结为地理学第一定律："任何事物都与其他事物相联系，但邻近的事物比相距较远的事物联系更为紧密"。以上表述揭示了欧氏空间下地理对象所呈现出的空间相关性的规律，而对于流空间下的地理流，同样可定义空间相关性：流空间中流的几何属性（长度和方向等）和非几何属性（流量等）的相似性随着流之间距离的增加而变化的特征。本章将重点讨论地理流的空间自相关性，即地理流同种属性之间的空间相关性。第 1 章已提及，流可以划分为个体流和群体流，对于个体流，其空间自相关性主要指流之间几何属性（长度和方向等）的差异随距离增加而变化的规律；对于群体流，其空间自相关性则主要指流之间非几何属性（流量或其他属性）的差异随距离增加而变化的规律。

　　传统的空间自相关性可分为三类：如果空间邻近的地理属性值相似（即同高或同低），则表现为空间正相关；如果空间邻近的地理属性值相异（即高低组合），则表现为空间负相关；而如果空间邻近的地理属性值无关联（即随机组合），则表现为空间不相关。与传统的空间自相关性类似，流的空间自相关性也可分为上述三种类型，即流的空间正相关、流的空间负相关、流的空间不相关。

　　对于个体流，正相关是指不同流的起点或终点邻近，同时长度和方向相似；负相关是指起点或终点邻近，而长度和方向相异；而不相关是指不同流的起点或终点随机，且长度和方向也独立。图 5-1 显示了流的空间自相关的不同形式，图中起点或终点位于同一个虚线圈内的流为相互邻近的流。图 5-1(a) 表示基于起点邻近的正相关，即只要起点邻近，则流的长度和方向近似（或终点也邻近）；但如果终点邻近，则流的长度和方向不一定近似（或起点不邻近）。图 5-1(b) 表示基于终点邻近的正相关，即只要终点邻近，则流的长度和方向近似（或起点也邻近）；反之则不然。图 5-1(c) 表示无约束条件的正相关，即无论从起点邻近还是终点邻近的角度看，流均表现为正相关。图 5-1(d) 展示了基于起点邻近的负相关，图 5-1(e) 展示了基于终点邻近的负相关，而图 5-1(f) 展示了空间不相关的情形。通过以上分析可以看出，个体流的空间自相关也可以理解为：流端点之间的距离与流几何属性之间相似性的关系，这其实与传统空间自相关的定义是一致的。

需要说明的是，个体流的空间正相关与空间聚集存在一定的联系和区别。个体流的空间聚集是指数据集中的部分流比完全空间随机（起点随机、终点随机且起终点之间的连接随机）状态下更加相互靠近。这一定义与上述个体流的空间正相关的内涵一致，换言之，如果数据集中的个体流呈现出空间正相关性，那么它们一定表现为空间聚集模式。如图 5-1(a)~(c) 所示，无论是基于起点邻近、终点邻近，还是无约束条件下的空间正相关，其中的流均表现出空间聚集模式。然而，对于呈现空间聚集模式的流，其空间相关性的情况却难以确定。一方面，针对同一种流模式，空间邻近定义方式的不同会导致其空间相关性的不同。以图 5-1(a) 和 (b) 为例，虽然两个数据集均表现出空间聚集模式，但图 5-1(a) 中的流仅表现为基于起点邻近的正相关，如考虑终点邻近，则可能为不相关或负相关；而图 5-1(b) 中的流只表现为基于终点邻近的正相关，如考虑起点邻近，则可能为不相关或负相关。另一方面，呈现空间聚集模式的流还可能表现为负相关。以图 5-1(d) 和 (e) 为例，其中的流表现为基于起点邻近和基于终点邻近的负相关，但如果同时考虑流两端的邻近性（如采用第 2 章中定义的加和距离作为邻近性的度量标准），它们虽然一端邻近、另一端远离，但相较于随机模式，图中的流可能更加靠近，即表现为空间聚集模式。

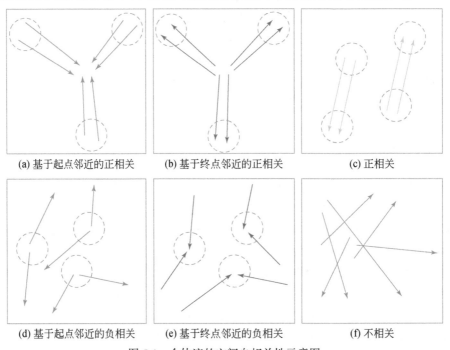

(a) 基于起点邻近的正相关　　(b) 基于终点邻近的正相关　　(c) 正相关

(d) 基于起点邻近的负相关　　(e) 基于终点邻近的负相关　　(f) 不相关

图 5-1　个体流的空间自相关性示意图

群体流的空间自相关性主要考察流的非几何属性（流量等）的相似性随着流之间距离的增加而变化的特征。如果相近的流属性更相似，则为空间正相关；如果相异，则为空间负相关；如果关系不确定，则为空间不相关。图 5-2 显示了格网之间群体流的空间相关性，其中的箭头大小和线段粗细代表流量的高低。具体地，图 5-2(a) 所示为群体流的空间正相关，即空间相互邻近的流流量相近；图 5-2(b) 所示为群体流的空间负相关，即空间相互邻近的流流量相差较大；图 5-2(c) 中的流则不存在空间相关性。

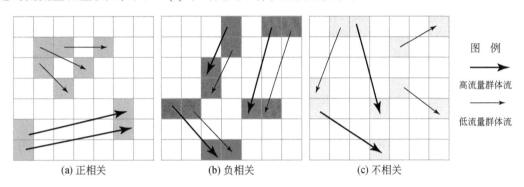

图 5-2 群体流的空间自相关性示意图

研究区内流的相关性的整体特征可用全局空间自相关性来衡量，对于某条流周围局部的空间自相关特征，可以通过局部空间自相关性进行刻画，即某一条流与其周围邻近流在几何属性（长度和方向等）和非几何属性（流量等）方面的相似性（正相关）和相异性（负相关）。实际上，流的局部空间自相关性与全局空间自相关性仅存在观测尺度的差异，内涵并无本质差别。

传统的空间自相关性分析研究中，全局空间自相关性度量指标主要包括全局莫兰指数 (global Moran's I)（Moran，1950）、Geary's C（Geary，1954）、Getis-Ord General G（Getis and Ord，1992）等，而局部空间自相关性度量指标主要包括 LISA（包括局部 Gamma 指数、局部 Moran 指数和局部 Geary 指数等）（Anselin，1995）和 Getis-Ord G_i（G_i^*）（Ord and Getis，1995）等。流的空间自相关性分析方法可由传统分析方法拓展而来，其思路为：首先基于流之间的空间邻近关系定义流的空间权重，然后将流视为流空间中的点，应用传统的空间自相关指标计算流的自相关性。

由以上介绍可知，在分析流的空间自相关性之前，需要判断流的空间邻近关系。相比于欧氏空间中的点，流的空间邻近关系较为复杂。为此，本章首先介绍用于定量刻画流之间空间邻近关系的空间权重矩阵；然后介绍个体流的全局和局部莫兰指数（Liu et al.，2015）；最后介绍群体流的全局和局部莫兰指数（Black，1992）、全局和局部 G 统计量（Berglund and Karlstrom，1999）。

5.2 流的空间权重矩阵

空间权重矩阵（W）是不同地理对象空间邻近性的形式化表达（Getis and Aldstadt，

2004）。地理对象的空间邻近性通常采用二值函数表达，如在描述空间单元邻接关系的空间权重矩阵中，如果区域 k 和区域 p 邻接，则二者的空间权重值 w_{kp}^S 为 1，否则为 0。

为定量刻画流的空间邻近性，首先定义流的空间权重矩阵的数学模型：令 f_{kl} 表示从空间单元（或点）k 到 l 的流，f_{pq} 表示从空间单元（或点）p 到 q 的流，$\boldsymbol{W}^f$ 为流的空间权重矩阵，其元素 $w_{kl,pq}^f$ 为流 f_{kl} 与 f_{pq} 的空间权重，用于表达二者之间的空间邻近关系。为简化表示，也可令 $f_i=f_{kl}$、$f_j=f_{pq}$，则二者的空间权重表示为 w_{ij}^f。

流的空间权重的定义包括三种方式：基于网络中流起终点拓扑关系的空间权重、基于流起终点所在空间单元邻接关系的空间权重，以及基于流之间距离的空间权重。下面分别介绍其含义和计算方法。

5.2.1 基于起终点拓扑关系的空间权重

在网络中，流即为网络的边，流的起终点为网络节点（详见 1.5 节）。对于网络中的流，其空间权重可由流起终点之间的拓扑关系确定。在本书中，网络中流起终点的拓扑关系可以分为重合与不重合两种，而重合又分为：起点重合 [k 与 p 重合，图 5-3(a)]、终点重合 [l 与 q 重合，图 5-3(b)] 以及起点与终点重合 [k 与 q 重合，图 5-3(c)]。

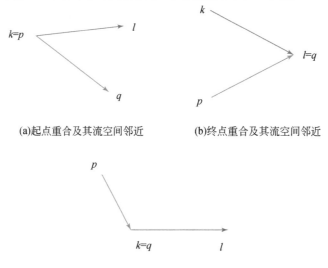

(a)起点重合及其流空间邻近　　　　(b)终点重合及其流空间邻近

(c)起点与终点重合及其流空间邻近

图 5-3　起终点的拓扑关系以及流的空间邻近关系

以网络中流起终点的拓扑关系为基础，流的空间权重取值有四种不同方式（Berglund and Karlstrom，1999；Black，1992；Brandsma and Ketellapper，1979）。第一种为起点重合的流空间邻近，其数学表达为

$$w_{kl,pq}^f = \begin{cases} 1, & \text{if } k = p \\ 0, & \text{otherwise} \end{cases} \tag{5-1}$$

第二种为终点重合的流空间邻近，其数学表达为

$$w_{kl,pq}^{f} = \begin{cases} 1, & \text{if } l = q \\ 0, & \text{otherwise} \end{cases} \tag{5-2}$$

第三种为起点与终点重合的流空间邻近，其数学表达为

$$w_{kl,pq}^{f} = \begin{cases} 1, & \text{if } k = q \text{ or } l = p \\ 0, & \text{otherwise} \end{cases} \tag{5-3}$$

第四种为起/终点重合的流空间邻近（Black，1992），是前三种邻近关系的并集，其数学表达为

$$w_{kl,pq}^{f} = \begin{cases} 1, & \text{if } k = p \text{ or } k = q \text{ or } l = p \text{ or } l = q \\ 0, & \text{otherwise} \end{cases} \tag{5-4}$$

需要注意的是，对于第三种拓扑关系，f_{kl} 与 f_{pq} 之间的邻近情况包括两种情况：① f_{pq} 的终点与 f_{kl} 的起点重合；② f_{pq} 的起点与 f_{kl} 的终点重合。对于第四种拓扑关系，f_{kl} 与 f_{pq} 之间的邻近情况包括四种：① f_{pq} 的终点与 f_{kl} 的起点重合；② f_{pq} 的起点与 f_{kl} 的起点重合；③ f_{pq} 的终点与 f_{kl} 的终点重合；④ f_{pq} 的起点与 f_{kl} 的终点重合。上述四种空间权重的定义中，$w_{kl,pq}^{f}=1$ 表示两条流空间邻近，而 $w_{kl,pq}^{f}=0$ 表示两条流空间不邻近。这些空间权重可分别用于起点重合、终点重合、起点与终点重合等不同邻近关系下的流的空间相关性计算。

5.2.2　基于起终点空间单元邻接关系的空间权重

当流代表不同空间单元之间地理对象的流动时，流之间的空间权重可根据其起终点所在空间单元的邻接关系确定。如图 5-4 所示，流 f_{kl} 以红色实线表示，黑色实线流（即流 f_{pq}）及灰色虚线流表示与 f_{kl} 邻近的流。两条流的空间邻接关系包括三种基本情况：起点相同而终点所在空间单元邻接 [图 5-4(a)]，起点所在空间单元邻接而终点相同 [图 5-4(b)]，起点所在空间单元邻接且终点所在空间单元邻接 [图 5-4(c)]。图 5-4(a) 中，空间单元 l 共有 6 个邻接的空间单元，因而与流 f_{kl} 邻近的流除了 f_{pq} 外，还有 5 种可能的情况，即图中灰色虚线流所示。与图 5-4(a) 类似，图 5-4(b) 中与流 f_{kl} 邻近的流也包含 6 种情况。图 5-4 (c) 中，空间单元 k、l 各有 6 个邻接的空间单元，故与流 f_{kl} 邻近的流共有 36 种可能情况。以上述空间邻近关系为基础，则流的空间权重包括以下五种情况（Chun，2008；Fischer and Griffith，2008；Berglund and Karlstrom，1999）。

第一种如图 5-4(a) 所示，即起点相同而终点所在空间单元邻接的两条流空间邻近。例如，图中流 f_{kl} 和 f_{pq} 的起点 k 和 p 位于同一空间单元，终点 l 和 q 所在的空间单元邻接，故而两者邻近。令 w_{lq}^{s} 表示空间单元之间的空间邻接关系，$w_{lq}^{s}=1$ 时表示空间单元 l 和 q 邻接，$w_{lq}^{s}=0$ 时表示空间单元 l 和 q 不邻接，则流 f_{kl} 和 f_{pq} 的这种空间权重可表达为

$$w_{kl,pq}^{f} = \begin{cases} 1, & \text{if } k = p \text{ and } w_{lq}^{s} = 1 \\ 0, & \text{otherwise} \end{cases} \tag{5-5}$$

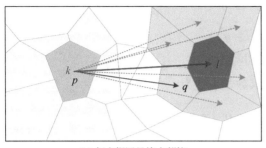

(a) 起点相同且终点邻接

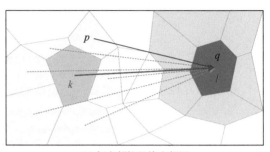

(b) 起点邻接且终点相同

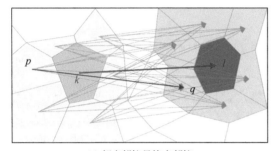

(c) 起点邻接且终点邻接

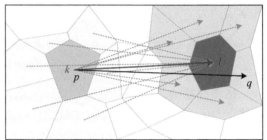

(d) 起点相同且终点邻接或终点相同且起点邻接

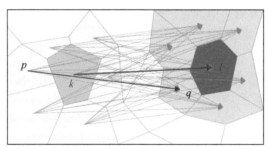

(e) 起终点一端相同另一端邻接或起终点邻接

图 5-4　基于起终点空间单元邻接关系的流的空间邻近关系

图中黑色实线流为与红色流邻近的流，灰色虚线流为所有可能与红色流邻近的流

由于该权重仅包含起点相同且终点邻接这一种邻近关系，故与流 f_{kl} 邻近的流共有 6 种情况。

第二种如图 5-4(b) 所示，即起点所在空间单元邻接而终点相同的流空间邻近。例如，图中流 f_{kl} 和 f_{pq} 的起点 k 和 p 所在的空间单元邻接，终点 l 和 q 位于同一单元，故判定两者邻近。这种空间权重表达为

$$w_{kl,pq}^{f} = \begin{cases} 1, & \text{if } l = q \text{ and } w_{kp}^{s} = 1 \\ 0, & \text{otherwise} \end{cases} \tag{5-6}$$

与上一种情况类似，该权重仅包含终点相同且起点邻接这一种邻近关系，故与流 f_{kl} 邻近的流共包含 6 种情况。

第三种情况如图 5-4(c) 所示，即起点所在空间单元邻接且终点所在空间单元邻接的流空间邻近，其数学表达为

$$w_{kl,pq}^{f} = \begin{cases} 1, & \text{if } w_{kp}^{S}=1 \text{ and } w_{lq}^{S}=1 \\ 0, & \text{otherwise} \end{cases} \tag{5-7}$$

由于该权重包含了起点和终点同时邻接这种空间邻近关系，当空间单元 k、l 各有 6 个邻接的空间单元时 [图 5-4(c)]，那么与流 f_{kl} 邻近的流共有 36 种情况。

第四种如图 5-4(d) 所示，即起点相同而终点所在空间单元邻接，或终点相同而起点所在空间单元邻接的流空间邻近，其数学表达为

$$w_{kl,pq}^{f} = \begin{cases} 1, & \text{if } k=p \text{ and } w_{lq}^{S}=1, \text{ or if } l=q \text{ and } w_{kp}^{S}=1 \\ 0, & \text{otherwise} \end{cases} \tag{5-8}$$

由于该权重包含了起点相同且终点邻接、终点相同且起点邻接两种邻近关系，因此与流 f_{kl} 邻近的流共有 12 种情况，即除了 f_{pq} 外，还有 11 种可能的情形 [图 5-4(d) 中灰色虚线流所示]。

第五种如图 5-4(e) 所示，即起点相同而终点所在空间单元邻接，或终点相同而起点所在空间单元邻接，或起点和终点所在空间单元均邻接的流空间邻近，其数学表达为

$$w_{kl,pq}^{f} = \begin{cases} 1, & \text{if } k=p \text{ and } w_{lq}^{S}=1, \text{ or if } l=q \text{ and } w_{kp}^{S}=1, \text{ or if } w_{kp}^{S}=1 \text{ and } w_{lq}^{S}=1 \\ 0, & \text{otherwise} \end{cases} \tag{5-9}$$

由于该权重包含了全部三种邻近关系，因此，与流 f_{kl} 邻近的流共有 48 种可能的情况，即除了 f_{pq} 之外，还有 47 种可能的情形 [图 5-4(e) 中灰色虚线流所示]。

5.2.3　基于流之间距离的空间权重

基于流之间距离的空间权重通常可采用以下两种方式确定，其一是根据距离阈值判断流之间是否空间邻近，其二是以流之间的距离倒数(下文称反距离)定义流之间的邻近程度。

基于距离阈值的流空间权重定义为：如果两条流之间的距离小于某个阈值，则认为两条流空间邻近；否则，两条流空间不邻近，即

$$w_{kl,pq}^{f} = \begin{cases} 1, & \text{if } d_{kl,pq} \leq d_{t} \\ 0, & \text{otherwise} \end{cases} \tag{5-10}$$

式中，$d_{kl,pq}$ 为流 f_{kl} 和 f_{pq} 之间的距离，其可以是 2.2.1 节中定义的任何一种流距离；d_{t} 为流之间的距离阈值。

除上述二值形式的流空间权重外，还可将流之间（ 或流起 / 终点之间 ）的反距离直接作为流的空间权重，以此衡量流之间的空间邻近程度。这类空间权重亦称反距离空间权重，具体包含以下两种方式。

第一种，仅考虑两条流起点间（ 或终点间 ）的距离的影响，即

$$w_{kl,pq}^{f} = (d_{kp})^{-\theta} \tag{5-11}$$

式中，d_{kp} 为两条流 f_{kl} 和 f_{pq} 的起点 k 和 p 之间的距离；θ 为距离衰减指数（ $\theta > 0$ ）。根据

这一定义，k 和 p 的距离越远，二者空间权重值越小。同理，可定义基于两条流终点距离的空间权重，即 $w^f_{kl,pq}=(d_{lq})^{-\theta}$。

第二种，考虑两条流之间距离的影响，即

$$w^f_{kl,pq}=(d_{kl,pq})^{-\theta} \tag{5-12}$$

式中，$d_{kl,pq}$ 为流之间距离，其可以是 2.2.1 节中定义的任何一种流距离；θ 的含义与式 (5-11) 相同。

5.3 个体流的空间自相关性度量

个体流的空间自相关性是指流在长度和方向上的相似性随着流之间距离的增加而变化的特征。度量此类空间自相关性的思路是：首先根据流的空间位置判断流之间的空间邻近关系，然后将流抽象为向量，并通过向量的点积衡量邻近流之间的相似性。本节以个体流的全局和局部莫兰指数为例，介绍其空间自相关性度量，并将其应用于北京市出租车 OD 流数据，揭示出租车流的空间自相关性，同时验证方法的有效性。

5.3.1 个体流的莫兰指数

1. 个体流的全局莫兰指数

个体流的全局莫兰指数可用于衡量整个区域内流的几何属性（长度和方向）的空间自相关性。假设流 f_i 的起点坐标为 (x_i^O, y_i^O)，终点坐标为 (x_i^D, y_i^D)，则其对应的向量可以表示为 $\boldsymbol{m}_i=(x_i^D-x_i^O, y_i^D-y_i^O)$。以此为基础，个体流的全局莫兰指数可定义为（Liu et al., 2015）

$$I^f = \frac{n}{\sum_i\sum_j w^f_{ij}} \frac{\sum_i\sum_j w^f_{ij}\left(\boldsymbol{m}_i-\bar{\boldsymbol{m}}\right)\cdot\left(\boldsymbol{m}_j-\bar{\boldsymbol{m}}\right)}{\sum_i\left(\boldsymbol{m}_i-\bar{\boldsymbol{m}}\right)\cdot\left(\boldsymbol{m}_i-\bar{\boldsymbol{m}}\right)} \tag{5-13}$$

式中，n 表示研究区内流的数目，$\bar{\boldsymbol{m}}=(\bar{x}^D-\bar{x}^O, \bar{y}^D-\bar{y}^O)=[\sum(x_i^D-x_i^O)/n, \sum(y_i^D-y_i^O)/n]$ 为数据集中 n 条流对应向量的重心。令 $u_i=(x_i^D-x_i^O)-(\bar{x}^D-\bar{x}^O)$，$v_i=(y_i^D-y_i^O)-(\bar{y}^D-\bar{y}^O)$，则个体流的全局莫兰指数可以表示为

$$I^f = \frac{n}{\sum_i\sum_j w^f_{ij}} \frac{\sum_i\sum_j w^f_{ij}\left(u_iu_j+v_iv_j\right)}{\sum_i\left(u_i^2+v_i^2\right)} \tag{5-14}$$

式 (5-13) 和式 (5-14) 中的 w^f_{ij} 均表示 f_i 和 f_j 之间的空间权重。

下面给出个体流全局莫兰指数的数学期望与方差。由于推导过程较为复杂，本书仅列出结果，具体细节请参考 Liu 等（2015）。令 $\boldsymbol{U}$ 和 $\boldsymbol{V}$ 分别表示个体流 u_i 和 v_i 对应的随机向量。在流完全空间随机的假设条件下，$\boldsymbol{U}$ 和 $\boldsymbol{V}$ 独立同分布，$\sum u_i=0$ 且 $\sum v_i=0$，则 I^f 的

期望 $E(I^f) = -1/(n-1)$。

在个体流之间不存在空间自相关这一假设下，I^f 的方差为

$$\mathrm{Var}\left(I^f\right) = \frac{1}{W^2 m_2^2} \left\{ \begin{array}{l} \dfrac{a_2^2 n\left[\left(n^2-3n+3\right)S_1 - nS_2 + 3W^2\right]}{} \\ \dfrac{-a_4\left[\left(n^2-n\right)S_1 - 2nS_2 + 6W^2\right]}{(n-1)(n-2)(n-3)} \\ \dfrac{b_2^2 n\left[\left(n^2-3n+3\right)S_1 - nS_2 + 3W^2\right]}{} \\ + \dfrac{-b_4\left[\left(n^2-n\right)S_1 - 2nS_2 + 6W^2\right]}{(n-1)(n-2)(n-3)} \end{array} \right\} + \frac{a_2 b_2 - m_2^2}{m_2^2(n-1)^2} \tag{5-15}$$

式中，$W = \sum_i \sum_j w_{ij}^f$，$m_2 = \sum_i (u_i^2 + v_i^2)/n$，$a_2 = E(u_i^2) = \sum_i u_i^2/n$，$b_2 = E(v_i^2) = \sum_i v_i^2/n$，$m_2 = a_2 + b_2$，$a_4 = E(u_i^4) = \sum_i u_i^4/n$，$b_4 = E(v_i^4) = \sum_i v_i^4/n$。

在 I^f 的计算公式中，w_{ij}^f 为流之间的空间权重，此处包括基于起点的邻近与基于终点的邻近两种形式。为此，本节将基于起点邻近的全局莫兰指数记为 I_O，将基于终点邻近的全局莫兰指数记为 I_D。I_O 和 I_D 的取值范围在 [–1, 1]，以 I_O 为例，若指标 I_O 越接近于 1，则流呈现的空间正相关性越强，即起点邻近的流的长度和方向越相似；若指标 I_O 在随机期望 $-1/(n-1)$ 附近，则说明流之间不存在空间自相关性，即起点邻近的流的长度和方向随机分布；若指标 I_O 越接近于 –1，则说明流的空间负相关性越强，即起点邻近的流的长度和方向差异越大。

2. 个体流的局部莫兰指数

个体流的全局莫兰指数虽然能判别流数据总体上是否存在空间自相关，并可度量空间自相关的程度，但不能指示具有空间自相关的流的具体位置，而个体流的局部莫兰指数可以识别特定范围内的个体流是否具有显著的空间自相关（Liu et al.，2015），从而指示具有空间自相关的个体流的位置。个体流的局部莫兰指数定义为

$$I_i^f = \frac{u_i}{m_2} \sum_j w_{ij}^f u_j + \frac{v_i}{m_2} \sum_j w_{ij}^f v_j \tag{5-16}$$

式中变量的含义与式 (5-14) 和式 (5-15) 相同。

根据 Anselin（1995）研究得出的结论，全局和局部莫兰指数之间存在着常量转换的关系。对于个体流，这样的数量关系同样存在，即 $I^f = \sum_i I_i^f / (m_2 \sum_i \sum_j w_{ij}^f)$。具体推导细节请参考文献 Liu 等（2015）。下面给出局部莫兰指数的数学期望与方差，在空间不相关的零假设下，I_i^f 的期望是

$$E(I_i^f) = -\frac{\sum_j w_{ij}^f}{n-1} \tag{5-17}$$

而方差为

$$\mathrm{Var}(I_i^f) = \frac{1}{m_2^2}\left[\begin{array}{l}\sum\limits_j \left(w_{ij}^f\right)^2 \left(\dfrac{na_2^2 - a_4 + nb_2^2 - b_4}{n-1}\right) \\ + 2\sum\limits_j\sum\limits_k w_{ij}^f w_{ik}^f \dfrac{2a_4 - na_2^2 + 2b_4 - nb_2^2}{(n-1)(n-2)} + 2\left(\sum\limits_j w_{ij}^f\right)^2 \dfrac{a_2 b_2}{(n-1)^2}\end{array}\right] - \frac{\left(\sum\limits_j w_{ij}^f\right)^2}{(n-1)^2} \quad (5\text{-}18)$$

式 (5-17) 和式 (5-18) 中各变量的含义与式 (5-15) 相同。

3. 个体流莫兰指数的显著性检验

针对个体流数据集，依据式 (5-14) 和式 (5-16)，可以分别计算其全局和局部的莫兰指数 I^f 和 I_i^f。在计算出上述统计量之后，还需检验其显著性水平，即衡量统计量的值偏离随机情况的程度，以此尽可能排除"假"的空间相关。由于实际研究中存在边界效应的问题，统计量的理论分布难以推导，故只能通过蒙特卡洛方法获取随机假设下统计量的分布，并以此作为显著性判别的参照。个体流的随机模拟方法分为两种（Liu et al., 2015），其一是在研究区内随机生成与研究对象同等数量的个体流；其二则是保持现有流的起点和终点位置及类别不变，将起点和终点一对一随机重连，以生成特定条件下的随机流。通过对比模拟生成的随机流与实际流之间统计量的差别，可考察实际流的空间相关性偏离随机情况的程度。下面以第二种随机模拟方法为例，详细阐述个体流全局和局部莫兰指数显著性的判别方法。

1）个体流全局莫兰指数的显著性检验

针对研究区内的个体流集合 Φ^f，设模拟次数为 N，则其全局莫兰指数 I^f 的显著性判别方法为：①保持集合中所有流起点和终点的位置及类别不变，将起点和终点一对一随机重连，形成新的条件随机个体流集合 Φ_{sim}^f，并依据式 (5-14) 计算其全局莫兰指数，记为 I_{sim}^f；②重复第①步 N 次，得到 N 组 I_{sim}^f；③根据式 (5-19) 计算 I^f 的显著性水平 p，即

$$p = \frac{\min\left(\#(I_{\mathrm{sim}}^f > I^f) + 1, N + 1 - \#(I_{\mathrm{sim}}^f > I^f)\right)}{N + 1} \quad (5\text{-}19)$$

式中，N 为随机模拟的次数；$\#(I_{\mathrm{sim}}^f > I^f)$ 为 N 次随机模拟中 I_{sim}^f 比 I^f 值大的次数。

2）个体流局部莫兰指数的显著性检验

针对研究区内个体流集合 Φ^f 中的第 i 条流，设模拟次数为 N，则其局部莫兰指数 I_i^f 的显著性检验方法为：①将所有流的起点和终点的位置及类别固定，一对一随机重连除第 i 条流外所有流的起点和终点以形成新的个体流集合 Φ_{sim}^f，并依据式 (5-16) 计算第 i 条流的局部莫兰指数 $I_{i,\mathrm{sim}}^f$；②重复第①步 N 次，得到 N 组 $I_{i,\mathrm{sim}}^f$；③根据式 (5-20) 计算 I_i^f 的显著性水平 p_i，即

$$p_i = \frac{\min\left(\#(I_{i,\mathrm{sim}}^f > I_i^f) + 1, N + 1 - \#(I_{i,\mathrm{sim}}^f > I_i^f)\right)}{N + 1} \quad (5\text{-}20)$$

式中，N 为随机模拟的次数；$\#(I_{i,\mathrm{sim}}^f > I_i^f)$ 为 N 次随机模拟中 $I_{i,\mathrm{sim}}^f$ 比 I_i^f 大的次数。

5.3.2　应用案例

城市中的出租车 OD 流是否存在空间自相关性？如果存在，哪些时段的空间自相关性强？这些自相关性强的流分布在哪里？为了回答以上问题，本节以北京市出租车 OD 流为例展开研究。首先，介绍研究区及所用出租车 OD 数据；其次，分别分析出租车 OD 流基于起点邻近和终点邻近的全局莫兰指数的时间变化规律；再次，根据全局莫兰指数时间序列，选取空间自相关性最强时段的出租车 OD 流，计算其局部莫兰指数，并分析其起终点的空间分布规律；最后，对案例结果进行解释和讨论。

1. 数据与研究区

本案例所用数据为 2014 年 10 月 21 日（周二）北京市六环以内出租车乘客的上车点和下车点的时间和位置信息，预处理后共形成 303 762 条 OD 流，其空间分布如图 5-5 所示。从图中可以看出，所选择的出租车 OD 流主要集中于五环以内，其周边向外呈放射状分布。

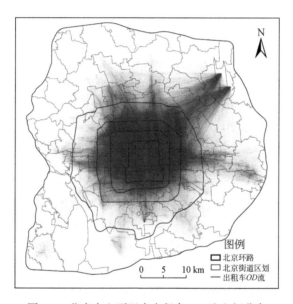

图 5-5　北京市六环以内出租车 OD 流空间分布

2. 全局空间自相关性度量

为了研究出租车 OD 流空间自相关性的时间变化特征，我们将这一天的 OD 流数据按小时划分为 24 份。流的空间权重采用 5.2.3 节中定义的起点之间或终点之间的反距离权重，令距离衰减指数 $\theta = 1.5$。以此为基础，采用式 (5-14) 分别计算每个时段内基于起点邻近的全局莫兰指数 I_O（简称起点全局莫兰指数）和基于终点邻近的全局莫兰指数 I_D（简称终点全局莫兰指数），结果如图 5-6 所示。图中横坐标为时段，纵坐标为莫兰指数值，蓝色曲线代表起点全局莫兰指数 I_O，橙色曲线代表终点全局莫兰指数 I_D。

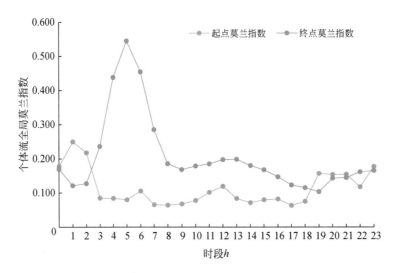

图 5-6　北京市六环以内出租车 OD 流全局莫兰指数的时间序列

图中时段 h 对应的点表示时刻 h~h+1 范围内的个体流全局莫兰指数

研究结果表明：① I_O 和 I_D 的值在各时段均大于 0，说明无论是从起点或终点邻近的角度，各时段的流均表现为空间正相关，即无论起点邻近还是终点邻近的流，其长度和方向均存在一定程度的相似性；②多数时段 I_O 和 I_D 均较小（<0.200），表明整体上流的空间相关性较弱；③ I_D 在凌晨 5~6 时达到高峰值，而峰值之外的时段变化较为平缓，表明 5~6 时相当多终点邻近的出租车 OD 流源自相近的起点。为进一步探讨 5~6 时出租车 OD 流空间自相关的分异特征及其成因，下面以局部莫兰指数为工具进行分析。

3. 局部空间自相关性度量

本节以数据集中 5~6 时的出租车 OD 流为研究对象，对其局部空间自相关性进行计算和分析。根据 5.3.1 节式 (5-16)，分别计算 5~6 时出租车 OD 流的起点和终点局部莫兰指数，即局部 I_O 和局部 I_D，并用该节所述的蒙特卡洛方法计算其显著性水平，结果如图 5-7 所示。图 5-7(a) 和 (c) 分别展示了局部 I_O 和局部 I_D 的空间分布，其中点的颜色越红代表值越高，即空间正相关性越强，越绿代表值越低，即空间负相关性越强。图 5-7(b) 和 (d) 则分别展示了局部 I_O 和局部 I_D 的显著性水平（p 值），其中红色对应显著（$p \leqslant 0.01$），灰色对应不显著（$p > 0.01$）。

从图 5-7 中可以发现，空间正相关较强的流的起点或终点主要集中于重要交通枢纽处。以图 5-7(a) 为例，首都国际机场和"衙门口桥—晋元桥"路段呈现高 I_O 值且显著 [图 5-7(b)]，表明 5~6 时有较大比例的流从首都国际机场、"衙门口桥—晋元桥"等地前往相互邻近的终点。反观图 5-7(c)，高 I_D 值的流终点主要位于首都国际机场、北京西站和北京南站，且均表现为显著 [图 5-7(d)]，表明 5~6 时存在较多数量的流从彼此邻近的起点前往这三个交通枢纽。上述结果也较好地解释了图 5-6 中全局 I_D 在 5~6 时的峰值：①该时段以机场和高铁站等重要交通枢纽为终点的 OD 流（交通枢纽流）存在较强的空间正相关；②峰值左侧出现低值的可能原因是，5~6 时对应于最早航班和列车的起飞

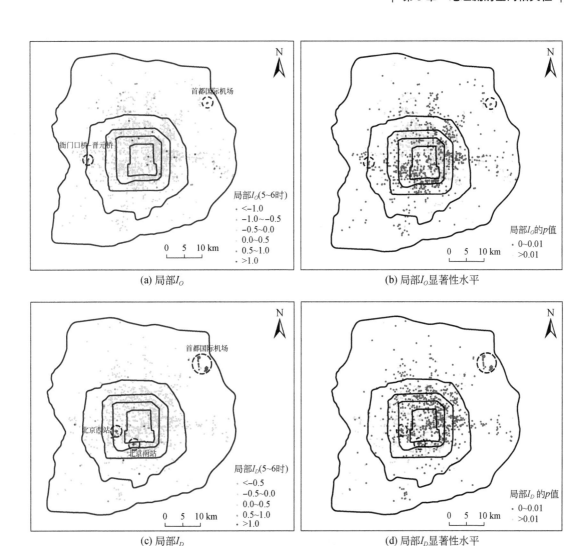

图 5-7 北京市六环以内出租车 OD 流 5~6 时局部莫兰指数及其显著性水平

和发车时间，前往交通枢纽的 OD 流较多，而 5 时以前交通枢纽流的聚集则弱于该时段；③峰值右侧出现低值的可能原因是，6 时以后其他类型的流（如通勤流等）的产生稀释了交通枢纽流的空间聚集。

5.4 群体流的空间自相关性度量

群体流的空间自相关性是指群体流之间属性的相似性随流之间距离的增加而变化的特征。本节以群体流的全局和局部莫兰指数、全局和局部 G 统计量为例，介绍群体流的空间自相关性度量方法，并以北京市街区间出租车 OD 流流量的空间自相关性为例，检验方法的有效性。

5.4.1 群体流的莫兰指数

1. 群体流的全局莫兰指数

个体流的莫兰指数主要关注流的几何属性的空间相关性，而群体流的莫兰指数主要关注流量等非几何属性的空间相关性。本章 5.3 节已述及，传统的莫兰指数（Moran，1950）已扩展至个体流，而对于群体流，其流量或其他属性的空间自相关性的度量同样依赖于对传统莫兰指数的扩展。若以流量属性作为空间自相关性研究的对象，则群体流的莫兰指数可定义如下：

$$I^F = \frac{n}{\sum_{i=1}^{n}\sum_{j=1}^{n}w_{ij}^F} \frac{\sum_{i=1}^{n}\sum_{j=1}^{n}w_{ij}^F\left(x_i-\bar{x}\right)\left(x_j-\bar{x}\right)}{\sum_{i=1}^{n}\left(x_i-\bar{x}\right)^2} \tag{5-21}$$

式中，n 为流的总数目；x_i 为流 F_i 的流量值；$\bar{x}$ 为研究区内所有流的流量平均值；w_{ij}^F 为流 F_i 和 F_j 之间的空间权重值（Black，1992）。空间权重的确定可选择 5.2 节中提到的任何一种方法。对于以流量为属性的群体流，I^F 的期望值为

$$E\left(I^F\right) = \frac{-1}{n-1} \tag{5-22}$$

当流量值服从正态分布时，I^F 的方差为

$$\mathrm{Var}\left(I^F\right) = \frac{n^2 S_1 - n S_2 + 3\left(\sum_{i=1}^{n}\sum_{j=1}^{n}w_{ij}^F\right)^2}{\left(\sum_{i=1}^{n}\sum_{j=1}^{n}w_{ij}^F\right)^2\left(n^2-1\right)} - E^2\left(I_F\right) \tag{5-23}$$

式中，$S_1 = 1/2\sum_{i=1}^{n}\sum_{j=1}^{n}\left(w_{ij}^F + w_{ji}^F\right)^2$，$S_2 = \sum_{i=1}^{n}\left(\sum_{i=1}^{n}w_{ij}^F + \sum_{j=1}^{n}w_{ij}^F\right)^2$。

当流量值服从随机分布时，I^F 的方差为

$$\mathrm{Var}\left(I^F\right) = n\left[\left(n^2-3n+3\right)S_1 - nS_2 + 3\left(\sum_{i=1}^{n}\sum_{j=1}^{n}w_{ij}^F\right)^2\right] -$$

$$\frac{\left\{\frac{1/n\sum_{i=1}^{n}\left(x_i-\bar{x}\right)^4}{\left[1/n\sum_{i=1}^{n}\left(x_i-\bar{x}\right)^2\right]}\right\}\left[S_1 - 2nS_1 + 6\left(\sum_{i=1}^{n}\sum_{j=1}^{n}w_{ij}^F\right)^2\right]}{\left(n-1\right)\left(n-2\right)\left(n-3\right)\left(\sum_{i=1}^{n}\sum_{j=1}^{n}w_{ij}^F\right)^2} - E^2\left(I^F\right) \tag{5-24}$$

式中，各变量的含义与式 (5-23) 相同，由于推导过程较为复杂，此处不再赘述，具体细节可参考 Black（1992）。

2. 群体流的局部莫兰指数

为衡量某条流与其邻近流之间的相关性，可定义群体流的局部莫兰指数（Wang，2014）：

$$I_i^F = \frac{x_i - \bar{x}}{\dfrac{\displaystyle\sum_{j=1}^{n} (x_j - \bar{x})^2}{n-1}} \left[\left(\sum_{j=1}^{n} w_{ij}^F (x_j - \bar{x}) \right) - \left(x_i - \bar{x} \right) \right] \tag{5-25}$$

式中，n 为流的总数目；x_i 为流 F_i 的流量值；$\bar{x}$ 为所有流的流量平均值；w_{ij}^F 为流 F_i 和 F_j 之间的空间权重。这一指标由三个部分组成：F_i 的流量与平均流量的偏差 $(x_i - \bar{x})$，与 F_i 邻近的流的流量总偏差 $\sum_{j=1}^{n} w_{ij}^F (x_j - \bar{x})$，以及方差 $\sum_{j=1}^{n} (x_j - \bar{x})^2/(n-1)$。

3. 群体流莫兰指数的显著性检验

在得到群体流莫兰指数的数值之后，与个体流的莫兰指数类似，同样需要进行显著性检验，通过观察其与随机情况的偏离程度，尽可能排除"假"的空间相关。由于群体流流量的理论随机分布难以推导，因此在显著性检验时，本节仍使用蒙特卡洛方法获取统计量的随机分布。下面详细介绍群体流全局和局部莫兰指数显著性的检验方法。

1）群体流全局莫兰指数的显著性检验

针对群体流集合 Φ^F，设模拟次数为 N，则其流量的全局莫兰指数 I^F 的显著性检验思路为：①在保持流的空间位置和邻接关系不变的情况下，随机重排所有群体流的流量值（随机重排的含义是将每条群体流的流量依次重新随机赋给一条群体流），从而形成新的群体流集合 Φ_{sim}^F，然后采用式 (5-21) 计算其全局莫兰指数 I_{sim}^F；②重复第①步 N 次，得到 N 个 I_{sim}^F 模拟值；③根据式 (5-26) 计算 I^F 的显著性水平 p，即

$$p = \frac{\min(\#(I_{\text{sim}}^F > I^F) + 1, N + 1 - \#(I_{\text{sim}}^F > I))}{N + 1} \tag{5-26}$$

式中，N 为随机模拟的次数；$\#(I_{\text{sim}}^F > I^F)$ 为 N 次随机模拟中 I_{sim}^F 比 I^F 值大的次数。

2）群体流局部莫兰指数的显著性检验

针对群体流集合 Φ^F 中的第 i 条流，设模拟次数为 N，则其局部莫兰指数 I_i^F 的显著性检验思路为：①在保持流的位置和邻接关系不变的情况下，随机重排除第 i 条流外所有群体流的流量值，形成新的群体流集合 Φ_{sim}^F，然后采用式 (5-25) 计算第 i 条流的局部莫兰指数 $I_{i,\text{sim}}^F$；②重复第①步 N 次，得到 N 个 $I_{i,\text{sim}}^F$ 模拟值；③根据式 (5-27) 计算 I_i^F 的显著性水平 p_i，即

$$p_i = \frac{\min(\#(I_{i,\text{sim}}^F > I_i^F) + 1, N + 1 - \#(I_{i,\text{sim}}^F > I_i^F))}{N + 1} \tag{5-27}$$

式中，N 为随机模拟的次数；$\#(I_{i,\text{sim}}^F > I_i^F)$ 为 N 次随机模拟中 $I_{i,\text{sim}}^F$ 比 I_i^F 值大的次数。

5.4.2 群体流的 G 统计量

1. 群体流的全局 G 统计量

莫兰指数仅能判断属性相近的地理对象是否存在空间聚集，而不能区分这种聚集是高值聚集还是低值聚集。为解决这一问题，Getis 和 Ord（1992）提出了全局 G 统计量（Getis-Ord General G）。对于群体流，其全局 G 统计量可用于探测流数据集总体上是否存在高流量或低流量流的空间聚集，并可度量这类空间聚集的程度。将传统的全局 G 统计量（Getis and Ord，1992）拓展到群体流，可得到流的全局 G 统计量：

$$G^F = \frac{\sum_{i=1}^{n}\sum_{j=1}^{n} w_{ij}^F x_i x_j}{\sum_{i=1}^{n}\sum_{j=1}^{n} x_i x_j}, \quad \forall i \neq j \tag{5-28}$$

式中，n 为流的总数量；x_i 为群体流 F_i 的流量；w_{ij}^F 为流 F_i 和 F_j 之间的空间权重。

2. 群体流的局部 G 统计量

传统的局部 G 统计量 Getis-Ord G_i（G_i*）用于识别某一要素的空间冷热点。该指数通过比较某个要素在指定范围内的相邻要素之和与所有要素总和之间的差异，以此识别该要素在局部区域的空间聚集特征。若 G_i（G_i*）值为正且显著，说明该要素周围为高值聚集单元（热点），若 G_i（G_i*）值为负且显著，则为低值聚集单元（冷点）。为识别流的空间冷热点，可定义流的局部 G 统计量。令 $F_i=F_{kl}$，$F_j=F_{pq}$，流 F_{kl} 的局部 G 统计量 G_{kl}^F 可定义为

$$G_{kl}^F = \frac{\sum_{p,q} w_{kl,pq}^F x_{pq} - W_{kl}\bar{x}}{s[(n-1)S_1 - W_{kl}^2/(n-2)]^{1/2}} \tag{5-29}$$

式中，n 为流的总数目；$w_{kl,pq}^F$ 为流 F_{kl} 和 F_{pq} 之间的空间权重；x_{pq} 为流 F_{pq} 的流量；$\bar{x}$ 为研究区内所有流流量的平均值；s 为所有流流量的标准差，且有 $\bar{x} = \frac{1}{n-1}\sum_{pq,(p,q)\neq(k,l)} x_{pq}$，$s^2 = \frac{1}{n-2}\sum_{pq,(p,q)\neq(k,l)}(x_{pq}-\bar{x})^2$，$W_{kl} = \sum_{pq,(p,q)\neq(k,l)} w_{kl,pq}^F$，$S_1 = \sum_{pq,(p,q)\neq(k,l)}(w_{kl,pq}^F)^2$（Berglund and Karlstrom，1999）。

式 (5-29) 定义的是同时考虑流起点和终点邻近关系的局部 G 统计量，故式中 $w_{kl,pq}^F$ 的计算可参照 5.2.2 节或 5.2.3 节中兼顾流起点和终点邻近关系的空间权重确定方法；而对于仅考虑起点或终点邻近关系的情形，则可依据 5.2.1 节或 5.2.3 节中定义的流起点（或终点）的邻近关系计算空间权重矩阵，并构造相应的局部 G 统计量。其中，只考虑起点邻近的流局部 G 统计量可定义为

$$G_{k\cdot} = \frac{\sum_l x_{kl} - t\bar{x}}{s[(n-1)t - t^2/(n-2)]^{1/2}} \tag{5-30}$$

式中，$k\cdot$ 为流起点位于 k 而终点任意的情形；n 为流的总数目；x_{kl} 为流 F_{kl} 的流量；$\sum_l x_{kl}$ 为所有起点位于 k 的流的流量总和；$\bar{x}$ 为研究区内所有流的流量平均值；s 为所有流的流量

标准差；t 为研究区内空间单元的数目。

同理，只考虑终点邻近的流的局部 G 统计量可定义为

$$G_{\cdot l} = \frac{\sum_k x_{kl} - t\overline{x}}{s[(n-1)t - t^2/(n-2)]^{1/2}} \tag{5-31}$$

式中，$\cdot l$ 为流的终点位于 l 而起点任意的情形；$\sum_k x_{kl}$ 为所有终点位于 l 的流的流量总和；其余各变量含义均与式 (5-30) 相同。

群体流的全局和局部 G 统计量的显著性检验也可采用蒙特卡洛方法，具体可参照 5.4.1 节中关于群体流莫兰指数显著性检验的思路，此处不再赘述。

5.4.3　应用案例

5.3.2 节中的案例讨论了出租车 OD 流作为个体流所表现出的空间自相关性。如果将出租车 OD 流聚合到城市不同区域之间形成群体流，那么聚合后的出租车 OD 群体流是否存在空间自相关性？如果存在，其空间自相关性有何时空特征？为了解开这些疑惑，本节以北京市六环以内出租车 OD 流数据为例展开研究。下面首先介绍研究区以及出租车 OD 流的聚合方法，并应用群体流的全局莫兰指数，研究街区尺度下出租车 OD 群体流的全局空间自相关性及其时间规律；然后，选取空间自相关性较强的典型时段，从流整体邻近（兼顾起终点邻近）以及起点或终点邻近的不同角度分别度量出租车 OD 群体流的局部空间自相关性（即先计算每条流的局部莫兰指数 I_{kl}^F 和局部 G 统计量 G_{kl}^F，再以街区为单元计算出租车流出和流入量的局部 G 统计量 $G_{k\cdot}$ 和 $G_{\cdot l}$）；最后，对实验的结果进行解释和讨论，并以此揭示相关指标的意义与有效性。

1. 数据与研究区

本案例采用的出租车 OD 数据与 5.3.2 节相同。数据预处理过程中，基于北京市街道区划数据（六环以内共 166 个街区），将六环以内两两街区之间的出租车 OD 个体流聚合成群体流，并将街区之间流的数量作为出租车 OD 群体流的流量属性，如果街区边界与六环相交，则以该街区六环以内的部分作为新街区进行统计。由于大量街区之间无出租车 OD 数据，故仅保留流量大于 0 的群体流作为研究对象。街区之间出租车 OD 群体流的分布如图 5-8 所示，流的起点或终点用街区的几何中心表达，流量大小用流线的粗细和颜色表达，即流线越粗、颜色越红，流量越大。

2. 全局空间自相关性度量

为探究北京市六环以内街区间出租车 OD 群体流的空间自相关性随时间的变化特征，本案例将聚合后一整天的出租车 OD 数据按小时划分为 24 份，然后根据式 (5-21) 计算每个时段内出租车 OD 群体流的全局莫兰指数。式 (5-21) 中空间权重矩阵的计算依据是图 5-4(e) 所示的流之间的邻近关系，即对于不同街道之间的两条流，若起点所在区域相同或相邻，且终点所在区域相同（仅当起点相邻）或相邻，则两条流邻近（权重为 1），否则不邻近（权重为 0）。计算结果如图 5-9 所示，图中横坐标为时段，纵坐标为莫兰指数值。

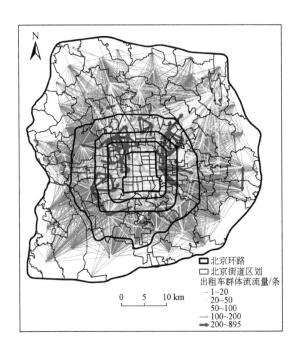

图 5-8　北京市六环以内街区间出租车 OD 群体流的空间分布

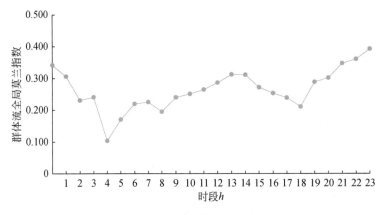

图 5-9　北京市街区间出租车 OD 群体流全局莫兰指数的时间序列

图中时段 h 对应的点表示时刻 h~h+1 范围内的群体流全局莫兰指数

　　从图 5-9 可以发现：①所有时段莫兰指数均大于 0，说明各时段街区间出租车 OD 群体流均表现为空间正相关；②白天出租车 OD 群体流莫兰指数的峰值出现在 13~14 时，夜间莫兰指数从 18 时开始逐渐升高，在 23~24 时达到最高值后逐渐下降至次日 4 时，且变化趋势较白天明显。为进一步探究不同时段莫兰指数变化的成因，下面以 23~24 时这一峰值时段为例，对出租车 OD 群体流的局部空间自相关性进行分析。

3. 局部空间自相关性度量

　　本节以数据集中 23~24 时的群体流为研究对象，从流整体邻近、起点或终点邻近的不同角度分别对其局部空间自相关性进行计算和分析。首先基于流的整体邻近关系，计算出

租车 OD 群体流的局部空间自相关指标。其中，流的空间权重定义与全局指标计算时相同，即若流的起点所在区域相同或相邻，且终点所在区域相同（仅当起点相邻）或相邻，则两条流邻近（权重为 1），否则不邻近（权重为 0）。我们分别利用式 (5-25) 和式 (5-29) 计算流的局部莫兰指数 I_{kl}^F 和局部 G 统计量 G_{kl}^F，其结果分别如图 5-10(a) 和 (c) 所示。图中流的起点或终点以街区的几何中心代表，流的 I_{kl}^F 或 G_{kl}^F 的值用颜色区分，其中红色代表高值，表示空间正相关（I_{kl}^F）或高值聚集（G_{kl}^F），绿色代表低值，表示空间负相关（I_{kl}^F）或低值聚集（G_{kl}^F）。I_{kl}^F 和 G_{kl}^F 的显著性水平（p 值）分别见图 5-10(b) 和 (d)，其中红色对应显著（$p \leqslant 0.01$），灰色对应不显著（$p>0.01$）。

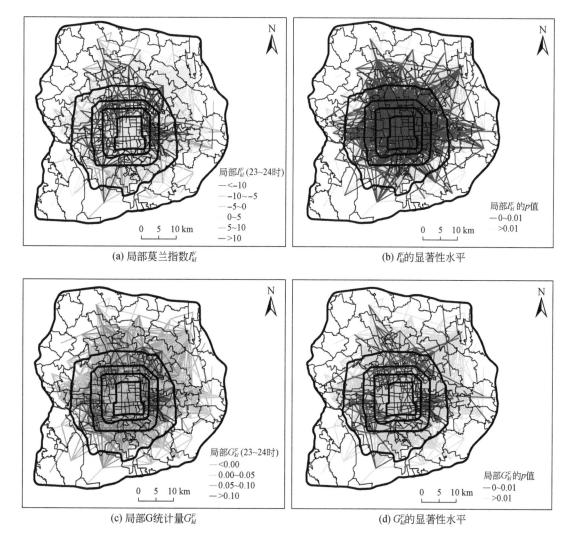

(a) 局部莫兰指数 I_{kl}^F

(b) I_{kl}^F 的显著性水平

(c) 局部 G 统计量 G_{kl}^F

(d) G_{kl}^F 的显著性水平

图 5-10　北京市六环以内街区间出租车 OD 群体流 23~24 时局部莫兰指数和局部 G 统计量及二者显著性水平

　　从图中可以看出，局部莫兰指数高值区域的范围总体上包含了局部 G 统计量高值的范围，且二者的分布存在较明显的空间分异性。具体地，空间正相关较强的流主要分布于北京东二环附近向东至五环、东北三环外向东北至五环、西北二环向西北至五环，以及西南二环外向西南至五环的区域；而上述区域之外流的空间自相关性明显较低，如北二环向北至五环、西二环向西至五环这两个区域内几乎不存在局部空间正相关的流。总体上，23～24时内上述较强正相关的出行流多为中心区域与外围的交互，这有可能是该时段出现全局莫兰指数峰值（图5-9）的主要原因。

上文从流整体邻近的角度，基于局部莫兰指数 I_{kl}^F 和局部 G 统计量 G_{kl}^F 度量了街区间出租车 OD 群体流的局部空间自相关特征，下面则从起点或终点邻近（见 5.2.1 节中的定义）的角度，分别利用 G_k 和 G_l 识别起点区域和终点区域的"热点"和"冷点"。在计算 G_k 时，起点均在街区 k 的流视为空间邻近；在计算 G_l 时，终点均在街区 l 的流视为空间邻近。基于式 (5-30) 和式 (5-31) 分别计算了每个街区的 G_k 和 G_l，结果分别如图 5-11(a) 和 (c) 所示。其中，G_k 和 G_l 统计量的值由街区内的颜色表示：红色代表高值，绿色代表低值。

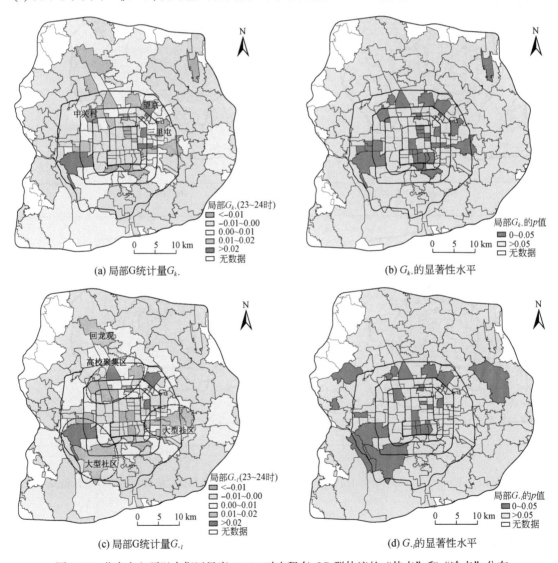

图 5-11　北京市六环以内街区尺度 23～24 时出租车 OD 群体流的"热点"和"冷点"分布

G_k 和 G_l 对应的显著性水平（p 值）分别如图 5-11(b) 和 (d) 所示，其中，红色对应显著（$p \leqslant 0.05$），灰色对应不显著（$p > 0.05$）。G_k 高且显著则表明街区 k 为"热点"，即街区 k 的流出量显著高于平均水平，属于高值聚集；G_k 低且显著则表明街区 k 为"冷点"，即街区 k 的流出量显著低于平均水平，属于低值聚集。类似地，G_l 刻画了街区 l 流入量的情况，其分析思路与 G_k 相同，不再赘述。

从图 5-11 可以发现，对于反映街区流出模式的 G_k 值，热点区域主要分布在科技园区（如中关村、望京）和商业区（如三里屯）[图 5-11(a) 和 (b)]，这表明该时段（23~24 时）存在部分由科技园区和商业区出发的"强流"，即出行模式主要表现为离开工作地和商业区；而对于反映街区流入模式的 G_l 值，图 5-11(c) 和 (d) 显示出热点区域主要分布在部分大型社区和部分高校聚集区，这表明该时段（23~24 时）存在由各区域前往上述区域的"强流"，即出行模式主要表现为返回上述区域。结合以上两方面的结果可以推断，该时段较为显著的出租车 OD 流模式表现为由工作地和商业区返回居住地（即上述大型社区和高校聚集区），这与局部莫兰指数以及局部 G 统计量所揭示的城市中心区域与外围之间存在较强正相关流的模式基本吻合。

参 考 文 献

Anselin L. 1995. Local indicators of spatial association—LISA. Geographical Analysis, 27(2): 93-115.

Berglund S, Karlstrom A. 1999. Identifying local spatial association in flow data. Journal of Geographical Systems, 1(3): 219-236.

Black W R. 1992. Network autocorrelation in transport network and flow systems. Geographical Analysis, 24(3): 207-222.

Brandsma A S, Ketellapper R H. 1979. A biparametric approach to spatial autocorrelation. Environment and Planning A: Economy and Space, 11(1): 51-58.

Chun Y. 2008. Modeling network autocorrelation within migration flows by eigenvector spatial filtering. Journal of Geographical Systems, 10(4): 317-344.

Fischer M M, Griffith D A. 2008. Modeling spatial autocorrelation in spatial interaction data: an application to patent citation data in the european union. Journal of Regional Science, 48(5): 969-989.

Fotheringham S, Rogerson P. 2014. Spatial Analysis and GIS. London: CRC Press.

Geary R C. 1954. The contiguity ratio and statistical mapping. The Incorporated Statistician, 5(3): 115-146.

Getis A, Aldstadt J. 2004. Constructing the spatial weights matrix using a local statistic. Geographical Analysis, 36(2): 90-104.

Getis A, Ord J K. 1992. The analysis of spatial association by use of distance statistics. Geographical Analysis, 24(3): 189-206.

Liu Y, Tong D, Liu X. 2015. Measuring spatial autocorrelation of vectors. Geographical Analysis, 47(3): 300-319.

Moran P A P. 1950. Notes on continuous stochastic phenomena. Biometrika, 37(1/2): 17-23.

Ord J K, Getis A. 1995. Local spatial autocorrelation statistics: distributional issues and an application. Geographical Analysis, 27(4): 286-306.

Tobler W R. 1970. A computer movie simulating urban growth in the detroit region. Economic Geography, 46(sup1): 234-240.

Wang H. 2014. Pattern Extraction from Spatial Data-Statistical and Modeling Approaches. Columbia: University of South Carolina.

第6章　地理流的空间异质性

空间异质性反映了地理现象在空间上的不均匀性，是除空间相关性外，地理现象所表现出的另一种基本特征。本章主要关注个体流的空间异质性，如物流包裹的发货地、收货地组成 *OD* 流，其空间异质性可以反映物流的空间聚集特征，为物流配送站点的选址提供依据。对于群体流，由于其空间异质性既涉及空间位置，又与流的属性（如流量）有关，故较为复杂，本书不再讨论。由于本书对流的空间特征的研究思路主要从点的相关研究拓展而来，因此，本章将首先系统介绍点的空间异质性判别及量化方法，随后将其推广到流空间，以构建流的空间异质性判别及量化方法。与此同时，本章还将点的 K 函数和 L 函数扩展至流，构建流的 K 函数和 L 函数，用以刻画流空间异质性的尺度特征并探测其聚集尺度。

6.1　点事件的空间异质性量化

根据第 2 章中流空间的定义，可将流看成流空间中的点，故流的空间异质性判别和量化方法可从点事件相关的方法拓展而来。因此，在提出流的空间异质性判别和量化方法之前，本节首先介绍点事件的空间异质性度量方法。

如果点事件在空间中任意位置出现的概率都相同，则这种分布被称为完全空间随机分布或均匀分布。完全空间随机分布反映了空间同质性，与之相对的是空间异质性。根据点事件之间相互靠近或远离，可将表现出异质性的点模式进一步分为聚集和排斥。因此，点事件的空间分布模式最终可划分为随机、聚集和排斥三种。空间异质性有强弱之分，为了定量刻画点事件的空间异质性，本书将其定义为点事件偏离完全空间随机分布（均匀分布）的程度（Shu et al., 2019）。

量化后的空间异质性可用于不同类型点事件的空间模式解析。例如，植物种群位置的空间异质性程度可解释种子的扩散模式（风力、重力、动物携带等扩散）（Seidler and Plotkin, 2006; Stamp and Lucas, 1990），传染病病例位置的空间异质性水平可用于探索该传染病传播的强度（Cao et al., 2017; Gatrell et al., 1996），犯罪地点的空间异质性强弱可用于量化犯罪的聚集程度，并定量评价犯罪防控的效果（Groff et al., 2010）。然而，已有的方法主要集中在判别点集是否存在空间异质性，对于点集空间异质性的定量研究尚存不足。为此，本书首先介绍点事件空间异质性的基准统计量，并评估其与一系列经典统计量（Cressie, 1993）量化点事件空间异质性的能力。

6.1.1 空间异质性基准统计量

点事件偏离完全空间随机分布的程度，可使用点与其邻近点之间的距离，即点的邻近距离这一工具衡量（Dixon，2002）。具体地，根据点的邻近距离的理论分布（Pielou，1959；Clark and Evans，1954），构造基于邻近距离的统计量，通过判断其是否偏离完全空间随机状态，就可以推断点集是否存在空间异质性。统计学研究中，常用拟合优度统计（goodness of fit）检验观测数据与理论数值分布之间的一致性。受此启发，可用拟合优度类型的统计量衡量已知数据与完全空间随机数据之间的一致性，以此定量刻画点事件的空间异质性。因此，本节首先介绍基于邻近距离的拟合优度统计量，再介绍定量刻画点事件空间异质性的思路。

下面先介绍点事件的最邻近邻居和最邻近距离的概念。距离点事件 A 最近的点事件被称为 A 的最邻近邻居，以此类推，距离第 k 近的点事件为第 k 近邻居；而 A 距其最邻近邻居的距离称为 A 的一阶邻近距离，同理可知，距第 k 邻近邻居的距离称为 k 阶邻近距离。一阶邻近距离的累积分布函数，即 G 函数（Dixon，2002），可以在无需额外参数的情况下刻画点事件的空间分布特征。因此，本书采用基于 G 函数的拟合优度统计量作为度量点事件空间异质性的基准统计量（记为 LH）：

$$\text{LH} = \int_w \left| \hat{G}(w) - G(w) \right| \mathrm{d}w \tag{6-1}$$

式中，w 为点事件的一阶邻近距离；$\hat{G}(w)$ 为观测点集的 G 函数；$G(w)$ 为观测点集在完全空间随机分布这一假设状态下的理论 G 函数。实践中，通常用多次随机模拟点集的 $G(w)$ 的平均值 $\overline{G}^*(w)$ 代替 $G(w)$（Diggle，2013；Dixon，2002）：

$$\overline{G}^*(w) = \frac{1}{m} \sum_{i=1}^{m} G_i(w) \tag{6-2}$$

式中，m 为模拟的次数；$G_i(w)$ 为第 i 次模拟得到的 G 函数。因此，点事件空间异质性的基准统计量（记为 LH^*）可采用式 (6-3) 计算：

$$\text{LH}^* = \int_w \left| \hat{G}(w) - \overline{G}^*(w) \right| \mathrm{d}w \tag{6-3}$$

式中，各符号和变量含义与式 (6-1) 和式 (6-2) 相同。

6.1.2 经典邻近距离统计量

由于 LH^* 统计量中的积分计算较为复杂，本书试图从经典的邻近距离统计量中挖掘出能量化点事件空间异质性的指标。为此，本书以 LH^* 统计量为参照，测试部分经典邻近距离统计量量化点事件空间异质性的能力。如表 6-1 所示，这些经典邻近距离统计量由图 6-1 所示的距离度量为基础构成：W 表示点事件的一阶邻近距离；X 表示随机几何点（即几何位置，该位置上并不存在点事件）到距其最近的点事件的距离，即几何点的一阶邻近距离；

X_2 表示几何点到距其第二近的点事件的距离，即几何点的二阶邻近距离；Y 表示距几何点最近的点事件到与其最近的点事件的距离；Z 表示距几何点最近的点事件到与其最近且与几何点不在同一半平面的点事件的距离。表中 λ 表示点事件的密度（强度），A_X 为半径为 X 的圆的面积，A_Y 为半径为 Y 的圆的面积，$\overline{A_X}$ 为所有点的 A_X 的平均值，$\overline{A_Y}$ 为所有点的 A_Y 的平均值，而其余变量的含义请参考 Cressie（1993），此处不再赘述。

表 6-1 经典邻近距离统计量

距离度量	统计量	表达式	参考文献
W	A-w	$2\lambda^{1/2}\sum W_i/n$	Clark 和 Evans（1954）
	B-w	$2\pi\lambda\sum W_i^2$	Skellam（1952）
X	C-x	$\pi\lambda\sum X_i^2/n$	Pielou（1959）
	D-x	$n(\sum X_i^2)/(\sum X_i)^2$	Eberhardt（1967）
	E-x	$12n[n\ln(\sum X_i^2/n)-\sum\ln X_i^2]/(7n+1)$	Pollard（1971）
X, X_2	F-$x_{1,2}$	$\sum(X_i^2/\sum X_{2,i}^2)/n$	Holgate（1965）
	G-$x_{1,2}$	$(\sum X_i^2)/(\sum X_{2,i}^2)$	Holgate（1965）
X, W	H-xw	$\sum[X_i^2/(X_i^2+W_i^2)]/n$	Byth 和 Ripley（1980）
	I-xw	$(\sum X_i^2)/(\sum W_i^2)$	Hopkins 和 Skellam（1954）
X, Z	J-xz	$2n\sum(2X_i^2+Z_i^2)/[\sum(\sqrt{2}\,X_i+Z_i)]^2$	Hines 和 Hines（1979）
	K-xz	$48n\{n\ln[\sum(2X_i^2+Z_i^2)/n]-\sum\ln(2X_i^2+Z_i^2)\}/(13n+1)$	Diggle（1977）
	L-xz	$\sum[2X_i^2/(2X_i^2+Z_i^2)]/n$	Besag 和 Gleaves（1973）
	M-xz	$2\sum[\min(2X_i^2, Z_i^2)/(2X_i^2+Z_i^2)]/n$	Diggle 等（1976）
	N-xz	$2(\sum X_i^2)/(\sum Z_i^2)$	Besag 和 Gleaves（1973）
	O-xz	$-2\sum\ln[2X_i^2/(2X_i^2+Z_i^2)]$	Cormack（1979）
X, Y	P-xy	$\sum R_i/n'$	Cox 和 Lewis（1976）
	Q-xy	$\overline{A_X}-\overline{A_Y}$	Satyamurthi（1979）

资料来源：Cressie（1993）。

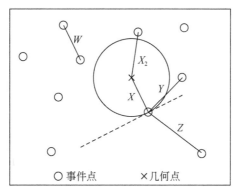

图 6-1　点之间不同类型的邻近距离

6.1.3　空间异质性基准统计量归一化

前已述及，如以式 (6-3) 中的 LH^* 为工具量化空间异质性的大小，则点事件邻近距离的大小将成为异质性度量的主导因素。由此，对于研究区或点密度相差较大的两个点集，二者 LH^* 值的差异反映的是它们点事件邻近距离的不同，从而掩盖了点事件集之间异质性真正的差别。例如，将点集中点的横纵坐标等比放大 10 倍，虽然其空间异质性未产生变化，但放大后点集的 LH^* 统计量值明显大于原始点集。因此，如何消除尺度差异对点异质性产生的影响，是建立空间异质性量化指标的关键。为此，需要将空间异质性基准统计量进行归一化（记为 NLH^*）：

$$NLH^* = \int_{w'} \left| \hat{G}(w') - \bar{G}^*(w') \right| \mathrm{d}w' \tag{6-4}$$

式中，w' 为归一化后的一阶邻近距离，即 $w'=w/E(W)$，此处的 $E(W)$ 是完全空间随机分布假设下点事件一阶邻近距离的期望值；假设观测点事件的密度为 λ，由于密度为 λ 的完全空间随机点过程的一阶邻近距离期望值为 $1/(2\lambda^{1/2})$（Clark and Evans，1954），则 $w'=2\lambda^{1/2}w$。后续模拟实验将证明研究区面积以及点事件数相同条件下 LH^* 量化空间异质性的能力，而对于 NLH^*，其量化任意条件下点事件集空间异质性的能力可通过推理证明。受篇幅所限，证明过程不再赘述，相关细节请参考 Shu 等（2019）。

6.1.4　统计量效果评价

为评估基准统计量 LH^* 及经典邻近距离统计量量化点事件空间异质性的能力，本节设计了 5 类具有不同空间分布特征的点事件集，分别由非均质泊松点过程（inhomogeneous Poisson point process）、泊松丛集点过程（Poisson cluster point process）、考克斯点过程（Cox point process）、马尔可夫点过程（Markov point process）、高斯–泊松叠加点过程（Gauss-Poisson superposed point process）生成。每类数据集包含 5 个异质性水平由低到高的子数据集（图 6-2~ 图 6-6），每个子数据集中点事件的数目均为 1000。实验分别计算每类数据集的 LH* 统计量及表 6-1 所含的经典统计量，并对结果进行对比分析。

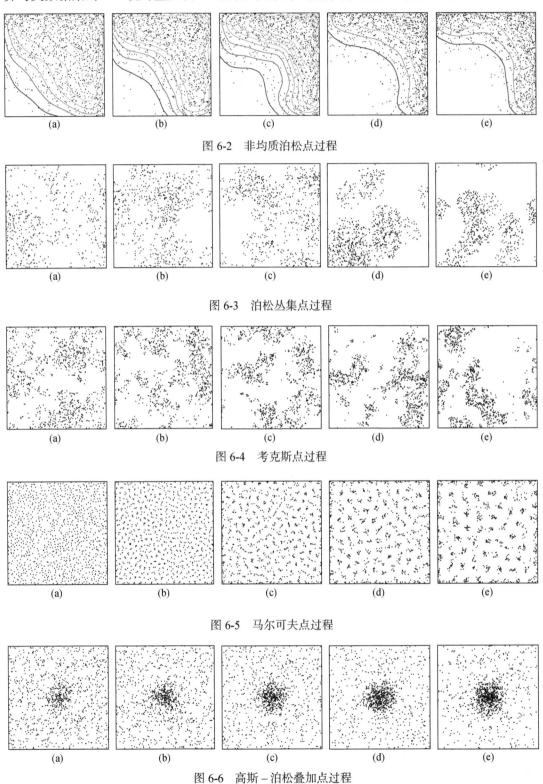

(a)   (b)   (c)   (d)   (e)

图 6-2　非均质泊松点过程

(a)   (b)   (c)   (d)   (e)

图 6-3　泊松丛集点过程

(a)   (b)   (c)   (d)   (e)

图 6-4　考克斯点过程

(a)   (b)   (c)   (d)   (e)

图 6-5　马尔可夫点过程

(a)   (b)   (c)   (d)   (e)

图 6-6　高斯 – 泊松叠加点过程

　　模拟实验结果如图 6-7 所示，每张图中网格的行对应不同统计量，而列从左至右分别对应异质性从小到大的子数据集，每个网格中的颜色代表各统计量针对不同子数据集所计算出的异质性大小，颜色越深则异质性越强。在实验过程中，应用每个统计量分别对 5 类子数据集的异质性进行 100 次实验，以最终结果评估每个统计量对空间异质性的判别能力。具体思路为：首先，如果某个统计量在对某个子数据集的异质性判别中，显著性检验通过的次数少于 95 次，则将相应统计量和子数据集对应的网格加上阴影；其次，将 100 次实验中出现次数最多的排序作为最终结果，也就是说，如果最多的排序结果与预设的情况一致，即表中每一行栅格的颜色由浅至深，则说明该指标可以量化点事件集的空间异质性，并将 100 次实验中正确排序次数的占比定义为排序的"可信度"，记录在每一行中的第 6 个网格，如果最多的排序结果与预设情况不符，则可信度被调整为 0，以此说明该统计量无法量化点集的异质性。需要注意的是，对于统计量 LH*、C-x、D-x、E-x、F-$x_{1,2}$、G-$x_{1,2}$、H-xw、I-xw、J-xz、K-xz、L-xz、N-xz 和 Q-xy，值越大表示空间异质性越大，而对于统计量 A-w、B-w、M-xz、O-xz 和 P-xy，含义则相反。

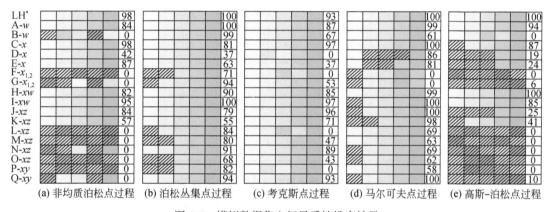

图 6-7　模拟数据集空间异质性排序结果

　　下面根据上述模拟结果综合评价各统计量对点事件集空间异质性的解析能力。首先是判断点事件集是否存在空间异质性的能力，这也是对其进行量化的前提。表 6-2 给出了各统计量识别点事件空间异质性能力的评价，其标准为：针对某一类型的数据集，如果某个统计量在 5 个子数据集上的计算结果都通过了显著性检验，即图 6-7 中各行 5 个网格都未被阴影标注，则将该统计量的空间异质性识别能力评为"高"；如果 5 个结果中有 3 或 4 个通过显著性检验，则评为"中"；否则，评为"低"。统计量量化点事件集空间异质性的能力的评价结果见表 6-3，其标准为：如果可信度大于 80%，则该统计量量化空间异质性的能力评为"高"；如果可信度在 50%~80%，则评为"中"；否则，评为"低"。

　　表 6-2 和表 6-3 显示，对于点事件空间异质性的识别，LH*、A-w 和 H-xw 效果最好，B-w、C-x、D-x、E-x、I-xw、J-xz 和 K-xz 效果中等，F-$x_{1,2}$、G-$x_{1,2}$、L-xz、M-xz、N-xz、O-xz、P-xy 和 Q-xy 效果较差；对于点事件空间异质性的量化，LH*、A-w、C-x、H-xw 和 I-xw 效果最好，J-xz 和 Q-xy 效果中等，而 B-w、D-x、E-x、F-$x_{1,2}$、G-$x_{1,2}$、K-xz、L-xz、M-xz、N-xz、O-xz 和 P-xy 效果较差。总体上，除基准统计量 LH* 之外，只有 A-w 和 H-xw 在识别和量

化点事件空间异质性两方面表现俱佳。

表 6-2 统计量识别点事件异质性的能力评价

点过程	LH*	A-*w*	B-*w*	C-*x*	D-*x*	E-*x*	F-*x*$_{1,2}$	G-*x*$_{1,2}$	H-*xw*
非均质泊松	高	高	中	高	高	高	低	低	高
泊松丛集	高	高	高	高	高	高	中	中	高
考克斯	高	高	高	高	高	高	高	高	高
马尔可夫	高	高	高	高	低	中	中	中	高
高斯－泊松	高	高	高	中	低	低	低	低	高

点过程	I-*xw*	J-*xz*	K-*xz*	L-*xz*	M-*xz*	N-*xz*	O-*xz*	P-*xy*	Q-*xy*
非均质泊松	高	高	高	低	低	低	低	低	中
泊松丛集	高	高	高	中	中	高	中	中	高
考克斯	高	高	高	高	高	高	高	高	高
马尔可夫	中	中	中	高	高	中	中	高	中
高斯－泊松	高	低	中	低	低	低	低	低	低

表 6-3 统计量量化空间异质性的能力评价

点过程	LH*	A-*w*	B-*w*	C-*x*	D-*x*	E-*x*	F-*x*$_{1,2}$	G-*x*$_{1,2}$	H-*xw*
非均质泊松	高	高	低	高	低	高	低	低	高
泊松丛集	高	高	高	高	低	中	中	高	高
考克斯	高	高	中	高	低	低	低	中	高
马尔可夫	高	高	中	高	高	高	低	低	高
高斯－泊松	高	高	低	高	低	低	低	低	高

点过程	I-*xw*	J-*xz*	K-*xz*	L-*xz*	M-*xz*	N-*xz*	O-*xz*	P-*xy*	Q-*xy*
非均质泊松	高	高	中	低	低	低	低	低	低
泊松丛集	高	中	中	高	高	高	中	高	高
考克斯	高	高	中	低	低	高	低	低	高
马尔可夫	高	高	高	中	中	中	中	中	高
高斯－泊松	高	低	低	低	低	低	低	低	低

6.2　流的空间异质性量化

本节聚焦个体流，重点介绍其空间异质性的判别与量化方法。参考点事件空间异质性的定义，个体流的空间异质性可定义为其空间分布偏离完全空间随机的程度。由于流可视为流空间中的点，故个体流的空间异质性量化方法可从点事件的相关方法拓展而来。6.1 节中提出了点事件空间异质性的基准统计量 NLH*，并证明了 NLH* 和经典邻近距离统计量中的 A-w 和 H-xw 能有效量化点事件的空间异质性。借鉴此思路，可定义流的邻近距离统计量以判别和量化其空间异质性。本节基于流空间的框架，首先提出流的空间异质性量化的基准统计量，然后，将前述点事件空间异质性判别的部分经典统计量（Cressie，1993）拓展至流，并从中遴选出能有效识别和量化流空间异质性的统计量。

6.2.1　流的空间异质性统计量

在点模式的研究中，完全空间随机点过程不仅是点模式判别和空间异质性度量的基准参照，而且还是构建空间异质性度量指标的基础。由于流可视为流空间中的点事件，因而关于点空间异质性的部分理论可推广至流。本节首先定义流空间中的完全空间随机流过程，在此基础上，将用于点事件空间异质性的基准统计量和部分邻近距离空间统计量拓展到流，并使用随机模拟数据检验统计量理论（渐近）分布的正确性。

1. 流的完全空间随机

与点过程类似，流的空间模式同样也可以分为随机、聚集和排斥。由于流具有更多的属性，因此还可以细分出更多的模式，详见第 7 章，此处不再赘述。这里我们仍沿用点过程空间异质性定义的思路，将流的异质性视为完全空间随机分布的对立面。为此，本节首先给出完全空间随机流过程的定义，在此基础上提出流异质性的定义和度量方法。

定义 1　完全空间随机流过程：控制流在产生过程中相互独立且等可能地出现在流空间中一个有界区域内任何位置的随机过程。

定义 1 中，完全空间随机表示每条流在研究区内的任何位置产生的概率均等。我们知道，二维空间中的完全空间随机点过程用均质泊松点过程刻画。类似地，在流空间 Ψ 中，对于一个给定的流空间子集 $S \subset \Psi$，如果其中的流过程是强度为 λ_f（$\lambda_f > 0$）的完全空间随机流过程，则其所含的流的数目 $N_f(S)$ 服从泊松分布。据此，可通过均质泊松流过程刻画完全空间随机流过程。对于均质泊松流过程，S 中恰好有 $n(n=0,1,\cdots)$ 条流的概率为

$$P\left\{N_f\left(S\right) = n\right\} = \frac{\left(\lambda_f \left|S\right|\right)^n}{n!}\mathrm{e}^{-\lambda_f|S|} \tag{6-5}$$

式中，λ_f 为流过程的强度（或流的密度），即单位流空间体积内流数目的期望；$\left|S\right|$ 为流空间子集 S 的体积。

2. 流邻近距离的概率密度函数

定义 2　流事件：地理对象从起点移动到终点的过程。

定义 3　事件流：用以记录流事件的流。

定义 4　几何流：起点和终点均为几何点的流，几何流并不代表有流事件的发生，即从起点到终点没有地理对象的流动，仅用于表达流空间中的位置。

定义 5　流的第 k 近邻居：距事件流或几何流第 k 近的事件流。

定义 6　事件流的 k 阶邻近距离：事件流与其第 k 近邻居之间的距离。

定义 7　几何流的 k 阶邻近距离：几何流与其第 k 近邻居之间的距离。

基于上述定义，对于强度为 λ_f 的均质泊松流过程，如以流的加和距离为流空间测度，则任意一条流的 k 阶邻近距离（W_k）的分布函数可以通过以下的关系进行推导：

$$P(W_k \geqslant x) = \sum_{m=0}^{k-1} \frac{e^{-1/6\lambda_f \pi^2 x^4}(1/6\,\lambda_f\,\pi^2 x^4)^m}{m!} = 1 - G_{W_k}(x) \tag{6-6}$$

式中，$x \in [0, \infty)$，$G_{W_k}(x)$ 为 W_k 的累积分布函数（CDF）。此分布函数的含义为：假设某条流周围存在一个半径为 x 的球体，如果 W_k 大于 x，则该球体内包含流的数目必然是 $0, 1, \cdots, k-1$ 中之一。对 $G_{W_k}(x)$ 求导，可以得到 W_k 的概率密度函数（PDF）：

$$g_{W_k}(x) = \frac{\mathrm{d}G_{W_k}}{\mathrm{d}x} = \frac{4e^{-1/6\lambda_f \pi^2 x^4}(1/6\,\lambda_f\,\pi^2)^k x^{4k-1}}{(k-1)!} \tag{6-7}$$

式中，λ_f 和 k 的含义与式 (6-6) 中相同。与点模式的相关研究结论一致，几何流 k 阶邻近距离 X_k 与事件流 k 阶邻近距离 W_k 具有相同的概率密度函数：

$$g_{X_k}(x) = \frac{4e^{-1/6\lambda_f \pi^2 x^4}(1/6\,\lambda_f\,\pi^2)^k x^{4k-1}}{(k-1)!} \tag{6-8}$$

以上推导均以流的加和距离为例，其他距离测度下的推导思路与此一致，不再赘述。

3. 流的空间异质性统计量推导

与点事件的空间异质性类似，流数据的空间异质性可定义为其偏离完全空间随机流过程的程度。类似地，流的空间异质性量化也可以效仿点事件的系列方法。本章 6.1 节已证实，空间异质性基准统计量 NLH* 能有效量化点事件的空间异质性。因此，本节将点事件的 NLH* 统计量扩展到流，构建流的空间异质性量化的基准统计量 NLFH*；同时，还将 6.1 节中部分经典的邻近距离统计量扩展到流，构建流的邻近距离统计量（表 6-4）。下面简单介绍 NLFH* 和 FA-w 的推导过程，表 6-4 中其他统计量的推导思路与此类似，相关原理可参考 Cressie（1993），具体细节过于复杂，此处不再赘述。

表 6-4　流的邻近距离统计量

基本度量	统计量	表达式	分布
W	FA-w	$\dfrac{\pi^{1/2}\lambda^{1/4}\sum\limits_{i=1}^{n}W_i}{6^{1/4}\Gamma(5/4)n}$	$N\left(1, \dfrac{\Gamma(3/2)-\Gamma^2(5/4)}{\Gamma^2(5/4)n}\right)$
	FB-w	$\dfrac{1}{3}\lambda\pi^2\sum\limits_{i=1}^{n}W_i^4$	χ^2_{2n}

基本度量	统计量	表达式	分布
X	FC-x	$\frac{1}{6}\lambda\pi^2\sum\limits_{i=1}^{n}X_i^4\Big/n$	$N(1,1/n)$
	FD-x	$n\left(\sum X_i^4\right)\Big/\left(\sum X_i\right)^4$	通过模拟得到
	FE-x	$\dfrac{12n\left[n\ln\left(\sum X_i^4/n\right)-\sum\ln\left(X_i^4\right)\right]}{7n+1}$	χ_{n-1}^2
X, X_2	FF-$x_{1,2}$	$\sum\limits_{i=1}^{n}\left(X_i^4/X_{2,i}^4\right)\Big/n$	$N(1,1/(12n))$
	FG-$x_{1,2}$	$\left(\sum\limits_{i=1}^{n}X_i^4\right)\Big/\left(\sum\limits_{i=1}^{n}X_{2,i}^4\right)$	$\mathrm{Beta}(n,n)$
X, W	FH-xw	$\sum\limits_{i=1}^{n}\left[X_i^2/\left(X_i^2+W_i^2\right)\right]\Big/n$	$N(1,1/(12n))$
	FI-xw	$\sum\limits_{i=1}^{n}X_i^2\Big/\sum\limits_{i=1}^{n}W_i^2$	$F_{2n,2n}$

注：表中，W 为事件流的一阶邻近距离，X 为几何流的一阶邻近距离，X_2 为几何流的二阶邻近距离。

1）NLFH* 统计量

与 6.1 节中点事件 NLH* 统计量的定义类似，流过程的空间异质性基准统计量（记为 NLFH*）定义为流的一阶邻近距离的归一化累积分布偏离完全空间随机分布的程度，即对于流数据集 Φ^f 有

$$\mathrm{NLFH}^* = \int_{w'}\left|\hat{G}(w') - G(w')\right|\mathrm{d}w' \tag{6-9}$$

式中，w' 为归一化后的流的一阶邻近距离，即 $w'=w/E(W)$，其中，$E(W)$ 为与流数据集 Φ^f 强度相同的完全空间随机流的一阶邻近距离（W）的期望值 [具体推导见式 (6-10) 和式 (6-11)]；$\hat{G}(w')$ 为归一化后的一阶邻近距离的累积分布函数；$G(w')$ 为与 Φ^f 强度相同的完全空间随机流的归一化一阶邻近距离的理论累积分布函数，可由式 (6-6) 得到，也可通过蒙特卡洛方法获取。由式 (6-7) 可知，完全空间随机流一阶邻近距离的概率密度函数为

$$g(w) = \frac{\mathrm{d}G(w)}{\mathrm{d}w} = 2/3\,\lambda\pi^2 w^3 \mathrm{e}^{-1/6\lambda\pi^2 w^4} \tag{6-10}$$

因此，完全空间随机流的一阶邻近距离的期望值为

$$E(W) = \int_0^{\infty}\frac{2}{3}\lambda_f\pi^2 w^4 \mathrm{e}^{-\frac{1}{6}\lambda_f\pi^2 w^4}\,\mathrm{d}w = \frac{6^{1/4}\Gamma(5/4)}{\pi^{1/2}\lambda_f^{1/4}} \tag{6-11}$$

2）FA-w 统计量

在点事件空间统计中，FA-w 统计量定义为观测数据集一阶邻近距离的均值与相同强度（密度）的完全空间随机点集一阶邻近距离期望的比值。类似地，可以定义流的 FA-w 统计量：

$$\mathrm{FA}\text{-}w = \frac{\overline{W}}{E(W)} = \frac{\pi^{1/2}\lambda_f^{1/4}\sum\limits_{i=1}^{n}W_i}{6^{1/4}\Gamma(5/4)n} \tag{6-12}$$

其中，$\overline{W}$ 为流的一阶邻近距离的平均值；$E(W)$ 为与观测流数据集密度相同的完全空间随机流数据集的一阶邻近距离期望值。

根据中心极限定理，如果一阶邻近距离 $W_i(i=1,2,\cdots,n)$ 相互独立，则 $\overline{W}$ 服从正态分布 $N(E(W),\mathrm{Var}(W)/n)$，其中，$\mathrm{Var}(W)$ 是一阶邻近距离 W 的方差。因此，流的 FA-w 统计量服从正态分布 $N(1,\mathrm{Var}(W)/(E^2(W)n))$。其中，流数据集一阶邻近距离 W 的方差为

$$\mathrm{Var}(W)=E(W^2)-E^2(W)=\frac{6^{1/2}[\Gamma(3/2)-\Gamma^2(5/4)]}{\pi\lambda_f^{1/2}} \tag{6-13}$$

式中，$E(W^2)$ 为

$$E(W^2)=\int_0^\infty\frac{2}{3}\lambda_f\pi^2w^5\mathrm{e}^{-\frac{1}{6}\lambda_f\pi^2w^4}\mathrm{d}w=\frac{6^{1/2}\Gamma(3/2)}{\pi\lambda_f^{1/2}} \tag{6-14}$$

因此，对于完全空间随机流过程，统计量 FA-w 服从正态分布 $N\left(1,\dfrac{\Gamma(3/2)-\Gamma^2(5/4)}{\Gamma^2(5/4)n}\right)$。

6.2.2 模拟实验

为证明流空间异质性的基准统计量和邻近距离统计量理论推导的正确性，本节首先利用模拟的完全空间随机流数据集对统计量的理论分布进行验证；然后，通过生成不同类型和异质性水平的模拟流数据集，验证流空间异质性基准统计量的效果，并从流的邻近距离统计量中筛选出可有效量化流空间异质性的指标。

1. 流的空间异质性统计量检验

6.2.1 节介绍了流的空间异质性基准统计量 NLFH* 的定义，据此，NLFH* 的验证可通过对比完全空间随机流模拟数据一阶邻近距离的分布与其理论分布的拟合程度来实现。而对于 6.2.1 节介绍的邻近距离统计量，除 FD-x 外，其余统计量均有其各自的理论或渐近分布（表 6-4），因此，通过判别模拟数据的统计量的分布与其理论分布的一致性，就可以检验这些统计量推导的正确性。

统计量检验的具体过程为：首先，产生多个随机流数据集，通过计算统计量的多个值生成其模拟分布曲线；其次，重复上述过程进行多次实验，将多条模拟分布曲线的平均作为其模拟累积分布曲线；然后，再利用多次模拟的结果得到分布曲线的置信带，以此作为检验统计量计算结果显著性的依据；最后，将模拟累积分布曲线与理论分布曲线进行对比以检验统计量推导的正确性。需要说明的是，由于理论或渐近分布推导的前提条件是样本之间的独立性，因此，在使用多次统计量计算结果构造其模拟分布曲线的过程中，每次统计量的计算均只能使用不超过 10% 的样本量（Byth and Ripley，1980）。实验的具体步骤为：①生成 200 个以单位正方形为研究区的随机流数据集，每个包含 1000 条随机流；②针对每个数据集，随机选取其中 9% 的样本（即随机选取 90 条事件流或者几何流）进行统计量计算，根据这 200 个计算结果得到每个统计量的一条模拟分布曲线；③重复第①和②步 199 次，由 199 条分布曲线得到每个统计量分布曲线的平均（即模拟累积分布曲线）及其置信带。

模拟实验的结果如图 6-8 所示，其中，带有十字标记的红色曲线为统计量的理论或渐

近分布曲线，蓝色曲线为统计量的模拟分布曲线，灰色条带为模拟曲线的 90% 置信带。由图可知，所有统计量的理论曲线均落在置信带内，且与模拟曲线拟合较好（FE-x 的理论曲线与模拟曲线虽有偏差，但仍落在置信带内），由此验证了表 6-4 中各统计量推导的正确性。

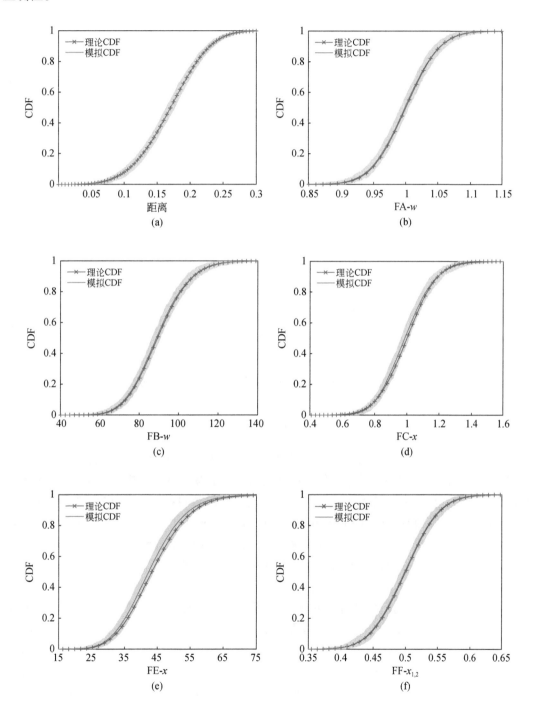

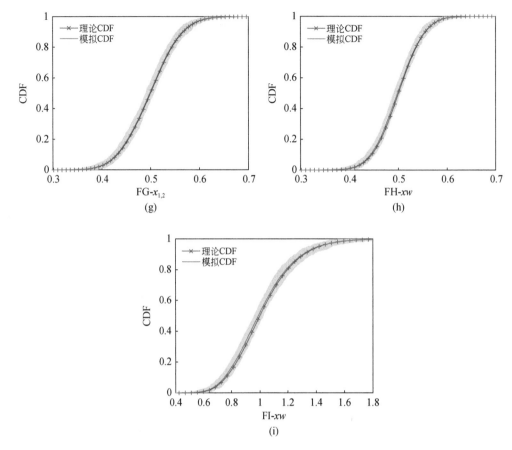

图 6-8　流的空间异质性统计量随机模拟分布曲线与理论分布曲线

2. 流的空间异质性统计量效果评价

为测试统计量量化流空间异质性的能力，本节设计了 3 种不同特征的流数据集，每种包含 5 个异质性逐渐增强的子数据集。数据集的产生借鉴点过程的相关思路（Shu et al.，2019；Cressie，1993）。具体地，每个子数据集中流的数目都固定为 500，3 种数据集分别由非均质泊松流过程（inhomogeneous Poisson flow process）、泊松丛集流过程（Poisson cluster flow process）和高斯 - 泊松叠加流过程（Gauss-Poisson superposed flow process）产生，子数据集的空间异质性水平通过调节流过程的参数实现。

1）非均质泊松流过程

均质泊松流过程是指在流空间中强度处处相同的流过程，而非均质泊松流过程则指流强度随空间位置变化的流过程，即流过程强度是空间位置的函数，可记为：$\lambda((x_O, y_O), (x_D, y_D))$，其中 (x_O, y_O) 和 (x_D, y_D) 分别为流的起点和终点坐标。在流数目不变的情况下，流的空间异质性由流过程强度曲面 $\lambda((x_O, y_O), (x_D, y_D))$ 的坡度决定。据此，在构造非均质泊松流过程数据集时，将数据集的强度曲面分别设定为 $(x_O^2 + y_O^2)+(x_D^2 + y_D^2)$、$(x_O^3 + y_O^3)+(x_D^3 + y_D^3)$、$(x_O^4 + y_O^4)+(x_D^4 + y_D^4)$、$(x_O^5 + y_O^5)+(x_D^5 + y_D^5)$ 和 $(x_O^6 + y_O^6)+(x_D^6 + y_D^6)$，从而使其具有依次增强的空间异

质性 [图 6-9(a)~(e)]。为了直观表现流的空间分布特征，对每个子数据集均以 OD 嵌套格网的形式进行了可视化表达 [图 6-9(f)~(j)]，其原理详见 3.3 节。

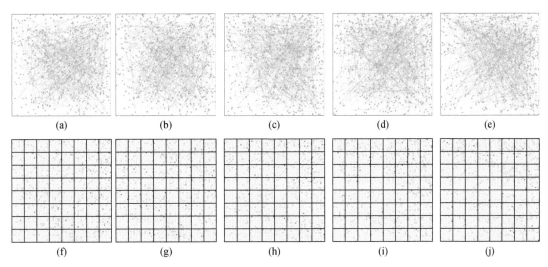

图 6-9　非均质泊松流过程数据集

2）泊松丛集流过程

泊松丛集流过程的生成思路如下：首先产生一些服从强度为 λ_p 的均质泊松流，然后，以这些流为父流，在每个父流周围一定半径范围内产生同（均质泊松）分布的子流，最后，去掉父流而只保留子流。图 6-10(a)~(e) 显示了泊松丛集流过程的 5 个子数据集，其对应的 OD 嵌套格网如图 6-10(f)~(j) 所示。数据集 (a) 到 (e) 中，λ_p 被固定为 20，父流周围的流球的半径依次设置为 0.14、0.13、0.12、0.11 和 0.10，环绕每个父流的球体内子流的期望数

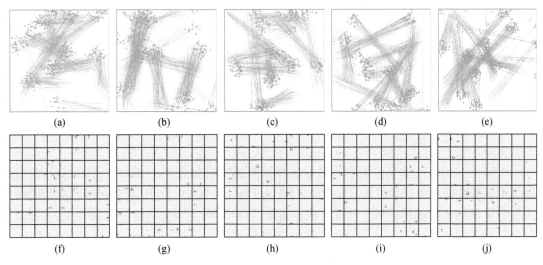

图 6-10　泊松丛集流过程数据集

目设为50。由于球体半径的差异，故产生的流数据的空间异质性逐渐增强。

3）高斯－泊松叠加流过程

高斯－泊松叠加流过程由两个单独的流过程（即高斯丛集流过程和均质泊松流过程）叠加构成。其中，高斯丛集流过程的产生方式为，流丛集的 O 点和 D 点分别服从二维高斯分布，而 O 点和 D 点的连接随机。两种流过程叠加后，在丛集分布范围且流的总数不变的情况下，丛集流数目占比越高，流数据集的空间异质性越大。图 6-11(a)~(e) 所示为根据此原则产生的 5 个子数据集，其中高斯丛集流的数目依次为 200、250、300、350 和 400，而均质泊松流的数目依次为 300、250、200、150 和 100。数据集 (a) 到 (e) 的 OD 嵌套格网可视化结果如图 6-11(f)~(j) 所示。

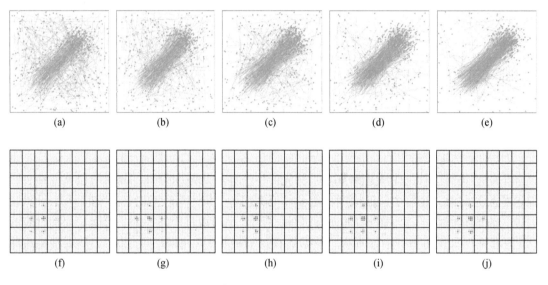

图 6-11　高斯－泊松叠加流过程数据集

4）指标效果评价

为降低结果的不稳定性，每个子数据集都以相同的参数产生 100 次，且每个子数据集所在研究区均包含用于边界修正的缓冲区（即数据产生范围大于研究区范围），以避免研究区边界对流邻近距离计算所产生的边界效应。分别计算不同数据集的每个统计量，以 100 次重复实验的统计量结果的中位数作为每个数据集空间异质性的度量，结果用箱线图表示（图 6-12）。

不同指标 100 次重复实验中通过显著性检验的次数如表 6-5~ 表 6-7 所示。综合统计量值和显著性检验的结果可知，NLFH*、FA-w、FH-xw 和 FI-xw 识别和量化流空间异质性的能力明显强于其他统计量。然而，根据定义，FI-xw 的期望值与流的数目有关，因此，两个数据集的流数目不一致会导致二者空间异质性无法比较。因此，最终只有 NLFH*、FA-w 和 FH-xw 可定量刻画任意流数据集之间的空间异质性差异。

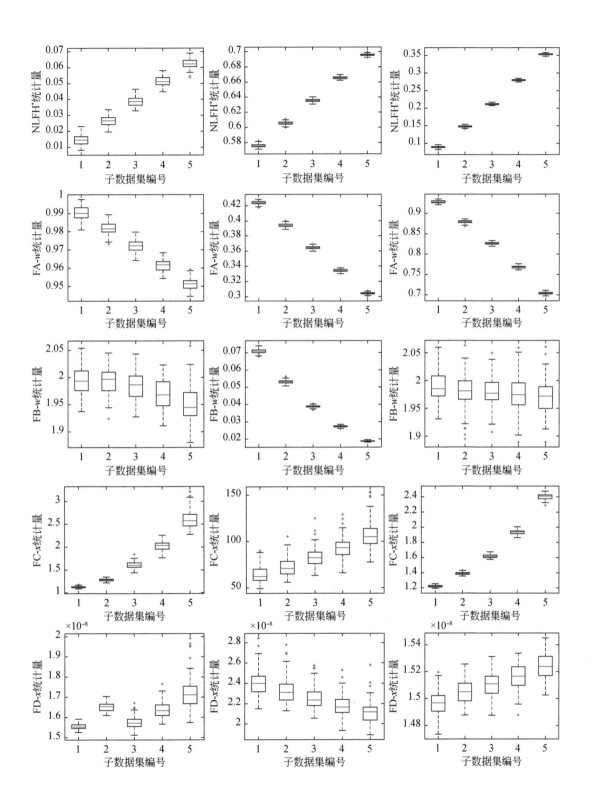

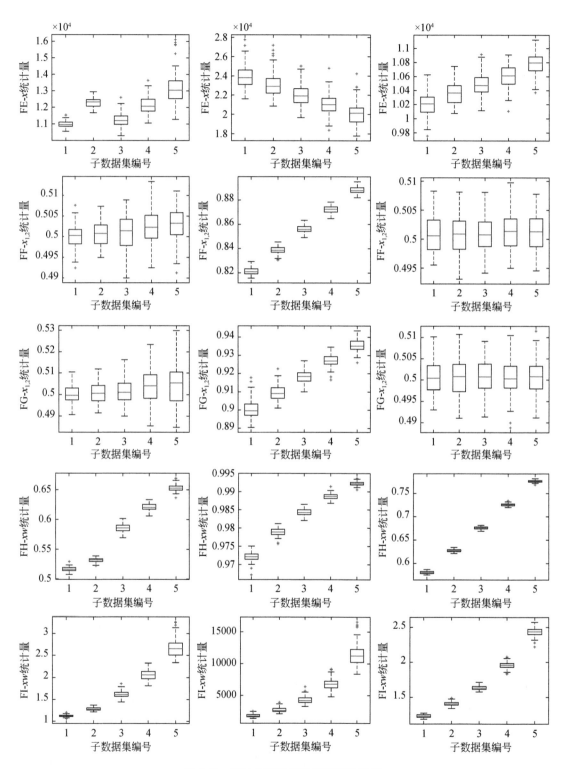

图 6-12　流的空间异质性模拟实验结果

表 6-5　非均质泊松流过程结果的显著性检验

统计量	数据集 1	数据集 2	数据集 3	数据集 4	数据集 5
NLFH*	100	100	100	100	100
FA-w	92	100	100	100	100
FB-w	0	0	0	33	60
FC-x	100	100	100	100	100
FD-x	100	100	100	100	100
FE-x	100	100	100	100	100
FF-$x_{1,2}$	0	0	0	11	31
FG-$x_{1,2}$	0	0	25	43	54
FH-xw	100	100	100	100	100
FI-xw	100	100	100	100	100

表 6-6　泊松丛集流过程结果的显著性检验

统计量	数据集 1	数据集 2	数据集 3	数据集 4	数据集 5
NLFH*	100	100	100	100	100
FA-w	100	100	100	100	100
FB-w	100	100	100	100	100
FC-x	100	100	100	100	100
FD-x	100	100	100	100	100
FE-x	100	100	100	100	100
FF-$x_{1,2}$	100	100	100	100	100
FG-$x_{1,2}$	100	100	100	100	100
FH-xw	100	100	100	100	100
FI-xw	100	100	100	100	100

表 6-7　高斯－泊松叠加流过程结果的显著性检验

统计量	数据集 1	数据集 2	数据集 3	数据集 4	数据集 5
NLFH*	100	100	100	100	100
FA-w	100	100	100	100	100
FB-w	0	10	11	21	24
FC-x	100	100	100	100	100
FD-x	54	85	97	99	100

统计量	数据集 1	数据集 2	数据集 3	数据集 4	数据集 5
FE-x	62	95	100	100	100
FF-$x_{1,2}$	0	0	0	0	0
FG-$x_{1,2}$	0	0	0	0	0
FH-xw	100	100	100	100	100
FI-xw	100	100	100	100	100

6.2.3　应用案例

本节以西太平洋热带气旋数据为例,对流空间异质性统计量的有效性进行验证。研究已经证明,典型气候事件"厄尔尼诺－南方涛动"(El Niño-southern oscillation,ENSO)会显著影响热带气旋的形成和演化。具体地,ENSO 是热带东太平洋上风和海面温度的不规则周期性变化,海面温度变暖的阶段称为厄尔尼诺(El Niño),而冷却阶段称为拉尼娜(La Niña),上述两个气候事件会对热带气旋的起点和路径产生显著的影响(Chu,2004;Wang and Chan,2002;Kimberlain,1999)。基于这一关系,本节首先将热带气旋发源地到最大风速位置的路径抽象为"起源－最大风速流",然后分别计算厄尔尼诺和拉尼娜年热带气旋"起源－最大风速流"的 NLFH*、FA-w 和 FH-xw 统计量,试图通过揭示不同气候事件下"起源－最大风速流"异质性的差异,并结合这种差异与典型气候事件之间的内在关系,最终验证流空间异质性统计量的有效性。

1. 研究区及数据

研究区为三个主要热带气旋中心之一的北太平洋西部,其范围在 100°E ~ 180°E,0°N ~ 50°N。热带气旋"起源－最大风速流"提取自联合台风警报中心(Joint Typhoon Warning Center,JTWC)发布的 1950~2011 年的热带气旋最佳轨迹数据。进一步地,根据海洋尼诺指数(oceanic Niño index,ONI)(来源:https://ggweather.com/enso/oni.htm),筛选出其中的厄尔尼诺年和拉尼娜年,并据此将"起源－最大风速流"数据分成厄尔尼诺组和拉尼娜组。图 6-13(a) 和 (b) 分别显示了北太平洋西部厄尔尼诺年和拉尼娜年的热带气旋"起源－最大风速流"。

2. 案例结果

针对热带气旋"起源－最大风速流",不同空间异质性指标的计算结果如表 6-8 所示。其中,NLFH* 和 FH-xw 的值越大表示空间异质性水平越高,而 FA-w 的值越小表示空间异质性水平越高。为方便比较,采用 1–FA-w 代替 FA-w 表示其空间异质性水平。结果表明,厄尔尼诺年热带气旋"起源－最大风速流"的空间异质性低于拉尼娜年。其主要原因在于:厄尔尼诺年热带气旋寿命更长,路径弯曲程度更大,导致该时期内不同气旋的路径

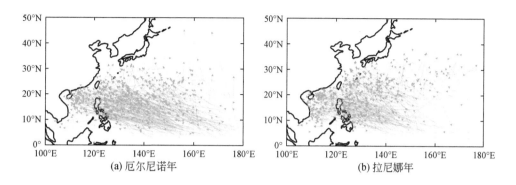

(a) 厄尔尼诺年　　　　　　　　　(b) 拉尼娜年

图 6-13　北太平洋西部热带气旋"起源 – 最大风速流"

彼此远离；而在拉尼娜年，热带气旋的表现则相反（Chu，2004；Wang and Chan，2002；Kimberlain，1999）。上述现象和原因证明了 NLFH*、FA-*w* 和 FH-*xw* 量化流空间异质性的能力。

表 6-8　热带气旋"起源 – 最大风速流"的空间异质性

统计量	厄尔尼诺年	拉尼娜年
NLFH*	0.5407	0.5586
1–FA-*w*	0.5349	0.5561
FH-*xw*	0.9644	0.9657

6.3　流空间聚集性尺度特征分析

空间聚集是最常见的一种流空间异质模式，其不仅具有 6.2 节中介绍的强度特征，还有尺度特征。流的聚集尺度可以定义为流聚集模式的范围。由于流由起点和终点组成，故其聚集尺度可认为是流聚集模式中起点和终点聚集尺度的综合（图 6-14）。流的聚集尺度是理解流聚集模式以及提取流簇的重要参数，可用于解释许多地理学现象。例如，在动物地理学研究中，动物迁移 *OD* 流聚集形成迁徙廊道，其尺度可用于研究动物迁移过程中部分动物迁徙路径的偏离程度，从而为种群特征的研究提供依据（Graser et al.，2017；Wikelski et al.，2015）；在城市和交通规划研究中，交通流的小尺度聚集表明小区域之间存在紧密的交互，据此可在产生密集交互的区域对之间开通公交线路，从而实现以需求为导向的公共交通精准优化（Chen et al.，2013）。为了估计流的聚集尺度，本节提出流的 L 函数方法。具体地，首先介绍不同距离度量下的流的 K 函数，并借此构建相应的 L 函数；其次，采用模拟数据检验流 L 函数推导的正确性及其探测流聚集尺度的能力；最后，通过出租车 *OD* 流数据的案例验证 L 函数的有效性。

| 125 |

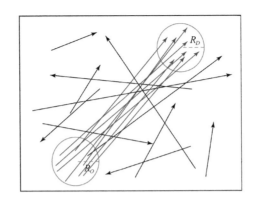

图 6-14　流聚集和聚集尺度

流簇用红色流表示，其中 O 点的聚集尺度 $2R_O$ 和 D 点的聚集尺度 $2R_D$ 决定了流聚集尺度

6.3.1　流的 K 函数

点模式分析中，Ripley's K 函数（Ripley，1977，1976）可用于判断点集的空间异质性随尺度的变化情况，其定义为：以任意点为中心、距离 r 为半径的范围内，除该中心点外所包含点的数目的归一化期望（归一化期望是指除以点过程强度后的期望）。Ripley's K 函数的计算公式为

$$K(r) = \frac{\sum_i \sum_j \sigma_{ij}(r)}{n\lambda}, \qquad i,j = 1,2,\cdots,n; \; i \neq j \tag{6-15}$$

式中，r 为点之间的距离；n 为研究区 A 内的点数；当点 i 和点 j 之间的距离不超过 r 时，$\sigma_{ij}(r)=1$，否则，$\sigma_{ij}(r)=0$；λ 为点过程的强度（或点的密度），$\hat{\lambda}=n/S_A$，其中 S_A 为研究区的面积。

类似地，流的 K 函数用于判断流数据集在不同尺度下的空间异质性，其定义为：以任意流为中心、距离 r 为半径的范围内，除该中心流外所包含流的数目的归一化期望（流的归一化期望是指除以流过程强度后的期望）。流的 K 函数由 Tao 和 Thill（2016）提出，但因其未能明确给出流过程强度的定义，故无法用于流空间聚集尺度的估计。以第 2 章中流空间及流密度的定义为基础，流的 K 函数计算公式为

$$K(r) = \frac{\sum_i \sum_j \sigma_{f,ij}(r)}{n\lambda_f}, \qquad i,j = 1,2,\cdots,n; \; i \neq j \tag{6-16}$$

式中，r 为流之间的距离；n 为研究区 A 内流的数目；当流 f_i 和 f_j 之间的距离不超过 r 时，$\sigma_{f,ij}(r)=1$，否则，$\sigma_{f,ij}(r)=0$；λ_f 为流过程的强度（或密度），$\hat{\lambda}_f=n/V_A$，其中，V_A 为流空间中研究区（或支撑域，即流事件发生的区域）的体积。需要说明的是，研究区是指研究者所关注的区域，而支撑域是指客观上流"占据"的区域，二者实际上是一致的，只不过是观察的角度不同。流的异质性较强，会导致流数据的支撑域较为复杂，边界难以确定，继而致使 V_A 的值难以获得，以至于无法通过前述方法确定 λ_f。此时可用局部估计方法，即通过流的一阶邻近距离估计流过程的强度 λ_f。其思路为：对于自由流，以欧氏最大距离度量（图 6-15）为例，半径为 R 的流球的体积为 $\pi^2 R^4$（详见 2.2.3 节），则此距离测度下的流

过程强度为

$$\hat{\lambda}_f = \frac{1}{\pi^2 E(d_{i,1}^4)} = \frac{n}{\pi^2 \sum_{i=1}^{n} d_{i,1}^4} \tag{6-17}$$

式中，$d_{i,1}$ 为流 f_i 的一阶邻近距离；n 为研究区中流的数目。对于受限流（含义详见第 1 章，最常见的是起终点限定在路网上的流），若以曼哈顿最大距离衡量流之间距离（图 6-15），则半径为 R 的流球的体积为 $4R^4$（详见第 2 章 2.2.3 节），因而此距离下流过程的强度为

$$\hat{\lambda}_f = \frac{1}{4E(d_{i,1}^4)} = \frac{n}{4\sum_{i=1}^{n} d_{i,1}^4} \tag{6-18}$$

式中，$d_{i,1}$ 和 n 的含义与式 (6-17) 一致。

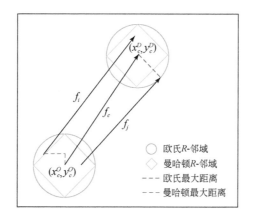

图 6-15 欧氏最大距离和曼哈顿最大距离的计算原理
R- 邻域边界以 O 点和 D 点分别展示

　　应用流的 K 函数判别流数据集是否存在空间异质性的具体思路为：如果某一尺度下流的 K 函数值显著大于完全空间随机情况下的期望值，则流数据集在该尺度下表现为空间聚集，即相对于完全空间随机情况，部分流之间相互靠近；而如果某一尺度下流的 K 函数值显著小于完全空间随机情况下期望值，则流数据集在该尺度下表现为空间排斥，即相对于完全空间随机情况，流彼此之间相互远离；否则，流在该尺度下表现为完全空间随机。

6.3.2　流的 L 函数

　　流的 K 函数虽然可用于判断流的空间异质性，但难以刻画流在不同尺度下的异质程度，也就难以估计流的聚集尺度。相对于流的 K 函数，流的 L 函数更容易判断流数据集在特定尺度下是否存在空间聚集（即根据某一尺度下流数据集的 L 函数值与 0 的大小关系判断其在该尺度下的空间分布模式是随机、聚集还是排斥），不仅如此，与点的 L 函数类似（Kiskowski et al., 2009），流的 L 函数还可用于估计流的聚集尺度，即流的空间聚集程度达到最大时的尺度。以下对流的 L 函数进行具体介绍（Shu et al., 2021）。

1. 流的 L 函数

由点事件的 K 函数定义可知，完全空间随机点的 $K(r)$ 期望值为 πr^2。据此可将 K 函数标准化以构建 L 函数，即 $L(r) = \sqrt{K(r)/\pi} - r$。类似地，在欧氏最大距离下，对于完全空间随机流，其 K 函数的期望是

$$E(K(r)) = \pi^2 r^4 \tag{6-19}$$

据此可将式 (6-16) 中的 K 函数标准化，得到欧氏最大距离下的流 L 函数（Shu et al., 2021）：

$$L(r) = \sqrt[4]{\frac{\sum_i \sum_j \sigma_{f,ij}(r)}{n\lambda_f \pi^2}} - r, \quad i,j = 1,2,\cdots,n; i \neq j \tag{6-20}$$

对于数据集中的每条流，其局部 L 函数定义为

$$L_i(r) = \sqrt[4]{\frac{\sum_j \sigma_{f,ij}(r)}{\lambda_f \pi^2}} - r, \quad i,j = 1,2,\cdots,n; i \neq j \tag{6-21}$$

同理，在曼哈顿最大距离下，完全空间随机流 $K(r)$ 的期望是 $4r^4$。据此可将式 (6-16) 中的 K 函数标准化，构建曼哈顿最大距离下的流 L 函数：

$$L(r) = \sqrt[4]{\frac{\sum_i \sum_j \sigma_{f,ij}(r)}{4n\lambda_f}} - r, \quad i,j = 1,2,\cdots,n; i \neq j \tag{6-22}$$

与流的欧氏最大距离局部 L 函数类似，流的曼哈顿最大距离局部 L 函数可定义为

$$L_i(r) = \sqrt[4]{\frac{\sum_j \sigma_{f,ij}(r)}{4\lambda_f}} - r, \quad i,j = 1,2,\cdots,n; i \neq j \tag{6-23}$$

式 (6-19)~式 (6-23) 中，r、n、λ_f 和 $\sigma_{f,ij}(r)$ 的含义均与式 (6-16) 中相同。

2. 流 K/L 函数计算时的边界效应及修正

在计算流的 K/L 函数时，核心步骤是确定任意流周围半径 r 以内流的数目。然而，当一条流到研究区边界的距离小于距离 r 时，围绕它的流球因受研究区边界的阻隔而只剩下研究区内的部分，从而导致搜索范围减小，流数目被低估，这种现象称为边界效应（edge effect）。为了消除边界效应的影响，需要进行边界修正。在计算点事件的 K/L 函数时，常用的边界修正方法主要分为两类，即缓冲区边界修正和加权边界修正（Perry et al., 2006；Haase, 1995）。其中，缓冲区边界修正方法的形式不因 K/L 函数定义中的距离类型的不同而改变，而加权边界修正方法的原理和推导过程则因距离类型的不同而异。简便起见，下面以流的欧氏 K/L 函数为例，将上述两类边界修正方法扩展到流，其他距离下的边界修正方法可以此类推。

1）缓冲区边界修正

与点的缓冲区边界修正类似（Cressie, 1993；Sterner et al., 1986），在计算流的 K/L

函数时可用"保护区"（guard area）和"环形"（toroidal）两种方法构建缓冲区以达到边界修正的目的。保护区边界修正是指，在研究区周围预留一定范围的区域并保留其中的数据用于边界附近流的计算。图 6-16(a) 展示了保护区边界修正的原理，其中的虚线为研究区边界，实线与虚线之间的区域为保护区，蓝色流为研究对象流，橙色流为保护流。具体地，只有当流的起点和终点均落在研究区内部时，才作为研究对象流，而只要流的一端落在了保护区中，则称为保护流。保护流仅在统计研究对象流的邻居时使用，并不会作为研究对象流直接参与 K/L 函数的计算。

环形边界修正将研究区看成一个"圆环"，并假设数据的分布具有周期性，通过平移复制研究区的数据得到缓冲区。在实际计算中，通常将研究区进行复制和平移得到一个 3×3 的研究区，然后将周围 8 个区域作为缓冲区。图 6-16(b) 展示了环形边界修正的原理，图中虚线为研究区边界，周围 8 个子区域由中心区平移得到。需要注意的是，这种边界修正方法通常只适用于矩形研究区。

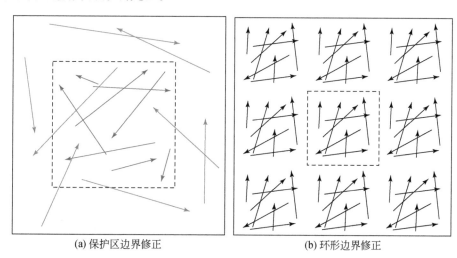

(a) 保护区边界修正　　　　　　　　　　(b) 环形边界修正

图 6-16　流的缓冲区边界修正

2）加权边界修正

对于点事件的 K/L 函数，在各向同性假设下，还可以赋予函数 $\sigma_{ij}(r)$ 一个权重参数 w_{ij} 以达到边界修正的目的（Getis and Franklin，1987；Ripley，1977，1976）。w_{ij} 的计算方式为：假设有一个以点 i 为中心、经过点 j 的圆周 C_{ij}，则 w_{ij} 为此圆周长度与落在研究区内的圆弧长度的比值（Goreaud and Pélissier，1999），其计算公式为

$$w_{ij} = \frac{C_{ij}}{C_{in}} = \frac{2\pi d_{ij}}{\alpha_{in} d_{ij}} = \frac{2\pi}{\alpha_{in}} \tag{6-24}$$

式中，d_{ij} 为点 i 到点 j 的距离；C_{in} 为圆周 C_{ij} 落在研究区内的圆弧部分；α_{in} 为与圆弧 C_{in} 对应的圆心角。各变量的几何含义见图 6-17，其中的修正圆即为圆周 C_{ij}。图 6-17 还展示了圆周与研究区边界相交的不同情况，其中，对于图 6-17(c) 中的情况，$\alpha_{in} = \alpha_{in1} + \alpha_{in2}$。以点事件的 K 函数为例，加权边界修正后的 K 函数为

$$K(r) = \frac{\sum\limits_{i}\sum\limits_{j} w_{ij}\sigma_{ij}(r)}{n\lambda}, \quad i,j = 1,2,\cdots,n;\ i \neq j \tag{6-25}$$

式中，r 为距离；λ 为点过程强度；n 为点数目；当点 i 和点 j 之间的距离小于 r 时，$\sigma_{ij}(r)=1$，否则，$\sigma_{ij}(r)=0$。

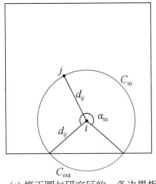
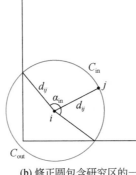
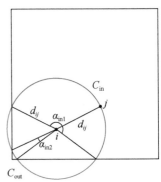

(a) 修正圆与研究区的一条边界相交　　(b) 修正圆包含研究区的一个顶点　　(c) 修正圆与研究区的两条边界相交

图 6-17　加权边界修正中修正圆与研究区的交叉情况

类似地，在流空间中，以流的 L 函数为例，假设研究区边界处的流满足各向同性假设，则包含加权边界修正参数的流的 L 函数为

$$L(r) = \sqrt[4]{\frac{\sum\limits_{i}\sum\limits_{j} w_{f,ij}\sigma_{f,ij}(r)}{n\lambda_f \pi^2}} - r, \quad i,j = 1,2,\cdots,n;\ i \neq j \tag{6-26}$$

式中，r、λ_f、n 和 $\sigma_{f,ij}(r)$ 的含义与式 (6-16) 和式 (6-20) 相同；权重参数 $w_{f,ij}$ 为以流 f_i 为球心，经过流 f_j 的流球总表面积与其落在研究区内的部分球表面积之间的比值，下面说明其计算方式。

流球在研究区内的部分球表面积占比即为相应球面对应"锥体"的体积占比。回顾2.2.3节中流球体积的计算过程，落在研究区内流球面对应的"锥体"体积可以通过 O 圆和 D 圆中扇形的二重积分得到，其中 O 圆和 D 圆与研究区相交情况与图 6-17 类似。具体地，假设 O 平面中以流 f_i 的 O 点为圆心，经过流 f_j 的 O 点的圆落在 O 区域内的部分所对应的圆心角为 α_{in}^O，而 D 平面中以流 f_i 的 D 点为圆心，经过流 f_j 的 D 点的圆落在 D 区域内的部分所对应的圆心角为 α_{in}^D，则落在研究区内的流球表面所对应的锥体体积为

$$V_{in} = \iint\limits_D \alpha_{in}^O u \cdot \alpha_{in}^D v \mathrm{d}u\mathrm{d}v = \int_0^{d_{ij}^O}\alpha_{in}^O u\mathrm{d}u \int_0^{d_{ij}^D}\alpha_{in}^D v\mathrm{d}v = \frac{1}{4}\alpha_{in}^O \alpha_{in}^D \left(d_{ij}^O\right)^2 \left(d_{ij}^D\right)^2 \tag{6-27}$$

式中，d_{ij}^O 为流 f_i 的 O 点和 f_j 的 O 点之间的距离；d_{ij}^D 为 f_i 的 D 点和 f_j 的 D 点之间的距离。以流 f_i 为球心，经过流 f_j 的流球的体积为

$$V_{ij} = \iint\limits_D 2\pi u \cdot 2\pi v \mathrm{d}u\mathrm{d}v = \int_0^{d_{ij}^O}2\pi u\mathrm{d}u \int_0^{d_{ij}^D}2\pi v\mathrm{d}v = \pi^2 \left(d_{ij}^O\right)^2 \left(d_{ij}^D\right)^2 \tag{6-28}$$

在二维空间中，圆周上圆弧长度的比值等于圆弧所对应的扇形面积的比值；而在流空间中，流球表面积的比值等于其所对应的锥体体积之比，即为流边界修正权重参数 $w_{f,ij}$。

因此，通过计算以流 f_i 为球心，经过流 f_j 的球体落在研究区内部分球表面积的占比，可得流 L 函数边界修正的权重参数：

$$w_{f,ij} = \frac{S_{ij}}{S_{in}} = \frac{V_{ij}}{V_{in}} = \frac{\pi^2 \left(d_{ij}^O\right)^2 \left(d_{ij}^D\right)^2}{\frac{1}{4}\alpha_{in}^O \alpha_{in}^D \left(d_{ij}^O\right)^2 \left(d_{ij}^D\right)^2} = \frac{4\pi^2}{\alpha_{in}^O \alpha_{in}^D} \tag{6-29}$$

式中，S_{ij} 为以流 f_i 为球心，经过流 f_j 的球体的表面积；S_{in} 为流球落在研究区内的部分球表面积；α_{in}^O 和 α_{in}^D 可以是图 6-17 中任何一种情况。

6.3.3　模拟实验

为验证流 L 函数相关理论的正确性及其估计聚集尺度的能力，本节设计了相应的模拟实验。首先，用完全空间随机流数据集验证流的 K 函数和 L 函数空模型（null model）的正确性；其次，测试并对比不同边界修正方法的效果；最后，生成包含特定尺度聚集的流数据集，以欧氏最大距离下的流 L 函数为例，测试 L 函数探测流聚集尺度以及提取流簇的能力。

1. 空模型的蒙特卡洛检验

如前所述，在完全空间随机假设下，流的欧氏最大距离 K 函数的期望是 $\pi^2 r^4$，曼哈顿最大距离 K 函数的期望是 $4r^4$，而欧氏和曼哈顿最大距离 L 函数在所有尺度下的期望均为 0。本节将通过蒙特卡洛模拟验证上述推论，实验分为两步：首先在边长为 1 的正方形内生成 1000 条随机流，并分别计算其 K 函数和 L 函数；然后重复实验 199 次，得到欧氏和曼哈顿最大距离下的 K 函数和 L 函数蒙特卡洛模拟结果（图 6-18）。实验中数据生成与计算的细节可参考 6.2.2 节中流空间异质性统计量的模拟实验。图中带有星号标记的红色曲线为理论曲线，蓝色曲线为 199 次随机模拟曲线的平均，灰色条带为 95% 置信带。从图中可以发现：①模拟实验得到的 95% 置信带较窄；②两种距离下的 K 函数和 L 函数理论曲线均落在置信带内；③模拟曲线的平均曲线与理论曲线几乎完全重合。这些结果验证了两种距离下流的 K 函数和 L 函数空模型的正确性，由此可以确认，它们可作为流模式分析和流聚集尺度探测的基线。

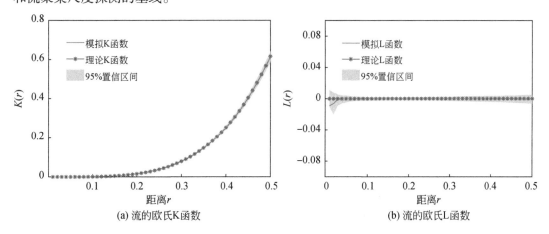

(a) 流的欧氏K函数　　　　　　　(b) 流的欧氏L函数

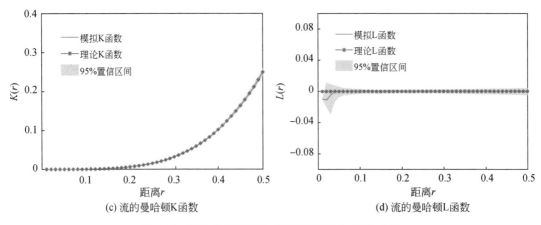

(c) 流的曼哈顿K函数　　　　　　　　(d) 流的曼哈顿L函数

图 6-18　流的 K 函数和 L 函数模拟曲线与理论曲线

2. 边界修正方法测试

6.3.2 节介绍了流空间下的三种边界修正方法，即保护区方法、环形方法和加权方法，本节将测试它们在 L 函数计算中的效果，以确定最佳边界修正方案。测试保护区方法时，在研究区四周增加宽度为 1 的保护区，数据产生过程中，将研究区和保护区作为一个整体在其中生成随机流，直到研究区中流的数目达到 1000 时为止。计算过程中，将研究区中的流作为研究对象流，而将保护区中的流作为保护流。测试环形方法和加权方法时，只在研究区中生成 1000 条随机流。不同边界修正方法与无修正条件下的结果对比如图 6-19 所示，其中，红色曲线为理论曲线，而其他结果以不同颜色加以区分。从图中可以看出，环形边界修正结果仅稍好于无修正情况，但二者均明显偏离理论曲线。其原因在于，在使用环形边界修正方法时，受研究区边界的限制，研究对象流的起点和终点必须同时落在研究区内，这就导致在复制研究区进行边界修正时，流在边界处的分布是不连续的，即不存在两端分别在研究区内部和外部的流，因而在边界地带研究对象流的邻近流仍然会偏少。由保护区和加权边界修正方法得到的 L 函数曲线结果偏离理论曲线幅度较小，表明二者均能很好地解决边界效应问题。然而，真实数据集有时不存在保护区，或即便划定了保护区，

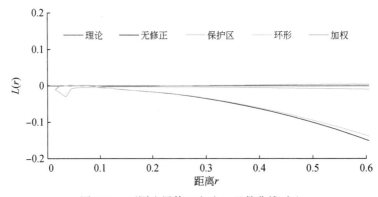

图 6-19　不同边界修正方法 L 函数曲线对比

也可能出现保护区中靠近研究区边界处存在明显流聚集的情况，从而会显著影响流分布模式的判别及聚集模式尺度的估算。综合以上分析，为保证计算结果的可靠性，在实际应用中推荐使用加权边界修正方法。

3. 利用 L 函数估计流的聚集尺度

流的 L 函数有两方面的作用，其一是判断流数据在不同尺度上是否存在空间聚集，其二是估计流的聚集尺度。点事件的聚集尺度可以用 L 函数的导数（L′ 函数）估计（Pei et al., 2015；Kiskowski et al., 2009），即 L′ 函数最小值对应的自变量的数值为点事件的聚集尺度。为测试流的 L′ 函数估计流数据聚集尺度（流簇的直径）的能力，本节生成了两个 1×1 范围内的模拟数据集进行实验：数据集 1 由 500 条聚集流和 500 条随机背景流组成，其中，聚集中心起点坐标为 (0.3,0.3)，终点坐标为 (0.7,0.7)，聚集尺度为 2R=0.2[图 6-20(a)]；数据集 2 包含两个簇和 400 条随机背景流，其中，第一个簇包含 400 条流，中心起点坐标为 (0.3,0.4)，终点坐标为 (0.7,0.7)，簇的尺度为 2R=0.2，第二个簇包含 200 条流，中心起点坐标为 (0.4,0.2)，终点坐标为 (0.7,0.7)，簇的尺度为 2R=0.1[图 6-20(b)]。

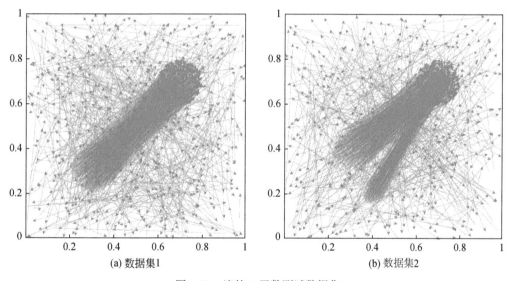

(a) 数据集1　　　　　　　　　　　　　(b) 数据集2

图 6-20　流的 L 函数测试数据集

以流的欧氏最大距离为例，图 6-21(a)~(c) 分别为数据集 1 的 K 函数、L 函数和 L′ 函数，图 6-21(d)~(f) 分别为数据集 2 的 K 函数、L 函数和 L′ 函数。从图中可以看出，K 函数呈单调递增的趋势，同时，其随机参照曲线的值也随距离增加而增大，故而难以量化流的空间聚集偏离随机的程度，因而也就很难据此估计流的聚集尺度。为解决此问题，可以借鉴点聚集尺度估计的思路。在点聚集模式分析中，$L(r)$ 最大值对应的距离 $[L_{max}]$ 可用于估计聚集尺度，但其并不完全等于预设的簇的半径 R，而是介于 R 和 $2R$ 之间，这一问题由 L 函数计算过程中的"累积效应"引起，而使用 L′ 函数估计聚集尺度则能避免此问题（详情请参考 Kiskowski et al., 2009）。对于流，同样可用 L 函数及 L′ 函数估计其聚集尺度。如图 6-21(c) 所示，记 $L'(r)$ 最小值对应的距离为 $[L'_{min}]$，当数据集仅包含一个流簇时，$[L'_{min}]$

指示了该流簇的尺度（2R）。然而，对于包含多个不同尺度流簇的数据集，$[L'_{min}]$ 通常与 L 函数探测到的尺度不一致。如图 6-21(f) 所示，$[L'_{min}]$（约 0.35）与图 6-21(e) 中 $[L_{max}]$（约 0.14）对应的尺度差别较大，前者约为数据集 2 中两个簇合并后的尺度。然而，从图 6-21(f) 中可以发现，$L'(r)$ 存在 3 个局部极小值，其对应的距离从左到右依次约为 0.10、0.19 和 0.35，分别与数据集 2 中的较小簇、较大簇和合并后的簇的尺度对应，从而说明 $L'(r)$ 的局部极小值可以指示预设的多重聚集尺度。结合 $L(r)$ 的最大值和 $L'(r)$ 的局部极小值，可以总结出聚集尺度的估计规则：一般情况下，$L(r)$ 对应的 $[L_{max}]$ 会低估真实的聚集尺度，故可将大于 $[L_{max}]$ 且与之最接近的显著局部极小值 $[L'_{min}]$ 作为丛聚尺度的估计值 [如本例图 6-21(f) 中的 0.19]，该值大致反映了数据集主导簇的尺度。

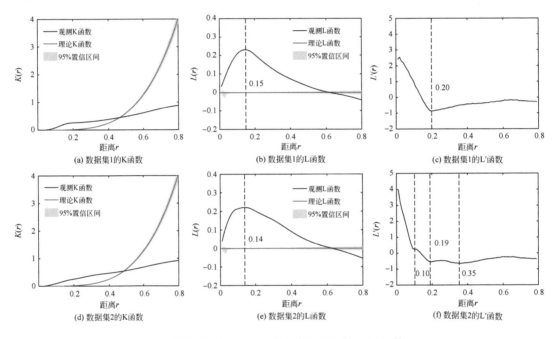

图 6-21　测试数据集的 K 函数、L 函数和 L′ 函数

4. 利用 L 函数提取主导簇

由于 L 函数与其导数结合可估计流数据集的主导簇的尺度，因此，可以将数据集的聚集尺度作为参数，应用局部 L 函数 [式 (6-21)] 提取数据集中的主导簇（Getis and Franklin，1987）。以图 6-20 中的数据集为例，其主导簇的提取方法分为三步：首先，通过 L 和 L′ 函数估计出数据集中的聚集尺度为 0.20[图 6-21(b) 和 (c)]；其次，以其聚集尺度之半（$r=0.10$）作为聚集半径，并将其代入式 (6-21)，计算所有流的局部 L 函数；最后，取局部 L 函数值排名前 10（该值可根据经验设置）的流及其聚集半径（0.10）范围以内的流作为主导簇，提取出的结果如图 6-22 所示。对于数据集 1，主导簇提取的准确率（precision）为 100%，召回率（recall）为 99.5% [图 6-22(a)]；数据集 2 的主导簇提取的准确率为 99.8%，召回率为 99.8% [图 6-22(b)]。以上结果证明，基于 L 函数及其导数（用

于估计聚集尺度），以及局部 L 函数（基于估计出的聚集尺度提取主导簇）的聚类方法可有效提取流数据集中的主导簇。

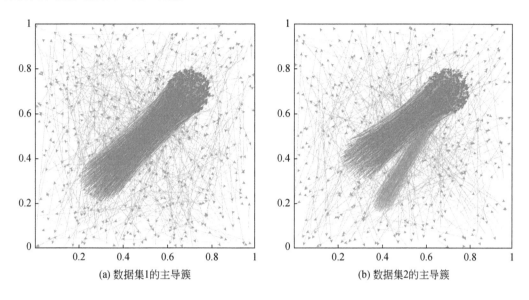

(a) 数据集1的主导簇　　　　　　　　　　　(b) 数据集2的主导簇

图 6-22　测试数据集主导簇提取结果

6.3.4　应用案例

在城市中，居民的出行流更倾向于随机分布还是异质分布？如果是后者，那么出行流的异质性程度如何，这种异质性的规模和分布受何种因素影响？为回答这一系列问题，本节选择北京市部分区域内的出租车 *OD* 流作为研究素材，首先应用流的 L 函数揭示这些区域可能存在的流的异质性；然后以 L 和 L' 函数得到的聚集尺度作为参数，通过局部 L 函数提取研究区中出租车 *OD* 流的主导簇，并进一步分析簇的规模及其影响因素。

1. 研究区及数据

案例选取了北京市内 4 个区域进行研究，各研究区位置如图 6-23 所示，其情况介绍见表 6-9。具体地，区域 A 位于南二环到南三环之间，区域 B 位于西北三环与四环之间（并以紫竹院路为界将其分为起点区域和终点区域），选择 A 和 B 中 2014 年 10 月 20~24 日的出租车 *OD* 流作为研究对象；区域 C 位于北京南站所在的街区，与之相关的数据起点分布于六环以内，终点位于区域 C 内，由于该区域内的数据量较大，需要较多的计算资源，故研究中仅使用 2014 年 10 月 20 日一天的数据；区域 D 位于东北三环至五环，包含望京和酒仙桥商圈，并以机场高速为界区分起点和终点区域，为了比较工作日和节假日之间流聚集尺度的差异，选择区域 D 中 2014 年 10 月 20~24 日、2014 年 10 月 1~5 日（国庆节期间）两个时段的数据进行对比分析。需要说明的是，由于出租车 *OD* 流具有方向特征，因而对区域 B、C 和 D 中的流进行了方向限制，具体见表 6-9。

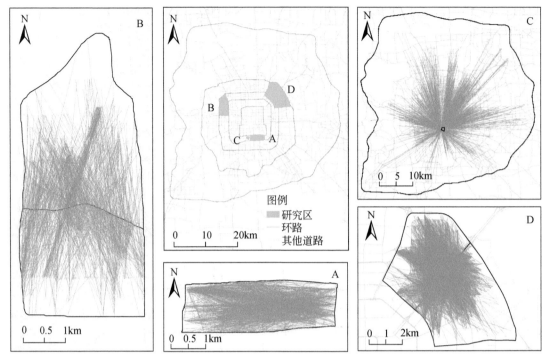

图 6-23　北京市部分区域的出租车 *OD* 流

表 6-9　北京市部分区域内出租车 *OD* 流数据的情况

研究区位置	数据日期	方向
南二环到南三环（A）	2014 年 10 月 20~24 日	不限制方向
西北三环到四环，南北以紫竹院路为界（B）	2014 年 10 月 20~24 日	从南部到北部
北京南站所在街区（C），北京市六环以内	2014 年 10 月 20 日	从六环以内到北京南站所在街区
东北三环到五环，包含望京和酒仙桥商圈，以机场高速为界（D）	2014 年 10 月 20~24 日、2014 年 10 月 1~5 日	望京到酒仙桥

2. 流聚集尺度估计及主导簇的提取

L 函数和 L′ 函数的计算结果如图 6-24 所示。根据 L′ 函数的结果可以发现，研究区 A~D 中出租车 *OD* 流均表现出明显的异质性，其聚集尺度（直径）分别为 170m、230m、620m、1640m 和 3680m（图 6-24 的第二列）。图 6-25 显示了应用局部 L 函数提取主导簇的结果（图中不同编号的子图分别对应图 6-23 中相应的研究区）。主导簇的提取过程为：将由 L 函数和 L′ 函数得到的聚集尺度之半作为局部 L 函数的聚集半径，然后，将聚集半径的值代入局部 L 函数，提取局部 L 函数值排名前 20 的流及其聚集半径范围内的流作为主导簇。

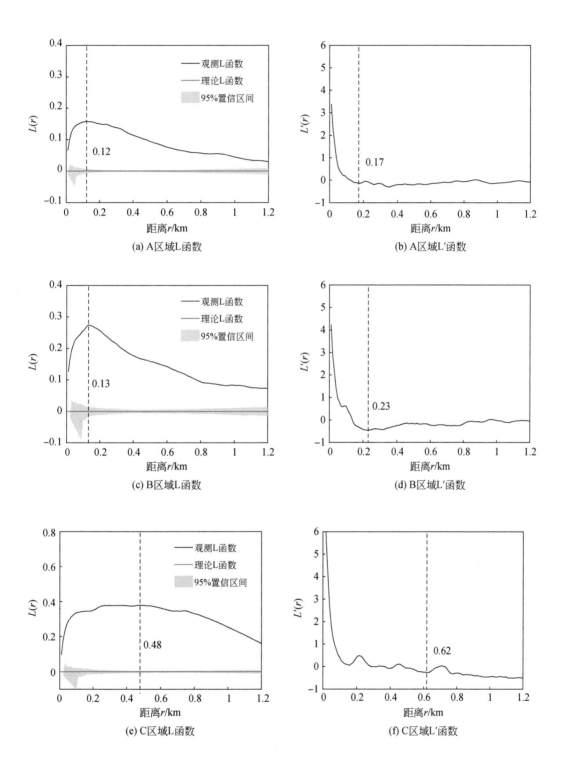

(a) A区域L函数　(b) A区域L'函数

(c) B区域L函数　(d) B区域L'函数

(e) C区域L函数　(f) C区域L'函数

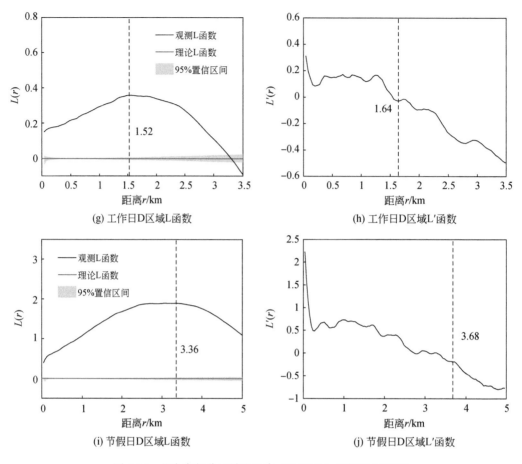

图 6-24　北京市部分区域出租车 *OD* 流的 L 函数和 L′ 函数

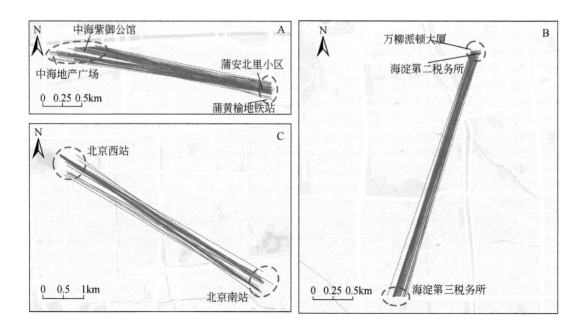

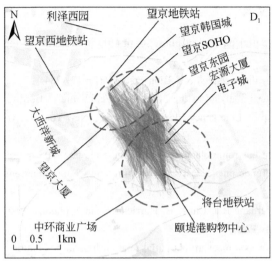
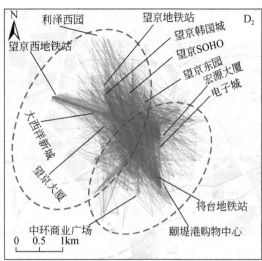

图 6-25　北京市部分区域出租车 *OD* 流主导簇提取结果

D₁ 表示区域 D 工作日的结果，D₂ 表示区域 D 节假日的结果

3. 聚集尺度解释

为解释这些聚集尺度产生的原因，我们从地图上识别出流簇起点区域和终点区域处的主要地物类型，并大致估算了它们的规模（详见表 6-10）。通过对比可以发现，出租车 *OD* 流的聚集尺度与其起终点周边的地物类型和规模有一定关系。具体地，区域 A 和 B 中的簇主要与其附近的建筑有关，区域 C 中的簇与两座火车站有关，而区域 D 中的簇与其周边商圈有关，且节假日的聚集尺度比工作日更大。因此，我们可将城市中出租车 *OD* 流的聚集尺度划分为三个等级：①建筑尺度，如区域 A 和 B 中小于 300m 的流簇尺度；②街区尺度，如区域 C 中 600~700m 的流簇尺度；③商圈尺度，如区域 D 中大于 1500m 的流簇尺度。

表 6-10　北京市部分区域流簇尺度及起终点区域地物类型和规模　　（单位：m）

区域	聚集尺度	起点区域地物类型及规模	终点区域地物类型及规模
A	170	（1）中海紫御公馆，长 220、宽 175 （2）中海地产广场，长 160、宽 90	（1）蒲黄榆地铁站所在路段，长 193 （2）蒲安北里小区，长 183、宽 37
B	230	（1）海淀第三税务所，长 335、宽 112	（1）海淀第二税务所，长 87、宽 66 （2）万柳派顿大厦，长 103、宽 68
C	620	（1）北京西站，长 710、宽 502	（1）北京南站，长 564、宽 510
D₁	1640	（1）望京商圈核心区，长 2400、1700	（1）酒仙桥商圈核心区，长 2300、宽 2200
D₂	3680	（1）望京商圈，长 4000、宽 3400	（1）酒仙桥商圈，长 4300、宽 2400

注：D₁ 表示工作日的结果，D₂ 表示节假日的结果。

参 考 文 献

Besag J E, Gleaves,J T. 1973. On the detection of spatial pattern in plant communities. Bulletin of the International Statistical Institute, 45:153-158.

Byth K, Ripley B D. 1980. On sampling spatial patterns by distance methods. Biometrics, 36(2): 279-284.

Cao Z, Zhao P, Liu J, et al. 2017. A spatial point pattern analysis of the 2003 SARS epidemic in Beijing. Proceedings of the 3rd ACM SIGSPATIAL Workshop on Emergency Management using. New York: ACM: 1-8.

Chen C, Zhang D, Zhou Z, et al. 2013. B-Planner: Night bus route planning using large-scale taxi GPS traces. Proceedings of the 2013 IEEE International Conference on Pervasive Computing and Communications (PerCom). IEEE: 225-233.

Chu P S. 2004. ENSO and tropical cyclone activity//Murnane R J, Liu K B. Hurricanes and Typhoons: Past, Present, and Potential. New York: Columbia University Press: 297-332.

Clark P J, Evans F C. 1954. Distance to nearest neighbor as a measure of spatial relationships in populations. Ecology, 35(4): 445-453.

Cormack R M. 1979. Spatial aspects of competition between individuals//Cormack R M, Ord J K. Spatial and Temporal Analysis in Ecology. Maryland: International Cooperative Publishing House: 151-212.

Cox T F, Lewis T. 1976. A conditioned distance ratio method for analyzing spatial patterns. Biometrika, 63 (3): 483-491.

Cressie N A. 1993. Statistics for Spatial Data. Revised Edition. New York: John Wiley & Son.

Diggle P J. 1977. The detection of random heterogeneity in plant populations. Biometrics, 33(2): 390-394.

Diggle P J. 2013. Statistical Analysis of Spatial and Spatio-temporal Point Patterns. 3rd Edition. England: CRC Press.

Diggle P J, Besag J, Gleaves J T. 1976. Statistical analysis of spatial point patterns by means of distance methods. Biometrics, 32 (3): 659-667.

Dixon P M. 2002. Nearest neighbor methods//El-Shaarawi A H, Piegorsch W W. Encyclopedia of Environmetrics. New York: John Wiley & Sons: 1370-1383.

Eberhardt L. 1967. Some developments in 'distance sampling'. Biometrics, 23(2): 207-216.

Gatrell A C, Bailey T C, Diggle P J, et al. 1996. Spatial point pattern analysis and its application in geographical epidemiology. Transactions of the Institute of British Geographers, 21(1): 256-274.

Getis A, Franklin J. 1987. Second-order neighborhood analysis of mapped point patterns. Ecology, 68(3): 473-477.

Goreaud F, Pélissier R. 1999. On explicit formulas of edge effect correction for Ripley's K-function. Journal of Vegetation Science, 10(3): 433-438.

Graser A, Schmidt J, Roth F, et al. 2017. Untangling origin-destination flows in geographic information systems. Information Visualization, 18(1): 153-172.

Groff E R, Weisburd D, Yang S-M. 2010. Is it important to examine crime trends at a local "micro" level?: a longitudinal analysis of street to street variability in crime trajectories. Journal of Quantitative Criminology, 26(1): 7-32.

Haase P. 1995. Spatial pattern analysis in ecology based on Ripley's K-function: introduction and methods of edge correction. Journal of Vegetation Science, 6(4): 575-582.

Hines W, Hines R O H. 1979. The Eberhardt statistic and the detection of nonrandomness of spatial point distributions. Biometrika, 66 (1): 73-79.

Holgate P. 1965. Some new tests of randomness. The Journal of Ecology, 53(2): 261-266.

Hopkins B, Skellam J G. 1954. A new method for determining the type of distribution of plant individuals. Annals of Botany, 18(2): 213-227.

Kimberlain T. 1999. The effects of ENSO on North Pacific and North Atlantic tropical cyclone activity. Proceedings of the 23rd Conference on Hurricanes and Tropical Meteorology. Dallas: American Meteorological Society: 250-253.

Kiskowski M A, Hancock J F, Kenworthy A K. 2009. On the use of Ripley's K-Function and its derivatives to analyze domain size. Biophysical Journal, 97(4): 1095-1103.

Pei T, Wang W, Zhang H, et al. 2015. Density-based clustering for data containing two types of points. International Journal of Geographical Information Science, 29(2): 175-193.

Perry G L W, Miller B P, Enright N J. 2006. A comparison of methods for the statistical analysis of spatial point patterns in plant ecology. Plant Ecology, 187(1): 59-82.

Pielou E C. 1959. The use of point-to-plant distances in the study of the pattern of plant populations. Journal of Ecology, 47(3): 607-613.

Pollard J H. 1971. On distance estimators of density in randomly distributed forests. Biometrics, 27(4): 991-1002.

Ripley B D. 1976. The second-order analysis of stationary point processes. Journal of Applied Probability, 13(2): 255-266.

Ripley B D. 1977. Modelling spatial patterns. Journal of the Royal Statistical Society: Series B (Methodological), 39(2): 172-192.

Satyamurthi K R. 1979. Density, derived from measured distances, for studying the spatial patterns. Sankhya: The Indian Journal of Statistics, Series B, 40 (3/4): 197-203.

Seidler T G, Plotkin J B. 2006. Seed dispersal and spatial pattern in tropical trees. PLOS Biology, 4(11): e344.

Shu H, Pei T, Song C, et al. 2019. Quantifying the spatial heterogeneity of points. International Journal of Geographical Information Science, 33(7): 1355-1376.

Shu H, Pei T, Song C, et al. 2021. L-function of geographical flows. International Journal of Geographical Information Science, 35(4): 689-716.

Skellam J G, 1952. Studies in statistical ecology: I. Spatial pattern. Biometrika, 39(3/4): 346-362.

Stamp N E, Lucas J R. 1990. Spatial patterns and dispersal distances of explosively dispersing plants in Florida sandhill vegetation. Journal of Ecology, 78(3): 589-600.

Sterner R W, Ribic C A, Schatz G E. 1986. Testing for life historical changes in spatial patterns of four tropical tree species. Journal of Ecology, 74(3): 621-633.

Tao R, Thill J C. 2016. Spatial cluster detection in spatial flow data. Geographical Analysis, 48(4): 355-372.

Wang B, Chan J C L. 2002. How strong ENSO Events affect tropical storm activity over the Western North Pacific. Journal of Climate, 15(13): 1643-1658.

Wikelski M, Arriero E, Gagliardo A, et al. 2015. True navigation in migrating gulls requires intact olfactory nerves. Scientific Reports, 5(1): 17061.

第7章　地理流的空间模式挖掘

空间模式挖掘是地理流空间分析的主要任务之一，对揭示地理流对象的空间分布规律，解析地理系统演化的动力机制有着重要意义。相比于传统位空间中的对象，地理流对象多出了方向、长度等属性，因而空间模式更为复杂多样。为了明确流模式挖掘的任务，本章首先对地理流的空间模式进行系统分类。然后，针对三种常见的地理流模式，即丛集模式、聚散模式和社区模式，分别详细介绍相应的模式挖掘方法。其中，针对流的丛集模式，主要介绍层次聚类方法、密度聚类方法、密度分解方法、空间扫描统计方法和分步时空聚类方法；针对流的聚散模式，主要介绍流的"火山"–"黑洞"模式探测方法以及兼顾流量和长度的聚散模式挖掘方法；针对流的社区模式，主要介绍并对比"克劳赛特–纽曼算法"（the algorithm of Clauset and Newman，CN）（Clauset et al.，2004）、"快速展开算法"（fast unfolding algorithm，即 Louvain 算法）（Blondel et al.，2008）和"空间禁忌优化算法"（spatial tabu optimization for community structure，STOCS）（Guo et al.，2018）三种典型的流社区模式挖掘方法。

7.1　流的空间模式分类

在讨论地理流空间模式的分类之前，先回顾一下点模式的分类。空间点模式主要分为3 种：随机、聚集和排斥。一个空间点集必定属于上述 3 种模式或它们的组合。类似地，由于流可视为流空间中的点，故其空间模式总体上也可分为随机、聚集和排斥三种模式，其中，聚集模式指相对于随机模式，部分流之间相互靠近，而排斥模式指相对于随机模式，流之间总体上相互远离。流的聚集和排斥模式统称为流的异质模式。然而，由于流的高维性，其异质模式复杂多样，在流模式挖掘时需要进一步细化。如果采用第 1 章中定义的流的"方向–长度"模型，即以（点、方向、长度）的三元组表达流，则其中的 3 个因子也同理分别可以表现为随机、聚集和排斥 3 种模式，而 3 个因子的 3 种模式组合可以得到 27 种流模式，这些空间模式被称为流的单一模式。当多种单一模式同时存在时，其组合称为流的混合模式；而当数据集中存在多种流时，其共同表现出的空间模式称为多元流模式。下面分别介绍这三大类流模式。

7.1.1　流的单一模式

流的 27 种单一模式中，除了随机模式（起点随机、方向随机、长度随机）之外，其他的均可视为异质模式。在异质模式中，具有地理意义且较为常见的包括以下 5 种：丛集（起点聚集、方向聚集、长度聚集）、聚散（终点或起点聚集、方向随机或排斥、长度任意）、社区（起点聚集、方向任意、长度聚集）、并行（起点随机、方向聚集、长度任意）与等长（起点随机、方向随机、长度聚集）模式。下面分别对上述几种单一流模式进行介绍（图 7-1）。

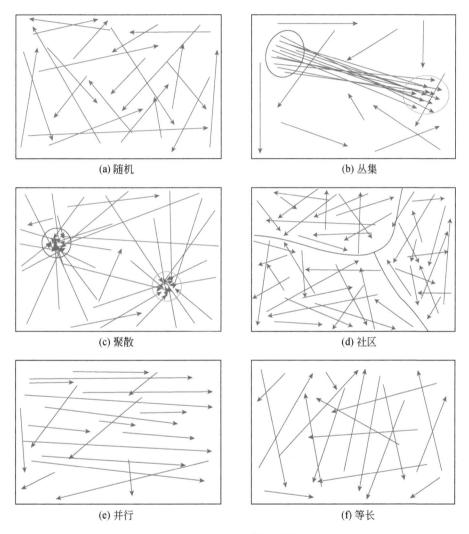

(a) 随机　　　　　　　　　　　　　　　　(b) 丛集

(c) 聚散　　　　　　　　　　　　　　　　(d) 社区

(e) 并行　　　　　　　　　　　　　　　　(f) 等长

图 7-1　流空间模式分类

1. 随机模式

在流的"起点-终点"模型中，流的随机模式是指流的起点和终点均呈随机分布，且起终点之间的连接也完全随机 [图 7-1(a)]；而在流的"方向-长度"模型中，随机模式的含义是起点、方向以及长度都呈随机分布。对于自由流，其随机模式指起终点等可能地出现在地理空间中的任何位置，且起终点之间的连接随机，例如，海洋 Argo 浮标在平静海洋环境中周期性下沉到上浮的位置之间形成的流，可近似视为随机模式；而对于受限流，其随机模式指起终点等可能地出现在受限空间（如路网）中的任何位置，且起终点连接完全随机，例如，路网上某些路段之间的出租车 OD 流可近似视为随机模式（Tao and Thill，2019；Gao et al.，2018）。

2. 丛集模式

流的丛集模式是流异质模式中一种常见的类型，可定义为流在流空间中的聚集。如从流的"方向−长度"模型看，流丛集模式表现为起点或终点的聚集，同时流的长度以及方向也聚集；如从流的"起点−终点"模型看，流的丛集模式表现为起点和终点同时聚集 [图 7-1(b)]。通过识别流的丛集模式可以发现地理对象共同的移动特征以及地理位置之间密切的交互关系，典型的流丛集模式实例包括：城市中不同功能区之间的通勤流（Liu et al.，2012）、重点区域之间的人口迁移（Chun and Griffith，2011）、重点区域之间的物资运输（Ducret et al.，2016）以及贸易联系（Castells，1999）等。需要注意的是，本书中流的丛集模式是流聚集模式的一种特例，单指起点和终点聚集程度较高，在二维空间中的投影呈"束状"的模式。

3. 聚散模式

流的聚散模式包括汇聚模式和发散模式。汇聚模式定义为流的终点聚集而方向随机或排斥，而发散模式则为流的起点聚集而方向随机或排斥，如图 7-1(c) 所示。在现实世界中，这种模式通常对应着人流、物流、信息流、资金流等向某一区域集中流入或者从某一区域溢出。挖掘这种模式有助于发现局部城市中心、潜在交通枢纽，评估公共资源服务范围等，从而为城市规划、公共设施选址等应用提供支撑。

4. 社区模式

流的社区模式是指局部区域内流较多，而区域之间不存在流或流较少的分布模式，如图 7-1(d) 所示。例如，城市间的人口流动通常表现出与行政边界的高度吻合（Xu et al.，2017），即人口流动多集中在其行政区内部，而不同行政区之间的人口流动较少；此外，城市内部出租车 OD 流的分布也会表现出一定的社区模式，即出租车司机的运营路线更集中于其住址周边的区域内，并以较小的概率跨越不同的行政区，从而形成与行政区边界较为一致的社区结构（Kang and Qin，2016）。

5. 并行、等长模式及其他

除了上述较为常见的 4 种流模式之外，流的不同构成元素（起点、方向、长度等）的组合还会形成并行和等长等其他模式，其中，流的并行模式表现为流起点随机而方向聚集 [图 7-1(e)]；而流的等长模式表现为流起点与方向随机，而长度聚集 [图 7-1(f)]。前者常见于动物的迁徙流，即同种动物的迁徙方向具有一致性；后者则普遍存在于共享单车出行流中，即共享单车流的长度大多介于 500~3000 m。目前针对并行模式与等长模式的挖掘方法还处于空白，未来将是流模式挖掘不可忽视的方向。上文已述及流模式有 27 种之多，但除上述几种模式外，其他模式在现实世界中较少出现，这里不再赘述。

7.1.2　流的混合模式

流的单一模式通过组合还可以形成混合模式。例如，流的丛集模式与聚散模式组合，可以形成丛集 – 汇聚模式或者丛集 – 发散模式 [图 7-2(a)]。这种模式通常隐含在交通枢纽周边及不同枢纽之间的出租车 OD 流中，其中的丛集模式由交通枢纽之间的出租车 OD 流形成，而聚散模式由交通枢纽与周边区域的流形成；流的社区模式与聚散模式可以形成社区 – 聚散模式 [图 7-2(b)]，这种模式的典型实例是不同学区内的居住地—学校的上下学出行流；流的丛集模式也可以和社区模式结合，形成丛集 – 社区模式 [图 7-2(c)]，不同行政区内部的城市局部中心之间的出租车流通常可表现为上述模式。除此之外，流的混合模式还有很多种，受篇幅所限不再一一列举。对于混合模式的挖掘，可以分别采用单一模式的挖掘方法，然后再对挖掘的结果进行组合与分析。

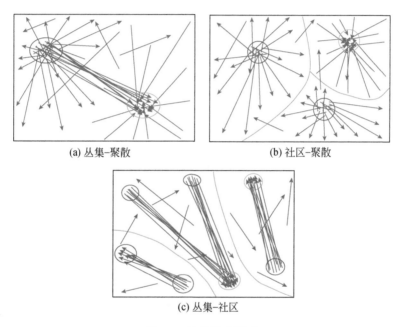

(a) 丛集–聚散　　　　　　　　　　(b) 社区–聚散

(c) 丛集–社区

图 7-2　流的混合模式

7.1.3　多元流模式

当研究区存在多种不同类型的流时，就可能形成多元流模式。以二元流为例，其流模式主要分为 3 种：相关模式、排斥模式和独立模式。相关模式是指两种流频繁出现在彼此邻域范围内的分布模式，根据流的起点或终点的邻近组合不同，该模式可以分为正相关模式和负相关模式。其中，二元流的正相关是指成对出现的两种流的起点与起点邻近、终点与终点邻近 [图 7-3(a)]；而二元流的负相关则表现为起点与终点邻近 [图 7-3(b)]。二元流排斥模式是指一种流的局部范围内不存在或者较少存在另一种流的模式 [图 7-3(c)]。二元流独立模式是指两种流之间的分布相互独立，即任意一种流在局部范围内的出现不以另一种流的出现为先决条件 [图 7-3(d)]。

多元流空间模式的挖掘方法可由多元点模式挖掘方法扩展而来。例如，通过拓展点的共位置模式（用于描述不同类型的点事件邻近出现的一种模式）挖掘方法（Shekhar and Huang，2001），可以发现多元流的同位模式；通过对点的交叉 K 函数（cross K-function）进行扩展，可以定义流的交叉 K 函数（Tao and Thill，2019），从而评估两类流的空间依赖性，并挖掘不同尺度下多元流的相关、独立与排斥模式。关于多元流模式挖掘的研究将在第 11 章详细介绍。下面主要以流单一模式中的丛集模式、聚散模式以及社区模式为例，介绍各单一模式的挖掘方法。

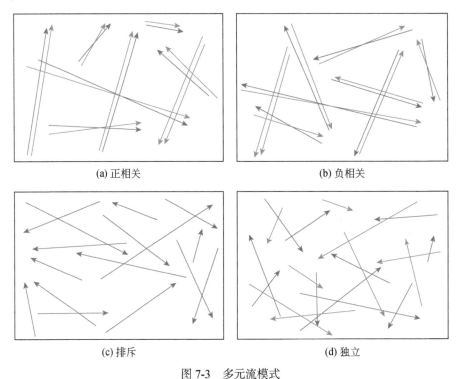

(a) 正相关   (b) 负相关

(c) 排斥   (d) 独立

图 7-3　多元流模式

7.2　流的丛集模式挖掘方法

前已述及，流的丛集模式是指起点和终点同时聚集的一种空间模式，其在流行病学（Wesolowski et al.，2012）、经济学（Zanin et al.，2016）、交通（Guimera et al.，2005）、人口地理（Rae，2009）等领域的研究中被广泛涉及。流的丛集模式可以通过流聚类方法进行识别和提取，而流聚类方法大多扩展自传统的点过程聚类方法。其一般思路为：首先定义流距离、流密度、流空间统计量等指标，然后定义流的空间邻近或相似性度量指标，并以此为基础构建流的聚类算法。目前，常见的流聚类方法包括：流的层次聚类、流的密度聚类、流的密度分解以及流的空间扫描统计方法等，而将这些方法进行时空拓展，还可构建流的时空聚类方法，下面分别对它们进行介绍。

7.2.1 流的层次聚类

流的层次聚类方法常用于流的丛集模式识别、流聚合分析及流的可视化等研究中（Andrienko and Andrienko，2010；Boyandin et al.，2010；Wood et al.，2010；Guo，2009；Lee et al.，2007；Phan et al.，2005）。该方法首先根据流的起终点位置（Guo and Zhu，2014；Guo，2009）、长度、方向等几何属性信息，定义流之间的相似性度量（如流之间的距离等）；然后，构建一个自下而上的合并策略，逐步将流对象合并成一个层次树（Guo et al.，2012；Andrienko and Andrienko，2010）；最后，设定不同的距离阈值，根据阈值对树进行分割，从而得到不同粒度的流簇。该方法既适用于个体流对象的聚类，也适用于固定空间单元间或网络节点间的群体流聚类。

1. 方法原理

相似性度量的定义是流的层次聚类的基础。第 2 章中定义了流的最大距离、加和距离、平均距离和加权距离等（详见 2.2.1 节），这些距离均可作为流层次聚类中的相似性度量。除此之外，部分研究通过流的 k 邻近距离定义流的相似性度量，如流的共享邻近（flow shared nearest neighbor，flow SNN）距离，从而将流之间的距离标准化至 0 到 1 之间（详见 2.2.4 节），以避免因不同流簇之间密度差异过大而导致的难以设定统一距离阈值的问题。

在定义合适的流相似性度量之后，可将传统的层次聚类方法扩展至流，实现流对象集合的层次聚类。下面以 Zhu 和 Guo（2014）提出的流的层次聚类算法思路为例，介绍流的层次聚类方法原理，其具体流程如算法 7-1 所示。

算法 7-1 流的层次聚类算法

输入 流集合 $\Phi^f=\{f_i|1\leq i\leq n\}$，距离阈值 a

输出 流簇集合 $C=\{C_1,C_2,\cdots,C_k\}$

算法步骤

（1）初始化：将每条流视为一个流簇；

（2）计算流簇之间的距离 [即流簇之间中位流之间的距离，中位流的含义见第（4）步]，并按照距离从小至大的顺序，将最近的每对流簇 C_i 和 C_j 合并为 C_p；

（3）计算流簇 C_p 中所含原始流的起点中心（O_{cp}）和终点中心（D_{cp}）[图 7-4(a)]；

（4）在流簇 C_p 中寻找距离 O_{cp} 最近的流的起点 O'_{cp} 和距离 D_{cp} 最近的流的终点 D'_{cp}，构建一条起点为 O'_{cp} 且终点为 D'_{cp} 的（虚拟）流（O'_{cp}, D'_{cp}）作为流簇 C_p 的中位流 [图 7-4(b)]，并以其代表 C_p，回到第（2）步。

重复上述（2）～（4）步，直到所有的流都聚为 1 类，至此，流的层次聚类树建立完毕，根据距离阈值 a 可将流数据集划分为多个流簇，使得流簇之间的距离显著大于簇内流之间的距离。

2. 应用案例

为验证方法的有效性，以纽约市 2015 年 1 月 21 日出租车 OD 流数据为例进行研究。由于数据量较大，需要大量的计算资源，为提高计算效率，从原始数据中随机抽取 10 000 条流作为研究对象，其空间分布情况如图 7-5(a) 所示。聚类结果如图 7-5(b) 所示，从图中可以看出，纽约出租车 OD 流簇主要分为两类：一类是曼哈顿区到三个机场的流簇，包括簇 1~4、6~7、9~10、15 和 17，出行目的可能主要与商务有关；另一类是曼哈顿区南北方向的流簇，由于曼哈顿区是一个南北向的狭长区域，故这类簇的分布主要与研究区的形状有关。

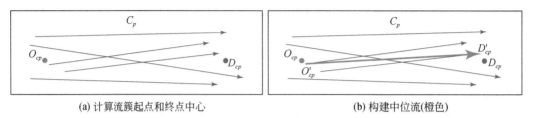

(a) 计算流簇起点和终点中心　　　　　　　　(b) 构建中位流(橙色)

图 7-4　计算流簇 C_p 的中位流

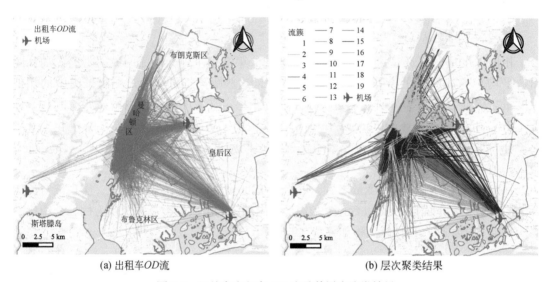

(a) 出租车 OD 流　　　　　　　　(b) 层次聚类结果

图 7-5　纽约市出租车 OD 流及其层次聚类结果

流的层次聚类方法的优点有二：其一是原理简单，即除了采用流之间的距离作为相似性度量外，其聚类思路与传统层次聚类并无本质区别；其二是聚类过程中生成的聚类树可以反映流的丛集结构。其不足之处在于：第一，流的层次聚类仅适用于流空间中凸包簇（簇边界为凸多面体）的识别，而无法提取那些密度相似但形状复杂的非凸包簇；第二，由于需要计算任意两条流之间的距离，故对内存的需求较大；第三，聚类过程中流簇划分的最优阈值难以确定，且难以消除数据集中噪声的影响。

7.2.2　流的密度聚类

流的层次聚类方法虽然可以处理流空间中的凸包簇，但难以识别以密度作为相似性的流簇，且对噪声较为敏感（少量噪声的出现就可能显著改变聚类的结果），而流的密度聚类方法恰好可以弥补层次聚类的缺陷。其原理为：首先定义个体流的局部密度，然后逐步合并空间邻近且符合给定密度阈值的流，从而形成不同的流簇并将密度较低的噪声识别出来，最终实现不同密度流丛集模式的提取（Pei et al.，2015；Zhu et al.，2013；Nanni and Pedreschi，2006）。构建此类方法的思路为：定义流距离、核心流、流密度可达、流密度相连等基本概念，在此基础上将 DBSCAN（density-based spatial clustering of applications with noise）、OPTICS（ordering points to identify the clustering structure）、HDBSCAN（hierarchical density-based spatial clustering of applications with noise）等点的密度聚类算法拓展到流。下面以流的密度聚类（flow DBSCAN）算法为例，介绍一种具有代表性的流密度聚类方法。

1. 基本概念

对于给定的流的集合 $\Phi^f=\{f_1, f_2, \cdots, f_n\}$，下面定义与流密度聚类方法相关的 5 个基本概念。

定义 1 流的 ε 邻域：对于流 $f_i \in \Phi^f$，其 ε 邻域 $N_\varepsilon(f_i)$ 表示集合 Φ^f 中与 f_i 的距离小于等于 ε 的流构成的子集，即 $N_\varepsilon(f_i)=\{f_j \in \Phi^f | \mathrm{dist}(f_i, f_j) \leqslant \varepsilon\}$。这里的距离 $\mathrm{dist}(f_i, f_j)$ 可以是第 2 章定义的最大距离、加和距离、平均距离、加权距离等。

定义 2 核心流：若流 f_i 的 ε 邻域 $N_\varepsilon(f_i)$ 中至少有 MinFws 条流，即 $|N_\varepsilon(f_i)| \geqslant$ MinFws，则 f_i 是核心流，其中，MinFws 为核心流 ε 邻域内流数量的阈值。

定义 3 密度直达：若流 f_j 属于 f_i 的 ε 邻域 $N_\varepsilon(f_i)$，且 f_i 是核心流，则称 f_j 由 f_i 密度直达。

定义 4 密度可达：对于流 f_i 与 f_j，如果存在流的序列 $p_1, p_2, \cdots, p_n$，满足 $p_1=f_i$，$p_n=f_j$，且 p_{i+1} 由 $p_i(i=1,2,\cdots,n-1)$ 密度直达，则称 f_j 由 f_i 密度可达。

定义 5 密度相连：对于流 f_i 与 f_j，如果存在核心流 f_k，使 f_i 与 f_j 均由 f_k 密度可达，则称 f_i 与 f_j 密度相连。

以图 7-6 中的流为例，以最大距离作为流之间的距离度量，令 ε 等于图中虚线圆的半径，且令 MinFws=4，则图中红色粗线流 f_3、f_5 和 f_7 为核心流。红色细线流 f_2 和 f_4 由核心流 f_3 密度直达，其中的 f_4 还可由核心流 f_5 密度直达；f_6 和 f_8 均由核心流 f_7 密度直达。由于流 f_5 由 f_3 密度直达，f_7 由 f_5 密度直达，且 f_8 由 f_7 密度直达，故 f_8 由 f_3 密度可达。此外，由于流 f_2 和 f_8 均由 f_3（或 f_5、f_7）密度可达，故 f_2 与 f_8 密度相连。

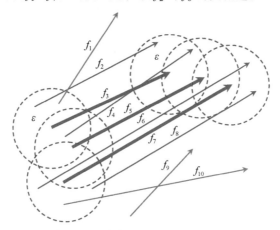

图 7-6 流密度聚类基本概念示意图

此处距离选择流的最大距离

2. 流的密度聚类

基于上述基本概念，可以参照点的 DBSCAN 聚类算法思想，构建流的 DBSCAN 聚类算法模型，算法具体流程见算法 7-2。

算法 7-2　流的 DBSCAN 聚类算法

输入 流对象集合 $\Phi^f=\{f_1, f_2, \cdots, f_n\}$，邻域参数（$\varepsilon$, MinFws）
输出 流簇集合 $C=\{C_1, C_2, \cdots, C_k\}$

算法步骤

（1）初始化聚类簇数 $k=0$，$\Omega=\Phi^f$，流簇 $C=\varnothing$；

（2）根据邻域参数 ε 和 MinFws，从 Ω 中随机选择核心流 f_a，找出其中未访问的密度相连流对象集合 C_k，流簇数 $k=k+1$，$\Omega=\Omega-C_k$；

（3）若 Ω 为空，则算法结束，输出由密度相连的流构成的流簇集合 C；否则，转入步骤（2）。

3. 应用案例

为验证方法的有效性，本节使用与 7.2.1 节案例中相同的出租车 OD 流数据进行案例研究。聚类过程中，将 ε 设为 1.7km，MinFws 设为 10，聚类结果的空间分布如图 7-7 所示。与图 7-5(b) 中的层次聚类结果相比，流的密度聚类方法除了能识别纽约市两类主要的出租车 OD 流簇外，还能较好地区分城市外围较为稀疏的噪声流。

地图来源：Mapbox

图 7-7　纽约市出租车 OD 流密度聚类结果

7.2.3　流的密度分解

流的密度聚类方法虽然可识别不规则形状的流簇，但需要人工设置参数，而参数选择中先验知识的缺乏会导致识别结果不稳定。为解决上述问题，本节提出一种基于流密度分解的丛集模式挖掘方法。该方法假设流对象集合是由高密度流簇和低密度噪声组成，通过分解流 k 阶邻近距离的混合概率密度函数将二者区分开，进而识别出高密度的流簇，同时筛除低密度噪声（Song et al.，2019a）。该方法能够准确识别任意形状的流簇，同时显著降低参数设置的主观性。下面具体介绍方法原理及其实际应用。

1. 流的密度分解原理

流的密度分解方法如图 7-8 所示，可分为如下四步。第一步，通过流的空间异质性判别指标（如 NLFH*，FA-w 等，详见第 6 章）确定数据集中流的空间分布是否完全空间随机，如果流在空间上呈完全随机分布，则流数据集可视为均匀分布，即不存在空间丛集模式，因而不需要被分解；否则，可认为流的空间分布不均匀，然后执行下一步。第二步，计算数据集中每条流的 k 阶邻近距离，形成待估数据集。第三步，建立流 k 阶邻近距离的混合概率密度的期望最大化（expectation-maximization，EM）算法，并应用该算法估计第二步

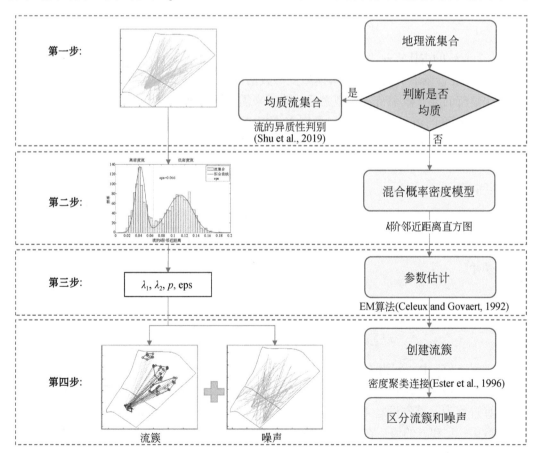

图 7-8　流的密度域分解模型

中待估数据集的混合概率密度函数的参数，从而将流对象集合分解为两个密度不同的组分，即高密度流和低密度噪声。第四步，采用流的 DBSCAN 聚类方法，将第三步中得到的高密度组分进行密度连接，生成最终流簇。由于第一步中涉及的随机性判别方法在第 6 章 6.2 节中已经介绍，此处不再赘述，下面仅对流的密度分解方法第二至四步进行详细介绍。

1）流的 k 阶邻近距离的混合概率密度函数

对于一个完全空间随机分布的流数据集，其强度（也称流密度，即单位流空间体积内流的期望数目）为常数，即 $\lambda(f) \equiv \lambda_f$，其中，流的 k 阶邻近距离 W_k 的概率分布函数 G_{W_k} 为

$$G_{W_k}(\varepsilon)=1-P(W_k \geqslant \varepsilon)=1-P(n_{N_\varepsilon} \leqslant k) \tag{7-1}$$

式中，N_ε 为流的 ε 邻域；n_{N_ε} 为 ε 邻域中流的数量，n_{N_ε} 服从泊松分布并且可以表示为 $P(n_{N_\varepsilon}=k)=\mathrm{e}^{-\lambda_f V_{N_\varepsilon}}(\lambda_f V_{N_\varepsilon})^k/k!$，其中，$V_{N_\varepsilon}$ 为流的 ε 邻域的体积。由此，流的 k 阶邻近距离的概率密度函数 $g_{W_k}(\varepsilon)$ 为

$$g_{W_k}(\varepsilon) = \frac{\mathrm{d} G_{W_k}(\varepsilon)}{\mathrm{d}\varepsilon} = \lambda_f \frac{\mathrm{e}^{-\lambda_f V_{N_\varepsilon}}\left(\lambda_f V_{N_\varepsilon}\right)^{k-1}}{(k-1)!} \frac{\mathrm{d}V_{N_\varepsilon}}{\mathrm{d}\varepsilon} \tag{7-2}$$

对于由两个强度分别为 λ_1 和 λ_2（$\lambda_1 > \lambda_2$）的均质泊松流过程叠加而成的数据集，流的 k 阶邻近距离的混合概率密度函数可表达为

$$W_k(\varepsilon)=pg_{W_k}(\varepsilon|k,\lambda_1\pi) + (1-p)g_{W_k}(\varepsilon|k,\lambda_2\pi) \tag{7-3}$$

式中，p 为流簇的占比；λ_1 为流簇的强度；λ_2 为噪声的强度。

2）流的混合概率密度 EM 分解模型及参数估计

在构建流的混合概率密度模型之后，接下来需要估计模型参数，以此从原始数据集中分解出不同密度的流子集，该过程可以采用 EM 算法（Byers and Raftery，1998；Celeux and Govaert，1992）。以流的 k 阶邻近距离的直方图（图 7-9）为待估数据集，估计模型参数（λ_1、λ_2、p），具体过程如下。

E-Step:

$$E\left(\hat{\delta}_i^{t+1}\right) = \frac{\hat{p}^t g_{W_k}\left(\varepsilon_i|\ k,\hat{\lambda}_1^t\right)}{\hat{p}^t g_{W_k}\left(\varepsilon_i|\ k,\hat{\lambda}_1^t\right) + \left(1-\hat{p}^t\right) g_{W_k}\left(\varepsilon_i|\ k,\hat{\lambda}_2^t\right)} \tag{7-4}$$

M-Step:

$$\hat{\lambda}_1^{t+1} = \frac{k\sum_{i=1}^{n}\hat{\delta}_i^{t+1}}{\pi^2 \sum_{i=1}^{n}\varepsilon_i^4 \hat{\delta}_i^{t+1}}, \quad \hat{\lambda}_2^{t+1} = \frac{k\sum_{i=1}^{n}\left(1-\hat{\delta}_i^{t+1}\right)}{\pi^2 \sum_{i=1}^{n}\varepsilon_i^4\left(1-\hat{\delta}_i^{t+1}\right)}, \quad p^{t+1} = \frac{\sum_{i=1}^{n}\hat{\delta}_i^{t+1}}{n} \tag{7-5}$$

式 (7-4) 和式 (7-5) 中，n 为流的数目；t 为迭代次数；$\hat{\delta}_i^{t+1}$ 为流 f_i 属于流簇的概率，其他参数的含义同式 (7-1)~式 (7-3)，如果 $\hat{\delta}_i^{t+1} \geqslant 0.5$，流 f_i 被标记为流簇，否则被标记为噪声流。具体计算过程为：首先设定 λ_1、λ_2、p 的初始值；然后通过 E 步和 M 步的反复迭代最终估计出参数 λ_1、λ_2 和 p 的值；在确定混合概率密度函数的具体形式之后，可以通过计算每条流对于簇的隶属度 δ_i，最终实现簇和噪声的分解。需要注意的是，参数 k 的选择主要影响

簇外围边缘流的识别，具体地，较大的 k 值将会使更多处于簇边界的流被识别为簇，而较小的 k 则相反。方法具体的细节可以参考 Pei 等（2006）关于点混合概率密度分解的工作。

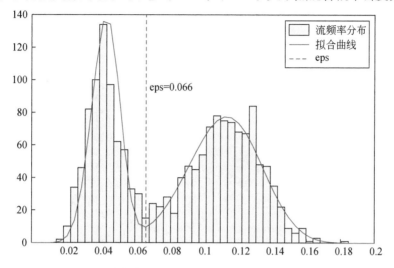

图 7-9　区分高密度流和低密度流的 k 阶邻近距离直方图

红色曲线表示拟合曲线，蓝色虚线为区分流簇和噪声流的阈值，该值对应的流的 δ_i 值等于 0.5

3）基于密度的流簇识别

在确定流的混合概率密度分解模型的参数后，就可以滤掉噪声流，同时获得高密度流簇的候选集。之后，可以通过 7.2.2 节中介绍的流的 DBSCAN 算法提取流簇。聚类过程中参数 MinFws 等于 $k+1$，而参数 ε 可用以下公式估计（Song et al.，2019a）：

$$pg_{W_k}(\varepsilon|k, \lambda_1\pi)=(1-p)g_{W_k}(\varepsilon|k, \lambda_2\pi) \tag{7-6}$$

$$\varepsilon = \left[\frac{\ln\dfrac{1-p}{p} + k\ln\dfrac{\lambda_2}{\lambda_1}}{\pi^2(\lambda_2-\lambda_1)}\right]^{1/4} \tag{7-7}$$

式 (7-6) 和式 (7-7) 中各参数的含义同式 (7-2) 和式 (7-3)。将 k 与上述公式得到的 ε 值代入流的 DBSCAN 算法（详见 7.2.2 节），即可实现流簇的提取。

2. 模拟实验

为验证流的密度分解方法的有效性，本节采用模拟实验对比流的密度分解方法与流的层次聚类（Guo and Zhu，2014）、流的 OPTICS 密度聚类（Nanni and Pedreschi，2006）的聚类结果。实验所用数据集如图 7-10 所示，为了清晰展示其中的丛集模式，分别绘制"O 平面"和"D 平面"，并用两种方式对数据集进行展示。具体地，图 7-10 中，左图底部平面代表 O 平面，顶部平面代表 D 平面，而右图的下部代表 O 平面，上部代表 D 平面。两张图中，流的起点和终点分别分布在 1×1 的 O 平面与 D 平面中，其中，流簇中的流起点和终点分别用绿色和橙色表示，流线用不同彩色表示，而噪声流用灰色线表示。图中包含 3 个流簇，其中"条形–条形"流簇包含 138 条流，编号为 C-1；"S 形–C 形"流簇

包含 163 条流，编号为 C-2；"圆形－十字形"流簇包含 376 条流，编号为 C-3，3 个流
簇分别以红线、黄线和蓝线表示（为了简化，未显示流向）。流数据集中，噪声流密度约
为 1×10^3 条 / 单位体积，流簇密度约为 1×10^5 条 / 单位体积。

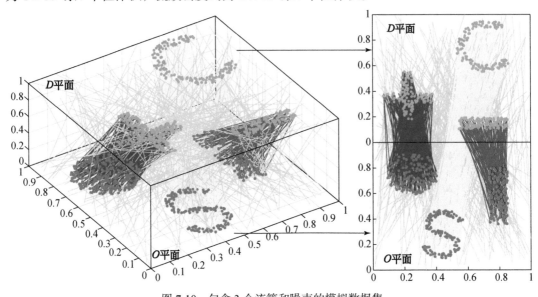

图 7-10　包含 3 个流簇和噪声的模拟数据集

　　不同方法聚类结果的准确率、召回率和 F1 值见表 7-1。对比结果显示，所有方法总体
上均能成功识别流丛集模式。相比之下，流密度分解方法的准确率和 F1 总体上高于其他
方法，而召回率的平均值略低。具体地，流密度分解方法在"条形－条形"以及"圆形－
十字形"簇的识别中准确率和 F1 两项指标表现更优，而召回率略低；对于"S 形－C 形"
（C-2）这一形状复杂度较高的流簇，流密度分解方法表现出较高的准确率，但召回率较
其他方法更低。

表 7-1　流的密度分解方法与其他方法聚类结果对比

方法	流簇	流数量	准确率 /%	召回率 /%	F1/%
密度分解	C-1	138	**95.77**	99.28	**97.49**
	C-2	163	**93.42**	83.63	88.25
	C-3	376	**96.32**	99.49	**97.88**
	整体	677	**95.56**	**95.63**	**95.59**
层次聚类	C-1	138	86.60	**99.99**	92.82
	C-2	163	80.35	93.08	86.25
	C-3	376	94.81	99.43	97.06
	整体	677	89.26	98.01	93.43
密度聚类	C-1	138	86.67	99.89	92.81
	C-2	163	83.68	**93.94**	**88.52**
	C-3	376	91.61	99.97	95.61
	整体	677	87.94	98.52	92.93

注：加粗数值表示不同方法下每个簇（或整体）在相应指标上的最大值。

3. 应用案例

本案例将流的密度分解方法应用于北京市出租车 *OD* 流数据，以识别日常出行流中不同类型的流丛集模式。案例选择北京市 6 个区域（对）作为研究区，并以 2014 年 10 月的两个工作日、国庆节以及 2015 年清明节（4 月 5 日）的出租车 *OD* 流为例（表 7-2，图 7-11），以期发现居民的不同出行模式。在这 6 个研究区中，区域 A 为从五环东北角的望京地区到东北三环外的太阳宫地区，区域 B 为从西北五环以内的高校区向南延伸到中关村的地区，上述区域的出租车 *OD* 流主要为工作日早高峰时段的短距离通勤流；区域对 C 包含从首都国际机场出发、终点位于东三环北部与东五环北部之间区域的 *OD* 流，而区域对 D 包含从北京南站出发、终点位于四环以内的 *OD* 流，这些区域对中的流主要与其中的交通枢纽有关；区域对 E 包含 2014 年国庆节当天起点位于二环与三环之间、终点位于二环以内的 *OD* 流；而区域对 F 则包含清明节当日从五环以内出发、终点位于八宝山的 *OD* 流，这些区域对中的流主要与节假日的观光或祭奠行为有关。对上述区域（对）中的出租车 *OD* 流数据进行流的密度分解，结果如图 7-12 所示。

表 7-2 研究区及出租车 *OD* 流数据说明

编号	日期	时段	流起终点	流向
A	2014 年 10 月 8 日	工作日 7~9 点	望京到太阳宫	由北向南
B	2014 年 10 月 10 日	工作日 7~12 点	西部高校区到中关村	由北向南
C	2014 年 10 月 8 日	工作日 21~24 点	机场到东三环北部与东五环北部之间区域	由北向南
D	2014 年 10 月 10 日	工作日 21~24 点	北京南站到四环以内	由南向北
E	2014 年 10 月 1 日	国庆节 4~6 点	二三环间到二环以内	由北向南
F	2015 年 4 月 5 日	清明节 4~10 点	五环以内到八宝山	由东向西

区域 A 中，早高峰通勤流包含望京三个不同居民区到太阳宫地铁站的流簇。究其原因，一方面，这些流簇可能反映了太阳宫地区与望京地区之间的职住流；另一方面，太阳宫地铁站（地铁 10 号线）可能是从望京地区外出的中转交通枢纽。区域 B 中，从高校区到中关村的通勤流中，只包含一个从五道口到中关村的流簇，表明北京西北部的日常通勤行为比较集中，早高峰易发拥堵。区域（对）C 和 D 中的流主要为工作日晚间从两个交通枢纽发出的出行流，其中，从机场到东三环北路以外地区的流包含两个流簇（区域对 C），从北京南站出发的流中包含三个流簇（区域对 D），相比之下，从机场发出的流比高铁站发出的流更集中。区域 E 中，从二三环之间进入二环的流中包含三个流簇，其中，红色流簇和黄色流簇分别为早晨从东三环和西三环部分区域到天安门的旅游流，而蓝色流簇可能代表从三元桥到北京站的出行流。区域对 F 中的流簇为清明节期间去八宝山的出行流。区域对 E 和 F 中的流簇反映了特殊节日里目的明确的出行行为，如旅游或扫墓等。

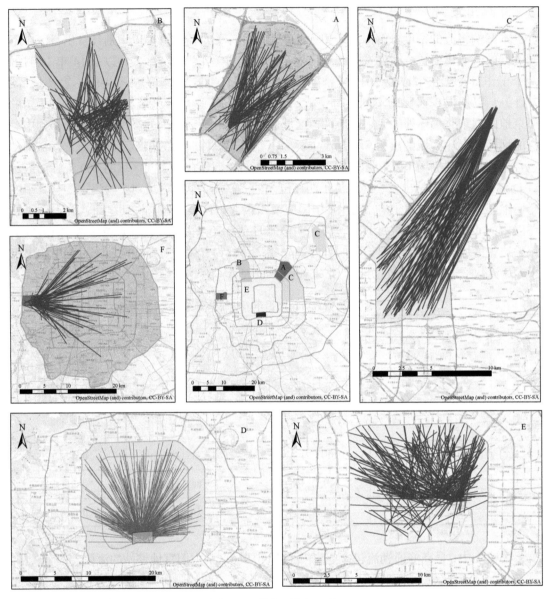

图 7-11　研究区和 *OD* 流

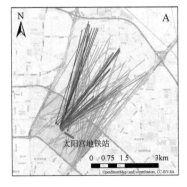

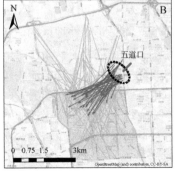

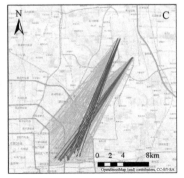

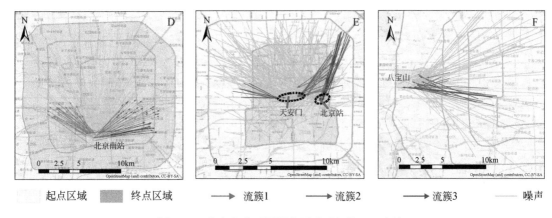

图 7-12　北京六个不同研究区（对）的 *OD* 流簇

起点区域　　终点区域　　　→ 流簇1　　→ 流簇2　　→ 流簇3　　—— 噪声

7.2.4　流的空间扫描统计

流的丛集模式不仅可以表现为绝对数量的聚集，也可以表现为相对数量的聚集。例如，当我们需要判断哪条线路更容易拥堵时，不仅需要考虑线路的绝对车流量，而且还需要考虑道路的容量，即包含了丛集（交通流量与道路容量比值大）模式的线路，可能更容易陷入拥堵。其中，线路中的道路容量称为背景（control）流，线路中的车流称为案例（case）流，局部区域内案例流与背景流的比例即为案例流占比。这类流丛集模式的提取主要采用流的空间扫描统计、流的蚁群扫描等方法（Song et al., 2019b；Gao et al., 2018），具体地，空间扫描统计方法可以识别 *O* 点和 *D* 点区域形状较为规则的丛集模式，对于形状不规则的丛集模式可采用蚁群扫描算法（AntScan_flow）进行提取。下面以流的蚁群扫描算法为例，介绍此类流丛集模式提取的思路。

1. 基本概念

流的蚁群扫描方法适用于固定空间单元之间群体流的丛集模式提取，其原理是，以背景流为参照，识别出案例流的占比显著高于其他区域的流空间子区域，该流空间子区域内的群体流集合即为流的丛集模式。流丛集模式的蚁群扫描算法的思路是：对流空间进行遍历，通过启发式算法搜索出似然统计量最大值对应的流空间子集解，从而锁定流的丛集模式。下面介绍具体的算法。

对于任意一条群体流，可记为 $F=(P^O(x^O, y^O), P^D(x^D, y^D), a)$，其中，流的起点所在多边形称为 *O* 多边形，记为 P^O，可由其中心点 (x^O, y^O) 代表；流的终点所在多边形称为 *D* 多边形，记为 P^D，由其中心点 (x^D, y^D) 代表；a 表示多边形 P^O 到 P^D 之间的流量。以此为基础，下面给出与算法相关的三个基本概念。

定义 1　邻域流：群体流 F_i 的邻域流是指与 F_i 具有相同的 *O* 多边形 P_i^O（或 *D* 多边形 P_i^D）且其 *D* 多边形（或 *O* 多边形）与 P_i^D（或 P_i^O）邻接的群体流 [参考第 5 章式 (5-8)]，F_i 邻域流的集合记为 Neighbor(F_i)。邻域流的示例如图 7-13 所示，图中灰色虚线流为黑色实线流的邻域流。

定义2　邻近可达：假设有两条群体流 F_i 和 F_j，如果存在一条路径 $F_i^{(1)}$, $F_i^{(2)}$,···, $F_i^{(n)}$ （$F_i^{(1)}=F_i$, $F_i^{(n)}=F_j$）满足条件 $F_i^{(k+1)}$ 为 $F_i^{(k)}$ 的邻域流（$k=1,2,···,n-1$），则 F_j 由 F_i 邻近可达。

定义3　群体流域：其中任意两条群体流都邻近可达的群体流的集合。群体流域记为 $\Phi_Z^F=\langle Z^O, Z^D, F_Z \rangle$。这里，$Z=\langle Z^O, Z^D \rangle$ 表示流的起终点所在的多边形集合对，其中 Z^O 表示 O 多边形集合，Z^D 表示 D 多边形集合，F_Z 表示 Z 上的流量集合 $\{a_i|P_i^O \in Z^O, P_i^D \in Z^D\}$。图 7-14 为群体流域的示例，图 7-14(a) 中，$\Phi_{Z_1}^F$ 和 $\Phi_{Z_2}^F$ 是两个不同的区域对，由于 $\Phi_{Z_1}^F$ 中的流与 $\Phi_{Z_2}^F$ 中的流不满足邻近可达，因而两个区域之间的流形成两个相互独立的群体流域。图 7-14(b) 中，由于 F_i 与 $\Phi_{Z_3}^F$ 中的任意一条流都不满足邻近可达，因此 F_i 不能被划入群体流域 $\Phi_{Z_3}^F$。

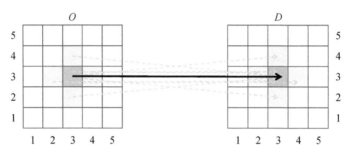

图 7-13　邻域流

蓝色和橙色网格分别为目标流的 O 点所在多边形和 D 点所在多边形；黄色网格之间的灰色流为黑色目标流可能的邻域流

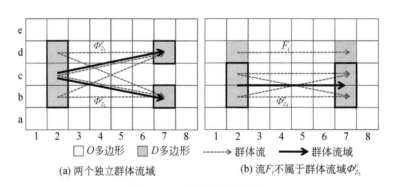

(a) 两个独立群体流域　　　　(b) 流 F_i 不属于群体流域 $\Phi_{Z_3}^F$

图 7-14　群体流域示意图

群体流域 $\Phi_{Z_1}^F = \langle \{P_{b,2}, P_{c,2}, P_{d,2}\}, P_{d,7}, F_{\langle \{P_{b,2}, P_{c,2}, P_{d,2}\}, P_{d,7}\rangle} \rangle$，$\Phi_{Z_2}^F = \langle \{P_{b,2}, P_{c,2}, P_{d,2}\}, P_{b,7}, F_{\langle \{P_{b,2}, P_{c,2}, P_{d,2}\}, P_{b,7}\rangle} \rangle$，

$$\Phi_{Z_3}^F = \langle \{P_{b,2}, P_{c,2}\}, \{P_{b,7}, P_{c,7}\}, F_{\langle \{P_{b,2}, P_{c,2}\}, \{P_{b,7}, P_{c,7}\}\rangle} \rangle$$

对于一个群体流域 Φ_Z^F，如果其中的案例流占比显著高，则可视为流簇。识别此类流簇的空间扫描算法分为两步：第一步，构建衡量案例流占比高低的统计量 λ_Z；第二步，通过搜索找到 λ_Z 最大值所对应的群体流域，即

$$\underset{Z}{\arg\max}\ \lambda_Z \tag{7-8}$$

式中，$\lambda_Z=L_Z/L_0$，这里的最大似然统计量 L_Z 表示为

$$L_z = \left(\frac{C_z}{N_z}\right)^{C_z} \left(1 - \frac{C_z}{N_z}\right)^{N_z - C_z} \left(\frac{C - C_z}{N - N_z}\right)^{C - C_z} \left(\frac{N - N_z - C + C_z}{N - N_z}\right)^{N - N_z - C + C_z} \tag{7-9}$$

L_0 表示数据集中不存在流簇情况下的最大似然统计量值：

$$L_0 = \left(\frac{C}{N}\right)^C \left(\frac{N - C}{N}\right)^{N - C} \tag{7-10}$$

式 (7-9) 和式 (7-10) 中，N 和 C 分别为研究区中背景流和案例流的总流量，N_z 和 C_z 分别为流空间子区域 Z 的背景流量和案例流量。

不同流簇 $\varPhi_Z^F$ 的显著性水平（p 值）可以通过蒙特卡洛方法进行估计。具体过程如下：第一步，将实际数据中的案例流全部转换为背景流；第二步，针对第一步所生成数据中的每一条背景流 F_B，重新对其流量进行分配，具体地，以实际数据中案例流的流量所占的比例 [即 $C_z/(C_z + N_z)$] 为概率，通过伯努利随机数模拟器得到案例流和背景流的比例，将该比例与 F_B 的流量相乘得到案例流的流量，形成模拟数据；第三步，以模拟数据中 $\varPhi_Z^F$ 的群体流域中的流为流簇，计算模拟数据的似然统计量 L_z；最终，重复上述实验 999 次，流簇 $\varPhi_Z^F$ 的显著性水平即为模拟数据与实际数据组成的 1000 个 L_z 统计量值中实际数据的千分位值（详见 Song et al.，2019b）。

2. 基于蚁群优化的流空间扫描统计

流簇的最优解可以在流空间中通过蚁群优化（ant colony optimization，ACO）算法（Pei et al.，2011；Dorigo et al.，2006）搜索得到。在 ACO 算法中，每个流簇由子区域对组成，其中的子区域对可以视为由种子多边形对经过搜索过程而逐步形成的路径，而算法的目标是找出具有最大似然统计量的最优路径。具体的 ACO 算法包括两步：第一步是初始化多个由 O 多边形和 D 多边形组合而成的种子多边形对，每个流簇的初始大小（多边形数目）由高斯分布随机生成；第二步是通过循环迭代，从候选流簇中识别最优的最大似然流簇（maximum likelihood cluster，MLC）。在此循环中，首先，每个蚂蚁都从种子多边形（初始流簇）对开始，随机爬向其 O 区域或 D 区域中的邻近多边形作为新路径节点，从而产生新的候选流簇（图 7-15），其中，新路径节点 $P_{k_{i+1}}^O$（$P_{k_{j+1}}^D$）被选择的概率与该节点

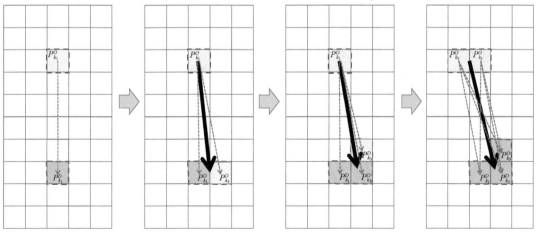

□ O 多边形　■ D 多边形　□ 新路径结点　------ 群体流　━━━ 流簇

图 7-15　候选流簇产生过程（图中的流簇以其所包含的所有群体流的中心代表）

在当前流簇中的信息素总量成正比。当路径长度达到事先设定的流簇规模阈值时，蚂蚁停止前进，该搜索过程结束。然后，在候选簇中找出具有最大似然统计量的流簇后，选定该流簇的相关参数来更新信息素矩阵，用于下一次循环。最后，算法运行到最大似然统计量 L_Z 收敛为止。流的蚁群扫描算法（AntScan_flow）见算法 7-3。

算法 7-3 流的蚁群扫描算法

输入 研究区多边形集合 $\Omega^P = \{P_1, P_2, \cdots, P_n\}$，蚁群算法参数集（AntNum, DistRange, VolumeRange IterationTimes, EliteAntNum, EvapCoef）

输出 最优流簇 C_{best}，L_{max}

算法步骤

（1）初始化信息素矩阵 **Tau**=1，C_{best}=∅，L_{max}=0；

（2）初始化种子多边形对 $S_k = \langle P_k^O, P_k^D \rangle$，$k=1,2,\cdots,$ AntNum, 以及群体流域 $C_k = S_k$，通过高斯随机数设定每组种子多边形对未来生成流簇的大小的阈值 n_k；

（3）针对每个群体流域 C_k，根据信息素矩阵计算新的路径节点 $P_{k_{i+1}}^O (P_{k_{j+1}}^D)$ 的选择概率，并以此选择新的路径节点加入群体流域 C_k；

（4）若群体流域 C_k 的大小达到 n_k，则计算各组群体流域 C_k 的最大似然统计量 L_k；否则，转入步骤（3），继续加入新路径节点更新群体流域 C_k；

（5）选择似然统计量最大的群体流域作为最优流簇 C_{best}，根据最优流簇 C_{best} 更新信息素矩阵 **Tau**；

（6）重复步骤（2）～（5），直至最优流簇 C_{best} 及其似然统计量 L_{max} 收敛，或循环次数达到 IterationTimes 时，算法结束。

流的蚁群扫描算法的参数包括 AntNum、IterationTimes、EliteAntNum、EvapCoeff、DistRange 和 VolumeRange，其中，AntNum 表示蚂蚁数量，用于确定每次循环中生成的群体流域的数量；IterationTimes 表示算法循环次数；EliteAntNum 表示优化解对应的蚂蚁数量（或"精英蚂蚁数量"），EvapCoeff 表示信息素的蒸发系数，二者共同用于每次循环中信息素矩阵的更新；DistRange 和 VolumeRange 是可选参数，用以限制流簇中流的长度和流簇的面积规模。一般情况下，AntNum 设定为研究区中空间单元的数目，IterationTimes 设定为 600 左右以平衡聚类精度和计算时长，EliteAntNum 和 EvapCoeff 分别设定为 30 和 0.99。

3. 模拟实验

为评估流的蚁群扫描算法的有效性，我们设计了六组如图 7-16 所示的包含不同形状流簇的模拟数据（"圆环－十字"，"水平条状－垂直条状"，"十字－L 形"，"S 形－

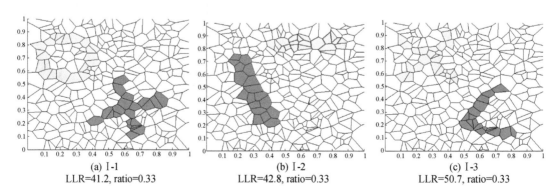

(a) I-1
LLR=41.2, ratio=0.33

(b) I-2
LLR=42.8, ratio=0.33

(c) I-3
LLR=50.7, ratio=0.33

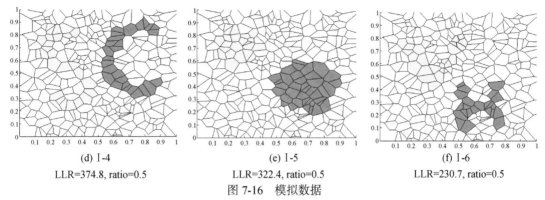

| (d) I-4 | (e) I-5 | (f) I-6 |
| LLR=374.8, ratio=0.5 | LLR=322.4, ratio=0.5 | LLR=230.7, ratio=0.5 |

图 7-16　模拟数据

LLR 指对数似然比，即 $\log\lambda_z$；ratio 指流空间子区域 Z 中案例流量和背景流量的比值，即 c_z/n_z

C 形"，"圆形 – 圆形"，"V 形 –H 形"，分别记作 I-1、I-2、I-3、I-4、I-5 和 I-6）。流簇提取结果的基本统计情况如表 7-3 所示，对于流簇 I-1、I-2、I-3、I-5、I-6，其识别召回率均超过 96%，准确率也达到 95% 以上，只有 I-4 的准确率略低。总体上，AntScan_flow 算法可以有效地识别不同形状的流簇。

表 7-3　模拟数据中流簇的 AntScan_flow 算法识别结果

流簇		多边形数	模拟流簇的多边形数	真正	真负	假正	假负	准确率 /%	召回率 /%
I-1	O	300	25	25.000	274.600	0.400	0.000	98.53	100.00
	D	300	22	22.000	277.350	0.650	0.000	97.59	100.00
I-2	O	300	21	21.000	278.975	0.025	0.000	99.89	100.00
	D	300	18	18.000	282.000	0.000	0.000	100.00	100.00
I-3	O	300	25	24.125	274.750	0.250	0.875	99.03	96.50
	D	300	18	17.750	281.950	0.050	0.250	99.74	98.61
I-4	O	300	24	21.625	274.175	1.825	2.375	93.04	90.10
	D	300	27	25.200	267.625	5.375	1.800	83.18	93.33
I-5	O	300	22	22.000	278.000	0.000	0.000	100.00	100.00
	D	300	38	38.000	261.950	0.050	0.000	99.87	100.00
I-6	O	300	26	25.925	272.625	1.375	0.075	95.17	99.71
	D	300	23	22.950	276.425	0.575	0.050	97.67	99.78

　　相较于流的空间扫描算法（SaTScan_flow）（Gao et al., 2018），流的蚁群扫描方法能更好地识别不规则形状的流簇。为验证这一结论，模拟实验还对比了 AntScan_flow 算法与 SaTScan_flow 算法（Gao et al., 2018）的效果。对比实验采用图 7-16 中的数据集 I-1、I-5 和 I-6，结果如表 7-4 所示。从中可以发现，AntScan_flow 算法对不规则形状流簇的识别效果明显优于 SaTScan_flow 算法。

表 7-4　AntScan_flow 算法与 SaTScan_flow 算法的结果对比

流簇		真正	真负	假正	假负	准确率 /%	召回率 /%
I-1 AntScan_flow	O	25.000	274.600	0.400	0.000	98.5	100.0
	D	22.000	277.350	0.650	0.000	97.6	100.0
I-1 SaTScan_flow	O	24.000	260.000	15.000	1.000	61.5	96.0
	D	15.750	262.500	15.500	6.250	52.5	71.6
I-5 AntScan_flow	O	22.000	278.000	0.000	0.000	100.0	100.0
	D	38.000	261.950	0.050	0.000	99.9	100.0
I-5 SaTScan_flow	O	20.000	278.000	0.000	2.000	100.0	90.9
	D	36.000	262.000	0.000	2.000	100.0	94.7
I-6 AntScan_flow	O	25.925	272.625	1.375	0.075	95.2	99.7
	D	22.950	276.425	0.575	0.050	97.7	99.8
I-6 SaTScan_flow	O	23.750	243.250	30.750	2.250	43.7	91.3
	D	21.750	256.000	21.000	1.250	51.7	94.6

注：真正、真负、假正和假负为 100 次实验的平均值。

4. 应用案例

本节以北京市五环以内手机信令数据为素材进行研究，一方面，试图揭示北京部分区域居民出行的模式与内在原因；另一方面，通过该案例研究验证空间扫描方法的有效性。案例中使用的手机信令数据以基站小区为基本空间单元，记录了居民在不同空间单元间的移动过程。从手机信令数据中提取出行流的思路为：根据手机信令数据识别用户停留的锚点，即停留时长超过 30min 的位置，然后连接时间上相邻的锚点构成出行流。案例以早高峰时段（7:00~9:00）的长距离（10~15km）出行流为研究对象，通过提取工作日和双休日早高峰时段居民出行的流簇，对比 AntScan_flow 算法和 SaTScan_flow 算法的优劣。

应用 AntScan_flow 算法和 SaTScan_flow 算法对不同日期出行流数据进行流簇识别的结果如图 7-17 所示。由图可知，AntScan_flow 算法可以找出多个不规则形状的流簇，且这些流簇起点或终点区域与交通设施的位置和走向吻合，如西局到中关村的流簇的终点区域以及宋家庄到三元桥的流簇的起点区域都与地铁线高度吻合，五元桥到八家嘉苑的流簇的终点区域与京藏高速—北五环的路段高度吻合；而 SaTScan_flow 算法则更易于识别起终点为圆形 – 椭圆形区域的流簇。此外，我们还对比了两种方法流簇识别结果的最大似然统计量（表 7-5），可以看出，相对于 SaTScan_flow 算法，AntScan_flow 算法识别结果的最大似然统计量值更高，且簇内包含的案例流数量更多，表明其可以更准确且完整地识别不规则形状的流簇。

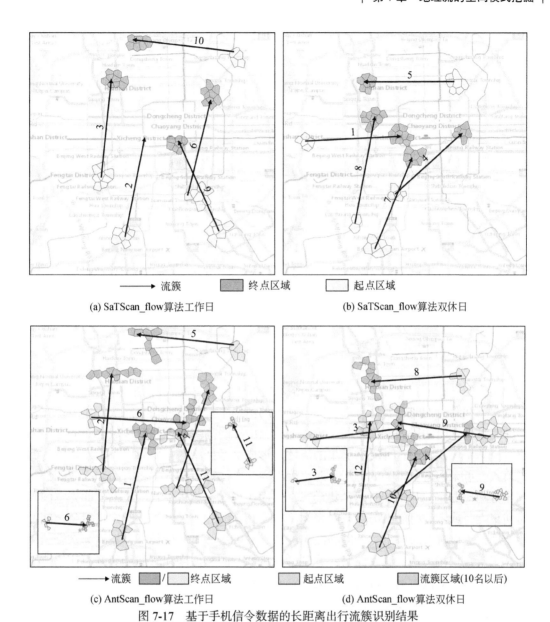

(a) SaTScan_flow算法工作日　　　　　　(b) SaTScan_flow算法双休日

(c) AntScan_flow算法工作日　　　　　　(d) AntScan_flow算法双休日

图 7-17　基于手机信令数据的长距离出行流簇识别结果

表 7-5　AntScan_flow 算法与 SaTScan_flow 算法出行流簇识别结果对比

起点区域	终点区域	SaTScan_flow 算法				AntScan_flow 算法			
		序号	案例流数 / 条	案例流占比	最大似然统计量	序号	案例流数 / 条	案例流占比	最大似然统计量
石景山	金融街	1	939	0.360	461.18	3	984	0.374	509.49
西红门	金融街	2	738	0.404	423.46	1	1196	0.383	640.07
西局	中关村	3	764	0.357	371.84	2	1151	0.381	612.30
草桥	国贸	4	636	0.337	284.12	4	832	0.340	376.61
太阳宫	中关村	5	998	0.253	267.93	8	1111	0.268	334.13

起点区域	终点区域	SaTScan_flow 算法				AntScan_flow 算法			
		序号	案例流数/条	案例流占比	最大似然统计量	序号	案例流数/条	案例流占比	最大似然统计量
宋家庄	三元桥	6	607	0.326	257.64	7	771	0.332	336.69
西红门	菜市口	7	581	0.334	255.89	10	581	0.334	255.89
世界公园	白石桥南	8	394	0.416	234.28	12	396	0.424	241.61
亦庄	王府井	9	433	0.350	204.81	11	524	0.355	252.90
五元桥	八家嘉苑	10	216	0.578	183.49	5	385	0.618	348.32
四惠桥	复兴门	—	—	—	—	6	1115	0.271	343.77
定慧桥	灯市口	—	—	—	—	9	764	0.309	298.04
算法耗时/s		40.78				273.24			

7.2.5 流的时空聚类

上述流的丛集模式挖掘方法主要关注流在空间上的丛集模式,而未考虑流的时间属性,若将流起点和终点的时间属性考虑在内,则流的丛集不仅仅体现在空间上,还表现在时间上,即流在某个时间段内发生空间聚集,如城市中早晚高峰时段热点区域之间的交通流即构成时空丛集模式,而这种时空丛集的流才是形成交通拥堵的主要原因。为发现流的时空丛集模式,可采取时空聚类的方法。时空聚类通常有两种策略:①将时间和空间割裂,按照顺序分别提取空间丛集和时间丛集模式,从而实现时空丛集模式的识别,即先空间聚类后时间聚类,或者先时间聚类后空间聚类(Birant and Kut,2007);②定义对象之间的时空相似度,直接进行时空聚类(Kulldorff et al.,1998)。本节以第一种策略为例介绍流的时空丛集模式挖掘方法,其思路是:分别考虑流的空间相似度和时间相似度,使用分步策略以及层次框架对流数据进行时空聚类(Yao et al.,2018)。

1. 流的空间与时间相似度

在兼顾流的空间和时间信息(详见第1章)的情况下,可以分别定义其空间相似度和时间相似度,作为流时空聚类的基础。

1)空间相似度

在本节已介绍的流丛集模式挖掘的方法中,均以空间位置的邻近程度作为流的空间相似性度量。然而,如果同时考虑流的位置和几何属性,则两条流在空间上相似必须同时满足以下三个条件:①两条流的空间位置邻近;②两条流方向角相似;③两条流长度相似。如图 7-18 所示,若以第 2 章中定义的加和距离度量流之间的空间相似度,即距离越小,相似度越高,则流 f_7 和 f_8 的空间相似度与 f_1 和 f_2 的空间相似度相当,而如果同时考虑上述三个条件,则 f_1 和 f_2 的空间相似度高于 f_7 和 f_8。为了兼顾空间位置和几何属性的相似性,本节提出一种新的流的空间相似度指标，下面具体介绍。

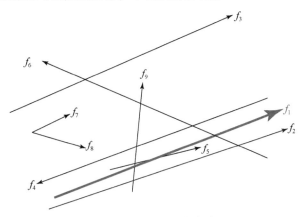

图 7-18　流的空间相似度

对于空间位置邻近的两条流 f_i 和 f_j，在比较其相似性时，可将其平移至同一起点 $O=(0,0)$，再令 V_i 为平移后 f_i 的终点，V_j 为平移后 f_j 的终点，并给定一个相似性阈值 r，如果这两条流相似，那么 V_j 必定落在以 V_i 为圆心、半径为 r 的圆内。据此，流 f_i 和 f_j 的空间相似度 sd_{ij} 可用式 (7-11) 计算：

$$\mathrm{sd}_{ij} = \frac{\mathrm{dist}(V_i, V_j)}{r} \tag{7-11}$$

式中，$V_i=(x_i^D-x_i^O, y_i^D-y_i^O)$，$V_j=(x_j^D-x_j^O, y_j^D-y_j^O)$，函数 $\mathrm{dist}(V_i, V_j)$ 表示平移后的流终点 V_i 与 V_j 的欧氏距离。流的空间相似度计算过程如图 7-19 所示。根据式 (7-11)，如果 sd_{ij} 的值小于等于 1，则 V_j 位于圆内，可认为两条流相似。sd_{ij} 的值越小，表示两条流的相似度越高。

然而，上述相似性度量还存在一个问题：在相似性阈值 r 一致的情况下，短流之间即使方向差异较大，其空间相似度也可能高于长度和方向均相近的长流对。为此，需要对式 (7-11) 中的相似度进行改进。这里采用的思路是将 r 与流的长度联系起来，即令 $r=\alpha \times \max(\mathrm{len}_i, \mathrm{len}_j)$，其中，$\alpha$ 为半径系数，len_i 和 len_j 分别为流 f_i 和 f_j 的长度。改进后的流的空间相似度为

$$\mathrm{sd}_{ij} = \frac{\mathrm{dist}(V_i, V_j)}{\alpha \times \max(\mathrm{len}_i, \mathrm{len}_j)} \tag{7-12}$$

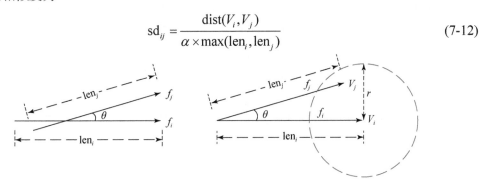

(a) f_i 和 f_j 为两条原始流，长度分别为 len_i 和 len_j　(b) 将 f_i 和 f_j 置于同一原点，图中阈值圆的半径为 r
　　方向夹角为 θ

图 7-19　流的空间相似度计算过程

对于两个流簇 C_p 和 C_q，其空间相似度的计算方法为：首先计算每个簇中流的起点中心和终点中心，并连接流簇各自的起点和终点中心形成流簇的平均流 f_p（C_p 的平均流）和 f_q（C_q 的平均流）；然后，采用式 (7-12) 计算 f_p 和 f_q 的相似度 sd_{pq}，即可得到两个流簇的相似度。

2）时间相似度

两条流 f_i 和 f_j 的时间相似度 st_{ij} 可采用杰卡德（Jaccard）相似性度量方法，即 f_i 和 f_j 的共现时长相对于二者出现总时间跨度的占比：

$$st_{ij} = \frac{|T_i \cap T_j|}{|T_i \cup T_j|} \tag{7-13}$$

式中，T_i 为流 f_i 从起点到终点的时间范围，即 $T_i=[t_i^O, t_i^D]$；同理，$T_j=[t_j^O, t_j^D]$。例如，两条流 f_i 和 f_j 的起始时刻分别为 6:30 和 6:35，结束时刻分别为 6:45 和 6:55，即 $T_i=[6:30, 6:45]$，$T_j=[6:35, 6:55]$，则二者共现时长 $|T_i \cap T_j|$ 为 10min，出现总时间跨度 $|T_i \cup T_j|$ 为 25min，因而二者的时间相似度为 10/25=0.4。根据上述定义，如果两条流的出现时段（从起点到终点的时段）完全重合，则二者的时间相似度为 1；而如果两条流的出现时段不重合，则二者的时间相似度为 0。

流簇间的时间相似度可基于流簇的时间范围进行计算。令流簇的时间范围 $CTS=[t^O, t^D]$，其中，t^O 为时间簇中所有流起点时刻的平均值，t^D 为时间簇中所有流终点时刻的平均值，则时间簇 C_p 和 C_q 的时间范围分别为 $CTS_p=[t_p^O, t_p^D]$ 和 $CTS_q=[t_q^O, t_q^D]$，令 $T_i=CTS_p$ 和 $T_j=CTS_q$，并代入式 (7-13) 中即可得二者的时间相似度 st_{pq}。

2. 时空聚类方法

本节介绍的时空聚类采用分步层次聚类的策略，即首先依据空间相似度判定准则产生空间流簇，然后对每一空间流簇中的流再进行时间聚类，进而得到时空流簇。在具体的聚类过程中，采用自下而上的层次聚类框架，即首先将每条流作为一类，然后根据相似度是否满足阈值条件不断合并流簇，逐步得到最终结果。

给定流的集合 Φ^f，设定最终流簇数量、邻近流数目阈值 k 和半径系数 α，则空间聚类过程见算法 7-4：第一步，初始化阶段，每条流各自成为一簇；第二步，将每条流与其 k 邻近（此处流邻近关系的判别是以流中点之间的欧氏距离为依据，详见 Yao et al.，2018）流逐一配对，得到 k 对流；第三步，对于每一对流，如果两条流所属的簇不同，且这两个簇的空间相似度小于等于 1，则合并这两个簇，否则，继续查找下一对流，直到所有流都参与配对合并或流簇数量达到预先设定的阈值时，算法结束。

算法 7-4 流的空间聚类

输入 流集合 $\Phi^f=\{f_i|1 \leqslant i \leqslant n\}$；邻近数 k；阈值圆半径系数 α；最终流簇数量 nc

输出 空间流簇集合 $SC=\{SC_p|1 \leqslant p \leqslant m\}$

算法步骤

（1）初始化使每条流自成一类：$SC=\{SC_i\}$，$SC_i=\{f_i\}$，$1 \leqslant i \leqslant n$；

（2）对每一条流 f_i，查找其 k 邻近流并生成 k 个流对 (f_i, f_j)，$1 \leqslant j \leqslant k$；

（3）对于每一对流 (f_i, f_j)，如果其所属流簇 SC_p 和 SC_q 不同：

1）计算空间流簇 SC_p 和 SC_q 的相似度 sd_{pq}，

2）如果 sd_{pq} 不大于 1，则合并两个簇：$SC_p \leftarrow SC_p \cup SC_q$，且从空间流簇集合中移除簇 SC_q：$SC=SC-SC_q$，

3）如果流簇数量达到 nc，则算法结束。

　　基于流空间聚类结果，给定一个时间相似度阈值，同样使用层次聚类方法进一步挖掘每个空间流簇中的时间流簇，其过程见算法 7-5：第一步，初始化阶段，每条流均被赋予唯一类别；第二步，对于每两条流，若它们属于不同的簇，且其时间相似度 st 大于等于阈值，则合并这两个簇，否则，继续查找下一对流，直到所有流都参与配对合并或流簇数量达到预先设定的阈值时，算法结束，最终生成时空流簇。

算法 7-5　空间流簇的时间聚类

输入 空间流簇 $SC=\{f_i | 1 \leqslant i \leqslant n\}$；时间相似度阈值 t

输出 流的时空流簇集合 $STC=\{STC_p | 1 \leqslant p \leqslant m\}$

算法步骤

（1）初始化 SC 中的每条流各为一类：$STC=\{STC_i\}$，$STC_i=f_i$，$1 \leqslant i \leqslant n$；

（2）对每一对流 f_i 和 f_j，如果其所属流簇 STC_p 和 STC_q 不同：

1）计算时间流簇 STC_p 和 STC_q 的时间相似度 st_{pq}，

2）如果 st_{pq} 大于 t，则合并两个簇：$STC_p \leftarrow STC_p \cup STC_q$，且从时空流簇集合中移除簇 STC_q：$STC=STC-STC_q$。

3. 模拟实验

　　为评估本方法的有效性，我们采用模拟数据进行验证，并与 7.2.1 节介绍的流的层次聚类算法（Zhu and Guo，2014）进行对比。模拟数据如图 7-20 所示，50 条流中的 39 条被分为 5 组（A 至 E 组，图中实线流），分别构成不同类型的簇或簇的组合，其余 11 条为噪声流（图中虚线流），即不与其 k 邻近流中的任何一条相似的流。

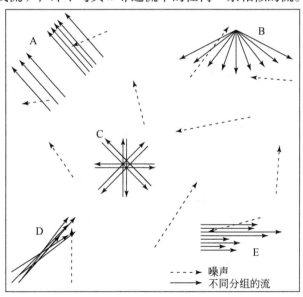

图 7-20　空间聚类实验模拟数据集

将聚类参数 k 与 α 分别设置为 3、0.3，可得聚类结果 [图 7-21(a)]，其中，不同的流簇以不同的颜色区分。可以看出，本节介绍的方法能够避免噪声流的影响并且识别出所有流簇。具体地，B 组流因在方向上存在较大差异，被聚成 5 类；D 组流因位置、方向、长度相近聚成一类；A 和 E 组分别因为位置和长度的差异均被分成两类；对于 C 组，由于任意两条流的方向差异较大，导致所有流都自成一类。图 7-21(b) 显示出对照方法的聚类效果欠佳，具体为：在 B 组组中，1 条噪声流和左侧 6 条流被聚成一类，而 C 组的所有流因位置接近而合并成一类。

为进一步对比不同聚类方法的效果，本节使用轮廓系数（silhouette coefficient）（Rousseeuw，1987）对不同聚类结果进行评价，其定义如下：

$$sc_i = \frac{b_i - a_i}{\max(b_i, a_i)} \tag{7-14}$$

式中，sc_i 为第 i 条流的轮廓系数；a_i 为这条流到其所属流簇的距离；b_i 为这条流到其他流簇的距离的最小值，而流到某簇的距离定义为这条流到簇内所有流距离的均值。对于第 i 条流，如果 sc_i 的值接近于 1 表示它被划分到了合理的簇，接近于 0 表示其位于两个簇的边界之间，接近于 −1 表示应划分到其他簇。当所有流的轮廓系数的均值越接近于 1 时，说明聚类效果越好。需要说明的是，此处轮廓系数计算中所涉及的流的距离为 2.2.1 节介绍的四维欧氏距离。经对比，本节介绍的空间聚类算法轮廓系数为 0.822，要优于 7.2.1 节中的 Zhu 和 Guo 的算法（0.556）。

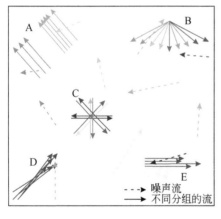
(a) 本研究方法

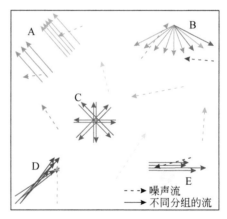
(b) 对照方法

图 7-21　空间聚类模拟实验结果对比

为检验时间聚类的有效性，本节使用另一组数据进行模拟实验，并考察不同的时间相似度阈值对结果的影响。模拟数据如图 7-22(a) 所示，时间轴上方实线段代表不同簇中的流，虚线段代表噪声流，线段端点分别对应流的起始和终止时刻。不同时间相似度阈值下的时间聚类结果如图 7-22(b) 和 (c) 所示，其中，不同簇用不同的颜色代表。时间相似度阈值 t 为 0.6 时的结果如图 7-22(b) 所示：A 组内的流因时间重叠较大而被聚成一类；F 组中 4 条独立的流形成了 4 类；B 组和 C 组的 6 条流因为较早产生和较晚产生的流重合范围达不到时间相似度阈值的要求而被分为 B、C 两类；D 组中的流因为时间跨度较 E 组中的短，最终与 E 相异而独成一类。阈值 t 为 0.3 时的结果如图 7-22(c) 所示，由于相似性要求降低，相邻的簇发生合并，最终导致 B 和 C 合并成 G，E 和 D 合并成 H。此外，不难发现，即使 t 发生变化，3 条噪声流也均自成一类，对聚类结果不产生影响。完成流的空间和时间聚类后，可通过设定流簇规模阈值以识别噪声。例如，将流簇的最小规模阈值设为 2，则可将图 7-22(b) 和 (c) 中的单条流簇识别为噪声。

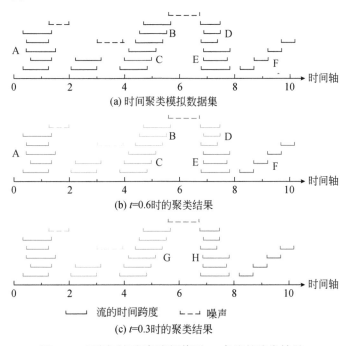

图 7-22　不同时间相似度阈值下 26 条流的聚类结果

4. 案例分析

　　为了解北京市居民出行的时空模式，本节以北京市出租车 *OD* 流为例进行挖掘与分析。案例所用数据为 2014 年 10 月 20 日（周一）北京市出租车 *OD* 流，每条流包含起终点空间坐标及上下车时刻信息。为了更清楚表达分步时空聚类的结果，我们仅展示五环以内的出租车 *OD* 流簇（图 7-23），且将聚类结果中流数目少于 100 的"流簇"视为噪声，并随机抽取 500 条噪声流进行显示。图 7-23 显示，五环以内共分布有 16 个流簇，分别编号为 C1~C16，每个流簇中的流由同一种颜色的有向线段表示，流簇出现的时段越早，其颜色越偏深蓝，反之则颜色越偏深红，噪声流则由灰色有向线段表示。

　　针对提取出的流簇，结合实际的用地类型和 POI 分布，可分析流簇所反映出的居民出行目的，结果如表 7-6 所示。①上午的出行模式主要包括：C1 由陶然亭路至友谊医院，C3 由白纸坊东路至佑安医院，可推测是由居住地前往医院就医或医护人员通勤；C2 由望馨花园至望京，C4 由花园路社区至中关村，C5 由成府路至中关村，C7 由三元桥至望京，可推测是由居住地前往高科技园区上班；C6 由菜市口大街前往北京南站，可推测是由居住地前往交通枢纽的出行。②下午的出行模式则较为混杂，包括：C9 由北京站到北京西站，

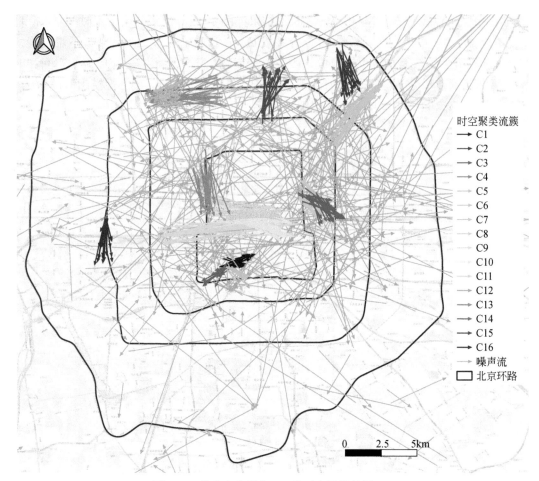

图 7-23　北京市出租车 *OD* 流时空聚类结果

C10 由金融街街道到北京站，C13 由北京北站到金融街街道，可能是居住地等与火车站的人流交互；C11 由协和医院到金融街街道，C12 由中关村购物广场到国科大中关村校区，C14 由朝外南街到国贸银泰，可推测为居住地、医院、商圈、学校间的出行。③傍晚到夜间的出行模式主要包括：C15 由安贞医院到慧忠（北）路，C16 由五棵松华熙 Live 到梅市口路，可推测为返回居住地的出行流。

表 7-6　北京市出租车 *OD* 流时空流簇信息

流簇	时段 /h	起点区域	终点区域	类型（推测）
C1	8~9	陶然亭路①	友谊医院④	医院相关
C2	8~9	望馨花园①	望京②	工作相关
C3	8~9	白纸坊东路①	佑安医院④	医院相关
C4	9~10	花园路社区①	中关村②	工作相关
C5	9~10	成府路①	中关村②	工作相关

流簇	时段 /h	起点区域	终点区域	类型（推测）
C6	9～10	菜市口大街①	北京南站⑤	火车站相关
C7	9～11	三元桥①	望京②	工作相关
C8	10～11	国贸银泰③	朝阳门②	娱乐相关
C9	12～14	北京站⑤	北京西站⑤	火车站相关
C10	12～15	金融街街道①	北京站⑤	火车站相关
C11	13～14	协和医院④	金融街街道①	医院相关
C12	14～15	中关村购物广场③	国科大中关村①	娱乐相关
C13	14～15	北京北站⑤	金融街街道①	火车站相关
C14	14～15	朝外南街①	国贸银泰③	娱乐相关
C15	16～17	安贞医院④	慧忠（北）路①	医院相关
C16	22～23	五棵松华熙 Live③	梅市口路①	娱乐相关

注：①居住地；②工作地；③商业区；④医院；⑤交通枢纽。

7.3　流的聚散模式挖掘方法

流的聚散模式通常也称为"源—汇"模式（Guo et al., 2012；Liu et al., 2012），"火山—黑洞"模式（Liu et al., 2020；Hong et al., 2015）等，这种模式表现为人流、物流、信息流、资金流等向某一区域集中流入或从某一区域溢出。流聚散模式挖掘的一般思路为：首先对不同区域的流入、流出特征进行聚合统计，然后，通过空间统计指标找出具有显著"聚—散"特征的局部区域。根据流构成要素数目的不同，流的聚散模式可以分为单要素（一般指流量）聚散模式以及多要素（流量、长度等）聚散模式。本节以流的"火山—黑洞"模式及兼顾流量和长度的聚散模式挖掘为例，介绍典型的单要素聚合和多要素聚合的流聚散模式挖掘方法。

7.3.1　流的"火山—黑洞"模式挖掘

流量是指流入或流出某一空间单元的流的数量，对于流入的流的数量可称其为流入量，而流出的流的数量则称为流出量。对于一个区域，流入量和流出量可表现为均衡和不均衡两种模式，而后者是流空间模式挖掘中的主要任务之一，通常表现出以下两种模式：①"黑洞"模式，即在一定时段内，某区域的流入量显著高于流出量的"聚"模式；②"火山"模式，在一定时段内，某区域的流出量显著高于流入量的"散"模式。由于下文所给出的方法和实例均针对城市路网中的流量，故在流量的计算中均以路段为单元统计交通的流入量和流出量，构造相应的空间统计方法，以识别城市"火山"和"黑洞"（Liu et al.，2020）。在介绍"火山"和"黑洞"模式挖掘方法之前，首先介绍相关的基本概念。

1. 基本概念

定义 1　路网空间：路网空间不同于欧氏空间，其由网络上的节点和边组成，可用网络模型表达，记为 $G=(V, E)$，其中 $V=\{v_1, v_2, \cdots, v_m\}$ 表示路网中的节点集合，$E=\{e_1, e_2, \cdots, e_n\}$ 表示边（路段）集合。路网上任意一点 p_i，可以在路网的节点上，也可以在边上的任意位置，记为 $p_i=<x_i, y_i, \mathrm{Dist}_{\mathrm{start}}, \mathrm{Dist}_{\mathrm{end}}>$，其中，$x_i$、$y_i$ 分别为 p_i 的横、纵坐标，$\mathrm{Dist}_{\mathrm{start}}$ 和 $\mathrm{Dist}_{\mathrm{end}}$ 分别表示 p_i 距其所在边 e 的起始节点、终止节点的距离。

定义 2　路网约束邻域：对于路网上一点 p_i，其路网约束邻域 $[\mathrm{NN}_\varepsilon(p_i)]$ 定义为 $\mathrm{NN}_\varepsilon(p_i)=\{p_j|d(p_i, p_j) \leqslant \varepsilon\}$，其中，$d(p_i, p_j)$ 为 p_i 与 p_j 之间的最短路网距离，ε 为邻域半径。

定义 3　"火山"模式：指在一定时间间隔内，总流出量显著高于总流入量的流模式，即 $N^{\mathrm{out}}=|\{p_i^{\mathrm{out}}|p_i^{\mathrm{out}} \in R\}|$ 显著高于 $N^{\mathrm{in}}=|\{p_i^{\mathrm{in}}|p_i^{\mathrm{in}} \in R\}|$，其中 p_i^{out} 和 p_i^{in} 分别表示出发点和到达点。"火山"模式可以由流量呈显著发散特征的路网子区域表达，记为 $R_V \subset G, R_V=\{<v, e>|v \in V, e \in E\}$。

定义 4　"黑洞"模式：指在一定时间间隔内，总流入量显著高于总流出量的流模式，即 $N^{\mathrm{in}}=|\{p_i^{\mathrm{in}}|p_i^{\mathrm{in}} \in R\}|$ 显著高于 $N^{\mathrm{out}}=|\{p_i^{\mathrm{out}}|p_i^{\mathrm{out}} \in R\}|$，其中 p_i^{out} 和 p_i^{in} 分别表示出发点和到达点。"黑洞"模式可以由流量呈显著汇聚特征的路网子区域表达，记为 $R_B \subset G, R_B=\{<v, e>|v \in V, e \in E\}$。

2. 城市"火山"和"黑洞"探测统计量

"火山"和"黑洞"模式的显著性需要通过构造空间统计量来计算。为此，可将流的起点和终点视为相互独立的两个点过程，并在此基础上设置零假设，表示区域 r 内不存在"火山"或"黑洞"模式，即

$$H_0: p_O^r=q_O^r \text{且} p_D^r=q_D^r \tag{7-15}$$

式中，p_O^r 与 p_D^r 分别为区域 r 内部起点数量所占比例和终点数量所占比例；q_O^r 与 q_D^r 分别为区域 r 外部起点数量所占比例和终点数量所占比例，即 $p_O^r=N_O^r/N^r$，$p_D^r=N_D^r/N^r$，$q_O^r=(N_O-N_O^r)/(N-N^r)$，$q_D^r=(N_D-N_D^r)/(N-N^r)$，$p_O^r+p_D^r=q_O^r+q_D^r=1$，其中，$N_O^r$ 为 r 内部起点的数目，N_D^r 为 r 内部终点的数目，N_O 为研究区内起点的总数，N_D 为研究区内终点的总数，N^r 为 r 内部起终点的总和，N 为研究区域内起终点的总和。

备择假设表示区域 r 内存在"火山"或"黑洞"模式，即

$$H_1: p_O^r>q_O^r \text{且} p_D^r<q_D^r \text{或} p_O^r<q_O^r \text{且} p_D^r>q_D^r \tag{7-16}$$

式中，若 $p_O^r>q_O^r$ 且 $p_D^r<q_D^r$，则区域 r 内可能存在"火山"模式；若 $p_O^r<q_O^r$ 且 $p_D^r>q_D^r$，则区域 r 内可能存在"黑洞"模式。为探测"火山"或"黑洞"模式，可构建基于伯努利模型的对数似然比统计量（Kulldorff，1997），具体如下：

$$\log \lambda_r = \log \frac{L_r}{L_0} \tag{7-17}$$

$$L_0 = (\frac{N_O}{N_O + N_D})^{N_O} (\frac{N_D}{N_O + N_D})^{N_D} \tag{7-18}$$

$$L_r = (\frac{N_O^r}{N_O^r + N_D^r})^{N_O^r} (\frac{N_D^r}{N_O^r + N_D^r})^{N_D^r} (\frac{N_O - N_O^r}{N_O + N_D - N_O^r - N_D^r})^{N_O - N_O^r} (\frac{N_D - N_D^r}{N_O + N_D - N_O^r - N_D^r})^{N_D - N_D^r} \tag{7-19}$$

式 (7-17)~ 式 (7-19) 中，L_r 为区域 r 可能为城市"火山"或"黑洞"的似然函数；L_0 为零假设条件下的似然函数；$\log \lambda_r$ 值越大表示区域 r 存在城市"火山"或"黑洞"模式的可能性越大。

3. 基于多方向路段扩展策略的不规则形状"火山"和"黑洞"模式搜索方法

城市中的"黑洞"或"火山"模式可能表现出任意形状，为了准确提取其模式，本书提出一种多方向优化的方法，首先识别城市"黑洞"和"火山"的子区域，再将重叠的子区域优化合并，以实现任意形状城市"黑洞"和"火山"模式的识别。

给定一个小的邻域半径值 ε，对于每个 O 点或 D 点 p_i，可采用式 (7-16) 检验 p_i 的网络邻域 $[NN_\varepsilon(p_i)]$ 是否为城市"黑洞"或"火山"子区域。$NN_\varepsilon(p_i)$ 的显著性检验采用蒙特卡洛模拟方法，分为以下三个步骤。

（1）根据受限空间中的完全空间随机点过程，在道路网络上随机生成与观测数据集数目相同的 O 点和 D 点；

（2）对于 p_i 的邻域 $NN_\varepsilon(p_i)$，将观测数据集的统计量（$\log \lambda_\varepsilon^{obs}$）与随机数据集的统计量（$\log \lambda_\varepsilon^j$）进行比较，建立指示函数 $I(\log \lambda_\varepsilon^j > \log \lambda_\varepsilon^{obs})$，若 $\log \lambda_\varepsilon^j > \log \lambda_\varepsilon^{obs}$，则 $I=1$，否则 $I=0$；

（3）将步骤（1）和（2）重复 R 次，并按式 (7-20) 计算 $NN_\varepsilon(p_i)$ 的 p 值：

$$p = \frac{\sum_{j=1}^{R} I(\log \lambda_\varepsilon^j > \log \lambda_\varepsilon^{obs})}{1 + R} \tag{7-20}$$

给定一个显著性水平 α（通常为 0.05），对于每个点 p_i，若 $p \leqslant \alpha$，则 $NN_\varepsilon(p_i)$ 为城市"黑洞"或"火山"的一个子区域：如果 $NN_\varepsilon(p_i)$ 中终点的数目大于起点的数目，$NN_\varepsilon(p_i)$ 属于"黑洞"子区域；而如果 $NN_\varepsilon(p_i)$ 中起点的数目大于终点的数目，则 $NN_\varepsilon(p_i)$ 为"火山"子区域。在确定了"黑洞"和"火山"的子区域之后，就可以进行"黑洞"和"火山"模式的识别。由于二者的优化合并过程相同，下面仅介绍任意形状城市"黑洞"的多方向优化生成过程。

首先选择一个未访问的点 p_i 作为城市"黑洞"的种子点，其对应的"黑洞"子区域 $NN_\varepsilon(p_i)$ 中的所有点形成一个候选"黑洞"；将候选"黑洞"同与其重叠的子区域合并以形成新"黑洞"，从而使新"黑洞"具有最大的对数似然比（$\log \lambda$）。为实现这一目的，合并时应选择对新"黑洞"的 $\log \lambda$ 值增长贡献最大的子区域。为此，合并之前，将与候选"黑洞"重叠的子区域按 $\log \lambda$ 值降序排列，构成序列 $A_{overlap}=[NN_\varepsilon(p_1)$, $NN_\varepsilon(p_2), \cdots, NN_\varepsilon(p_i)]$，并将 $A_{overlap}$ 中的第一个子区域与候选"黑洞"合并形成新"黑洞"。若新"黑洞"的对数似然比（$\log \lambda_{new}$）比候选"黑洞"的对数似然比（$\log \lambda_{old}$）小 [式 (7-17)]，则将候选"黑洞"确定为一个"黑洞"；否则，将 $NN_\varepsilon(p_1)$ 从 $A_{overlap}$ 中移除，将新"黑洞"作为候选"黑洞"。重复上述过程，继续搜索可以与之合并的子区域，直到 $\log \lambda_{new} < \log \lambda_{old}$ 时停止合并。

图 7-24 以模拟数据集为例详细介绍了一个城市"黑洞"的识别过程。在图 7-24(b) 中，选择终点 p_i 作为"黑洞"的一个种子点，$NN_\varepsilon(p_i)$ 为候选城市"黑洞"，且 $\log \lambda_{old}$=44.01。在 $A_{overlap}$ 中，$NN_\varepsilon(p_k)$ 具有最大的 $\log \lambda$ 值（46.39）。当 $NN_\varepsilon(p_k)$ 与候选城市黑洞合并后，$\log \lambda_{new}$=45.67，因此可将新"黑洞"[图 7-24(c)] 作为候选"黑洞"。当 $\log \lambda_{new} < \log \lambda_{old}$ 时，停止上述合并操作，图 7-24(d) 展示了最终形成的城市"黑洞"（$\log \lambda_{final}$=46.74）。

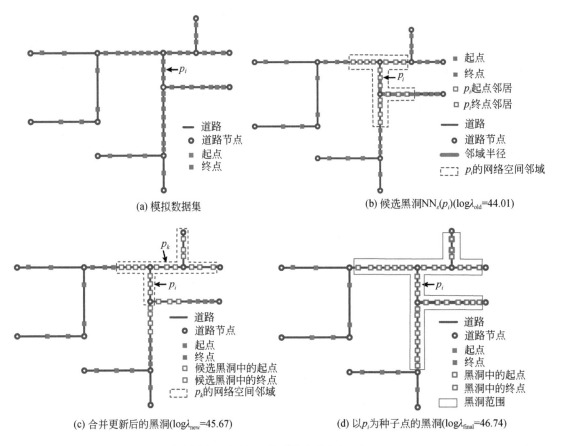

(a) 模拟数据集

(b) 候选黑洞 $NN_\varepsilon(p_i)$（$\log\lambda_{old}$=44.01）

(c) 合并更新后的黑洞（$\log\lambda_{new}$=45.67）

(d) 以 p_i 为种子点的黑洞（$\log\lambda_{final}$=46.74）

图 7-24　"黑洞"的多方向优化识别过程

4. 应用案例

下面以出租车 OD 流为数据源，拟从中探测城市"黑洞"和"火山"模式，一方面，通过实际数据验证上述"火山 – 黑洞"模式挖掘方法的有效性；另一方面，从计算结果中了解城市人群出行的聚散模式及其空间分布特征，从而为改善城市交通提供参考。具体的计算思路为，以北京五环以内 13 个典型区域为研究区（图 7-25），探测并分析交通流的"黑洞"和"火山"模式。研究区基本情况描述见表 7-7，研究中所使用的数据集为北京市 2016 年 5 月 23 日约 30 000 辆出租车的 OD 流数据，城市路网数据来源于 OpenStreetMap（OSM）。

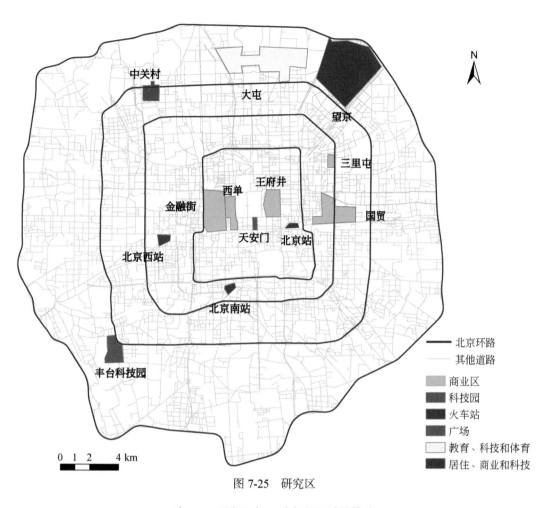

图 7-25　研究区

表 7-7　研究区中 13 个标记区域的描述

地点名称	描述
大屯	包含北京奥林匹克公园、北京奥运村和众多科研机构
望京	北京东北部的主要住宅、科技和商业区
中关村	位于北京西北部的科技中心
三里屯	包含许多知名酒吧街和国际品牌商店，是购物、餐饮和娱乐的热点区域
金融街	包含各种商业和住宅建筑
西单	北京主要的传统商业区，包括西单文化广场、西单北大街以及许多超市和百货公司
天安门	著名旅游景点，世界上最大的城市广场
王府井	著名商业区，拥有种类繁多的商店和精品店
国贸	位于北京中央商务区中心地段
北京西站	大多数从北京出发前往中国西北、西南、华中和华南的火车的始发站
北京南站	北京最大的火车站，是高铁列车的停靠车站
北京火车站	位于市中心东南部的火车站，停靠列车主要发往我国东北和华东等地
丰台科技园	位于北京西南部的技术中心

  图 7-26 展示了研究区工作日从上午 8 点至夜间 12 点逐小时的"黑洞"和"火山"探测结果,为了便于展示和分析,每张图仅展示前 20 个对数似然比值最大的城市"黑洞"和"火山"。不难发现,整个工作日内城市"黑洞"和"火山"主要出现在火车站附近,特别是北京南站和北京西站。这些城市"黑洞"和"火山"揭示了到达和离开北京的人群流动模

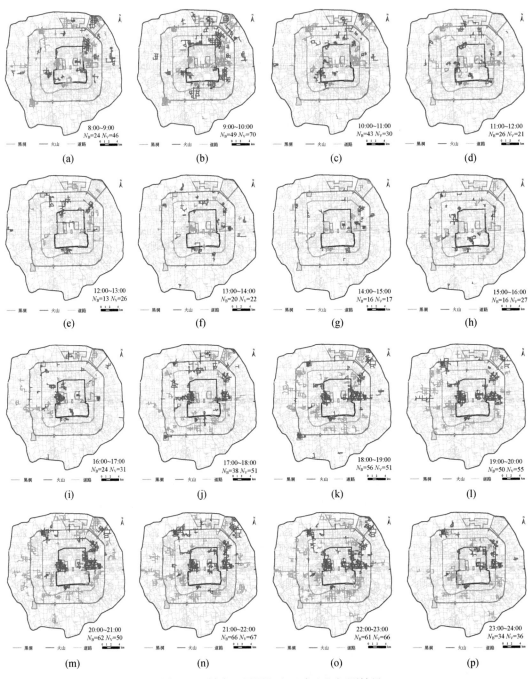

图 7-26 城市"黑洞"和"火山"探测结果

N_B:黑洞总数, N_V:火山总数

式。工作日早高峰时段，三里屯、金融街、西单、王府井、国贸等商业区附近主要表现为"黑洞"模式，说明大量人流涌入这些区域；从 16:00 以后，这些区域附近主要表现为"火山"模式，说明大量人流离开这些区域。上述"火山"和"黑洞"模式可以有效反映城市人流的"潮汐"现象。工作日早晚高峰时段，城市"黑洞"和"火山"同时存在于望京区域，其原因在于，该区域的城市功能主要为住宅、商业、文化和娱乐用地的高度混合（Long and Liu，2013），可能导致该区域不均衡的职–住分布，从而在早高峰同现"离开住宅"–"到达工作地"、晚高峰共存"离开工作地"–"到达住宅"的"火山"–"黑洞"模式。此外，高技术园区（中关村）在工作日早高峰至中午表现为黑洞模式，而在晚高峰时段以及夜间则表现为城市"火山"模式，这可能与高科技公司普遍的"996"工作制度有关。

7.3.2　兼顾流量和长度的聚散模式挖掘

上节介绍的"火山"和"黑洞"模式虽然从流量的角度刻画了流的聚散程度，但忽略了流长度的影响。例如，两个地点的流入量相当，但流的长度不同时，其所反映出的地点的性质也不同，其中，流总体上较长的地点在城市系统中的不可替代性较高，换句话说，前往该地点的出行成本即使较高，也有大量居民到访。因此，通过综合流的流量和长度特征可以识别此类聚散模式。本节通过扩展文献计量学中的 H 指数（H-index），构建一种兼顾流量和长度的流聚散模式评估方法——I 指数（I-index）（Wang et al.，2021），并应用于刻画城市中地点的不可替代性。

1. 基本定义

文献计量学中的 H 指数由物理学家 Hirsch 于 2005 年提出，旨在量化学者的学术成就（Hirsch，2005）。一个学者的 H 指数为 h，表示该学者发表的论文中有 h 篇论文被分别引用了至少 h 次，而余下的论文每篇被引均不超过 h 次。学者的 H 指数越高，一般认为其在所属领域的学术成就越高。H 指数同时考虑了论文的数量和质量，综合描述了学者的产出和影响力，是在线引文数据库（如 Web of Science 和 Google Scholar）中广泛使用的指标之一（Alonso et al.，2009）。受此启发，本节提出一种兼顾流量和长度特征以综合考量地点的引流能力和覆盖范围的方法——I 指数（Wang et al.，2021），用于描述城市不同地点流的聚散程度，并对地点的重要性，即不可替代性，进行量化，下面对其原理进行介绍。

对于研究区内某地点 $j(j=1,2,\cdots,n)$，流入该地点的流量记为 N_j，将这些流的长度降序排列可构成一个数组 D_j：

$$D_j=(d_j^1,d_j^2,\cdots,d_j^{k_j},\cdots,d_j^{N_j}),\quad k_j=1,2,\cdots,N_j \tag{7-21}$$

式中，k_j 为 D_j 中流长度的排名；$d_j^{k_j}$ 为 D_j 中排名第 k_j 的流长度。地点 j 处流的 I 指数 I_j 表示最多有 I_j 条流的长度大于或等于 $\alpha \times I_j$ m，即

$$I_j=\max\{k_j|d_j^{k_j}\geqslant \alpha \times k_j\} \tag{7-22}$$

式中，α 为转换因子，用于均衡数目和长度对 I 指数的影响，可采用式 (7-23) 计算：

$$\alpha = \frac{\mathrm{median}(\{M_1, \cdots, M_j, \cdots, M_n\})}{\mathrm{median}(\{N_1, \cdots, N_j, \cdots, N_n\})} \qquad (7\text{-}23)$$

式中，M_j 为 D_j 的中位数；N_j 的含义同式 (7-21)。

I 指数的计算示例如图 7-27 所示，其中，图 7-27(a) 为示例流数据，包含 10 条汇聚于地点 j 的流，将它们的长度按照降序排列可得数组 D_j=(10,10,10,10,8,8,4,4,2,2)。假设转换因子 α=1，则可得图 7-27(b) 所示的列表。根据式 (7-22)，可发现满足条件的 k_j 最大值为 6（蓝色背景），因此，I_j=6，即汇聚于地点 j 的流中，长度超过 6m 的流有 6 条。图 7-27(c) 给出了 I 指数的几何解释：绘制流长度的序号 k_j 和长度 $d_j^{k_j}$ 的二维散点图，找出连接所有点的曲线下方的最大内接矩形（即图中红色矩形），且保证矩形满足"y 轴方向的边长是 x 轴方向边长的 α 倍"这一条件，那么最大内接矩形 x 轴方向的边长为 I_j 条，y 轴方向的边长为 $\alpha \times I_j$ m。

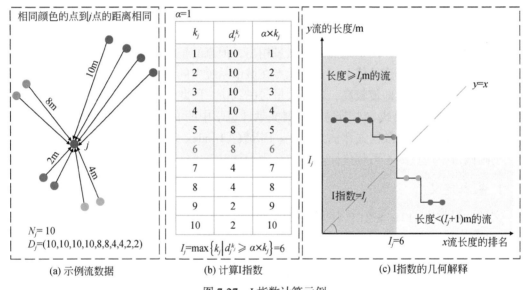

图 7-27　I 指数计算示例

2. 基于 I 指数的聚散模式分析

为了验证 I 指数识别流汇聚模式以及量化地点重要性的效果，本节通过模拟实验对比基于流量、长度等单要素的方法与 I 指数方法的结果。模拟数据集共包括四组，每组分别包含不同的流汇聚模式 [图 7-28(a)]，具体情况如下。

（1）汇聚模式 #1（蓝色流簇）：共 50 条流，流的终点坐标均为（25，75），起点随机分布在以点（25，75）为圆心，内外半径分别为 5m 和 15m 的圆环区域内。

（2）汇聚模式 #2（绿色流簇）：共 50 条流，流的终点坐标均为（75，75），起点随机分布在以点（75，75）为圆心，半径为 5m 的圆形区域内。

（3）汇聚模式 #3（棕色流簇）：共 30 条流，流的终点坐标均为（25，25），起点随机分布在以点（25，25）为圆心，半径为 5m 的圆形区域内。

（4）汇聚模式 #4（红色流簇）：共 30 条流，流的终点坐标均为（75，25），其中的

29 条流的起点随机分布在以点（75, 25）为圆心，半径为 5m 的圆形区域内；另一条流起点距离点（75, 25）较远，从而使得模式 #4 中流的总长度等于模式 #2。

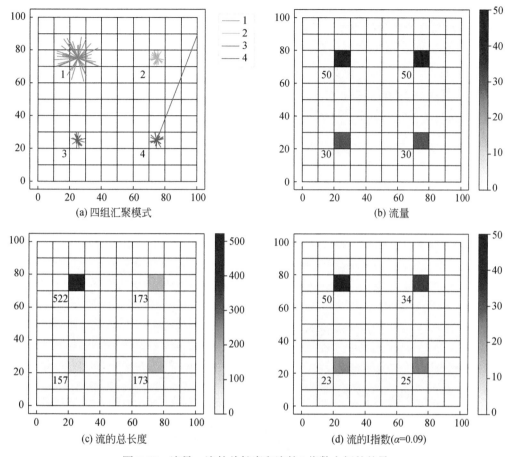

图 7-28　流量、流的总长度和流的 I 指数之间的差异

针对图 7-28(a) 中的流数据集，以流终点所在网格为空间单元，分别计算相应汇聚模式的总流入量、流的总长度和 I 指数，结果分别如图 7-28(b)~(d) 所示。可以发现，只从流量的角度无法区分模式 #1 和 #2、#3 和 #4[图 7-28(b)]，从流总长度的角度则无法区分模式 #2 和 #4[图 7-28(c)]，而流的 I 指数能够有效区分图中四种不同的流汇聚模式 [图 7-28(d)]。因此，相较于其他两种方法，流的 I 指数能更好地识别不同类型的流汇聚模式。不仅如此，我们还可以看出，模式 #1 终点区域的 I 指数具有最大值，表明该模式中流终点所在地不仅吸引了大量的出行，而且相关的出行距离普遍较长，这类地点往往属于不可替代性较高的出行目的地。

3. 应用案例

模拟实验表明，兼顾流量和长度的 I 指数不仅能识别流的汇聚模式，还能从流的视角定量评价一个地点的不可替代性。地点的不可替代性通常与其中的公共服务设施的不可替代性有关。在城市系统中，医院是一种基本且必要的公共服务设施，然而，不同医院的医疗水平不同，导致其不可替代性也不同，从而引发城市居民"择院"（放弃最近的医院而去更远的医院就医）现象的发生。为了揭示择院现象的成因，本节以北京市三甲医院为例，采用 I 指数分析各三甲医院就医出行流汇聚模式的特征，从而量化医疗资源的不可替代性，并通过 I 指数与择院现象的相关性验证其有效性。

研究对象为北京市五环以内的 43 家三甲医院，就医出行流数据源自北京市 2014 年 10 月 20~24 日的出租车 OD 流数据。为识别前往上述医院就医的出行流，首先在医院边界多边形外侧设置 50m 的缓冲区，然后将终点落入该缓冲区的流作为前往该医院就医的出行流，通过此法最终共提取 89 094 条就医出行流。医院和就医出行流的空间分布如图 7-29 所示。

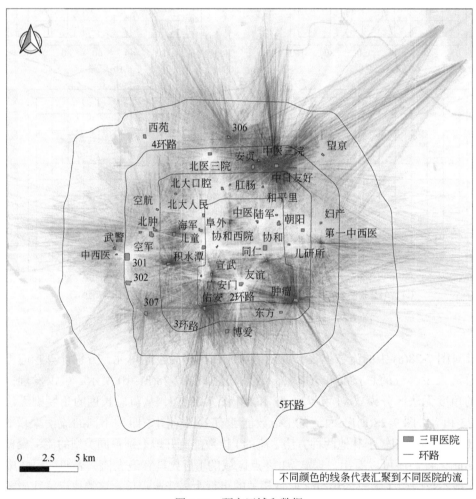

图 7-29　研究区域和数据

图 7-30(a) 展示了各医院的 I 指数（$\alpha=4$），其中，α 由式 (7-23) 确定。从图中可以发现，不可替代性高的医院（图中红色圆点）均位于四环路内。其中，北京协和医院的 I 指数最高，为 2501，表明该医院有 2501 条长度至少为 4×2501（10 004）m 的就医流。这一现象产生的原因在于，北京协和医院是中国最好的医院之一，因而其不可替代性非常强。此外，

一些知名的综合医院，如 301 医院、北医三院、人民医院等，以及部分专科医院，如儿童医院、肿瘤医院、北京妇产医院等的 I 指数也属于最高等级。由于上述综合医院位于人口密度较高的地区（Liu et al.，2018），同时也具有完备且优质的医疗资源，故吸引了大量的就医出行流，因此其不可替代性也较高；而上述专科医院由于在某方面的专长成为某些患者的首选，且数量较少，故其不可替代性同样较高。

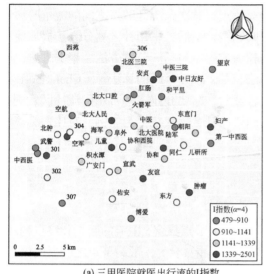 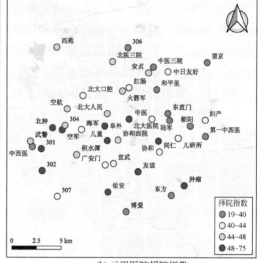

(a) 三甲医院就医出行流的I指数　　　　　　　　(b) 三甲医院择院指数

图 7-30　医院的不可替代性

医院的不可替代性越强，其所吸引择院的患者就越多。为此，我们计算了各个医院的择院指数[①]（Yang et al.，2016）[图 7-30(b)]，并将其与各医院就医流的 I 指数、总流量和流的总长度进行相关性分析。结果表明，I 指数与择院指数显著正相关（皮尔逊相关系数 $r=0.71$，$p<0.001$），且相关性最强（图 7-31），进一步说明了 I 指数是评价城市设施不可

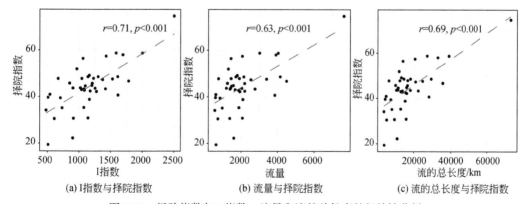

(a) I指数与择院指数　　　　(b) 流量与择院指数　　　　(c) 流的总长度与择院指数

图 7-31　择院指数与 I 指数、流量和流的总长度的相关性分析

---

①择院是指患者在就医过程中选择较远医院而非最近医院的行为，而择院指数用于衡量某医院的患者的择院行为的强度。一家医院的择院指数融合了三方面的因素：该医院择院患者因择院而产生的就医出行距离、该医院择院患者占所有医院择院患者的比重、该医院所有患者中择院患者的份额。择院指数越高，说明该医院患者的择院现象越突出，同时也说明患者对该医院的认可度越高。

替代性的有效指标。

7.4 流的社区模式挖掘方法

流的社区模式挖掘主要采用复杂网络分析方法，其思路为：首先，将流按照一定的空间单元（如行政区划，格网等）进行聚合形成节点；其次，统计节点之间的流量等属性形成带权重的边，从而构建包含节点和边的空间网络；最后，采用社区划分方法提取流的社区模式。目前，空间网络的社区划分方法已较为成熟，包括图分割方法、聚类方法、分裂方法、谱方法、基于模块度的方法、动态算法、基于统计推断的算法等（Chakraborty et al.，2017）。本节首先介绍流社区的基本概念，然后，简要介绍三种常用的流社区发现算法的基本思路，最后，以北京市出租车 OD 流网络的社区模式挖掘为实例，对比各类算法的识别效果。

7.4.1 基本概念

流视角下的网络可定义为 $G=(V, E, W)$，其中，V 为节点集合，由流的起点和终点构成，E 为边集合，由流起终点之间的连接构成，W 为边的权重集合，一般为节点之间流的流量。网络节点间的连接关系与权重通常储存于邻接矩阵 A 中，矩阵中每个元素表示两个节点间的权重。流的社区模式挖掘是指在 G 中确定 N 个分组 $C=\{C_1, C_2,\cdots, C_N\}$，使得各组内边的权重之和尽可能大，而组间边的权重之和尽可能小。

流的社区模式挖掘如图 7-32 所示。图 7-32(a) 和 (c) 中，A、B、C 等表示网络节点，箭头表示网络的有向边，标注的数字为对应边的权重。图 7-32(c) 中每个红色虚线圈内的局部网络都代表一个社区，由红色虚线圈内的节点和边组成。这种社区划分的结果是，各社区间的边权重较小，而社区内边权重较大。图 7-32(b) 为图 7-32(a) 中流网络的邻接矩阵，记录了网络节点之间的连接关系及边权重，而图 7-32(d) 为图 7-32(c) 中网络社区在邻接矩阵中的结构。

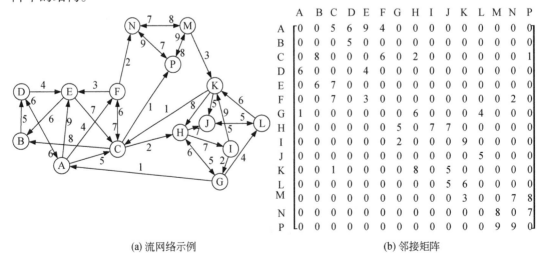

(a) 流网络示例   (b) 邻接矩阵

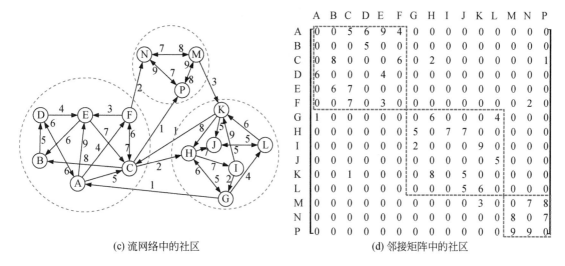

(c) 流网络中的社区　　　　　　　　　(d) 邻接矩阵中的社区

图 7-32　流的社区划分示意图

7.4.2　流的社区模式挖掘原理

流的社区模式挖掘的原理大致为：首先，定义一个目标函数，如模块度（Newman and Girvan，2004）、连接度（Cafieri et al.，2010）或基于信息论的度量准则（Rosvall and Bergstrom，2008）等，用于衡量社区的质量；然后，利用层次聚类（Clauset et al.，2004）、贪婪搜索（Schuetz and Caflisch，2008）、蚁群算法（Chang et al.，2013）等优化方法使目标函数最大化，从而确定最佳的社区划分。下面以克劳赛特-纽曼-摩尔算法（the algorithm of Clauset Newman and Moore，CNM 算法）（Clauset et al.，2004）、快速展开算法（fast unfolding algorithm，Louvain 算法）（Blondel et al.，2008）和社区结构空间禁忌优化（spatial tabu optimization for community structure，STOCS）算法（Guo et al.，2018）为例，介绍三种典型的流社区模式挖掘方法。

1. 克劳赛特-纽曼-摩尔算法

CNM 算法以网络模块度作为社区划分结果的评价指标，采用凝聚层次聚类的策略不断对社区划分结果的模块度进行优化，从而识别出网络中的社区结构，其中的模块度定义为社区内的边权重与随机图中的边权重期望的差异，具体如下：

$$Q = \frac{1}{2m} \sum_{ij} \left(A_{ij} - \frac{k_i k_j}{2m} \right) \delta\left(c_i, c_j\right) \tag{7-24}$$

式中，A_{ij} 为网络邻接矩阵中节点 i 与节点 j 之间边的权重，当节点之间不存在边时，$A_{ij}=0$，否则，$A_{ij}>0$；$m=\sum_{ij} A_{ij}/2$ 表示网络中所有边的权重之和；$k_i=\sum_i A_{ij}$ 表示节点 i 的度（或加权度）；$\delta(c_i, c_j)$ 用来判断节点 i 和节点 j 是否在同一个社区内，当二者在同一个社区内时，$\delta(c_i, c_j)=1$，否则，$\delta(c_i, c_j)=0$。

采用 CNM 算法进行网络社区划分的过程为：针对含有 n 个节点的网络 G，首先，算法预先设定每个节点为一个社区；然后，采用层次聚类方法不断合并使模块度函数增益（增益可以为负值）达到最大的两个社区，直到全部节点归属于一个社区。CNM 方法从所有可能的社区划分集合中选择模块度值最大的结果作为最终结果（Clauset et al., 2004）。由于流的层次聚类的原理已在 7.2.1 节中介绍，此处不再赘述。

2. 快速展开算法

Louvain 算法的原理与 CNM 方法类似，同样采用模块度指标 [见式 (7-24)] 评价社区划分结果。此方法可分为两个重复迭代的阶段。对于一个包含 n 个节点的加权网络，其社区划分的第一阶段包含以下步骤：①将每个节点视为不同的社区；②计算将节点 i 从其所在社区移出并加入其相邻节点 j 所在社区后的模块度增益 [式 (7-25)]，最终选择一个使模块度增益达到最大的社区，将节点 i 加入其中（增益为正值时才进行这一步操作，否则节点 i 仍然属于原来社区）；③对网络中每个节点进行步骤①和②的操作，直到模块度不再增加。

$$\Delta Q = \left[\frac{\sum C_{\text{in}} + k_{i,\text{in}}}{2m} - \left(\frac{\sum C_{\text{tot}} + k_i}{2m} \right)^2 \right] - \left[\frac{\sum C_{\text{in}}}{2m} - \left(\frac{\sum C_{\text{tot}}}{2m} \right)^2 - \left(\frac{k_i}{2m} \right)^2 \right]$$

$$= \frac{\sum C_{\text{in}} + k_{i,\text{in}}}{2m} - \left(\frac{\sum C_{\text{tot}}}{2m} \right)^2 - \frac{k_i \sum C_{\text{tot}}}{2m^2} - \left(\frac{k_i}{2m} \right)^2 - \frac{\sum C_{\text{in}}}{2m} + \left(\frac{\sum C_{\text{tot}}}{2m} \right)^2 + \left(\frac{k_i}{2m} \right)^2 \quad (7\text{-}25)$$

$$= \frac{1}{2m} \left(k_{i,\text{in}} - \frac{k_i \sum C_{\text{tot}}}{m} \right)$$

式中，i 为要移动的节点；C 为节点 i 将要加入的候选社区；$\sum C_{\text{in}}$ 表示社区 C 中边的权重和；$\sum C_{\text{tot}}$ 为所有连接社区 C 的边的权重之和；k_i 为与节点 i 相连的边的权重之和；$k_{i,\text{in}}$ 为节点 i 与社区 C 连接的所有边的权重之和；m 为网络中所有边的权重之和。

第二阶段，将第一阶段得到的各个社区分别当作超节点，构造一个新网络。新网络中边的权重为连接的两个社区的所有边的权重之和，原始网络中同一个社区内的边权重之和设置为新网络节点的自连接（self-loop）权重。第二阶段的网络重构完成后，不断重复第一和第二阶段，直到社区不再变化且模块度不再增加为止（Blondel et al., 2008）。

3. 社区结构空间禁忌优化算法

与 CMN 算法和 Louvain 算法仅考虑网络的拓扑属性不同，STOCS 算法在进行社区划分时需要考虑空间连通性限制（即社区内节点与其邻居节点需要满足空间邻近性约束），然后通过空间禁忌优化的策略搜索空间社区。具体地，以模块度 [如式 (7-24)] 为目标函数，此方法可分为三步。第一步，采用空间约束的层次聚类方法（Guo, 2009）将一个空间网络随机划分为两个空间连续的社区 A 和 B。第二步，采用禁忌搜索的策略对初始划分结果进行优化：针对初始分区 A 和 B，按照禁忌搜索列表依次选取社区边缘处的节点 [其含义是应用禁忌搜索策略，通过定义禁忌列表的方式，使得最近移动（社区隶属关系改变）过的节点不被选择，从而避免陷入局部最优解，提升优化质量]，在不破坏空间连续性的前提下评估 A 与 B 之间所有可能的节点移动带来的模块度变化，直到模块度值不再增加为止，从而得到两个社区的最佳划分。第三步，针对第二步中得到的每个空间社区，不断重复前两步中的"划分–优化"步骤，直到模块度值不再增加。优化部分算法原理见算法 7-6（Guo et al.，2018）。

算法 7-6　基于禁忌策略和连通性约束的优化算法

输入 $P=(A,B)$：网络 G 初始划分成的两个空间连续的社区 A 和 B

　　　N：G 中的节点数目

　　　r：禁忌列表 T 的最大长度

输出 G 的最优社区划分

算法步骤

(1) 初始化：$T=\Phi$，$I=0$，$P=(A,B)$，$P^*=(A,B)$；

(2) 对于空间邻近约束下 A 和 B 之间每一步可能的移动 u：

　　　　如果 $u \notin T$（u 不在禁忌列表中）：

　　　　　　计算移动 u 之后的模块度；

　　　　找出所有可能移动中的最佳移动 u^*；

(3) 基于移动 u^* 更新 T 和 P：

　　　　采用 u^* 生成新的社区划分 $P'=(A^*,B^*)$；

　　　　如果 P' 优于 P^*：

　　　　　　则 $P^*=P'$；$A=A^*$，$B=B^*$；$T=T \cup \{u^*\}$，$I=I+1$；

　　　　如果 $|T|>r$：

　　　　　　移除 T 中最早移动的节点；

(4) 如果 $I<3N$：

　　　　重复步骤 (2) 和 (3)；

(5) 如果 P^* 优于 P：

　　　　$P=P^*$，$T=\Phi$，$I=0$，从步骤 (2) 开始执行；

　　　否则：

　　　　停止执行并输出 P。

7.4.3　模拟实验

为了定量评价三种流社区模式挖掘方法的效果，本节通过模拟实验进行比较。模拟数据集的生成过程为：首先，从北京市道路网络中选取如图 7-33(a) 所示的 2378 条路段作为实验区；然后，生成 9 组模拟数据集，依次分别包含 2~10 个空间社区，每组模拟数据集含有 10 个子数据集，每个子数据集中包含相同数目的空间社区。具体地，包含 m 个空间社区的模拟数据集的生成步骤如下。

第一步：随机选取一条路段作为初始空间社区，随机在 [50, 200] 范围内确定该社区包含路段数目 n_i。

第二步：在初始空间社区中不断随机添加与其空间相邻的路段，直到社区中路段数目达到 n_i。

第三步：重复第一步和第二步 m 次，构建 m 个空间社区 [图 7-33(b) 为 m=10 的情况下模拟生成空间社区的示例]。

第四步：对于每个包含 n_i 条路段的空间社区，在该空间社区中随机生成 $10n_i$ 条起点和终点均在路段上的 OD 流。

第五步：随机生成 $0.2 \times \sum 10n_i$ 条起点和终点均在实验区内路段上的 OD 流作为噪声。

(a) 模拟实验区   (b) 包含10个空间社区的模拟数据集

图 7-33 包含空间社区的模拟数据

将路段作为空间网络的节点，路段间的 OD 流数目作为节点间边的权重，形成空间网络，并分别采用 CNM 算法、Louvain 算法和 STOCS 算法对模拟数据集进行社区探测。三种方法探测到的空间社区与预设社区的匹配程度采用归一化互信息量（normalized mutual information，NMI）进行定量评价（Guo et al., 2018; Manning et al., 2008）。设 R 为路段总数，$C=\{C_1, C_2, \cdots, C_k\}$ 为已发现的空间社区集合，$T=\{T_1, T_2, \cdots, T_j\}$ 为数据集中事先设计的社区，则 NMI 定义为

$$\text{NMI} = \frac{I(C,T)}{[H(C)+H(T)]/2} \tag{7-26}$$

式中，$I(C, T)$ 为 C 和 T 之间的互信息，H 表示熵值：

$$I(C,T) = \sum_k \sum_j \frac{|C_k \cap T_j|}{R} \log \frac{R|C_k \cap T_j|}{|C_k||T_j|} \tag{7-27}$$

$$H(C) = -\sum_k \frac{|C_k|}{R} \log \frac{|C_k|}{R} \tag{7-28}$$

$$H(T) = -\sum_j \frac{|T_j|}{R} \log \frac{|T_j|}{R} \tag{7-29}$$

式 (7-27)~ 式 (7-29) 中，$|\cdot|$ 为取模运算。NMI 的值介于 0~1，其值越大，表示匹配度越高，当 NMI=1 时表示完全匹配。

三种社区识别方法的 NMI 指数值如图 7-34 所示，图中横坐标 m（$m=2,3,\cdots,10$）为社区数量，纵坐标为每组模拟数据 NMI 的平均值。图 7-35 展示了三种方法针对图 7-33(b)

所示模拟数据集的社区识别结果。不难看出，可能由于噪声的加入，所有方法提取出的社区数目均比预先产生的社区数目更多。三种方法之间的对比表明：① Louvain 算法在多数情况下的表现要优于 CNM 算法和 STOCS 算法；② STOCS 算法的表现略优于 CNM 算法，说明采用禁忌搜索的策略可以从一定程度上提升社区识别的准确度；③ Louvain 算法优于 STOCS 方法的原因可能有二：其一，Louvain 算法采用的两阶段社区识别策略对噪声更加稳健，由此提升了层次化社区识别的质量；其二，STOCS 算法硬性施加的空间邻近约束有可能导致长距离的 *OD* 流难以被划入社区，从而产生流的误分。

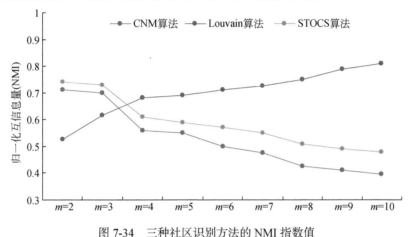

图 7-34　三种社区识别方法的 NMI 指数值

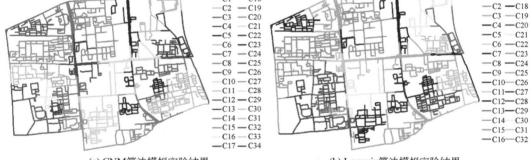

(a) CNM算法模拟实验结果　　　　　　(b) Louvain算法模拟实验结果

(c) STOCS算法模拟实验结果

图 7-35　模拟数据集的社区识别结果

7.4.4　应用案例

为对比上述三种方法在实际网络社区模式挖掘中的优劣，本节以北京市出租车 *OD* 流数据为例进行研究。研究区为图 7-36 所示的北京市五环以内区域，所使用的数据包括：2016 年 5 月 9 日（星期一）的出租车 *OD* 流数据，来源于 OpenStreetMap 的北京市五环以内的路网数据（共 10 919 条路段）。为了评价社区识别的效果，选取了 24 个标志性地点作为验证数据，包括核心商务区、普通商务区、火车站、高校、观光景点 5 类，其基本情况如表 7-8 所示。选取上述地点进行结果验证的原因是：这些地点人流量大，吸引和扩散人流的能力较强，流入和流出的出租车 *OD* 流也相对频繁，因而容易形成以这些地点为中心的出租车 *OD* 流社区，故而便于进行验证。在进行算法测试前，将出租车 *OD* 流的起点和终点采用最邻近匹配方法映射至距其最近的路段上，并将路段作为空间网络的节点，路段间的 *OD* 流数目（流量）定义为节点间边的权重，从而完成空间网络的构建。

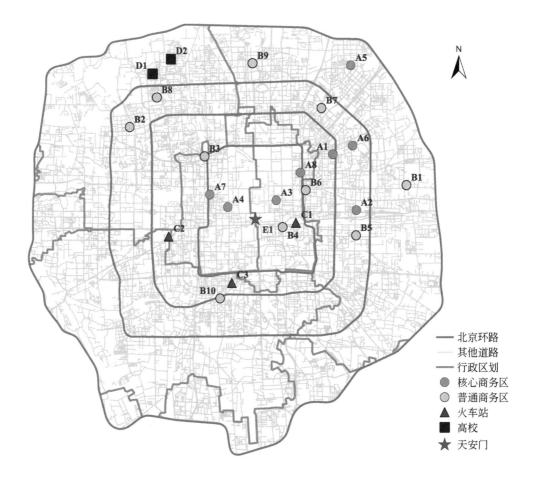

图 7-36　研究区及结果验证地点

表 7-8　验证地点信息

地点说明	地点名称
核心商务区	A1：三里屯，A2：北京 CBD，A3：王府井，A4：西单，A5：望京，A6：燕莎，A7：金融街，A8：东直门
普通商务区	B1：朝青汇，B2：万柳，B3：西直门，B4：崇文门，B5：双井，B6：朝外，B7：太阳宫，B8：中关村，B9：亚奥，B10：公主坟
火车站	C1：北京火车站，C2：北京西站，C3：北京南站
高校	D1：北京大学，D2：清华大学
观光景点	E1：天安门广场

　　采用 CNM、Louvain 和 STOCS 三种算法对北京市出租车 OD 流进行社区划分的结果如图 7-37 所示。可以发现，三种方法识别出的空间社区存在明显的差异。将标志性地点

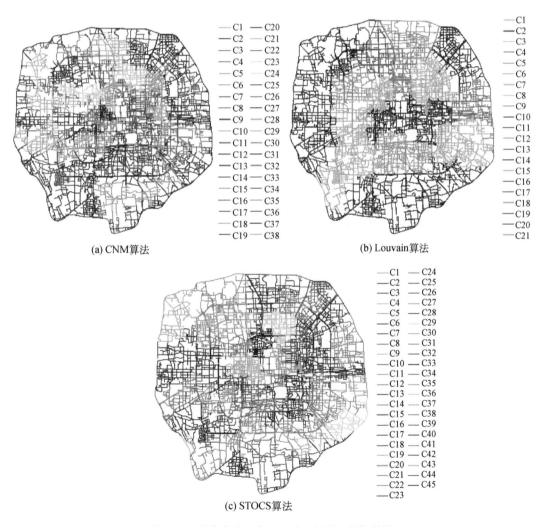

(a) CNM算法　　　　(b) Louvain算法

(c) STOCS算法

图 7-37　北京市出租车 OD 流空间社区挖掘结果

与三种方法的结果进行比对后发现：①CNM算法和STOCS算法识别出较多的小规模社区，且与商务中心、主要交通枢纽的吻合度不高；②Louvain算法发现的社区与标志性地点的吻合度最好，如三里屯（A1）、北京CBD（A2）、王府井（A3）、西单（A4）、望京（A5）、燕莎（A6）等核心商务区所在的社区均被准确发现；③Louvain算法在研究区边缘发现的社区普遍较大，其可能的原因是，研究区边缘位于北京市郊区，而出租车OD流在这些地区通常较长且较为稀疏。

综合模拟实验与实际案例的结果发现，相比于CNM算法和STOCS算法，Louvain算法在流空间网络社区结构识别的质量和结果的可解释性方面均具有一定的优势。这一结论可为实际应用中选择合适的流网络社区识别方法提供参考。

参 考 文 献

Alonso S, Cabrerizo F J, Herrera-Viedma E, et al. 2009. H-Index: a review focused in its variants, computation and standardization for different scientific fields. Journal of Informetrics, 3(4): 273-289.

Andrienko N, Andrienko G. 2010. Spatial generalization and aggregation of massive movement data. IEEE Transactions on Visualization and Computer Graphics, 17(2):205-219.

Birant D, Kut A. 2007. ST-DBSCAN: An algorithm for clustering spatial–temporal data. Data & Knowledge Engineering, 60(1): 208-221.

Blondel, V D, Guillaume J L, Lambiotte R, et al. 2008. Fast unfolding of communities in large networks. Journal of Statistical Mechanics: Theory and Experiment, (10): P10008.

Boyandin I, Bertini E, and Lalanne D. 2010. Using flow maps to explore migrations over time//Painho M, Santos M Y, Pundt H. Proceedings of the Geospatial Visual Analytics Workshop in conjunction with the 13th AGILE International Conference on Geographic Information Science (GeoVA).

Byers S, Raftery A E. 1998. Nearest-neighbor clutter removal for estimating features in spatial point processes. Publications of the American Statistical Association, 93(442): 577-584.

Cafieri S, Hansen P, Liberti L. 2010. Edge ratio and community structure in networks. Physical Review E, 81(2): 026105.

Castells M. 1999. Grassrooting the space of flows. Urban Geography, 20(4): 294-302.

Celeux G, Govaert G. 1992. A classification EM algorithm for clustering and two stochastic versions. Computational Statistics & Data Analysis, 14(3): 315-332.

Chakraborty T, Dalma A, Mukherjee A, et al. 2017. Metrics for community analysis: a survey. ACM Computing Surveys, 50(4): 54.

Chang H H, Feng Z R, Ren Z G. 2013. Community detection using ant colony optimization. Proceedings of the 2013 IEEE Congress on Evolutionary Computation. IEEE: 3072-3078.

Chun Y, Griffith D A. 2011. Modeling network autocorrelation in space-time migration flow data: an eigenvector spatial filtering approach. Annals of the Association of American Geographers, 101(3): 523-536.

Clauset A, Newman M E J, Moore C. 2004. Finding community structure in very large networks. Physical Review E, 70(6): 066111.

Dorigo M, Birattari M, Stutzle T. 2006. Ant colony optimization. IEEE Computational Intelligence Magazine, 1(4): 28-39.

Ducret R, Lemarié B, Roset A. 2016. Cluster analysis and spatial modeling for urban freight. Identifying homogeneous urban zones based on urban form and logistics characteristics. Transportation Research

Procedia, 12: 301-313.

Ester M, Kriegel H P, Sander J, et al. 1996. A density-based algorithm for discovering clusters in large spatial databases with noise. Proceedings of the Second International Conference on Knowledge Discovery and Data Mining (KDD-96). AAAI Press: 226-231.

Gao Y, Li T, Wang S, et al. 2018. A multidimensional spatial scan statistics approach to movement pattern comparison. International Journal of Geographical Information Science, 32(7): 1304-1325.

Guimera R, Mossa S, Turtschi A, et al. 2005. The worldwide air transportation network: anomalous centrality, community structure, and cities' global roles. Proceedings of the National Academy of Sciences, 102(22): 7794-7799.

Guo D. 2009. Flow mapping and multivariate visualization of large spatial interaction data. IEEE Transactions on Visualization and Computer Graphics, 15(6): 1041-1048.

Guo D, Jin H, Gao P, et al. 2018. Detecting spatial community structure in movements. International Journal of Geographical Information Science, 32(7): 1326-1347.

Guo D, Zhu X, Jin H, et al. 2012. Discovering spatial patterns in origin-destination mobility data. Transactions in GIS, 16(3): 411-429.

Guo D, Zhu X. 2014. Origin-destination flow data smoothing and mapping. IEEE Transactions on Visualization and Computer Graphics, 20(12): 2043-2052.

Hirsch J E. 2005. An index to quantify an individual's scientific research output. Proceedings of the National Academy of Sciences, 102(46): 16569-16572.

Hong L, Zheng Y, Yung D, et al. 2015. Detecting urban black holes based on human mobility data//Proceedings of the 23rd SIGSPATIAL International Conference on Advances in Geographic Information Systems. New York: ACM: 35-44.

Kang C, Qin K. 2016. Understanding operation behaviors of taxicabs in cities by matrix factorization. Computers, Environment and Urban Systems, 60: 79-88.

Kulldorff M. 1997. A spatial scan statistic. Communications in Statistics - Theory and Methods, 26(6): 1481-1496.

Kulldorff M, Athas W F, Feurer E J, et al. 1998. Evaluating cluster alarms: a space-time scan statistic and brain cancer in Los Alamos, New Mexico. American Journal of Public Health, 88(9): 1377-1380.

Lee J G, Han J, Whang K Y. 2007. Trajectory clustering: a partition-and-group framework/Proceedings of the 2007 ACM SIGMOD International Conference on Management of Data. New York: ACM: 593-604.

Liu Q L, Wu Z H, Deng M, et al. 2020. Network-constrained bivariate clustering method for detecting urban black holes and volcanoes. International Journal of Geographical Information Science, 34(10): 1903-1929.

Liu Y, Wang F, Xiao Y, et al. 2012. Urban land uses and traffic "source-sink areas": evidence from GPS-enabled taxi data in Shanghai. Landscape and Urban Planning, 106(1): 73-87.

Liu Z, Ma T, Du Y, et al. 2018. Mapping hourly dynamics of urban population using trajectories reconstructed from mobile phone records. Transactions in GIS, 22(2): 494-513.

Long Y, Liu X. 2013. Featured graphic. How mixed is Beijing, China? a visual exploration of mixed land use. Environment and Planning A, 45: 2797-2798.

Manning C D, Raghavan P, Schütze H. 2008. Introduction to Information Retrieval. New York: Cambridge University Press.

Nanni M, Pedreschi D. 2006. Time-focused clustering of trajectories of moving objects. Journal of Intelligent Information Systems, 27(3): 267-289.

Newman M E J, Girvan M. 2004. Finding and evaluating community structure in networks. Physical Review E,

69(2): 026113.

Pei T, Wan Y, Jiang Y, et al. 2011. Detecting arbitrarily shaped clusters using ant colony optimization. International Journal of Geographical Information Science, 25(10): 1575-1595.

Pei T, Wang W, Zhang H, et al. 2015. Density-based clustering for data containing two types of points. International Journal of Geographical Information Science, 29(2): 175-193.

Pei T, Zhu A X, Zhou C H, et al. 2006. A new approach to the nearest-neighbour method to discover cluster features in overlaid spatial point processes. International Journal of Geographical Information Science, 20(2): 153-168.

Phan D, Xiao L, Yeh R, et al. 2005. Flow map layout. Proceedings of the 2005 IEEE Symposium on Information Visualization (INFOVIS 2005). IEEE: 219-224.

Rae A. 2009. From spatial interaction data to spatial interaction information? Geovisualisation and spatial structures of migration from the 2001 UK census. Computers, Environment and Urban Systems, 33(3): 161-178.

Rosvall M, Bergstrom C T. 2008. Maps of random walks on complex networks reveal community structure. Proceedings of the National Academy of Sciences, 105(4): 1118-1123.

Rousseeuw P J. 1987. Silhouettes: a graphical aid to the interpretation and validation of cluster analysis. Journal of Computational and Applied Mathematics, 20: 53-65.

Schuetz P, Caflisch A. 2008. Efficient modularity optimization by multistep greedy algorithm and vertex mover refinement. Physical Review E, 77(4): 046112.

Shekhar S, Huang Y. 2001. Discovering spatial co-location patterns: A summary of results//Jensen C S, Schneider M, Seeger B, et al. Advances in Spatial and Temporal Databases. SSTD 2001. Lecture Notes in Computer Science, vol 2121. Berlin: Springer: 236-256.

Shu H, Pei T, Song C, et al. 2019. Quantifying the spatial heterogeneity of points. International Journal of Geographical Information Science, 33(7): 1355-1376.

Song C, Pei T, Ma T, et al. 2019b. Detecting arbitrarily shaped clusters in origin-destination flows using ant colony optimization. International Journal of Geographical Information Science, 33(1): 134-154.

Song C, Pei T, Shu H. 2019a. Identifying flow clusters based on density domain decomposition. IEEE Access, 8: 5236-5243.

Tao R, Thill J C. 2019. Flow Cross K-function: a bivariate flow analytical method. International Journal of Geographical Information Science, 33(10): 2055-2071.

Wesolowski A, Eagle N, Tatem A J, et al. 2012. Quantifying the impact of human mobility on malaria. Science, 338(6104): 267-270.

Wang X, Chen J, Pei T, et al. 2021. I-index for quantifying an urban location's irreplaceability. Computers, Environment and Urban Systems, 90: 101711.

Wood J, Dykes J, Slingsby A. 2010. Visualisation of origins, destinations and flows with OD maps. The Cartographic Journal, 47(2): 117-129.

Xu J, Li A, Li D, et al. 2017. Difference of urban development in China from the perspective of passenger transport around Spring Festival. Applied geography, 87: 85-96.

Yang G, Song C, Shu H, et al. 2016. Assessing patient bypass behavior using taxi trip origin–destination (OD) data. ISPRS International Journal of Geo-Information, 5(9): 157.

Yao H X, Wu F, Ke J, et al. 2018. Deep multi-view spatial-temporal network for taxi demand prediction. Proceedings of the 2018 AAAI Conference on Artificial Intelligence, 32(1): 2588-2595.

Zanin M, Papo D, Romance M, et al. 2016. The topology of card transaction money flows. Physica A: Statistical

Mechanics and Its Applications, 462: 134-140.

Zhu B, Huang Q, Guibas L, et al. 2013. Urban population migration pattern mining based on taxi trajectories. Proceedings of the 3rd International Workshop on Mobile Sensing: The Future, Brought to You by Big Sensor Data. Philadelphia.

Zhu X, Guo D. 2014. Mapping large spatial flow data with hierarchical clustering. Transactions in GIS, 18(3): 421-435.

第 8 章　地理流的空间插值

在流空间中，当某些对象的空间分布（如任意两个空间位置之间的人流密度、流速特征以及通行时间等）由于观测成本较高而难以直接获取时，可借助有限样本应用空间插值对整体分布进行估计和复原。然而，能够进行空间插值的流对象必须可视为空间随机场，且满足以下两个条件：其一是连续性，指流空间中的每个位置上都存在属性值；其二是相关性，即空间邻近的流，其属性更相似（具体含义详见第 5 章）。需要说明的是，连续分布的流空间随机场与离散分布的流事件不同，前者在流空间中是"稠密"的，即处处有值，如人流密度；而后者通常表现为个体流，只在特定的位置出现，如出租车 OD 流。因此，前者不适用于个体流的某些计算，如 K 函数和 L 函数，而后者无法进行空间插值。地理流的特殊性使得其距离度量、空间相关性以及空间随机场的性质等与二维空间的随机变量不同，导致传统的空间插值方法难以直接应用于流的插值。为了对流的空间插值进行建模，本书将传统的空间插值方法进行扩展，构建流的空间插值模型。本章首先简要介绍流空间插值的内涵，然后介绍两类流空间插值方法：流的全局插值和流的局部插值，具体地，前者包括流的趋势面分析，而后者包括最邻近插值、反距离权重插值和克里金插值。

8.1　流空间插值的内涵

流的空间插值与欧氏空间中的插值原理类似，即用已知样本流的属性来估计其他未采样位置处流（简称待估流）的属性值（具体原理见图 8-1）。令流 $f=(\Delta, Z(\Delta))$，$\Delta=((x_o, y_o), (x_d, y_d))$，其中，$(x_o, y_o)$ 与 (x_d, y_d) 分别为 f 的起点坐标和终点坐标，$Z(\Delta)$ 表示流 f 的属性值，则待估流属性的估计公式为

$$\hat{Z}(\Delta_0)=g(\Delta_0|\theta_\Delta)+\varepsilon \tag{8-1}$$

其中，Δ_0 为待估流的空间位置；$\hat{Z}(\Delta_0)$ 为待估流的属性值；$g(\ )$ 为流插值模型；θ_Δ 为插值模型的系数，通常可由样本流的位置信息 Δ 及属性值 $Z(\Delta)$ 估计得出；ε 为模型残差。流空间插值的实际应用包括，根据包含风速信息的台风路径流（从台风生成位置到消散位置的流），可推测潜在台风的平均风速、最大风速等属性 [图 8-2(a)]；还可根据格网单元对之间出租车 OD 流的密度，估计邻近格网单元对之间的出租车 OD 流密度 [图 8-2(b)]。

按照插值模型参数估计和适用的空间范围，可将其分为全局模型和局部模型。全局模型是指整个研究区使用统一的模型及参数（$\theta_\Delta=\theta_0$）估计待估流的属性值，而局部模型则是指研究区的不同区域使用参数不同的插值模型进行待估流的估计。以式 (8-1) 为例，在

全局模型中，所有样本都参与模型参数 θ_0 的估计，且研究区每个位置的估计值均可通过该模型计算得到；而在局部模型中，不同位置的模型参数 θ_Δ 通过附近的样本 $Z(\Delta)$ 进行估计，并反过来用于该位置的插值计算。本章的后续部分将分别介绍流的全局插值模型和局部插值模型。

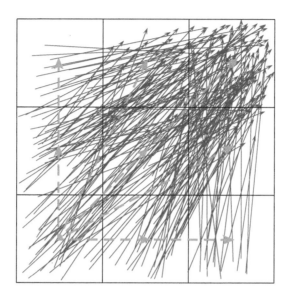

图 8-1　流空间插值示意图

图中橙色流为待估流，蓝色流为样本流，待估流属性值$\hat{Z}(\Delta_0)$可由式 (8-1) 进行估计：
$\hat{Z}(\Delta_0)=\sum w_i Z(\Delta_i)$，其中，$Z(\Delta_i)$ 表示样本流属性值，w_i 表示权重系数

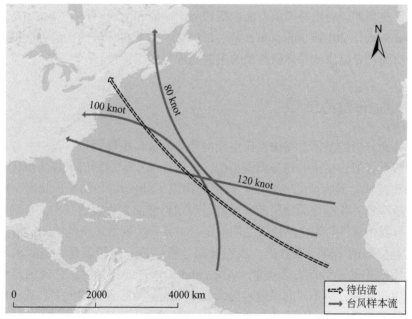

(a) 潜在台风属性的空间估计

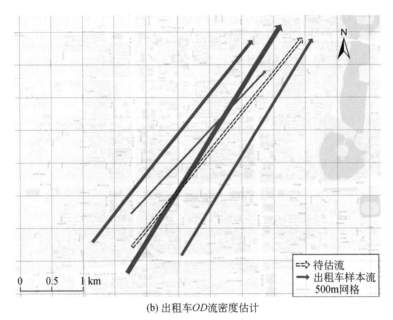

(b) 出租车OD流密度估计

图 8-2　流空间插值应用实例

1knot=1.852km/h；流的粗细代表流属性值的高低

8.2　流的全局插值模型

如前所述，全局插值模型使用统一的模型表达研究区内地理对象的空间分布，其优点是可以描述研究区整体（大尺度）的空间异质性，而缺点是有可能忽略局部尺度下空间异质性的细节。典型的全局模型插值方法包括趋势面插值和全局回归（Chen and Li，2019；İmamoğlu and Sertel，2016；Johnston et al.，2001）。本节将传统的插值方法推广至流，以流趋势面分析为例介绍流全局插值模型的主要原理与应用场景。

8.2.1　流的趋势面模型

流的趋势面分析的整体思路由欧氏空间的趋势面分析拓展而来。首先，与欧氏空间趋势面模型的假设类似，在流的趋势面模型中，流属性的实际观测值可视为由代表全局特征的"趋势"和反映局部特征的"剩余"两部分构成（Miller，1956）；其次，同样与传统的趋势面分析一致，流趋势面分析的实质就是利用趋势面方程表达其中的全局趋势，并通过流趋势面方程中属性与流空间位置之间的定量关系，实现地理流的空间插值。

由上述趋势面的原理不难看出，流趋势面分析的核心步骤就是构造和求解趋势面方程。与欧氏空间中的趋势面方程类似（Allen and Krumbein，1962），流的趋势面方程一般也采用多项式函数，所不同的是前者为二元多项式，而后者为四元多项式。欧氏空间中趋势面方程的求解思路是通过最小二乘拟合得到多项式函数的系数（Ni et al.，2017；Lee et al.，2012；La Vecchia et al.，1990），而流的趋势面方程的求解思路可如法炮制，即通过样本流的起、终点坐标以及流属性值拟合四元多项式函数，从而构建流空间的趋势面方程。下面以规则格网之间流密度的趋势面拟合为例，介绍流的趋势面分析原理。

在介绍流趋势面的原理之前，首先给出流空间中格网单元流密度的定义，即格网单元间流的数目除以格网单元对的体积（计算方式见第 2 章 2.2.3 节）。那么对于单元大小一致的格网，流密度可直接用格网对内流的数目代表。由此，根据部分格网单元对的流密度（这些格网单元对之间的流也可视为样本流）建立起的趋势面模型可表达为

$$Z(\Delta_i)=g(\Delta_i)+\varepsilon_i \tag{8-2}$$

式中，$Z(\Delta_i)$ 为中心坐标位于 $((x_{oi}, y_{oi}), (x_{di}, y_{di}))$ 的格网单元对内的流密度；i 为样本流的编号；$g(\ )$ 为流密度的趋势函数，反映了流密度随流空间位置不同而变化的趋势，其在流空间中对应的曲面即为流密度的趋势面；ε_i 为流密度偏离趋势面的残差值，反映了流密度在局部区域与趋势之间的差异。

流的趋势面可表达为以起点、终点坐标为自变量的多项式函数。一般情况下，高次多项式中一次项和二次项承载的趋势分量已能够表征大部分趋势特征，故三次项或更高次项的趋势分量的重要性会显著下降（Allen and Krumbein，1962），因此，对于流的趋势面，本书只考虑流空间中的一次多项式趋势面（简称一次趋势面）和二次多项式趋势面（简称二次趋势面）。具体地，流的一次趋势面函数表达式为

$$g(\Delta)=a_0 + a_1x_o + a_2y_o + a_3x_d + a_4y_d \tag{8-3}$$

流的二次趋势面函数包含 4 个一次项和 10 个二次项，表达式为

$$g(\Delta)=a_0 + a_1x_o + a_2y_o + a_3x_d + a_4y_d + a_5x_o^2 + a_6y_o^2 + a_7x_d^2 + a_8y_d^2$$
$$+a_9x_oy_o + a_{10}x_ox_d + a_{11}x_oy_d + a_{12}y_ox_d + a_{13}y_oy_d + a_{14}x_dy_d \tag{8-4}$$

式 (8-3) 和式 (8-4) 中，$g(\ )$ 为流密度趋势函数的方程；$\Delta=((x_o, y_o), (x_d, y_d))$ 表示流的位置，其中 (x_o, y_o) 为流的起点坐标，(x_d, y_d) 为流的终点坐标；a_0 为常数项，$a_1, a_2, \cdots, a_{14}$ 为多项式系数。

在实际应用中，式 (8-4) 中的系数可通过最小二乘法求解，而趋势面函数的拟合效果可通过可决系数 R^2 检验，R^2 越接近于 1，说明函数拟合效果越好。

8.2.2　流的趋势面模拟实验

本节通过模拟实验对流趋势面模型的有效性进行验证，具体思路如下：首先，在趋势已知的流数据集中加入随机噪声流生成模拟流数据集；然后，对模拟流数据集进行拟合得到流趋势面方程；最后，对比拟合后与预设的流趋势面方程之间的差异，以此评估趋势面方法的有效性。为了直观地展示流趋势面的特征，本节采用第 3 章中介绍的 OD 嵌套格网图方法（Wood et al.，2010）对流趋势面进行可视化表达。

模拟实验区设定为 8km×8km 的矩形区域，坐标原点位于区域左下角，横轴表示 x

坐标，纵轴表示 y 坐标。模拟实验共分 5 组，每组实验对应不同的流密度趋势，其中包括 2 组线性趋势和 3 组非线性趋势，每种流密度趋势通过不同的流趋势面方程表征。模拟实验的步骤如下：首先，将实验区划分为 2km×2km 的格网，并通过流的趋势面方程计算格网对中心的流密度值；其次，根据流密度值在格网对内随机生成相应数目的流；再次，在整个研究区内再添加 10% 的随机噪声流，从而得到模拟流数据集；然后，计算每个格网对的流密度值，得到新的流密度分布；最后，采用最小二乘法拟合出流趋势面方程，重复上述实验过程 100 次，取系数的平均值作为最终的流趋势面方程系数的估计值，并通过可决系数 R^2 来衡量方程的拟合度。

图 8-3 为模拟实验数据集及其趋势面拟合的情况，其中的每一列对应一组模拟实验。图 8-3(a)~(e) 展示了 5 组模拟流数据集，而图 8-3(f)~(j) 为 (a)~(e) 中对应模拟流数据网格化后的流密度分布，图中颜色的深浅表示格网单元对中流密度的高低。图 8-3(k)~(o) 使用 OD 嵌套格网图展示了流的趋势面特征，其外层格网（大）单元整体颜色的深浅对应从不同起点出发的流密度的高低，而其内嵌格网每个（小）单元的颜色表示相同起点至不同终点的流的密度高低。为了更清晰地表达流密度的趋势特征，在每个外层格网单元的内部同时用等高线展示内嵌格网的流密度分布。模拟实验中，1~2 组实验对应流密度的线性趋势，即流密度沿 x 方向或 y 方向线性递增/减，相应的流趋势面方程只有一次项；3~5 组实验对应流密度的非线性趋势，相应的流趋势面方程包含一次项和二次项。

模拟实验的真实趋势面方程和拟合结果见表 8-1。实验 1[图 8-3(k)] 和实验 2[图 8-3(l)] 的流密度变化趋势与起点、终点坐标均呈线性关系，区别在于：实验 1 中的系数均为正，导致流密度随坐标的增大而增大；而实验 2 中的系数为负，致使流密度的增长趋势与坐标变化相反。实验 3 的流密度趋势面 [图 8-3(m)] 与实验 2 相似，均表现为流密度随起、终点坐标的增大而降低，但实验 3 的趋势面方程含有二次项和交叉项，因而外层格网流密度与内嵌格网流密度均呈现非线性的变化趋势。实验 4 中的流密度由区域中部向四周呈非线性升高 [图 8-3(n)]，OD 点均在区域中部的流密度最低，OD 点均在区域四周的流密度最高，其余区域对之间的流密度介于二者之间。实验 5 中的趋势面方程的系数与实验 4 相反，故其流密度的变化趋势 [图 8-3(o)] 依理与实验 4 也相反，即流密度由区域四周向中心呈非线性升高的趋势，OD 点均在区域中部的流密度最高，OD 点均在区域四周的流密度最低，其余区域对之间的流密度介于二者之间。从表 8-1 可以看出，以上各组实验的趋势面拟合结果均与真实方程基本一致，且 R^2 均在 0.85 以上，说明本节介绍的流趋势面拟合方法可有效刻画流属性（如密度等）的趋势特征。

表 8-1　模拟实验结果

实验			趋势面方程	R^2	流密度分布趋势
线性	1	真实	$g(\Delta)=10+0.5x_o+0.5y_o+0.5x_d+0.5y_d$	0.905[***]	流密度随起点、终点坐标增大而线性升高
		拟合	$g(\Delta)=10.63+0.5x_o+0.5y_o+0.52x_d+0.49y_d$		

实验			趋势面方程	R^2	流密度分布趋势
线性	2	真实	$g(\varDelta)=10-0.5x_o-0.5y_o-0.5x_d-0.5y_d$	0.970***	流密度随起点、终点坐标增大而线性降低
		拟合	$g(\varDelta)=10.71-0.49x_o-0.5y_o-0.51x_d-0.51y_d$		
非线性	3	真实	$g(\varDelta)=10-0.5x_o-0.5y_o-0.5x_d-0.5y_d+0.06x_o^2+0.06y_o^2+0.06x_d^2+0.06 \cdot y_d^2-0.02x_oy_o-0.02x_ox_d-0.02x_oy_d-0.02y_ox_d-0.02y_oy_d-0.02x_dy_d$	0.952***	流密度随起点、终点坐标增大而非线性降低
		拟合	$g(\varDelta)=10.53-0.5x_o-0.5y_o-0.5x_d-0.51y_d+0.06x_o^2+0.06y_o^2+0.06x_d^2+0.06y_d^2-0.02x_oy_o-0.02x_ox_d-0.02x_oy_d-0.02y_ox_d-0.02y_oy_d-0.02x_dy_d$		
	4	真实	$g(\varDelta)=10-0.5x_o-0.5y_o-0.5x_d-0.5y_d+0.06x_o^2+0.06y_o^2+0.06x_d^2+0.06y_d^2$	0.861***	流密度随起点、终点坐标增大而先降低后升高
		拟合	$g(\varDelta)=10.35-0.5x_o-0.5y_o-0.5x_d-0.49y_d+0.06x_o^2+0.06y_o^2+0.06x_d^2+0.06y_d^2$		
	5	真实	$g(\varDelta)=10+0.5x_o+0.5y_o+0.5x_d+0.5y_d-0.06x_o^2-0.06y_o^2-0.06x_d^2-0.06y_d^2$	0.877***	流密度随起点、终点坐标增大而先升高后降低
		拟合	$g(\varDelta)=10.31+0.5x_o+0.5y_o+0.49x_d+0.5y_d-0.06x_o^2-0.06y_o^2-0.06x_d^2-0.06y_d^2$		

*** 表示在 0.001 的水平上显著。

8.2.3　应用案例

为了评估流的趋势面模型在实际应用中的效果，本节基于城市出租车 OD 流数据，对城市居民早晚高峰出行流的不同趋势特征进行分析。研究区如图 8-4 所示，为北京中心商务区（central business district，CBD）的核心区向北、东辐射延伸的"泛 CBD 区域"（8km × 8km 矩形区域）。泛 CBD 区域作为热门通勤区域，承担了北京东部地区早晚高峰的大量车流，探究其流密度分布规律及其背后的影响因素，有助于揭示局部交通拥堵的特征及原因，从而为交通规划和管理措施的制定提供参考。

案例所使用的流数据来源于北京市超过 25 000 辆出租车的载客 OD 记录，时间范围为 2014 年 10 月 8~29 日的 15 个工作日（其中 10 月 16 日数据缺失），共包含研究区内 24.2 万条出租车 OD 流。图 8-4 显示了研究区早高峰时段（7:00~9:00）和晚高峰时段（17:00~19:00）的部分出租车 OD 流（10% 抽稀）。由于流空间的高维性有可能导致城市出行流在流空间内分布的稀疏性（Wang et al.，2011），故在趋势面模型中用于拟合的格网单元不宜过小。为此，研究中以 2km × 2km 的矩形网格作为基本单元对研究区进行划分，并对格网单元对之间的 OD 流密度进行趋势面拟合。不同时段的流密度趋势面方程的拟合结果见表 8-2。

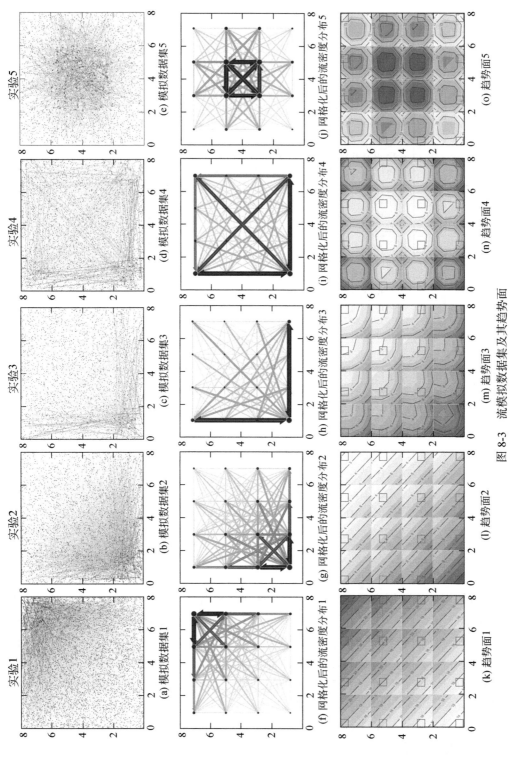

图 8-3　流模拟数据集及其趋势面

图中每一列对应一组模拟实验，(k)~(o) 为流密度趋势面的 OD 套格网图，其外层格网（大）单元整体颜色的深浅对应从不同起点出发的流密度的高低，而其内嵌格网（小）单元的颜色表示相同起点至不同终点的流密度高低，颜色越深，密度越高

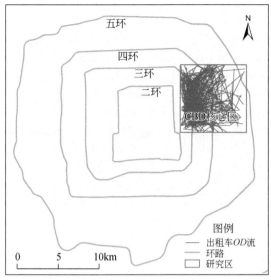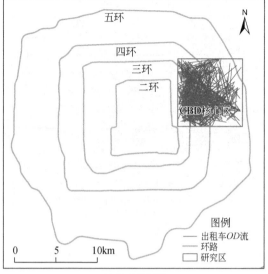

(a) 早高峰时段 　　　　　　　　　　　　　　(b) 晚高峰时段

图 8-4　研究区及出租车 *OD* 流部分样例数据（10% 抽稀）

表 8-2　流密度趋势面方程拟合结果

时间段	一次模型 R^2	二次模型 R^2
早高峰（7:00~9:00）	0.546**	0.827***
晚高峰（17:00~19:00）	0.470*	0.744***

* 表示在 0.05 的水平上显著，** 表示在 0.01 的水平上显著，*** 表示在 0.001 的水平上显著。

由表 8-2 可知，早、晚高峰时段，二次趋势面模型的拟合度 R^2 分别为 0.827 和 0.744，较一次趋势面模型 R^2 更高，且均在 0.001 的水平下显著。由此可见，二次趋势面模型可以较好反映研究区内的出租车 *OD* 流密度趋势，其常数项及各项系数见表 8-3。

表 8-3　流密度趋势面方程系数

时段	常数	x_o	y_o	x_d	y_d	x_o^2	y_o^2	x_d^2	y_d^2
早	9.46	−1.14	−0.24	−1.59	−0.62	0.03	0.01	0.07	0.02
晚	10.03	−1.31	−0.55	−1.02	−0.29	0.03	−0.01	0.01	−0.04

时段	$x_o y_o$	$x_o x_d$	$x_o y_d$	$y_o x_d$	$y_o y_d$	$x_d y_d$
早	−0.02	0.14	0.02	−0.01	0.05	0.02
晚	−0.002	0.16	0.01	0.01	0.10	−0.002

为了清晰展示研究区中出租车 *OD* 流的趋势特征，我们对流的趋势面进行了可视化，结果如图 8-5 所示。由于早晚高峰出行流的趋势主要与住宅 / 工作地的空间分布有关，我们对研究区内的商业及办公、住宅类的 POI 进行了统计（图 8-6），并分析了其与早晚高峰出行流趋势之间的关系。

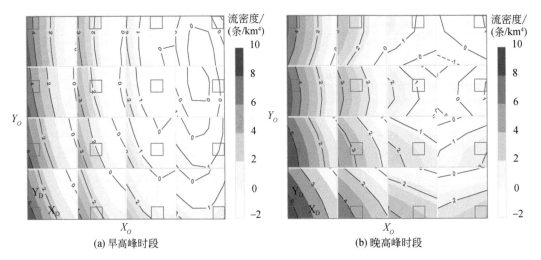

(a) 早高峰时段   (b) 晚高峰时段

图 8-5   出租车 OD 流的趋势面

    图 8-5(a) 中的 OD 嵌套格网图显示，外层格网流密度呈现自东向西逐渐升高的趋势，表明从四环以内出发的早高峰上班出行流密度较高。同样，对于每个外层格网内的嵌套格网，流密度高值区也普遍聚集在西侧，说明各地流向西侧的流密度普遍较高，且终点位置越靠近西南流的密度越大。上述现象与研究区的西南部商业及办公地点的聚集有关，具体如图 8-6(a) 所示，在 CBD 核心区、东大桥、呼家楼等地，与商业及办公相关的 POI 密度明显较高。在晚高峰时段，下班出行流的高密度区域相对于早高峰向东北方向偏移 [图 8-5(b)]。其原因在于，相对于 CBD 核心区周边的商业及办公地点的高密度区，住宅的高密度区主要分布于其东部和北部的区域，因而晚高峰时段去往该地的流密度比早高峰更高 [图 8-6(b)]。

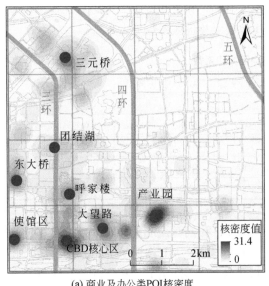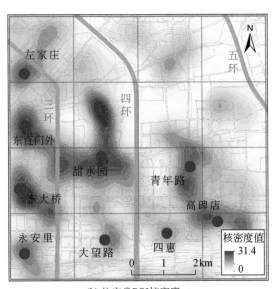

(a) 商业及办公类POI核密度   (b) 住宅类POI核密度

图 8-6   研究区内商业及办公类、住宅类 POI 分布

由流的趋势面分析结果可以看出，早晚高峰通勤流的趋势面特征与城市职住地分布相关。早高峰时段，沿四环外向 CBD 核心区的方向，流密度呈增高的趋势，这是因为，研究区所覆盖的四环范围内主要为商业及办公区，居民到这些区域上班的出行比较密集；晚高峰时段，流的高密度区向四环外扩张，其原因在于，晚高峰时段出行流的目的主要为下班归家，而相对于工作地，居住区的分布更集中于四环外。因此，可考虑职住更加混合的城市规划方案，以缓解内环区域的交通压力。

8.3　流的局部插值模型

流的趋势面分析方法虽然可以有效刻画流的空间分布的整体趋势，但忽略了其"局部特征"，而流的局部插值模型可以更好地包容流的空间异质性，并充分利用空间相关性信息对流的空间分布进行更为"精细"地刻画，故在空间异质性较强的情况下，局部模型的插值结果可能比全局模型的结果更接近真实的情况。传统的局部插值模型包括最近邻插值（Sibson，1981）、反距离权重插值（Shepard，1968）、地理加权回归（Brunsdon et al.，1996）以及克里金插值（Matheron，1963）等。本节将欧氏空间下的局部插值模型拓展至流空间，着重阐述以下内容。首先，简要介绍流的最邻近以及反距离权重法的原理；然后，在传统克里金插值方法的基础上，提出流空间的普通克里金插值模型，并通过实际案例验证该模型的有效性。

8.3.1　流的最邻近插值和反距离权重插值方法

流的最邻近插值和反距离权重插值共同的前提条件是，流具有空间自相关性，即空间越邻近的流，其属性越相似（详见第 5 章）；而二者的区别在于，在对待估流的属性进行估计时，最邻近方法仅使用距待估流最近的样本流进行估计，而反距离权重方法则使用待估流附近一定范围内多条样本流的属性信息，通过线性组合的方式对待估流的属性进行估计。下面分别对两种方法进行介绍。

1. 流的最邻近插值

传统的最邻近插值方法的原理是将最邻近样本点的值赋予待估点，而在流的最近邻插值方法中，则是将距离待估流最近的样本流的属性值直接作为估计结果，其公式如下：

$$\hat{Z}(\varDelta_0)= Z(\varDelta_i), \quad i= \arg\min_k(d(f_0,f_k)), k =1,2,\cdots, n \tag{8-5}$$

式中，$\varDelta_0$ 为待估流 f_0 的空间位置；$\varDelta_i$ 为第 i 条样本流 f_i 的空间位置；$\hat{Z}(\varDelta_0)$ 为待估流 f_0 的属性估计值；$Z(\varDelta_i)$ 为样本流 f_i 的属性值；$d(f_0,f_k)$ 为待估流 f_0 与第 k 条样本流 f_k 之间的距离；n 为样本流的总数；函数 $\arg\min_k(d(f_0,f_k))$ 的含义是返回使 $d(f_0,f_k)$ 达到最小时的 k 值。

流的最邻近插值方法的原理较为简单，其插值结果最终产生"流空间的泰森多边形"或"流空间中的 Voronoi 多边形"，即最邻近插值方法最终在流空间中为每个样本流划分"领地"。每个样本流的"领地"为一个流多面体，该流多面体为所有以该样本流（事件流）

为最邻近邻居的（几何）流集合。在样本流的"领地"内，所有待估流属性的估计值均相同，且等于该样本流的属性值。由最邻近插值方法得到的流空间曲面不仅不连续，而且在待估流的"领地"内属性值无差异（可称为"补丁"效应），这显然与实际情况不符，而造成这些缺陷的主要原因就是在插值过程中仅使用了最邻近的一条样本流的信息。为了改进最邻近方法的上述缺陷，需要使用更多的样本流信息参与估计，如流的反距离权重插值方法，下面进行介绍。

2. 流的反距离权重插值

流的反距离权重插值方法以流的空间自相关性为基础，即假设待估流与近距离样本流的相似程度比远距离样本流更高，据此可使用待估流邻域范围内所有样本流的加权平均值作为最终估计值，其公式如下：

$$\hat{Z}(\varDelta_0) = \sum_{i=1}^{m} \lambda_i Z(\varDelta_i) \tag{8-6}$$

式中，$\varDelta_0$ 和 $\varDelta_i$ 的含义与式 (8-5) 相同；m 为待估流邻域范围内样本流的数目；λ_i 为第 i 条样本流的权重，计算公式如下：

$$\lambda_i = \frac{d(f_0, f_i)^{-\alpha}}{\sum_{j=1}^{m} d(f_0, f_j)^{-\alpha}} \tag{8-7}$$

式中，α 为距离指数，在欧氏空间的插值应用中，α 通常取 2，而针对流的插值，由于流空间的维度是 4，故 α 的取值一般介于 2~4，其余变量的含义与式 (8-5) 相同。根据式 (8-7) 可计算每条样本流对应的权重系数，并代入式 (8-6) 中，即可得到待估流的属性值。

流的反距离权重方法可以有效克服最邻近插值方法的"补丁"效应，较精确地反映流的空间分布。流的最邻近插值和反距离权重插值方法均属于流的无偏估计方法，但并非是最优的估计方法。此处的最优是指估计方差最小，而估计方差指估计误差的方差，是衡量估计质量的重要指标，一个估计方法所产生的估计方差越小，则说明这个方法越好（周成虎和裴韬等，2011）。为了实现估计方差的最小化，可以通过无偏和估计方差最小的条件构建流的插值方法，即流克里金插值方法，下一节进行具体介绍。

8.3.2 流克里金插值模型基本原理

克里金（kriging）插值模型是在随机变量存在空间自相关性且满足（二阶）平稳假设的条件下的最优线性无偏估计（best linear unbiased predict，BLUP）。根据假设条件和融合的信息类型的不同，可将克里金插值方法分为简单克里金（simple kriging）（Cressie，1990）、普通克里金（ordinary kriging，OK）（Wackernagel，2003）、协同克里金（co-kriging）（Vauclin et al.，1983）、泛克里金（universal kriging）（Gundogdu and Guney，2007）、析取克里金（disjunctive kriging）（Yates et al.，1986）、段块克里金（block kriging）（Cressie，2006）、指示克里金（indicator kriging）（Arslan，2012）等不同类型，而普通克里金是其中最基础和最常用的方法之一。本节介绍的流的克里金插值方法是普通克里金插值方法在流空间的扩展。因此，本节将首先回顾二维空间的普通克里金方法原理，然后再将其推广至流空间。

1. 普通克里金插值方法原理

克里金模型的原理大致可分为三个部分：第一，假设待估点的值可表达为已知样本点与其权重系数的线性组合；第二，通过随机变量的变差函数对空间随机场的相关性进行建模；第三，基于估计无偏和方差最小条件构建克里金方程组（其中估计方差最小条件需要使用变差函数的信息），通过求解克里金方程组得到样本点的权重系数。

1）待估点的表达

对于欧氏空间下的空间随机场 Y，普通克里金插值方法假设其中的待估点可表达为其邻域范围内已知样本点的加权平均，具体计算公式为

$$\hat{Y}(x_0) = \sum_{i=1}^{n} \lambda_i Y(x_i) \tag{8-8}$$

式中，$\hat{Y}(x_0)$ 为待估点 x_0 的估计值；$Y(x_i)$ 为样本点 x_i 的值；n 为样本点的数量。

2）变差函数建模

空间随机场 Y 的空间自相关性可以通过变差函数进行量化，而变差函数定义为任意两个距离为 h 的随机变量之差的方差之半：

$$\gamma(x,h) = \frac{1}{2}\text{Var}(Y(x) - Y(x+h)) \tag{8-9}$$

在二阶平稳性假设的条件下（即随机变量的数学期望、协方差函数与其位置无关），变差函数可以表达为

$$\gamma(h) = \frac{1}{2}E([Y(x) - Y(x+h)]^2) \tag{8-10}$$

从式 (8-10) 可以看出，空间随机场中，任意两个随机变量之间的变差函数值只与它们的距离 h 有关，而与位置无关。

为了确定变差函数的具体形式，需要通过实际数据绘制变差散点图，再根据变差散点图的形状选取相应的模型进行变差函数的拟合。常见的变差函数模型包括：指数模型、线性模型、球状模型和高斯模型等。下面以球状模型为例 [式 (8-11)]，简要说明变差函数拟合的过程。如图 8-7 所示，变差函数的球状模型包括三个参数：变程（a）、拱高（C）和块金值（C_0）。其中，块金值（C_0）为 h 非常小时，变差函数的值，反映了小尺度下空间随机场随机性的强弱，块金值越大表示空间随机场的粗糙程度越大，随机性越强，反之则表示空间随机场越平滑，随机性越弱；拱高（C）表示大尺度下空间随机场变异的幅度，当拱高越大，块金值越小时（即二者的比值越大），表示空间随机场的可知程度越高，随机程度越低；变程（a）越大，表示空间随机场自相关性存在的范围越大，反之则越小。图 8-7 展示了由变差散点图拟合球状模型的效果。需要说明的是，无论是式 (8-10)，还是上述的变差函数拟合，必须以二阶平稳假设为前提，其中的原因限于篇幅，不再介绍，详情请参考周成虎和裴韬（2011）。

$$\gamma(h) = \begin{cases} 0, & h = 0 \\ C_0 + C\left(\dfrac{3h}{2a} - \dfrac{1h^3}{2a^3}\right), & 0 < h \leqslant a \\ C_0 + C, & h > a \end{cases} \tag{8-11}$$

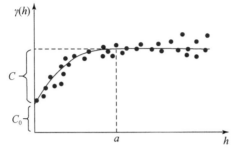

图 8-7　变差散点图及球状模型拟合示意图

3）克里金方程组

根据估计无偏以及最小估计方差条件，式 (8-8) 中的权重系数 λ_i 可由以下方程组求解（Krige，1951）：

$$\begin{cases} \displaystyle\sum_{j=1}^{n} \lambda_j \gamma(x_i, x_j) + u = \gamma(x_i, x_0), & i = 1, 2, \cdots, n \\ \displaystyle\sum_{i=1}^{n} \lambda_i = 1 \end{cases} \tag{8-12}$$

式中，u 为拉格朗日参数；$\gamma(x_i, x_j)$ 为空间随机变量 $Y(x_i)$ 与 $Y(x_j)$ 之间的变差函数值；$\gamma(x_i, x_0)$ 为待估点 x_0 和样本点 x_i 之间的变差函数值。由于在二阶平稳假设下，两个空间随机变量之间的变差函数值只与它们的距离 h 有关，而与它们所在的位置无关，因此，式 (8-12) 中的 $\gamma(x_i, x_0)$ 等于以 x_0 与 x_i 之间的距离为自变量，代入变差函数 $\gamma(h)$[式 (8-11)] 后的结果，$\gamma(x_i, x_j)$ 的值可依上述方法求出。由方程组 (8-12) 求出权重系数 λ_i 之后，代入式 (8-8) 即可得到待估点的值。

2. 流的克里金插值原理

流的克里金插值的基本原理与传统克里金插值方法类似，同样可以分为待估流的表达、流变差函数建模、流克里金方程组的构建与求解三个步骤，下面分别介绍。

1）待估流的表达

将流空间随机场中流的属性视为随机变量，则待估流的值可视为其邻域内样本流的加权平均，其计算公式为

$$\hat{Z}(\varDelta_0) = \sum_{i=1}^{n} \lambda_i Z(\varDelta_i), \qquad \varDelta = \langle s^O, s^D \rangle \in R^2 \times R^2 \tag{8-13}$$

式中，$\varDelta$ 为流在流空间中的位置；$s^O = (x_o, y_o)$ 为 O 平面中流起点的位置；$s^D = (x_d, y_d)$ 表示 D 平面中流终点的位置；$\hat{Z}(\varDelta_0)$ 为 $\varDelta_0$ 处待估流属性的估计值；$Z(\varDelta_i)$ 为 $\varDelta_i$ 处样本流的观测值；

n 为样本流的数量。

2）流变差函数建模

流变差函数 $\gamma(\ )$ 的定义为：流空间中，距离为 d 的两个随机变量 $Z(\Delta)$ 和 $Z(\Delta+d)$ 之差的方差之半，其计算公式为

$$\gamma(x,d) = \frac{1}{2}\mathrm{Var}(Z(\Delta) - Z(\Delta+d)) \tag{8-14}$$

式中，d 为两条流之间的距离（这里采用 2.2.1 节中的加和距离）。前已述及，只有当空间随机场满足二阶平稳假设时，式 (8-14) 方能简化为式 (8-15)，并进行实验变差散点的拟合。

$$\gamma(d) = \frac{1}{2}E([Z(\Delta) - Z(\Delta+d)]^2) \tag{8-15}$$

换句话说，普通克里金插值的基本条件之一就是二阶平稳假设。然而，流空间的二阶平稳性是否存在，其合理性怎样？这些问题是流克里金方法的基础。为此本节对流空间的二阶平稳假设进行理论说明。

流空间中的二阶平稳假设需要满足以下两个条件：

（1）数学期望存在且平稳

$$E(Z(\Delta))=m_0 \tag{8-16}$$

（2）协方差存在且平稳

$$\mathrm{Cov}(Z(\Delta_i), Z(\Delta_j))=C(\Delta_i-\Delta_j) \tag{8-17}$$

式 (8-16) 和式 (8-17) 中，m_0 为常数；$\Delta_i-\Delta_j$ 为流 f_i 和 f_j 之间的距离；$C(\ )$ 为随机变量之间的协方差函数。流空间二阶平稳假设的合理性可以通过两种方式进行验证。其一是使用大量实际数据进行实证研究；其二是在欧氏空间平稳假设的基础上进行推导证明。本书采用后者进行流空间二阶平稳假设的证明。在进行证明之前，需要首先假设位置之间的流服从重力模型，在此条件下，我们给出详细的证明过程。

定理 1　给定两个相互独立且均满足二阶平稳的二维空间随机场 $Y(s^O)$ 和 $Y(s^D)$（s^O，$s^D \in R^2$），若起终点分别位于这两个二维空间随机场的流形成的流空间随机场 $Z(\Delta)$（$\Delta=<s^O$，$s^D> \in R^2 \times R^2$）满足：

$$Z(\Delta) = G\frac{Y(s^O)Y(s^D)}{(r^{OD})^2} \tag{8-18}$$

$$r^{OD} \approx r_0 \tag{8-19}$$

则流空间随机场 $Z(\Delta)$ 也满足二阶平稳。

式 (8-18) 表示流空间随机场遵循引力模型（引力模型具体介绍见第 10 章 10.1 节），式中，G 为引力系数；r^{OD} 为流的长度；式 (8-19) 表示当 O 区域与 D 区域距离较远且 O 区域和 D 区域的尺度相对于它们之间的距离小很多时，O 区域与 D 区域之间流的长度可以近似为一个常数 r_0。该定理表明，若两个平稳区域之间的流遵循引力模型，且它们之间所有流的长度可近似视为某个常数，则由这两个平稳区域构成的流空间随机场是平稳的。具体证明如下。

（1）流空间随机场的期望平稳

$$E(Z(\Delta)) = E\left(G\frac{Y(s^O)Y(s^D)}{(r^{OD})^2}\right) = \frac{G}{r_0^2}E(Y(s^O)Y(s^D)) \tag{8-20}$$

由于 $Y(s^O)$ 与 $Y(s^D)$ 相互独立，且 $Y(s^O)$ 和 $Y(s^D)$ 均平稳，所以，

$$E(Z(\Delta)) = \frac{G}{r_0^2}E(Y(s^O))E(Y(s^D)) = \frac{G\mu^O\mu^D}{r_0^2} \tag{8-21}$$

由于 $Y(s^O)$ 和 $Y(s^D)$ 均平稳，所以，二维空间随机场 $Y(s^O)$ 和 $Y(s^D)$ 的期望均为常数，分别为 μ^O 和 μ^D，又已知 r_0 也为常数，故流空间随机场的期望 $E(Z(\Delta))=\mu$ 为常数。

（2）流空间随机场的方差平稳

$$\begin{aligned}
\mathrm{Var}(Z(\Delta)) &= E(Z^2(\Delta)) - E^2(Z(\Delta)) \\
&= \frac{G^2}{r_0^4}[E(Y^2(s^O)Y^2(s^D)) - (\mu^O\mu^D)^2] \\
&= \frac{G^2}{r_0^4}[E(Y^2(s^O))E(Y^2(s^D)) - (\mu^O\mu^D)^2] \\
&= \frac{G^2}{r_0^4}\{[\mathrm{Var}(Y(s^O))+E^2(Y(s^O))][\mathrm{Var}(Y(s^D))+E^2(Y(s^D))]-(\mu^O\mu^D)^2\} \\
&= \frac{G^2}{r_0^4}[\sigma^O\sigma^D + \sigma^O(\mu^D)^2 + (\mu^O)^2\sigma^D]
\end{aligned} \tag{8-22}$$

式中，μ^O 和 μ^D 的含义与式 (8-21) 相同；σ^O 和 σ^D 分别为二维空间随机场 $Y(s^O)$ 和 $Y(s^D)$ 的方差。由于 $Y(s^O)$ 和 $Y(s^D)$ 均平稳，因此，μ^O、μ^D、σ^O、σ^D 均为常数。由此可知，流空间随机场的方差 $\mathrm{Var}(Z(\Delta))=\sigma^2$ 为常数。

（3）流空间随机场的协方差平稳

$$\begin{aligned}
\mathrm{Cov}\,(Z(\Delta_i), Z(\Delta_j)) &= E(Z(\Delta_i)Z(\Delta_j)) - E(Z(\Delta_i))E(Z(\Delta_j)) \\
&= \frac{G^2}{r_0^4}E(Y(s_i^O)Y(s_i^D)Y(s_j^O)Y(s_j^D)) - \frac{G^2}{r_0^4}(\mu^O\mu^D)^2 \\
&= \frac{G^2}{r_0^4}E(Y(s_i^O)Y(s_j^O))E(Y(s_i^D)Y(s_j^D)) - \frac{G^2}{r_0^4}(\mu^O\mu^D)^2 \\
&= \frac{G^2}{r_0^4}\Big[\mathrm{Cov}(Y(s_i^O),Y(s_j^O))+E(Y(s_i^O))E(Y(s_j^O))\Big]\Big[\mathrm{Cov}(Y(s_i^D),Y(s_j^D)) \\
&\quad + E(Y(s_i^D))E(Y(s_j^D))\Big] - \frac{G^2}{r_0^4}(\mu^O\mu^D)^2 \\
&= \frac{G^2}{r_0^4}\Big[C^O(\|s_i^O-s_j^O\|)+(\mu^O)^2\Big]\Big[C^D(\|s_i^D-s_j^D\|)+(\mu^D)^2\Big] - \frac{G^2}{r_0^4}(\mu^O\mu^D)^2
\end{aligned} \tag{8-23}$$

式中，$C^O(\ )$ 和 $C^D(\ )$ 分别为 O 平面和 D 平面中二维空间随机场的协方差函数。由于二维空间随机场 $Z(s^O)$ 和 $Z(s^D)$ 均满足二阶平稳，所以 $C^O(\|s_i^O-s_j^O\|)=C^O(h^O)$ 且 $C^D(\|s_i^D-s_j^D\|)=C^D(h^D)$，这里 h^O 为流的起点间的距离，h^D 为流的终点间的距离。据此，式 (8-23) 可以变

换为

$$\text{Cov}\,(Z(\Delta_i),Z(\Delta_j)) = \frac{G^2}{r_0^4}[C^O(h^O)+(\mu^O)^2][C^D(h^D)+(\mu^D)^2] - \frac{G^2}{r_0^4}(\mu^O\mu^D)^2 \qquad (8\text{-}24)$$

由式 (8-24) 可以看出，流空间随机场 $Z(\Delta)$ 的协方差函数只与 h^O 以及 h^D 有关，即式 (8-24) 可以写成如下形式：

$$\text{Cov}(Z(\Delta_i),Z(\Delta_j)) = \varphi(h^O,h^D) = \varphi(g(\Delta_i - \Delta_j)) = C(\Delta_i - \Delta_j) \qquad (8\text{-}25)$$

式中，$g(\Delta_i - \Delta_j)$ 表示以流之间的距离为自变量的函数。由式 (8-25) 可知，流空间随机场 $Z(\Delta)$ 关于 h^O 和 h^D 满足二阶平稳假设。

　　需要说明的是，上述证明的二阶平稳性包含两个限制条件。首先，流随机场仅限于 h^O 和 h^D 分别相同的条件下，才满足协方差函数平稳的假设；而当流之间的距离相等，h^O 和 h^D 却不等时（例如，如果两条流的起点距离由 d_O 变为 d_O+1，终点距离由 d_D 变为 d_D-1，此时这两条流之间的加和距离相等，但 h^O 和 h^D 发生了改变），流的协方差函数平稳性难以证明，需要实际数据实证。其次，由于假设 O 区域与 D 区域之间流的长度为常数，故以上的推导仅适用于流空间局部范围内的平稳性证明。换句话说，当 O 区域和 D 区域的范围较小，且它们之间的距离较远时，由 O 区域和 D 区域构成的流空间多面体内的随机场才满足二阶平稳假设。对于不满足上述条件的流空间随机场，其平稳性需要更深入的研究，此处不再讨论，而对于本章后续的实例研究，直接采用二阶平稳假设。

　　若流空间满足二阶平稳假设，则流空间中任意两条流之间的变差函数值只与两条流之间的距离有关，与流所在的具体位置无关。因此，我们同样能够使用常见的变差函数模型对流的变差散点图进行拟合，并通过拟合好的函数计算任意两条流之间的变差函数值，从而为建立和求解流克里金方程组奠定基础。

3）流克里金方程组

　　与二维空间中的克里金方法类似，根据估计无偏以及最小估计方差条件，可构建流克里金方程组 [式 (8-26）]，式 (8-13) 中的权重系数 λ_i 可由以下方程组求解：

$$\begin{cases} \sum_{j=1}^{n}\lambda_j\gamma(\Delta_i,\Delta_j)+u = \gamma(\Delta_i,\Delta_0), & i=1,2,\cdots,n \\ \sum_{i=1}^{n}\lambda_i = 1 \end{cases} \qquad (8\text{-}26)$$

式中，u 为拉格朗日参数；$\gamma(\Delta_i,\Delta_j)$ 为样本流 f_i 和 f_j 之间的变差函数值；$\gamma(\Delta_i,\Delta_0)$ 为待估流 f_0 和样本流 f_i 之间的变差函数值。根据流空间的二阶平稳假设，式 (8-26) 中的 $\gamma(\Delta_i,\Delta_j)$ 和 $\gamma(\Delta_i,\Delta_0)$ 都可通过变差函数 $\gamma(d)$ 求得，方程组的解为权重系数 λ_i，代入式 (8-13) 即可得到待估流的值。

8.3.3　应用案例

　　为了评估流的克里金插值模型的正确性以及在实际应用中的效果，本节基于城市手机信令数据、出租车 OD 流数据，分别对城市居民出行流的密度以及出租车出行时长的不确定性进行插值分析。

1. 城市居民出行流密度插值

城市居民出行流密度反映了城市内部不同区域之间的出行强度，对城市居民出行流密度进行定量分析，可以有效揭示城市居民的出行特征，理解城市居民的出行目的和需求（Krings et al., 2009）。研究表明，手机信令数据记录了城市居民的日常出行轨迹，可为分析城市居民出行流特征提供素材（Ni et al., 2018；Wang et al., 2018）。然而，由于基站在记录手机信令的过程中经常存在过载、中断、信号屏蔽等问题，部分区域的手机信令数据存在缺失或误差，以至于无法准确估计这些区域的居民出行流密度。针对此问题，可采用本章介绍的流的普通克里金插值方法，对城市不同区域之间的居民出行流密度进行估计。本节以北京市手机信令数据所含的出行流信息为素材，假设部分区域基站数据"缺失"（即人为删除该部分数据），采用流的普通克里金插值方法对这些区域的出行流密度进行估计，并与实际情况进行对比验证，以此检验流克里金插值方法的有效性。

1）研究区与数据

本节通过手机信令数据提取居民出行流，并将出行流数据聚合至街道尺度，得到街道之间的居民出行流密度，然后以此为基础，对其中若干数据"缺失"的街道间的居民出行流密度进行插值计算。研究区如图8-8所示，其中 O 区域包括回龙观、东小口、来广营、东升、西三旗、清河、上地、马连洼街道，D 区域包括小关、亚运村、奥运村、望京、大屯、花园路、海淀、学院路、清华园、中关村街道。所使用的手机信令数据为北京市2018年5月21~25日期间5个工作日共约3352万条出行流，其中早高峰时间段（6:00~10:00）的出行流约515万条，占总量的15.4%。将研究区内的出行流聚合到街道尺度，共得到早高峰时段街区间的居民出行流80条（总流量为44 023），其平均距离为8896m（图8-8）。

2）模型验证

为了验证流的普通克里金插值模型的有效性，首先，人为将部分区域之间的流密度数据删除，然后通过流的普通克里金插值对其进行估计，并将估计值与实际数据进行对比，以检验插值精度。实验设计了三种情况：①删除从 O 区域的回龙观地区发出的流数据 [图8-9(a)]，得到数据集1；②删除到达 D 区域的小关街道的流数据 [图8-9(b)]，得到数据集2；③同时删除与①和②相关的数据 [图8-9(c)]，得到数据集3。就上述三种情况，分别对"缺失"的出行流密度进行估计。

针对上述三个不同的数据集，将不同区域之间居民出行流密度作为样本流，分别绘制街道间居民出行流密度的变差散点图，并通过球状模型进行拟合，最终得到不同数据"缺失"情况下的流的变差函数模型（图8-10），其参数估计结果如表8-4所示。从中可以看出，3种不同情况下，球状模型均具有较好的拟合结果（R^2 分别为0.96、0.99和0.93）。

流克里金插值模型精度的检验通常采用留一交叉验证法，其结果如图8-11和表8-5所示。图8-11中的圆形散点代表样本出行流，"x"形散点代表"缺失"的出行流。表8-5中的结果显示，三种情况下，留一交叉验证法中的样本出行流实际密度与其估计值的拟合直线斜率分别为0.74、0.72和0.72，预测值的均方根误差（root mean square error，RMSE）分别为3.83、3.88和4.03；"缺失"的出行流实际密度值与估计值的拟合直线斜率分别为

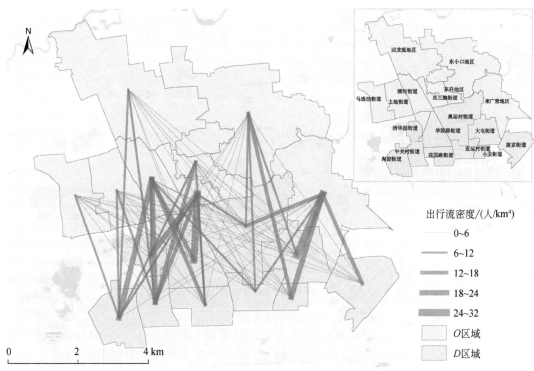

图 8-8　研究区及手机信令出行流

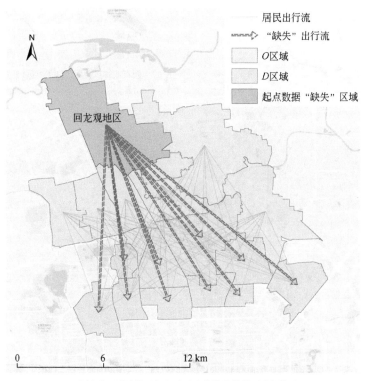

(a) 删除从 O 区域的回龙观地区出发的流数据（数据集1）

(b) 删除到达D区域的小关街道的流数据（数据集2）

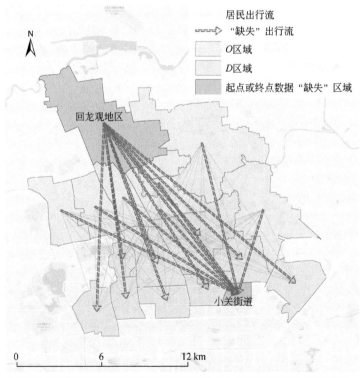

(c) 删除从O区域的回龙观地区出发以及到达D区域的小关街道的流数据（数据集3）

图 8-9　研究区数据情况

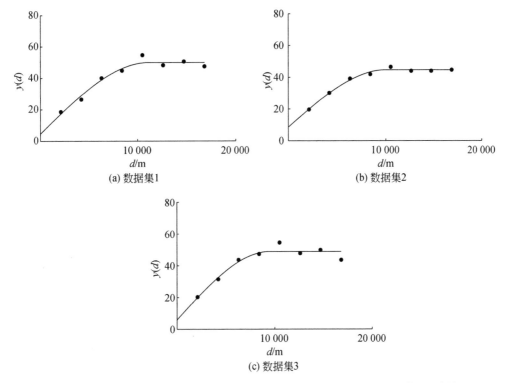

图 8-10　不同数据"缺失"情况下出行流密度的实验变差散点图及球状模型拟合结果

表 8-4　变差函数参数估计

编号	块金常数（C_0）	拱高（C）	变程（a）	拟合 R^2
数据集 1	4.53	45.48	11 172.13	0.96
数据集 2	8.68	35.93	9 963.79	0.99
数据集 3	5.84	43.01	9 465.09	0.93

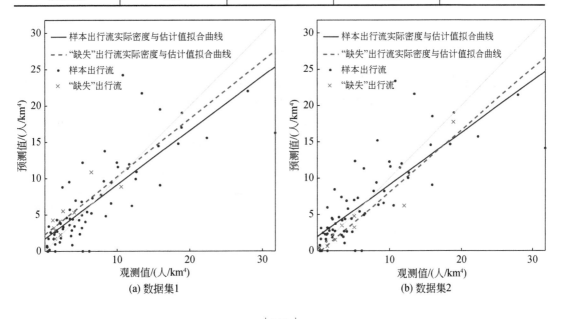

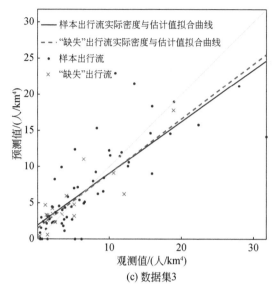

(c) 数据集3

图 8-11　城市居民出行流密度的流克里金插值结果分析

0.80、0.85 和 0.75，均方根误差 RMSE 分别为 2.31、2.26 和 2.37。总体上，预测结果的精度较高，说明流克里金插值模型能有效估计街道尺度居民出行流的密度。

表 8-5　城市居民出行流密度的流克里金插值交叉验证结果

编号	样本出行流斜率	样本出行流 RMSE	"缺失"出行流斜率	"缺失"出行流 RMSE
数据集 1	0.74***	3.83	0.80	2.31
数据集 2	0.72***	3.88	0.85	2.26
数据集 3	0.72***	4.03	0.75	2.37

*** 表示在 0.001 水平上显著。

2. 城市居民出行流时长不确定性插值

出行时长受到多种偶然因素的影响，如路况差异、交通拥堵、交通事故、恶劣天气以及驾驶员个人习惯等，这些因素增加了出发地和目的地之间行程时间的不确定性，成为导航系统时长预测的主要障碍之一。对行程时间不确定性的定量估计，有助于提升出行时长预测的实用性，辅助出行者合理安排时间（Fan and Nie，2006）。然而，由于前文所述的流空间的高维特征会导致流的稀疏性，从而造成城市部分区域之间的出行流稀少或缺失，故这些区域之间出行流时长的不确定性就难以直接通过记录的数据求出。针对此问题，本节以北京市出租车 OD 流数据为样本，采用流的普通克里金插值方法，对出行流时长的不确定性进行估计，并为早高峰时段北京市不同区域之间驾车时长的预测提供参考。

1）研究区与数据

案例选取北京市三个区域对作为研究区（表 8-6 和图 8-12），以区域对之间的出租车

OD 流为数据源，对不同距离出租车 OD 流行程时间的不确定性进行估计。如图 8-12 所示，A、B、C 区域对之间的流分别代表短距离出行流、中等距离出行流和长距离出行流。

表 8-6　研究区的基本情况

区域对编号	O 区域	D 区域
A	位于北五环和北三环之间，西至京承高速公路，东至首都国际机场高速公路	位于首都国际机场高速公路和工人体育场北路之间，西至东二环，东至东三环
B	位于北五环和北三环之间，西至京藏高速，东至京承高速	北京二环以内
C	北至张自忠路、东四十条、工人体育场北路、朝阳公园路和姚家园路，南至珠市口东大街、广渠门内大街和广渠路，西至北池子大街和南池子大街，东至京城森林公园和半壁店村	北至顺平路，南至岗山路和四纬路，西至二十里堡村，东至机场东路

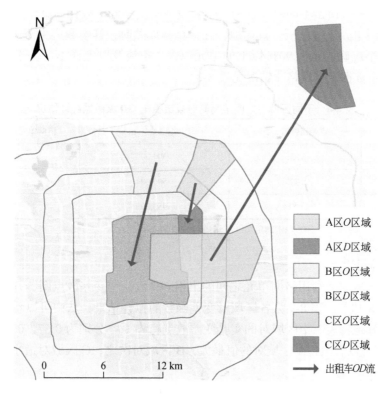

图 8-12　研究区中区域对的空间分布

图中的箭头示意了出租车 OD 流的流向

　　研究区出租车 OD 流数据的采集日期如表 8-7 所示，数据集包含 2014 年 8~10 月期间 43 个工作日共约 1282 万条出租车 OD 流，其中早高峰时间段（6:00~10:00）的流共约 207 万条，占流总数的 16.2%。A 区域对之间的早高峰出租车 OD 流共 4556 条，平均出行距离为 4752m；B 区域对之间的早高峰出租车 OD 流共 8723 条，平均出行距离为 7809m；C 区域对之间的早高峰出租车 OD 流共 11 514 条，平均出行距离为 21 051m。

表 8-7　出租车 *OD* 流数据的采集日期

月份	日期（工作日）	总计 / 天
8	1、4、5、6、7、8、11、12、13、14、15	11
9	1、2、3、9、10、11、12、15、16、17、18、19、22、23、24、25	16
10	8、9、10、13、14、15、16、17、20、21、22、23、24、27、28、29	16
合计		43

注：采样日期均为工作日。

　　本案例将每个区域对中的 *O* 区域和 *D* 区域进行格网划分，计算各格网单元对之间出租车 *OD* 流时长的标准差，并将之作为行程时间不确定性的度量指标，以此构建流插值的样本数据。由于标准差的计算需要足够的样本数（即保证流空间中每个格网单元内具有足够数目的流），且又由于不同研究区的样本数量和密度不同，故在计算中不同区域对采用不同大小的格网单元进行分析。具体地，在计算标准差时，样本数应大于等于 5，据此，格网单元的大小应确保至少 90% 以上的单元包含 5 条流及以上样本。基于上述准则的各研究区对的样本数据及其网格化情况见表 8-8。

表 8-8　不同区域对之间早高峰时段出租车 *OD* 流数据统计情况

研究区对	原始流数量 / 条	格网大小 /m	格网单元间 *OD* 流数 / 条
A	4 556	300.00	122
B	8 723	500.00	205
C	11 514	950.00	244

注：格网单元大小应确保至少 90% 以上的单元包含 5 条流及以上样本。

2）结果与讨论

　　针对不同区域对，利用格网单元之间的出租 *OD* 流绘制变差散点图，并通过球状模型进行拟合（图 8-13）。表 8-9 为各区域对变差函数的拟合结果，从中可以看出，所选择的球状模型可较好地代表三个区域对的实验变差散点趋势（R^2 分别为 0.67、0.72 和 0.92）。由 C/C_0 的比值可以看出，A 区域对的值最大，B 区域对次之，C 区域对最小，其中的原因

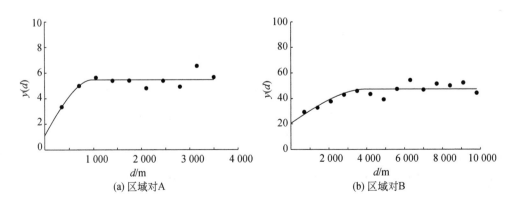

(a) 区域对A　　　　　　　　　　　　(b) 区域对B

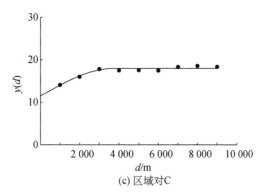

(c) 区域对C

图 8-13 三对区域之间出租车 *OD* 流的实验变差散点及球状模型拟合结果

在于，由长度较小的流构成的流空间随机场，其相关性和可知性较强，故 C/C_0 的比值较大；而由长度较长的流构成的流空间随机场，其相关性较弱，随机性较强，故 C/C_0 的比值较小。

表 8-9　不同区域对的出租车 *OD* 流变差函数拟合结果

区域对	块金（C_0）	拱高（C）	C/C_0	变程（a）	拟合 R^2
A	1.10	4.37	3.97	976.15	0.67
B	20.48	26.86	1.31	4000.00	0.72
C	11.50	6.48	0.56	3738.61	0.92

　　流克里金插值模型精度的检验同样使用留一交叉验证法（图 8-14），结果见表 8-10。具体地，A、B、C 三个区域对的出租车 *OD* 流时长标准差和预测值之间的斜率分别为 0.79、0.82 和 0.69，预测值的均方根误差 RMSE 分别为 2.33、6.58 和 4.76，相对误差中位数分别为 26.29%、37.46% 和 26.32%。上述结果说明，流的克里金插值模型可较准确地预测出租车 *OD* 流行程时间的不确定性，不仅如此，由于 A 区域对内流空间随机场的相关性相对较强，故其克里金插值的精度也比其他两个区域对更高。

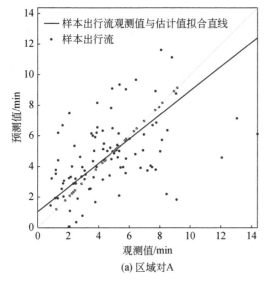

(a) 区域对A

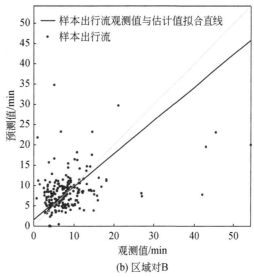

(b) 区域对B

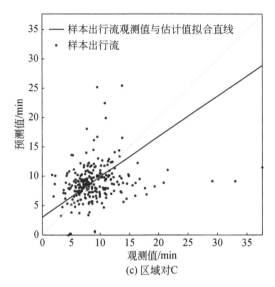

(c) 区域对C

图 8-14　城市居民出行流时长标准差克里金插值的交叉验证结果

表 8-10　流克里金插值交叉验证结果

研究区对	斜率	RMSE	相对误差中位数 /%
A	0.79***	2.33	26.29
B	0.82***	6.58	37.46
C	0.69***	4.76	26.32

*** 表示在 0.001 水平上显著。

　　为了直观展示插值结果，以 B 区域对为例，在其 O 区域中选取三个不同起点位置，分别展示从这些位置出发的出行流到达 D 区域的时长不确定性分布（图 8-15）。其中，起点 S1 位于健安东路和樱花园西街交叉口，该地点的周围主要分布着中小学、北京化工大学东校区、北京中医药大学西校区、医院和住宅小区；起点 S2 位于辛店路和北湖渠路交叉口，该地点周围主要分布着公园和俱乐部；起点 S3 位于林萃东路和大屯路的交叉口，该地点周围主要分布着中国科学院奥运村园区和住宅小区。总体上，从上述三个不同起点出发的流中，去往二环以内西城区的行程时间的不确定性更大，而去往东城区的行程时间的不确定性较小，其原因可能是，西二环一线是频发交通拥堵的路段，且拥堵程度高于东二环，从而导致去往西城区的出行时长的不确定性更高。除上述共同特征外，从三个不同起点出发的出行流，其时长的不确定性分布也存在明显差异。从 S1 出发的流，其行程时长的不确定性整体上表现为西高东低，高值区主要分布在阜成门至复兴门一线及其东部。其中的原因除了西二环的交通更加拥堵外，S1 处于目的区域偏东的位置，相比其他位置，S1 距离西二环及其周边距离更长，由此导致上述分布模式。以 S2 为起点的流，其行程时间不确定性的高值区域主要分布于二环以内的中心区域和西南区域，产生后者的原因前述已经说明，而形成前者的原因是由于去往该区域的出租车大多选择从北向南的中轴线作为行车路线，而中轴线所穿越的北京老城区道路拥堵状况较为严重，导致行程时间的不确定性普遍较高。以 S3 为起点的出行，其行程时间的不确定性分布表现为西高东低，并具有明确的分界线，造成这种整体分布特征的原因上文已经给出，不再赘述。需要说明的是，在东部的低值区内，北京站附近呈现出较高的时间不确定性，其原因可能是北京站附近复杂的路况和较严重的拥堵增加了周边区域行程时长的不确定性。

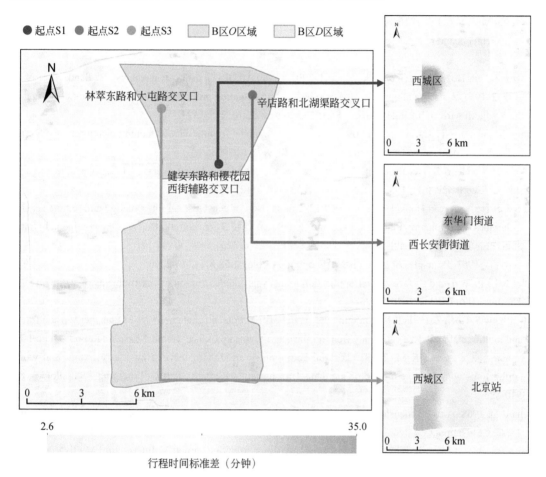

图 8-15 出租车 *OD* 流行程时间标准差插值结果

参 考 文 献

周成虎, 裴韬, 等. 2011. 地理信息系统空间分析原理. 北京: 科学出版社: 122-151.

Allen P, Krumbein W C. 1962. Secondary trend components in the Top Ashdown Pebble Bed: a case history. The Journal of Geology, 70(5): 507-538.

Arslan H. 2012. Spatial and temporal mapping of groundwater salinity using ordinary Kriging and indicator Kriging: the case of Bafra Plain, Turkey. Agricultural Water Management, 113: 57-63.

Brunsdon C, Fotheringham A S, Charlton M E. 1996. Geographically weighted regression: a method for exploring spatial nonstationarity. Geographical Analysis, 28(4): 281-298.

Chen C, Li Y. 2019. A fast global interpolation method for digital terrain model generation from large LiDAR-derived data. Remote sensing, 11(11): 1324.

Cressie N. 1990. The origins of Kriging. Mathematical Geology, 22(3): 239-252.

Cressie N. 2006. Block Kriging for lognormal spatial processes. Mathematical Geology, 38(4): 413-443.

Fan Y, Nie Y. 2006. Optimal routing for maximizing the travel time reliability. Networks and Spatial Economics, 6(3): 333-344.

Gundogdu K S, Guney I. 2007. Spatial analyses of groundwater levels using universal kriging. Journal of Earth System Science, 116(1): 49-55.

İmamoğlu M Z, Sertel E. 2016. Analysis of different interpolation methods for soil moisture mapping using field measurements and remotely sensed data. International Journal of Environment and Geoinformatics, 3(3): 11-25.

Johnston K, Ver Hoef J M, Krivoruchko K, et al. 2001. Using ArcGIS Geostatistical Analyst. Redlands: Esri.

Krige D G. 1951. A statistical approach to some basic mine valuation problems on the Witwatersrand. Journal of the Southern African Institute of Mining and Metallurgy, 52(6): 119-139.

Krings G, Calabrese F, Ratti C, et al. 2009. Urban gravity: a model for inter-city telecommunication flows. Journal of Statistical Mechanics: Theory and Experiment, 2009(7): L07003.

La Vecchia C, Negri E, Decarli A, et al. 1990. Cancer mortality in Italy: an overview of age-specific and age-standardised trends from 1955 to 1984. Tumori Journal, 76(2): 87-166.

Lee S J, Serre M L, van Donkelaar A, et al. 2012. Comparison of geostatistical interpolation and remote sensing techniques for estimating long-term exposure to ambient PM2.5 concentrations across the continental United States. Environmental Health Perspectives, 120(12): 1727-1732.

Matheron G. 1963. Principles of geostatistics. Economic Geology, 58(8): 1246-1266.

Miller R L. 1956. Trend surfaces: Their application to analysis and description of environments of sedimentation. The Journal of Geology, 64(5): 425-446.

Ni C, Zhang S, Chen Z, et al. 2017. Mapping the spatial distribution and characteristics of lineaments using fractal and multifractal models: a case study from northeastern Yunnan province, China. Scientific Reports, 7(1): 1-11.

Ni L, Wang X C, Chen X M. 2018. A spatial econometric model for travel flow analysis and real-world applications with massive mobile phone data. Transportation Research Part C: Emerging Technologies, 86: 510-526.

Shepard D. 1968. A two-dimensional interpolation function for irregularly-spaced data//Proceedings of the 1968 23rd ACM National Conference. New York: Association for Computing Machinery: 517-524.

Sibson R. 1981. A brief description of natural neighbor interpolation//Barnett V. Interpreting Multivariate Data. New York: John Wiley & Sons: 21-36.

Vauclin M, Vieira S R, Vachaud G, et al. 1983. The use of coKriging with limited field soil observations. Soil Science Society of America Journal, 47(2): 175-184.

Wackernagel H. 2003. Ordinary Kriging//Multivariate Geostatistics. Berlin: Springer: 79-88.

Wang Y, Zhu Y, He Z, et al. 2011. Challenges and opportunities in exploiting large-scale GPS probe data. HP Laboratories, Technical Report HPL-2011-109, 21.

Wang Z, He S Y, Leung Y. 2018. Applying mobile phone data to travel behaviour research: a literature review. Travel Behaviour and Society, 11: 141-155.

Wood J, Dykes J, Slingsby A. 2010. Visualisation of origins, destinations and flows with OD maps. The Cartographic Journal, 47(2): 117-129.

Yates S R, Warrick A W, Myers D E. 1986. Disjunctive Kriging: 1. Overview of estimation and conditional probability. Water Resources Research, 22(5): 615-621.

第 9 章　地理流的分形

流的分形特征是除流的空间分布模式外，另一个描述流空间的重要概念。流的空间分布模式包含随机、聚集和排斥三种，这些模式概括了流的密度和流之间距离等的统计特征，而流的分形则用以描述流空间中不同尺度的局部范围内存在流的可能性，即流的空间填充度。填充度越高，对象在不同尺度的空间单元中出现的概率越高；反之，出现的概率越低。分形维数是刻画这种填充度高低的指标：分形维数越大，填充度越高，反之则填充度越低。前述章节已采用多种指标对流的异质性、相关性等特征进行了量化与分析，而流的空间填充度因无法采用欧氏几何的方法进行有效度量，故需借助分形几何的方法进行刻画。为此，本章将介绍如何基于分形的思想量化流的空间填充度，具体内容包括：首先介绍分形的概念，包括分形及分形维数的定义和计算；然后介绍点的分形及其相关应用；之后将点分形拓展至流，提出流分形维数的计算方法，并用模拟实验验证流分形维数与流空间填充度的关系；最后将流分形维数应用于职住流的研究中，通过对比两个典型城市职住流分形维数的差异说明其刻画流空间填充度的有效性。

9.1　分形的概念

自然界中广泛存在着一类局部与整体具有相似特征的现象，如蜿蜒的河流、曲折的海岸线以及起伏的山脉等，从整体上看，这些对象的形状是不规则的，但不断放大其局部，会发现不同尺度视野下的细节与整体的形状具有相似性。这种局部与整体以某种方式呈现相似（严格相似或统计上相似）的特征被定义为自相似性，分形即是对具有自相似性的形体或现象的总称（张济忠，2011），而分形维数是描述分形自相似程度的指标（Mandelbrot，1967）。地理流作为流空间中的"点"，其在流空间中出现的可能性也存在自相似性，流的分形维数可用于描述流在流空间中出现的可能性随观测尺度的变化。为便于理解流的分形，本节将介绍分形的含义及分形维数的一般计算方式。

9.1.1　分形的含义

分形一词来自拉丁语 frangere，意思是"破碎的"，最早被 Mandelbrot（1967）用来指代自然界中复杂、粗糙、不规则、有分支的物体。分形的基本特征是自相似性，即部分细节放大后呈现出与整体形态一致的特性。自相似性的数学表达则是"无尺度性（scale-free）"或没有"特征尺度"（characteristic scale）（Chen，2020）。例如，Mandelbrot（1967）根据前人的测量经验发现，海岸线是自然界中典型的分形，即其长度的测量结果 [L(G)] 随测量尺子（G）的不断减小而持续增大（Richardson，1961）。因此，在描述海岸线这类复杂地理现象的特征时，欧氏几何中的长度测量指标变得苍白无力。为此，他提出了分形维数（D）的概念来描述这类地理现象的特征，其值满足 $L(G)=M \times G^{1-D}$ 的关系（M 为大于 0 的常数），即用长度测量结果随尺度的变化率来区分不同的海岸线。之后，Mandelbrot（1982）在其专著《自然界的分形几何学》（The Fractal Geometry of Nature）中发展了分形几何学，即通过分形维数描述海岸线这类不规则几何形态对象的几何学分支。相比于欧氏几何，分形几何在量化复杂空间格局方面更显优势（Zhang and Li，2012），因此被广泛应用于物理学（Sapoval et al.，1991）、生物学（Mureika，2007）、医药学以及人类行为学（Lowen and Teich，2005）等多个领域。在地理学领域，分形思想同样得到了大量应用（陈彦光，2019；Zhang and Li，2012；Batty and Xie，1996；Batty and Longley，1994）。例如，农村居民点的分形特征及其影响因素的研究，可为丘陵山区农村居民点的布局优化提供参考（李玉华等，2014）；城市建成区和道路网络分形特征的对比研究，可解析城市道路建设与土地开发的互补关系，从而为城市规划提供指导（Thomas and Frankhause，2013）。此外，分形思想亦广泛应用于城市形态、城镇体系以及城市规模分布等方面的研究（陈彦光，2019），此处不再一一列举。

9.1.2 分形维数的定义及计算

由上一节可知，由于自然界的很多对象都具有分形特征，故用传统欧氏几何中的长度、面积和体积等测度对其进行测量时，结果会随着测量尺度的变化而改变，导致难以对其进行定量描述，而分形维数的提出为分形现象的量化提供了工具。分形维数定义为测量结果随尺度的变化率（Mandelbrot，1967），其通用计算公式为

$$D = -\lim_{\varepsilon \to 0} \frac{\ln N(\varepsilon)}{\ln(\varepsilon)} \qquad (9\text{-}1)$$

式中，D 为分形维数；ε 为测量的尺度；$N(\varepsilon)$ 为测量结果，如长度、面积、体积、密度等。在实际计算中，选择不同大小的 ε 测量 $N(\varepsilon)$，而 $\ln N(\varepsilon)$ 与 $\ln(1/\varepsilon)$ 的线性回归系数即为分形维数值。

9.2 点的分形维数

9.1 节介绍了分形的含义以及分形维数的定义和计算方式。由前述章节可知，流可视为流空间中的点，故其空间分布特征的分析方法可从点模式的分析方法拓展而来，而这一原则同样适用于分形。因此，为便于对后续流分形特征的定义和度量方法的理解，本节首先对点的分形特征及其度量方法进行介绍。

分形可以从两个方面描述点的分布特征，其一是揭示点对象在空间中的聚集性，例如，通过分形研究地质点过程（如金属矿物沉积、石油生产井、地震等）的聚集性分布，对

于理解潜在的地质过程和事件特性具有重要意义（Gumiel et al.，2010；Zuo et al.，2009；Kenkel and Irwin，1994）；其二是刻画点对象在空间中的填充度，即不同尺度的空间单元内出现点的可能性，若任一尺度空间单元内出现点的可能性都很大，则点的空间填充度高，反之则空间填充度低，例如，基于分形研究城市要素（如建筑物、道路、建成区）在空间中的填充度，有助于揭示城市空间的蔓延过程及演变规律（Chen，2018；Pavón-Domínguez et al.，2017；Kim et al.，2003）。根据研究目的不同，上述聚集性特征及填充度可分别采用点的半径分形维数及点的盒分形维数进行度量。下面分别对这两种点分形维数的计算方法进行介绍。

9.2.1　半径分形维数

通过统计不同半径圆内研究对象的密度而得到的分形维数称为半径分形维数，简称半径维，常用于描述点的聚集特征。半径维的计算过程为：以每个点为圆心，计算不同大小半径的圆内除圆心外其他点的密度，并以各点统计结果的平均密度表示各半径下的点密度值。其计算公式如下：

$$d(r)=C \cdot r^{D_{radius}-2} \tag{9-2}$$

式中，r 为半径；$d(r)$ 为半径为 r 的圆内除圆心外点的密度；C 为常数；D_{radius} 为半径维。需要注意的是，在采用此方法计算半径维时，容易低估研究区边界处点的密度，从而使计算的半径维比真实值小。为此，有研究提出采用第 6 章中提到的 Ripley's K 函数代替式 (9-2) 中的 $d(r)$。其思路为：对 K 函数进行边界修正，并用 $K(r) \propto r^{D_{radius}}$ 估计半径维，从而减小半径维计算结果的误差（Agterberg，2013）。

研究表明，不同的点过程，无论密度是否相同，半径维越小者，其空间聚集特征就越明显，即点发生聚集的区域较多且相应区域内的点也更密集（Gumiel et al.，2010；Sambrook and Voss，2001）。因此，点的半径维常用于地质学中的地质点或生态学中的群落、植被的聚集特征的研究，以便于从本质上理解地质演变的过程或生态环境的成因（Agterberg，2013；Zuo et al.，2009；Li，2000）。

9.2.2　盒分形维数

通过盒计数法（Turcotte，1997）计算得到的分形维数称为盒分形维数（box-counting dimension），简称盒子维，常用于衡量研究对象在空间中的填充度，即不同尺度空间单元内研究对象出现的可能性。盒计数法中，盒子是指某一尺度的空间单元，具体地，在二维空间中，盒子为正方形或者矩形网格，而在三维空间中，盒子为立方体。盒计数法的基本原理为：用一系列尺度不同的盒子最大限度地覆盖（使所需要的盒子数尽可能少）研究对象所占据的空间，对含有研究对象的盒子，即非空盒子进行计数，最终通过拟合非空盒子数与盒子边长的对数线性关系来计算分形维数：

$$D_{box} = -\lim_{r \to 0} \frac{\ln N(r)}{\ln(r)} \tag{9-3}$$

其中，D_{box} 表示盒子维，r 表示盒子边长，$N(r)$ 表示覆盖研究对象所需的盒子（非空盒子）数目。实际应用中，D_{box} 的值可以通过对 $\ln N(r)$ 与 $\ln(1/r)$ 进行线性回归得到。对于二维空间中点的盒子维，可采用一系列边长不同的正方形作为盒子进行计算。点的盒子维及其与空间填充度的关系的示例见图 9-1，图中展示的三种不同分布模式的点数据集（模式 A、模式 B 和模式 C）均包含 64 个点，且均分布在 8×8 的格网（其中的单元大小为 1×1）内，但三者的空间填充度存在差异。从整个格网的尺度看，三种模式中点出现在整个格网内的可能性均为 1，但在将观测尺度不断缩小到格网单元的过程中，各模式不同尺度空间单元内出现点的可能性的递减趋势不同。例如，当观察尺度为 1×1 的格网单元时，A、B、C 三种模式中存在点的格网单元个数分别为 32、43、64，即该尺度下出现点的可能性分别为 32/64、43/64、64/64，因此三者的空间填充度不同。盒子维是用于定量刻画这种空间填充度差异的指标，即盒子维越大，表明空间填充度越高，反之，则填充度越低。针对图 9-1 中的三种点模式，分别取盒子边长为 4、2、1，基于式（9-3），可得模式 A、B、C 的盒子维分别为 1.5、1.7、2.0，即三种模式的空间填充度大小顺序为：模式 C＞模式 B＞模式 A。

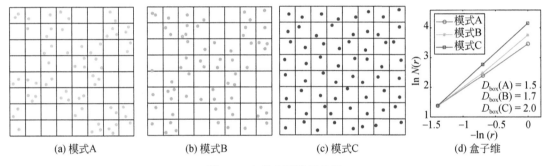

(a) 模式A　　　(b) 模式B　　　(c) 模式C　　　(d) 盒子维

图 9-1　点的盒子维示意图

黑色网格线为 1×1 大小网格的边界

由于公共交通站点、公交或地铁线路、路网、城市建成区等城市要素的空间填充度与城市发展具有密切关系，而点的盒子维是刻画空间填充度的重要指标，因此盒子维被广泛应用于城市研究中。例如，Kim 等（2003）认为，地铁轨道的空间填充度越高，其盒子维也会越大，即地铁轨道的长度越长且在城市内的布设越均匀，则城市交通系统的质量越高，故地铁轨道的盒子维可用于评价交通系统的优劣。为了验证这一推断，Kim 等利用韩国首尔 1980~2000 年每 5 年的交通数据，基于点的盒子维方法（分别采用一系列边长递减的二维盒子覆盖地铁轨道的矢量图，并统计不同尺度下的非空盒子数）计算地铁轨道的盒子维，结果发现，首尔市地铁轨道的盒子维在逐渐变大，而该结果与首尔市地铁轨道的空间填充度逐渐增大（地铁线路的数目增多且布设均匀）这一事实相符。由此说明，地铁轨道的盒子维越大，交通系统越发达。为理解道路盒子维与交通的关系，Lu 等（2016）利用交通调查报告中的人均每日行车里程（DVMT/Cap）以及交通运输年人均碳排放量（TCE/Cap/year）作为衡量交通好坏的指标（二者的值越大，代表实际交通情况越差），结合 95 个城市地区主要道路网络的盒子维，研究发现以下事实：道路盒子维增大会间接导致 DVMP/Cap 以及 TCE/Cap/year 增大，由此说明道路盒子维增大实际会增加出行的概率。该结果与著名的"布雷斯悖论"（Braess's paradox）相符，即在一个交通网络上增加一条路段反而会使总体出行时间增加（Braess，1968）。有研究对此解释为，路网不断扩大会导致人口密度增加，并增加人们使用私家车出行的概率，从而加剧城市交通拥堵（Duranton and Turner，2011）。由此可见，盒子维对于轨道交通和城市道路的指示意义是不同的，前者是封闭系统，只需考虑轨道本身的特征，而后者是开放系统，需要结合车辆情况方能评价道路交通的效率。除城市交通要素外，城市建成区的盒子维还可以反映城市功能用地在空间中的填充度，而通过其盒子维的时间变化规律可以发现城市的演化规律（Feng and Chen，2010；Shen，2002）。

9.3　流的分形维数

与点的分形类似，流的分形可以描述流对流空间的填充度，即流空间中不同尺度空间单元内存在流的可能性。流的分形与前述章节提到的流的空间分布模式（随机、聚集和排斥等）均能度量流的空间分布特征，但二者的内涵存在差异。流的空间分布模式反映的是流空间不同局域内流的密度和距离等统计特征的差异，若差异较小，则表现为随机，否则，表现为聚集或排斥；而流的分形特征反映的是流空间不同尺度单元内出现流的可能性的差异，若流空间内不同尺度单元内出现流的可能性均较大，则空间填充度高，否则，空间填充度低。

在城市研究中，流的分形可用于评估城市内车流、人流等在城市中的填充度，从而揭示影响城市运行效率的深层次原因。例如，针对城市的交通拥堵问题，不同类型的拥堵可能由不同的原因所致：周期性的拥堵可能与城市内某时段的集中车流有关，而经常性拥堵则可能是由车流对城市的过度填充所致。因此，如何衡量流的空间填充度亟须新的理论和方法。受点盒子维的计算思路的启发，流的空间填充度也可以用盒分形维数进行衡量。然而，由于流是包含起点、终点以及二者之间联系的高维对象，与点所处的欧氏空间完全不同，因而现有的点盒子维方法难以直接应用于流空间填充度的度量。为此，本书提出流的盒分形维数的概念（后文中流分形维数均指流的盒子维）和计算方法。

9.3.1　流分形维数的定义及计算

根据盒子维的计算原理，首先需要定义流空间的盒子及非空盒子。根据第 2 章可知，流空间被定义为 O 平面和 D 平面的笛卡儿积（$R^2 \times R^2$）。鉴于此，流空间的盒子与非空盒子定义如下。

定义 1　流空间的盒子：令 O_i 为 O 平面内的盒子，D_j 为 D 平面内的盒子，则 O_i 与 D_j 的笛卡儿积 $U_{ij}=O_i \times D_j$ 构成流空间的盒子，记为 $U_{ij}=(O_i, D_j)$。

定义 2　流空间的非空盒子：对于一个流空间的盒子 $U_{ij}=(O_i, D_j)$，若其中至少包含一条流，即流 f 的 O 点 $O_f \in O_i$ 且 D 点 $D_f \in D_j$，则称该盒子为流空间的非空盒子。

图 9-2 展示了流空间的盒子与非空盒子，其中，图 9-2(a) 和 (b) 为两个不同的流数

据集，分别对应模式 A 和模式 B，二者的空间分布范围都是 $[0,1] \times [0,1]$，箭头代表从 O 到 D。假设两数据集的 O 平面与 D 平面分别由 4 个二维盒子 $\{O_1, O_2, O_3, O_4\}$ 及 $\{D_1, D_2, D_3, D_4\}$ 构成，则根据定义 1 和定义 2 可知，流空间的盒子如图 9-2(c) 所示，即 $\{U_{ij}=(O_i, D_j)|O_i \in O, D_j \in D, i,j=1,2,3,4\}$，共 16 个；流模式 A 的非空盒子为 $\{U_{1,1}, U_{1,2}, U_{1,3}, U_{1,4}, U_{2,2}, U_{2,3}, U_{3,1}\ U_{3,2}, U_{3,3}, U_{4,1}, U_{4,3}, U_{4,4}\}$，共 12 个 [图 9-2(d)]；流模式 B 的非空盒子为 $\{U_{1,4}, U_{2,1}, U_{2,3}, U_{3,2}, U_{3,3}, U_{4,2}, U_{4,4}\}$，共 7 个 [图 9-2(e)]。

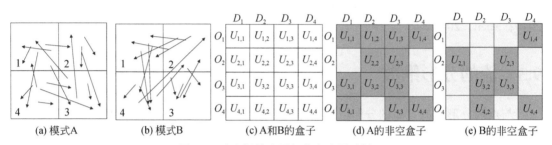

图 9-2　流空间的盒子与非空盒子示例

(d) 和 (e) 中，浅蓝色表示空盒子，深蓝色表示非空盒子

基于上述流空间的盒子与非空盒子的定义，流的分形维数可采用式 (9-4) 计算：

$$D_{\text{box}}^f = -\lim_{r \to 0} \frac{\ln N(r)}{\ln(r)} \tag{9-4}$$

其中，D_{box}^f 为流的盒子维；r 为盒子边长；$N(r)$ 为非空盒子数。对 $\ln N(r)$ 与 $\ln(1/r)$ 进行线性回归，其回归系数即为流的分形维数。

理论上，如果流完全覆盖整个研究区，即流的起点和终点分别充满整个研究区且起终点之间的连接随机，亦即无论盒子的大小如何变化，非空盒子数均与盒子总数相等，则相应的盒子维为 4。其计算过程如下：假设研究区为边长等于 L 的正方形，盒子的尺度（边长）取 $r = L/2^m$（$m = 1,2,\cdots,\infty$），其中，m 为控制盒子尺度的幂指数，则流空间依次被分成 $(L/r)^2 \times (L/r)^2 = (2^m)^2 \times (2^m)^2 = 2^{4m}$（$m=1,2,\cdots,\infty$）个盒子。由于流完全覆盖整个研究区，即每个盒子里都存在流，则非空盒子的数目为 $N(r) = 2^{4m}$（$m=1,2,\cdots,\infty$），因此，流的盒子维 $D_{\text{box}}^f = -\lim_{r \to 0}[\ln N(r)/\ln(r)] = -\lim_{m \to \infty}[\ln(2^{4m})/\ln(L/2^m)] = 4$。如果流只在某些区域集中而在另一些地区稀疏，则流的分形维数小于 4，即流的分布越集中，其分形维数越小。这可以通过盒子维的计算原理来解释：如果流越集中于流空间中的部分区域，那么它们填充的空间就越少，也就意味着"留白空间"越多，当按尺度从大到小的顺序对非空盒子计数时，非空盒子数目增加的速率将小于全覆盖情形下的值，具体地，增加的速率越小，分形维数越小，反之，则分形维数越大。由以上分析可知，盒子维可以用来刻画不同分布模式的流对流空间的填充度。

9.3.2　流分形维数与空间分布模式的关系

为了理解流分形维数与流空间分布模式之间的关系，本节应用模拟数据进行系列对比实验。实验中在 [0,1]×[0,1] 范围内生成 5 种不同的模式，其中，第 1 种为随机模式，其余 4 种除包含一定数目的随机流外，还含有不同空间异质模式的流，具体地，第 2~5 种分别包含以长距离为主的流、以短距离为主的流、单中心汇聚流和多中心汇聚流（图 9-3）。为了同时考察流的数目对流分形维数计算的影响，针对每种模式分别生成了包含 100 万、200 万、300 万、400 万、500 万条流的 5 组数据集，每组数据集由模拟产生的 100 个具有同种模式及相同流数目的数据集组成。这样就得到 5 种模式的 25 组共 2500 个数据集。不同种流模式具体产生的方式如下。

（a）随机流：所有 O 点和 D 点随机产生（分别服从泊松分布），O 点和 D 点之间随机连接。

（b）以长距离为主的流：O 点和 D 点随机产生，但在连接 O 点和 D 点形成流的过程中，控制 70% 的流长度超过 $\sqrt{2}/2$，而剩余 30% 的流长度不超过 $\sqrt{2}/2$。

（c）以短距离为主的流：O 点和 D 点位置随机，但在连接 O 点和 D 点的过程中，控制 70% 的流长度小于 0.1，而剩余 30% 的流长度不小于 0.1。

（d）单中心汇聚流：汇聚中心区限制在以 (0.5,0.5) 为圆心、0.1 为半径的圆形区域内，70% 的流 O 点位置随机，且 D 点位于汇聚中心区内，剩余 30% 的流为随机流。

（e）多中心汇聚流：模拟产生多个半径均为 0.1 的圆形汇聚中心区，圆心分别为 $A(0.2, 0.8)$、$B(0.75, 0.75)$、$C(0.7, 0.2)$、$D(0.3, 0.4)$，在产生的流中，汇聚中心对应 A、B、C、D 的汇聚流占比分别为 40%、30%、10%、10%，而剩余 10% 的流为随机流。

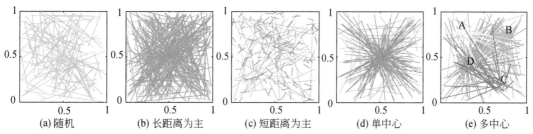

图 9-3　不同模式的模拟流数据（1‰ 抽稀）

为了验证流的模式与分形维数之间的关系，我们分别计算了上述 25 组流数据的分形维数。具体的过程为：首先，依次取边长为 1/2，1/4，1/8，1/16 和 1/32 的盒子对研究区进行划分；然后，针对每组数据中的 100 个数据集分别计算其盒子维；最后，取 100 次实验结果的平均值作为分形维数的最终结果（图 9-4）。从图 9-4 可以发现：①不同流模式的分形维数存在差异，即从随机流、长距离为主的流、短距离为主的流、单中心汇聚流到多中心汇聚流，分形维数依次减小；②同种模式的分形维数随着流数目的增加呈现先增大后平稳的趋势。

结果①产生的原因主要是上述 5 种流模式空间填充度的差异。5 种模式中，随机模式的流由于在不同尺度下的局部空间中出现的可能性都较高，故空间填充度最大，而其他 4 种模式中 O 点、D 点或者 O、D 间的连接均存在不同程度的限制，导致其空间填充度较随机流低。在 4 种非随机模式中，长距离为主的流模式及短距离为主的流模式由于 O、D 间

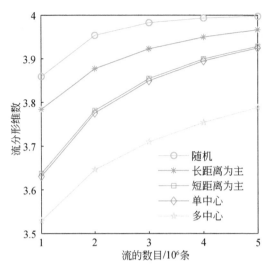

图 9-4　不同流模式的分形维数

连接受到限制，导致部分（由距离较近或距离较远的二维盒子构成的）流空间盒子内出现流的可能性降低，故其空间填充度比随机流低，且偏离随机的程度越大，空间填充度越低。具体地，在长距离为主的流模式中，70% 的流长度大于 $\sqrt{2}/2$，即流长度大于 $\sqrt{2}/2$ 的概率为 0.7，明显大于随机情况下的概率 [即 0.247，根据 2.3.3 节中式 (2-37) 计算]；而短距离为主的流模式中，70% 的流长度小于 0.1，即流长度小于 0.1 的概率为 0.7，比随机情况下的概率 [即 0.029，根据 2.3.3 节中式 (2-37) 计算] 大更多，故其空间填充度比长距离为主的流模式更低。此外，单中心汇聚流及多中心汇聚流不仅限制 O、D 间的连接，还将 D 点的分布限制在汇聚中心内，两种限制的叠加使得空间填充度相较于前三者更小；而由于多中心汇聚流将 D 点限制在 4 个汇聚中心内，其 O、D 间的连接比单中心汇聚流的受限程度更大，因此空间填充度最低。上述模式空间填充度的不同最终导致了它们分形维数的差异。

结果②的原因在于，虽然流模式相同，但流数目少的数据集其非空盒子数的增长率随着尺度的减小而产生"衰减"（roll-off）的趋势更明显（Agterberg，2013）。具体地，流对流空间的填充度理论上只与其分布模式有关，然而，在实际计算的过程中，对于相同的流模式，样本量更小的数据集中流之间的"空白"区域更大。因此，同一尺度下，样本少的数据集中出现空盒子的概率更大，导致随着盒子尺度的减小，非空盒子的增长率小于样本量大的数据集，最终造成即使流的模式相同，样本量更小的数据集其分形维数更低。

9.3.3　应用案例

职住流为居民从居住地到工作地的出行流，其空间分布模式是城市功能区和交通规划的重要依据。从流空间的角度看，职住流对于流空间的填充度可作为城市职住规划评价的一项指标。例如，空间填充度高表明职住相对分散且无序，而空间填充度低则表明职住相对集中且有序。此外，在排除出行规模、出行交通方式（公共交通、私家车出行等）等的影响后，职住流的空间填充度可能是城市交通的重要影响因素。为此，本节将流的分形方法应用于城市职住流的研究，对比北京和深圳这两个一线城市职住流的分形维数，试图从流分形的角度解释职住流的分布对城市交通的影响，并验证流分形维数刻画流空间填充度的有效性。下面分别对实例中的研究区、职住流数据以及职住流的盒子维进行介绍。

1. 研究区与数据

职住分离，即居住地与工作地不在同一社区范围内，是大城市中的一种普遍现象（Sun et al.，2015；Sultana，2002）。不同城市的职住分离状况存在差异，并有可能产生不同特征的职住流分布。研究选取北京和深圳进行案例分析的原因有二：其一，它们都是超大型城市，且都存在明显的职住分离现象；其二，北京通常被认为是单中心结构，而深圳市具有多中心结构（Huang et al.，2015；Song et al.，2012），二者职、住空间结构的不同可能会导致职住流分形维数的显著差异。案例的研究区范围如图 9-5 所示，其中，北京的研究区范围为六环以内的区域，其人口占北京市总人口的 75% 以上，最小外接矩形长53.92km、宽52.96km、面积2855.8km²；深圳的研究区范围包括深圳市所有辖区，常住人口超过1000万，其最小外接矩形长 88.95km、宽46.96km、面积4177.4km²。

(a) 北京市研究区　　　　　　　　　　　　　　　(b) 深圳市研究区

图 9-5　北京和深圳职住流研究区范围

北京和深圳的职住流信息由手机信令数据（匿名数据，不涉及任何个人隐私信息）推测而来。北京市手机信令数据的采集日期为 2015 年 2 月 2~13 日，包含 1200 余万名用户的 39.7 亿条记录。深圳市数据的采集日期为 2012 年 3 月 23 日，包含约 394 万名用户的 5.59亿条记录。职住地的提取思路如下：用户居住地的位置为夜间（22:00~06:00）到访最多的位置，而工作地的位置为工作日白天（09:00~11:00 和 14:00~17:00）到访最多的位置。由于本案例旨在从分形的角度探讨职住流分布对交通的影响，而职住距离较小的职住流可能以步行或自行车出行为主，对交通影响不大，因此，本案例剔除了职住距离小于 800m 的职住流，最终得到北京用户的职住流 394 万条，深圳用户的职住流 114 万条。

图 9-6 展示了北京和深圳手机用户居住地和工作地的位置。不难看出，在北京，居住地和工作地的分布相对分散，在六环以内各处均可见；而在深圳，居住地和工作地具有集

中分布的特点，研究区内存在较多"留白"区域。该结果可能与两个城市的用地扩张及规划策略不同有关。自 20 世纪 80 年代以来，我国许多城市经历了快速的城市化和城市内部功能调整的进程（Ma and Wu, 2005）。由于城市居民人口的急剧增加，推动了城市面积的扩张（Wang and Zhou, 2017; Zhang and Lin, 2012），而北京就是一个典型的扩张城市。从 2000 年到 2010 年，北京建成区面积以每年 109km² 的速度扩张，且在扩张的过程中"见缝插针"式的用地建设（陈彦光，2005）使得城市绿地、空地和开放空间不断减少，导致人均生态空间（草地、森林、湿地等具有生态功能的空间）由 2000 年的 187.5m² 下降到 2010 年的 91.3m²（谢高地等，2015）。因此，在北京六环路以内，各处均散布有用户居住地和工作地。与北京相比，深圳虽然也经历了快速的城市用地扩张，但其在城市化过程中实施了诸如减少农村土地流转的规模、加强对耕地和绿地的保护等措施，从而保留了城市开放空间（Qian et al., 2015），故深圳的居住地和工作地的分布比北京更加集中。

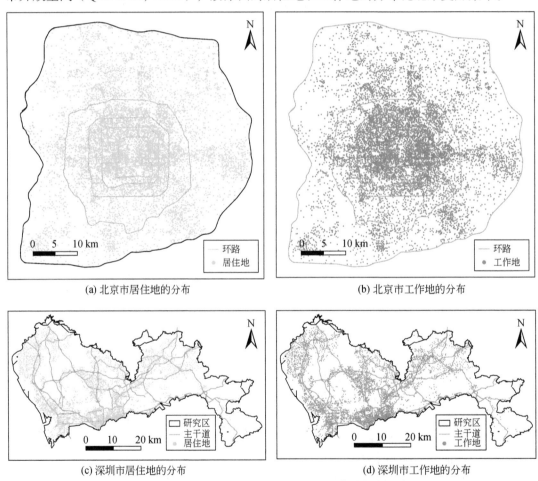

(a) 北京市居住地的分布　　　　　　　　(b) 北京市工作地的分布

(c) 深圳市居住地的分布　　　　　　　　(d) 深圳市工作地的分布

图 9-6　北京和深圳手机用户居住地和工作地位置分布

2. 结果及讨论

在计算流的分形维数时，盒子的边长设定为 $r = L/2^k$，其中，L 为研究区最小外接矩形的长边。对于北京的研究区，选择 $k=2, 2.2, 2.4, \cdots, 5$ 进行空间划分；对于深圳的研究区，选择 $k=2, 2.2, 2.4, \cdots, 6$ 进行空间划分。具体的盒子信息如表 9-1 所示。

表 9-1　用于覆盖北京和深圳的盒子信息

北京				深圳			
$L=53.92\text{km}$，$S=2\,855.8\text{km}^2$				$L=88.95\text{km}$，$S=4\,177.4\text{km}^2$			
$r=L/2^k$，$N_0(r)=(L/r)^4=2^{4k}$				$r=L/2^k$，$N_0(r)=(L/r)^4=2^{4k}$			
k	r/m	$N_0(r)$	$N(r)$	k	r/m	$N_0(r)$	$N(r)$
2	13 480.6	256	256	2	22 238.6	256	60
2.2	11 735.5	446	527	2.2	19 359.8	446	124
2.4	10 216.4	776	942	2.4	16 853.7	776	182
2.6	8 893.8	1 351	1 273	2.6	14 672.0	1 351	251
2.8	7 742.5	2 353	2 118	2.8	12 772.7	2 353	374
3.0	6 740.3	4 096	3 333	3.0	11 119.3	4 096	511
3.2	5 867.8	7 132	5 538	3.2	9 679.9	7 132	820
3.4	5 108.2	12 417	9 103	3.4	8 426.9	12 417	1 095
3.6	4 446.9	21 619	14 253	3.6	7 336.0	21 619	1 647
3.8	3 871.3	37 641	22 593	3.8	6 386.4	37 641	2 427
4.0	3 370.1	65 536	34 779	4.0	5 559.7	65 536	3 419
4.2	2 933.9	114 105	52 476	4.2	4 840.0	114 105	4 909
4.4	2 554.1	198 668	79 162	4.4	4 213.4	198 668	6 681
4.6	2 223.5	345 901	115 892	4.6	3 668.0	345 901	9 480
4.8	1 935.6	602 249	164 165	4.8	3 193.2	602 249	12 893
5.0	1 685.1	1 048 576	227 332	5.0	2 779.8	1 048 576	17 511
				5.2	2 420.0	1 825 677	23 027
				5.4	2 106.7	3 178 688	31 017
				5.6	1 834.0	5 534 417	40 352
				5.8	1 596.6	9 635 980	52 294
				6.0	1 389.9	16 777 216	66 433

注：L 为研究区最小外接矩形的长边，S 为矩形的面积，r 为盒子的边长，$N_0(r)$ 为矩形研究区内盒子的个数，$N(r)$ 为非空盒子的个数。

1）职住流的分形维数及其特征

北京和深圳的职住流盒子维如图 9-7 所示。图中非空盒子数对数与盒子边长对数之间的关系表明，二者具有良好的线性关系（两个线性回归方程的 R^2 均超过 0.994），进一步说明北京和深圳的职住流均具有明显的分形特征。两个城市的盒子维均明显小于 4，表明职住流的实际分布不属于随机分布。此外，北京职住流的分形维数（$D^f_{box}=3.240$）明显高于深圳（$D^f_{box}=2.481$），说明二者的职住流分布存在两点具体的差别：①北京职住流的起/终点位置分布相较于深圳随机性更大；②北京居民工作地和居住地之间的连接相较于深圳更复杂无序。

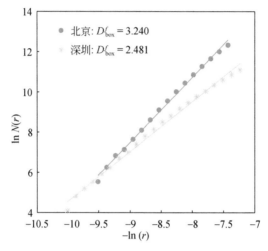

图 9-7 北京和深圳职住流盒子维对比

r 为盒子的边长，$N(r)$ 为非空盒子的数目

对于上述第一点差别，从图 9-6 中两个城市的职、住分布就可以得到印证，即北京的职住位置相对于深圳更为分散。对于第二点差别，可从两个城市的职住流分布图（图 9-8）中找到支撑。图 9-8 显示出北京和深圳职住（连接）流的分布显著不同：北京市的职住连接更加无序，而且长距离职住流（长度大于 5km）广泛分布于各个方向及各个区域，即没有明显聚集的区域；反观深圳，其职住连接更为有序，短距离职住流（长度小于 5km）主要集中在研究区的西北部，而长距离的职住流主要分布在研究区的中部与南部。

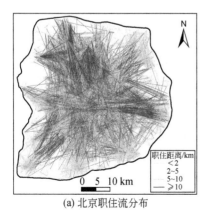

(a) 北京职住流分布

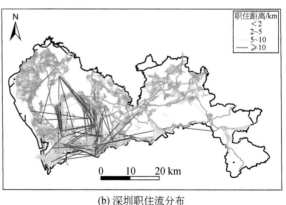

(b) 深圳职住流分布

图 9-8 北京和深圳职住流的空间分布

为了直观对比两个城市职住连接的随机程度，分别针对北京和深圳生成职/住位置相同、但连接随机的模拟数据集（产生原理如图 9-9 所示），并对比实际职住流与模拟职住流分形维数的差异，结果如图 9-10 所示。实验表明，北京市真实职住流与模拟职住流盒子维之间的差异比深圳更小，进一步证实了北京市职住连接的随机性大于深圳。

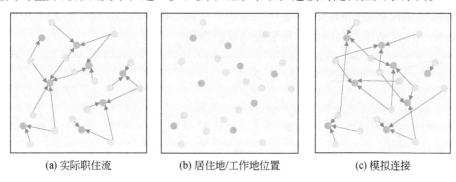

(a) 实际职住流   (b) 居住地/工作地位置   (c) 模拟连接

图 9-9 职住流模拟示意图

绿色点表示居住地的位置，橙色点表示工作地的位置

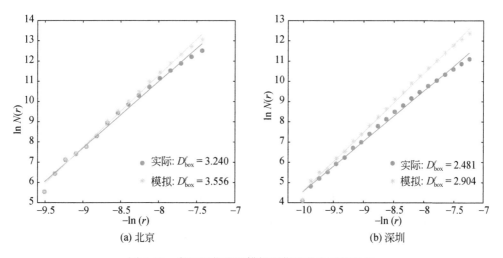

(a) 北京   (b) 深圳

图 9-10 实际职住流和模拟职住流的盒子维对比

2）职住出行模式及城市结构

为了进一步揭示北京和深圳职住流空间分布的差异及其原因，下面从城市结构的角度出发进行分析。图 9-11 展示了来源于手机信令数据的用户工作地分布及其工作人数排名（图中工作人数排名前 50 的工作地被视为工作中心）。由图可知，北京的工作中心主要分布在四环路内，且分布相对均匀，而深圳存在多个分隔较远的工作中心，表明其具有多中心特征。

工作中心的分布模式对职住流的分布具有重要的影响。如图 9-11(a) 所示，北京市的工作中心在四环以内集中分布，形成了一个以核心城区为中心的巨大中心区，基本覆盖了四环以内的整个区域（Huang et al., 2015）。对于四环以内的居民，高密度的职、住分布使得职住间的连接充填于整个四环；而对于四环外居民，由于更多的工作机会位于四环以内，从而催生了长距离、随机且无序的职住流（Zhao，2010）。因此，北京六环以内处处可见职住流。相比之下，深圳市的情况则明显不同，如图 9-11(b) 所示，深圳市具有显著的多中心结构：少量工作中心集中分布在福田和罗湖区，其余工作中心分散在深圳北部（Song et al.，2012）。各工作中心相对均匀地分布在深圳市的不同区域，使居住在市中心或者郊区的居民都能在附近的就业中心工作，从而形成了较多汇集于不同工作中心的短距离职住流，由此造成深圳的职住流更规则且更聚集。

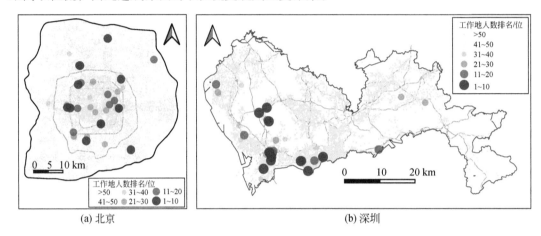

(a) 北京　　　　　　　　　　　　　　　　　(b) 深圳

图 9-11　工作地及其工作人数排名

3）对城市规划的启示

根据上述分析，职住流的分形维数能为交通和城市规划提供有价值的信息。盒子维高意味着：职住位置更分散地填充在整个城市中，且居住地和工作地之间的连接更随机，从而需要更分散和更多样的交通设施来满足出行需求，以至于对城市交通造成较大压力。为此，需要提供更充足的道路资源以及公共交通（如地铁、公交等）设施。一旦交通设施达不到需求，交通将会变得更无序和拥堵（Lee and Lim，2018）。因此，在未来的城市规划实践中，有必要关注职住流的分形维数。例如，为保证交通出行的效率，不应使职住流的分形维数过大。

上述结果有助于解释已有研究中的一个普遍事实，即单纯从工作地和居住地数量及空间分布均衡角度定义的职住平衡，与交通效率并无必然联系（Cervero，1991）。换言之，传统意义上职住均衡程度的提高并不能显著提升交通效率（Levine，1998；Scott et al.，1997；Giuliano，1991）。例如，Scott 等（1997）研究了加拿大汉密尔顿地区职住平衡对通勤效率及交通拥堵的影响，发现提升职住平衡度以提高通勤效率的政策并未起到预想的效果，且交通拥堵也未得到明显改善。Zhou 等（2018）基于洛杉矶通勤需求数据和过度通勤模型的研究（即通过比较实际通勤距离 / 时间与理论最短通勤距离 / 时间的差异来衡量交通系统的优劣：差异越大代表交通越差）表明：职住平衡政策能改善交通拥堵的前提条件是，工作地和居住地之间有序的连接以及为通勤者提供足够的道路交通承载量。这些结论恰好印证了上述研究的结果，即除了居住地和工作地的空间分布外，在交通规划时还需要关注职住流的填充度。

　　已有结论可分别为城市建设和交通规划提供一定参考。第一，新的住宅或工作地应尽量建在目前已经开发的地区。如果为了新建住宅和商业建筑导致城市用地过度扩张，那么职、住地无处不在地充填城市空间就可能诱发如交通拥堵、生态环境恶化等一系列"城市病"（陈彦光，2005）。因此，为了避免城市过度开发，新建住宅和商业设施时应尽量避免土地的无序扩张。第二，交通网络应适应当前的职住流分布模式。当职、住地的分布确定之后，规划与之相适应的交通网络有助于减轻交通压力（Li et al.，2016）。例如，针对职住流填充度较低的城市，可以考虑通过增加更多的公交和地铁运力而非新建路网的方式来满足通勤需求，并以此减少私家车的使用，从而缓解交通拥堵，减少污染排放（Ma and Jin，2019；Le and Trinh，2016）。

参 考 文 献

陈彦光. 2005. 分形城市与城市规划. 城市规划, (2): 33-40, 51.

陈彦光. 2019. 城市地理研究中的单分形、多分形和自仿射分形. 地理科学进展, 38(1): 38-49.

李玉华, 高明, 吕煊, 等. 2014. 重庆市农村居民点分形特征及影响因素分析. 农业工程学报, 30(12): 225-232.

谢高地, 张彪, 鲁春霞, 等. 2015. 北京城市扩张的资源环境效应. 资源科学, 37(6): 1108-1114.

张济忠. 2011. 分形. 北京: 清华大学出版社.

Agterberg F P. 2013. Fractals and spatial statistics of point patterns. Journal of Earth Science, 24(1): 1-11.

Batty M, Longley P A. 1994. Fractal Cities: A Geometry of Form and Function. San Diego: Academic Press.

Batty M, Xie Y. 1996. Preliminary evidence for a theory of the fractal city. Environment and Planning A: Economy and Space, 28(10): 1745-1762.

Braess D. 1968. Über ein Paradoxon aus der Verkehrsplanung. Unternehmensforschung, 12(1): 258-268.

Cervero R. 1991. Jobs housing balance as public policy. Urban Land, 50(10): 4-10.

Chen Y. 2018. How to understand fractals and fractal dimension of urban morphology. arXiv preprint arXiv:1809.05810.

Chen Y. 2020. Fractal modeling and fractal dimension description of urban morphology. Entropy, 22(9): 961.

Duranton G, Turner M A. 2011. The fundamental law of road congestion: evidence from US cities. American Economic Review, 101(6): 2616-2652.

Feng J, Chen Y. 2010. Spatiotemporal evolution of urban form and land-use structure in Hangzhou, China: evidence from fractals. Environment and Planning B: Planning and Design, 37(5): 838-856.

Giuliano G. 1991. Is jobs-housing balance a transportation issue? Transportation Research Record, (1935): 305-312.

Gumiel P, Sanderson D J, Arias M, et al. 2010. Analysis of the fractal clustering of ore deposits in the Spanish Iberian Pyrite Belt. Ore Geology Reviews, 38(4): 307-318.

Huang D, Liu Z, Zhao X. 2015. Monocentric or polycentric? The urban spatial structure of employment in Beijing. Sustainability, 7(9): 11632-11656.

Kenkel N, Irwin A. 1994. Fractal analysis of dispersal. Abstracta Botanica, 18(2): 79-84.

Kim K S, Benguigui L, Marinov M. 2003. The fractal structure of Seoul's public transportation system. Cities, 20(1): 31-39.

Le T P L, Trinh T A. 2016. Encouraging public transport use to reduce traffic congestion and air pollutant: a case study of Ho Chi Minh City, Vietnam. Procedia Engineering, 142: 236-243.

Lee J H, Lim S. 2018. The selection of compact city policy instruments and their effects on energy consumption and greenhouse gas emissions in the transportation sector: the case of South Korea. Sustainable Cities and Society, 37: 116-124.

Levine J. 1998. Rethinking accessibility and jobs-housing balance. Journal of the American Planning Association, 64(2): 133-149.

Li B. 2000. Fractal geometry applications in description and analysis of patch patterns and patch dynamics. Ecological Modelling, 132(1-2): 33-50.

Li T, Wu J, Sun H, et al. 2016. Integrated co-evolution model of land use and traffic network design. Networks and Spatial Economics, 16(2): 579-603.

Lowen S B, Teich M C. 2005. Fractal-Based Point Processes. Hoboken: John Wiley & Sons.

Lu Z, Zhang H, Southworth F, et al. 2016. Fractal dimensions of metropolitan area road networks and the impacts on the urban built environment. Ecological Indicators, 70: 285-296.

Ma L J C, Wu F. 2005. Restructuring the Chinese City: Changing Society, Economy and Space. New York: Routledge.

Ma M, Jin Y. 2019. What if Beijing had enforced the 1st or 2nd greenbelt? — Analyses from an economic perspective. Landscape and Urban Planning, 182: 79-91.

Mandelbrot B. 1967. How long is the coast of Britain? Statistical self-similarity and fractional dimension. Science, 156(3775): 636-638.

Mandelbrot B. 1982. The fractal geometry of nature. New York: W. H. Freeman and Company.

Mureika J R. 2007. Beyond fractals. Nature, 445(7125): 262.

Pavón-Domínguez P, Ariza-Villaverde A B, Rincón-Casado A, et al. 2017. Fractal and multifractal characterization of the scaling geometry of an urban bus-transport network. Computers, Environment and Urban Systems, 64: 229-238.

Qian J, Peng Y, Luo C, et al. 2015. Urban land expansion and sustainable land use policy in Shenzen: a case study of China's rapid urbanization. Sustainability, 8(1): 16.

Richardson L F. 1961. The problem of contiguity: an appendix to statistics of deadly quarrels. General Systems Yearbook, 6: 139-187.

Sambrook R C, Voss R F. 2001. Fractal analysis of US settlement patterns. Fractals, 9(3): 241-250.

Sapoval B, Gobron T, Margolina A. 1991. Vibrations of fractal drums. Physical Review Letters, 67(21): 2974-2977.

Scott D M, Kanaroglou P S, Anderson W P. 1997. Impacts of commuting efficiency on congestion and emissions: Case of the Hamilton CMA, Canada. Transportation Research Part D: Transport and Environment, 2(4): 245-257.

Shen G. 2002. Fractal dimension and fractal growth of urbanized areas. International Journal of Geographical Information Science, 16(5): 419-437.

Song Y, Chen Y, Pan X. 2012. Polycentric spatial structure and travel mode choice: the case of Shenzhen, China. Regional Science Policy & Practice, 4(4): 479-493.

Sultana S. 2002. Job/housing imbalance and commuting time in the Atlanta metropolitan area: exploration of causes of longer commuting time. Urban Geography, 23(8): 728-749.

Sun B, He Z, Zhang T, et al. 2015. Urban spatial structure and commute duration: an empirical study of China. International Journal of Sustainable Transportation, 10(7): 638-644.

Thomas I, Frankhauser P. 2013. Fractal dimensions of the built-up footprint: buildings versus roads. Fractal evidence from Antwerp (Belgium). Environment and Planning B: Planning and Design, 40(2): 310-329.

Turcotte D L. 1997. Fractals and Chaos in Geology and Geophysics. New York: Cambridge University Press.

Wang D, Zhou M. 2017. The built environment and travel behavior in urban China: a literature review. Transportation Research Part D: Transport and Environment, 52: 574-585.

Zhang C, Lin Y. 2012. Panel estimation for urbanization, energy consumption and CO_2 emissions: a regional analysis in China. Energy Policy, 49: 488-498.

Zhang H, Li Z. 2012. Fractality and self-similarity in the structure of road networks. Annals of the Association of American Geographers, 102(2): 350-365.

Zhao P. 2010. Sustainable urban expansion and transportation in a growing megacity: consequences of urban sprawl for mobility on the urban fringe of Beijing. Habitat International, 34(2): 236-243.

Zhou J, Murphy E, Corcoran J. 2018. Integrating road carrying capacity and traffic congestion into the excess commuting framework: the case of Los Angeles. Environment and Planning B: Urban Analytics and City Science, 47(1): 119-137.

Zuo R, Agterberg F P, Cheng Q, et al. 2009. Fractal characterization of the spatial distribution of geological point processes. International Journal of Applied Earth Observation and Geoinformation, 11(6): 394-402.

第 10 章　地理流的交互模拟

除了分析流的特征和模式之外，预测与模拟不同条件下将要或有可能发生的流同样具有重要的意义。例如，预测不同区域之间的交通流，可以辅助交通设施的规划；模拟不同疫情防控政策下的人群流动，可以评估疫情防控所带来的风险和影响。已有研究主要基于空间交互理论，预测与模拟不同地理位置之间流的交互强度（即流量），相关模型按照其基本假设可大致分为三类。第一类是引力模型，其思想借鉴了物理学中的万有引力定律，以人口流动为例，引力模型认为两地之间的人流量与两地的人口数成正比，与两地间距离的幂函数成反比（Zhang et al.，2020；Liu et al.，2014；Zipf，1946）。第二类是介入机会模型以及无参数化的辐射模型，此类模型模拟了移动个体选择目的地的决策过程，其中，介入机会模型假设个体选择某个地点作为目的地的概率与该地点能满足个体出行目的的机会数呈正相关，与其他距起点更近的地点所能提供的机会数（介入机会）呈负相关（Kotsubo and Nakaya，2021；Afandizadeh and Hamedani，2012；Schneider，1959；Stouffer，1940）；辐射模型认为个体在选择目的地时，会选择距离起点更近且比起点更能满足出行目的的地点（Zhou et al.，2020；Kang et al.，2015；Simini et al.，2012）。第三类是多尺度统一模型，此类模型将上述群体交互模型中位置的相对吸引力与个体移动行为模型中个体的记忆效应相结合，认为人在移动时除了倾向于选择更具吸引力的位置，还倾向于重访先前访问过的地点，进而确定个体在任意时间从一个位置移动到另一个位置的转移概率，实现个体和群体移动的同时预测（Liu and Yan，2020；Yan et al.，2017；闫小勇，2017）。本章将分别对每一类中具有代表性的模型进行详细介绍，相关内容有助于理解地理流交互模拟的基本原理和相关应用。

10.1　引力模型

引力模型是最早用于预测与模拟空间交互强度的模型，其以简单的形式揭示了节点间交互强度与节点规模、节点之间距离的关系，并在实际应用中，表现出较高的准确性。这也使得引力模型成为经典模型，并不断被发展和完善。本节将首先介绍传统引力模型的基本形式及其改进模型，然后介绍基于传统引力模型的一系列扩展研究，最后以商场店铺间客流引力模型的构建为例，详细说明引力模型在实际中的应用。

10.1.1　引力模型

已有研究显示，在铁路网络、公路网络、人口迁徙、国际贸易等空间交互网络中存在着类似万有引力定律的规律（Zipf，1946；Ravenstein，1885），即网络中节点之间的流量与各节点的规模，如人口、GDP、经济规模等成正比，与节点之间的距离成反比。据此，研究者受牛顿万有引力模型的启发，建立了可预测和模拟节点间交互流量的引力模型（Piovani et al.，2018；Morley et al.，2014）：

$$F_{ij} = k\frac{m_i m_j}{d_{ij}^{\alpha}} \tag{10-1}$$

式中，F_{ij} 为节点 i 和节点 j 之间的流量；m_i 和 m_j 分别为节点 i 和 j 的规模；d_{ij} 为节点 i 和节点 j 之间的距离；α 和 k 均为待估参数，可通过先验知识或历史数据估计，其中，α 为距离衰减系数，反映了空间交互过程对距离的敏感性，α 越大，则节点间流量受二者距离的影响越大，k 为规模参数，一般用以调节不同数量级的流的差异。

式 (10-1) 中的引力模型为无约束引力模型，对节点的流入、流出总量没有限制，因此，随着节点规模的增加，节点间的预测流量可能会远超实际流量。例如，在预测两个国家间的贸易（流）量规模时，如果两个国家的经济总量分别增加至之前的 4 倍，则国家之间的贸易量将随之增加为之前的 16 倍，贸易量这种非线性的增长趋势，有可能使其接近甚至超过两个国家的经济总量，而这与实际情况有明显出入。为了弥补此缺陷，后续研究在构建引力模型时，对节点的流入、流出总量进行一定的约束，从而产生了单约束引力模型和双约束引力模型（Cai，2021；Jin et al.，2014；de Dios Ortúzar and Willumsen，2011）。

单约束引力模型在已知各个节点实际流出或流入总量的基础上，对预测结果中各节点的流出或流入总量进行约束。具体地，当节点 i 的流出总量 O_i 已知时，模型中可约束节点 i 向其他各节点的流出量预测值 F_{ij} 之和必须等于 O_i，即

$$O_i = \sum_j F_{ij} \tag{10-2}$$

同时，可用流出总量 O_i 度量节点 i 的规模，此时节点 i 和 j 之间的流量预测值 F_{ij} 为

$$F_{ij} = k\frac{O_i m_j}{d_{ij}^{\alpha}} \tag{10-3}$$

以上两式需同时成立，则有：

$$\sum_j F_{ij} = \sum_j k\frac{O_i m_j}{d_{ij}^{\alpha}} = O_i \tag{10-4}$$

因此，参数 k（此处不再是常量，而是对每个节点的流出总量预测值进行约束的变量，用于保证约束条件和引力模型同时成立，可用 A_i 进行替代）可表示为

$$k = A_i = \frac{1}{\sum_j m_j d_{ij}^{-\alpha}} \tag{10-5}$$

将式 (10-5) 代入式 (10-3)，则节点 i 与节点 j 间的流量可通过式 (10-6) 估计：

$$F_{ij} = A_i O_i m_j d_{ij}^{-\alpha} \tag{10-6}$$

此时的引力模型预测结果满足以下约束：各节点向其他节点流出量的预测值之和等于各节点的实际流出总量。这种有且只有一种约束的引力模型称为单约束引力模型。同理，当节点 j 的流入总量 D_j 已知时，也可以建立满足约束 $D_j=\sum_i F_{ij}$ 的单约束引力模型：

$$F_{ij}=B_j m_i D_j d_{ij}^{-\alpha} \tag{10-7}$$

式中，$B_j=1/\sum_i m_i d_{ij}^{-\alpha}$ 为对每个节点的流入总量预测值进行约束的变量。如果同时已知节点 i 的流出总量 O_i 和节点 j 的流入总量 D_j，可以使用变量 A_i 和 B_j 同时对节点 i 的流出量预测值和节点 j 的流入量预测值进行约束，此时的引力模型为双约束引力模型：

$$F_{ij}=A_i O_i B_j D_j d_{ij}^{-\alpha} \tag{10-8}$$

式中，A_i 和 B_j 均为待估参数。根据约束 $O_i=\sum_j F_{ij}$ 和 $D_j=\sum_i F_{ij}$，将式 (10-8) 代入二者可得：

$$A_i = \left(\sum_j B_j D_j d_{ij}^{-\alpha} \right)^{-1} \tag{10-9}$$

$$B_j = \left(\sum_i A_i O_i d_{ij}^{-\alpha} \right)^{-1} \tag{10-10}$$

在实际应用中，A_i 与 B_j 的计算步骤为：首先，赋予 B_j 或 A_i 一个初始值，即令 $B_j=1.0$（或者令 $A_i=1.0$ 亦可）；其次，将初始化后的 B_j 代入式 (10-9) 求出 A_i，再将 A_i 代入式 (10-10) 中得到 B_j 的值（或先通过 A_i 求 B_j，再利用 B_j 求 A_i）；最后，不断重复前面两步进行迭代，每次迭代计算后对 A_i 和 B_j 的值进行判断，当 A_i 和 B_j 的值不再变化或者变化处于可接受的误差范围内时，则停止计算。

10.1.2 引力模型的扩展

后续的相关研究继承和发展了传统引力模型的思想，即用节点规模和节点间的距离表达空间交互过程，并据此在不同领域中建立了许多"同宗异形"的引力模型，其中影响较为广泛的有 Reilly 零售引力模型、Converse 断裂点模型和 Huff 模型。

Reilly 零售引力模型（Wuerzer and Mason，2016；曾锵，2010；Reilly，1929）认为两个城市对第三方城市人流的吸引能力与两城市的人口成正比，与两城市至第三方城市的距离成反比：

$$\left(\frac{F_i}{F_j} \right) = \left(\frac{m_i}{m_j} \right) \left(\frac{d_j}{d_i} \right)^2 \tag{10-11}$$

式中，F_i 和 F_j 分别为城市 i 和城市 j 对第三方城市人流的吸引力；m_i 和 m_j 分别为城市 i 和城市 j 的人口数量；d_i 和 d_j 分别为城市 i 和城市 j 与第三方城市之间的距离。

Converse 在 Reilly 引力模型的基础上发展了断裂点这一概念（Wang et al.，2021；Converse，1949），认为在断裂点处城市 i 与城市 j 对该区域的人流吸引力相同，从而可以根据城市 i 和城市 j 之间的断裂点确定城市 i 及城市 j 的影响力边界。断裂点模型的公式如下：

$$d_i = \frac{d_{ij}}{1 + \sqrt{m_j / m_i}} \tag{10-12}$$

式中，d_i 为断裂点距城市 i 的距离；d_{ij} 为城市 i 与城市 j 之间的距离；m_i 和 m_j 代表城市 i 与城市 j 的人口数。

Huff 模型将人口数量扩展到商业吸引力这一概念上，并用交通成本（如出行时间、出行费用等）代替传统距离度量（Liang et al.，2020；Wang et al.，2016；Huff，1963），模拟顾客选择不同商圈的概率。Huff 模型的基本形式如下：

$$P_{ij} = \frac{S_j / T_{ij}^{\beta}}{\sum_{j=1}^{n} \left(S_j / T_{ij}^{\beta} \right)} \tag{10-13}$$

式中，P_{ij} 为地区 i 的顾客前往商圈 j 的概率；S_j 为商圈 j 的商业吸引力；T_{ij} 为地区 i 的顾客前往商圈 j 的交通成本；n 为研究范围内商圈的数量；β 为待估参数。当然，Huff 模型不仅局限于商业领域，将模型中的商业吸引力这一概念继续扩展后，也可应用于其他空间交互过程，如当 S_j 表示出租车上车区域对乘客的吸引力时，模型可用于分析乘客对出租车上车地点的偏好（Tang et al.，2016）。

此外，在保持引力模型形式不变的基础上，只需对其参数的定义做出适当改变，或者加入其他特定影响因子，就可以应用于不同问题。这种较强的适应性，使引力模型得到广泛应用。时至今日，空间交互流量的预测与模拟仍然无法绕开引力模型。下节将介绍引力模型在商场店铺间的客流模拟与预测中的应用。

10.1.3 应用案例

引力模型已广泛用于较大尺度下的人流的预测和模拟，但在较小尺度下的室内空间其是否仍然有效？为回答这一问题，本节以商场顾客的室内移动轨迹数据为例，试图通过构建商场店铺客流交互的引力模型，实现对店铺间客流的预测。案例所使用的数据为某大型商场的室内定位数据，具体情况为：商场共分 10 层，包含 294 个店铺，分为服饰、餐饮、百货、鞋与饰品、奢侈品、美容养生、生活服务、休闲、母婴 9 类；顾客移动轨迹来源于室内 Wi-Fi 定位数据，数据采集日期为 2015 年 5 月 11~15 日，共记录顾客在商场内的 2600 余万条移动轨迹，其中，5 月 11~14 日的数据用于进行模型的拟合，而 5 月 15 日的数据用于进行模型预测效果的评价。

1. 店铺间客流统计与距离度量

店铺间的客流量以及店铺之间的距离是构建引力模型的两类基础信息，下面简要说明这两类信息的获取思路。当顾客进入商场，其位置可通过室内定位技术记录下来，基于这些位置记录，可以重构每位顾客的移动轨迹，并通过与室内地图叠加，判断轨迹点是否位于店铺内 [图 10-1(a)]，进而提取出顾客在不同店铺之间的移动情况。将一天内所有顾客的移动情况进行聚合，统计两两店铺之间流动的顾客总数，便可以得到不同店铺之间的客流量。

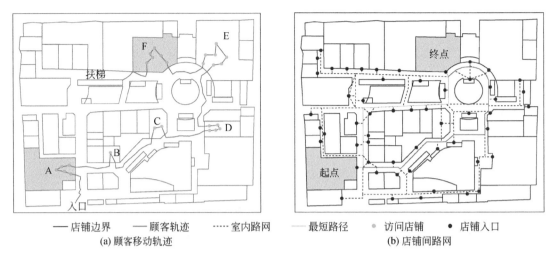

—— 店铺边界　　—— 顾客轨迹　　⋯⋯室内路网　　—— 最短路径　　• 访问店铺　　• 店铺入口
(a) 顾客移动轨迹　　　　　　　　　　　　　　　　　(b) 店铺间路网

图 10-1　商场顾客到访店铺轨迹提取及室内路网构建

(b) 中蓝色线段表示起点店铺和终点店铺之间的最短路径，红色线段表示顾客选择的路线

为了度量店铺之间的距离，首先根据店铺入口及商场连廊，构建室内路网 [图 10-1(b) 中黑色虚线]。在室外空间，由于移动成本较高，人们大多选择成本较低的出行路线，所以移动距离通常就是两地之间的直线距离或最短路径距离，但是在室内空间，人们一般会根据自己的喜好选择路线，而不一定选择最短路径。如图 10-1(b) 所示，尽管在起点店铺和终点店铺之间存在一条最短路径（蓝色线），顾客还是选择了另外一条路径（红色线）以便于途经其他感兴趣的店铺。因此，为了更好地度量两店铺之间的移动成本，这里定义两种距离度量方式：路网距离（path distance）和店铺距离（store distance）。前者用两店铺之间最短路径的长度表示，用于衡量店铺间的最小移动成本；后者用顾客从一个店铺移动到另一个店铺的过程中访问的平均店铺数表示，用于衡量店铺间的平均移动成本。

2. 店铺间客流引力模型的构建

在室内商场中，除距离外，店铺的类型和所处楼层也是店铺之间交互强度的重要影响因素：一方面，顾客通常喜欢逛相同类型的店铺以进行商品的比较；另一方面，顾客更倾向于在相同楼层的店铺间移动以节省时间和体力。因此，我们对 10.1.1 节中的传统引力模型 [式 (10-1)] 实施对数变换，将之变为线性方程，然后添加店铺类型和楼层因子，得到扩展的引力模型：

$$\ln\left(F_{ij}/m_i m_j\right) = \ln(k) - \alpha \ln\left(d_{ij}\right) + \beta l_{ij} + \gamma t_{ij} \tag{10-14}$$

式中，F_{ij} 为店铺 i 和店铺 j 之间的客流量；m_i 和 m_j 分别为两店铺总的访问顾客数；d_{ij} 为两店铺之间的距离；l_{ij} 为两店铺之间的楼层差；t_{ij} 表示两店铺类型（如餐饮、服饰、母婴等）是否相同，如相同则为 1，否则为 0；k、α、β 和 γ 为待定参数，其中，α 越大表示两店铺间客流量受距离的影响越大。

基于不同类型的距离度量，应用店铺间的客流量拟合引力模型的参数，可以得到不同距离度量下的引力模型参数（表 10-1，各参数均在 0.001 水平上显著），根据表 10-1 中的参数就可以建立店铺间客流预测的引力模型。在对客流进行预测之前，首先应对模型拟合的效果进行评价，此处采用模型拟合优度（goodness of fit，GOF）作为评价指标。模型拟合优度定义为观测值与拟合值的皮尔逊相关系数：

$$\mathrm{GOF} = \frac{\sum_{i=1}^{n}\left(\hat{y}_i - \overline{\hat{y}_i}\right)\left(y_i - \overline{y}_i\right)}{\sqrt{\sum_{i=1}^{n}\left(\hat{y}_i - \overline{\hat{y}_i}\right)^2}\sqrt{\sum_{i=1}^{n}\left(y_i - \overline{y}_i\right)^2}} \tag{10-15}$$

式中，$\hat{y}_i$ 和 y_i 分别为客流量的预测值和实际值；$\overline{\hat{y}_i}$ 和 $\overline{y}_i$ 分别为预测及实际客流量的平均值；n 为店铺对的个数；GOF 值越大表明模型拟合效果越好。图 10-2 以散点图的形式展示了不同类型距离度量下引力模型的整体拟合效果。GOF 的数值显示，使用店铺距离进行拟合的效果要明显优于使用路网距离。

表 10-1 引力模型拟合参数

距离度量	α	β	γ	GOF	p 值
路网距离	1.78	−0.08	0.05	0.64	<0.001
店铺距离	1.63	−0.29	0.11	0.97	<0.001

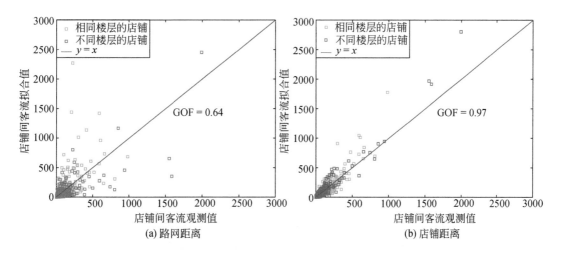

图 10-2 基于不同距离度量的商场店铺间客流引力模型拟合结果

3. 店铺间客流预测结果评估

为了验证模型的有效性，首先使用拟合后的引力模型预测店铺间客流量，然后通过平均绝对误差比（MAPE）以及预测客流和实际客流之间的皮尔逊相关系数（r）对预测结果进行评估。平均绝对误差比定义为相对误差绝对值的均值，其公式为

$$\mathrm{MAPE} = \frac{1}{n}\sum_{i=1}^{n}\left|\frac{\hat{y}_i - y_i}{y_i}\right| \tag{10-16}$$

式中，$\hat{y}_i$ 和 y_i 分别为客流量的预测值和实际值；n 为店铺对的个数；MAPE 值越小说明预测效果越好。

下面分别应用 MAPE 和皮尔逊相关系数对模型预测的效果进行评价。在使用 MAPE 进行评价时，由于商场内店铺间客流量通常服从幂律分布，即只有少部分店铺之间客流量较大，而大部分店铺之间客流量较少，由此导致在计算 MAPE 值时因为客流的量级不同而产生较大的差异，故此将客流量按照分位数划分为 4 个组，再分别进行计算。从表 10-2 的结果可以看出，店铺间客流量较小（小于第一分位数）的店铺对之间客流预测误差相对较大，其主要原因在于，当店铺间的实际客流量本身较小时，很小的绝对误差就会导致较大的相对误差。对于客流较大的店铺对，在使用店铺距离作为距离度量时，客流预测的 MAPE 值均小于 46.11%。上述评价指标的计算结果说明，本节建立的引力模型的预测效果较好，基本可以满足实际需求。这种预测对于商场的经营具有一定意义，例如，如果可以知道某新开店铺的总顾客数，就可以预测它从不同店铺能够吸引顾客的数目；或者，如果某个店铺在打折促销，也可以预测它将为其他店铺带来多少客流量。

表 10-2　店铺间客流预测结果评价

距离度量	1—Q1/%	Q1—Q2/%	Q2—Q3/%	Q3—/%	r
路网距离	77.29	62.00	89.45	62.06	0.66
店铺距离	69.85	**43.14**	**46.11**	**35.37**	**0.96**

注：Q1=61、Q2=125、Q3=125；加粗数值表示预测效果较好。

10.2　介入机会模型与辐射模型

引力模型作为最早被提出的空间交互模型，虽然形式简单、概念易懂、应用广泛，但是也存在一定的局限性：一方面，引力模型的思想源于对宏观物理学中万有引力定律的类比，缺乏严格的理论基础和推导，通常只能从宏观层面反映空间交互的状态，缺乏微观层面上对个体移动的决策过程与机制的解释（Simini et al., 2012；Huff, 1962）；另一方面，引力模型属于有参模型，在使用前需要通过历史数据对模型参数进行估计，而大量研究表明，这些参数在不同地区会有不同取值，甚至同一地区的不同时期也可能存在差异，这使得引力模型缺乏普适性（郑清菁等，2014；Mikkonen and Luoma, 1999）。为了克服上述局限，基于个体出行决策过程的介入机会模型（intervening opportunity model）与无参数化的辐射模型（radiation model）应运而生。

10.2.1　介入机会模型

20 世纪 40 年代，Stouffer（1940）从个体对出行目的地的选择过程出发首先提出了介入机会的思想，后经 Schneider（1959）发展形成了介入机会模型的经典形式。与将空间距离直接纳入模型的传统思路不同，介入机会模型认为个体对出行目的地的选择与出行距离没有直接关系，而是受各潜在目的地满足出行需求能力的影响。对于一个目的地，其吸引出行的能力正比于该地可提供的机会（opportunity）数量，例如，某个地区的工作岗位数量（即就业机会）越多，则个体选择其作为通勤目的地的可能性越大。同时，模型假设个体在选择出行目的地时，总是倾向于在尽可能靠近出发地的前提下满足出行需求：在从出发地向目的地移动的过程中，如果个体在中间地带便找到了可满足其出行需求的地点，即停止继续移动。因此，除了出发地和目的地本身的机会数量，个体在出发地与目的地之间可能获得的机会数量，即介入机会（intervening opportunity）的数量，同样是决定两个地点间空间交互强度的重要因素。由此，介入机会模型的基本思想为：在个体选择出行目的地时，某潜在目的地被选择的概率与此目的地的机会数量正相关，与出发地跟此目的地之间的介入机会数量负相关。

图 10-3 展示了从出发地 i 到目的地 j 的介入机会模型示意图，其中各符号含义如下所述。①每个圆圈代表一个地点，并按其与出发地 i 的距离远近依次编号为地点 1, 2, 3, $\cdots$, n，n 为所有潜在目的地的总数量；为便于理解，可记出发地 i 为地点 0，而对于任意目的地 j，总可以找到其在潜在目的地序列中的序号 k。②对于某一地点 k，记其所能提供的机会数量为 m_k，并以圆圈大小表示，实际应用中可根据具体问题选取合适的指标表达，如此地的人口、就业机会、学校等的数量。③出发地 i 和目的地 j（地点 k）之间的介入机会可表示为两地之间各地点的机会数量之和，具体有两种形式，一种包含起终点在内，用大写的 $S_k^{(i)}$ 表示，另一种不包含起终点，用小写的 $s_k^{(i)}$ 表示；此外，所有地点的机会数量之和记为 M。④以 D 表示个体最终所停留目的地的序号，$P_k^{(i)}$ 表示个体最终停留在地点 k 的概率 $\mathrm{Pr}(D=k)$，$\tau_k^{(i)}$ 表示个体到达某一地点 k 时选择停留的概率 $\mathrm{Pr}(D=k|D>k-1)$，$\rho_k^{(i)}$ 表示个体到达地点 k 但未被吸引而继续前行的概率 $\mathrm{Pr}(D>k)$。

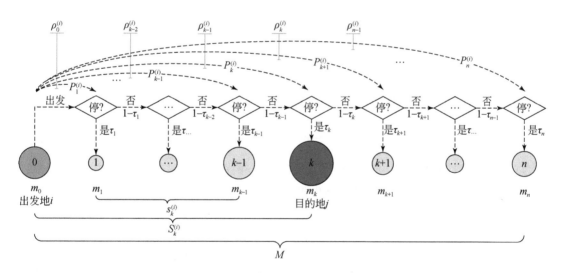

图 10-3　介入机会模型示意图

下面从个体对出行目的地的选择过程出发，介绍介入机会模型的推导过程。模型假设个体出行遵循两个基本规则：①从出发地 i（地点 0）出发的个体按照由近及远的顺序依次选择目的地；②当个体到达某一地点 k 后，将选择停留在此或继续前行，此时个体选择停留的概率 $\tau_k^{(i)}$ 正比于此地的机会数量 m_k。

基于上述假设，令 $\tau_k^{(i)}=\alpha m_k$，其中，α 为比例系数，则 $\rho_k^{(i)}=\rho_{k-1}^{(i)}(1-\tau_k^{(i)})=\rho_{k-1}^{(i)}(1-\alpha m_k)^{①}$，进行变换可以得到：

$$\frac{\rho_k^{(i)}-\rho_{k-1}^{(i)}}{\rho_{k-1}^{(i)}}=-\alpha m_k \tag{10-17}$$

将其中的 m_k 替换为介入机会的差分形式 $S_k^{(i)}-S_{k-1}^{(i)}$（这里使用包含起终点的介入机会 $S_k^{(i)}$），可得

$$\frac{\rho_k^{(i)}-\rho_{k-1}^{(i)}}{\rho_{k-1}^{(i)}}=-\alpha(S_k^{(i)}-S_{k-1}^{(i)}) \tag{10-18}$$

当区域内可供个体选择的潜在目的地足够多时，可以将 $\rho_k^{(i)}$ 和 $S_k^{(i)}$ 视为关于 k 的连续函数，则式 (10-18) 可表达为如下的微分方程：

$$\frac{\mathrm{d}\rho^{(i)}(k)}{\rho^{(i)}(k)}=-\alpha\,\mathrm{d}S^{(i)}(k) \tag{10-19}$$

方程的解为 $\rho^{(i)}(k)=R^{(i)}\mathrm{e}^{-\alpha S^{(i)}(k)}$，再将变量转换回离散形式，即得

$$\rho_k^{(i)}=R^{(i)}\mathrm{e}^{-\alpha S_k^{(i)}} \tag{10-20}$$

式中，$R^{(i)}$ 为待定系数。根据 $P_k^{(i)}$ 与 $\rho_k^{(i)}$ 之间的关系，易知 $P_k^{(i)}=\rho_{k-1}^{(i)}-\rho_k^{(i)}$。考虑到对于整个区域内的所有地点而言，个体最终到达并停留的概率之和应为 1，即

$$\sum_{k=1}^{n}P_k^{(i)}=\rho^{(i)}(0)-\rho^{(i)}(1)+\rho^{(i)}(1)-\rho^{(i)}(2)+\cdots+\rho^{(i)}(n-1)-\rho^{(i)}(n)$$
$$=\rho^{(i)}(0)-\rho^{(i)}(n)=R^{(i)}-R^{(i)}\mathrm{e}^{-\alpha S^{(i)}(n)}=R^{(i)}-R^{(i)}\mathrm{e}^{-\alpha M}=1 \tag{10-21}$$

由此可得待定系数 $R^{(i)}$ 的表达式：

$$R^{(i)}=\frac{1}{1-\mathrm{e}^{-\alpha M}} \tag{10-22}$$

结合式 (10-20)，可以得到从地点 i 出发的个体最终停留在地点 k 的概率 $P_k^{(i)}$：

$$P_k^{(i)}=\rho_{k-1}^{(i)}-\rho_k^{(i)}=R^{(i)}(\mathrm{e}^{-\alpha S_{k-1}^{(i)}}-\mathrm{e}^{-\alpha S_k^{(i)}})=R^{(i)}\frac{\mathrm{e}^{\alpha m_k}-1}{\mathrm{e}^{\alpha S_k^{(i)}}}=\frac{1}{1-\mathrm{e}^{-\alpha M}}\cdot\frac{\mathrm{e}^{\alpha m_k}-1}{\mathrm{e}^{\alpha S_k^{(i)}}} \tag{10-23}$$

因为对于任意目的地 j，均可根据到出发地的距离排序得到其对应的地点序号 k，所以，如将上式中有关 k 的变量用 j 代替，就可得到介入机会模型的核心公式：

$$P_{ij}=R^{(i)}\frac{\mathrm{e}^{\alpha m_j}-1}{\mathrm{e}^{\alpha S_{ij}}}=\frac{1}{1-\mathrm{e}^{-\alpha M}}\cdot\frac{\mathrm{e}^{\alpha m_j}-1}{\mathrm{e}^{\alpha S_j^{(i)}}} \tag{10-24}$$

可以看出，P_{ij} 与出发地 i 和目的地 j 之间的介入机会 S_{ij} 负相关，而与目的地 j 的机会数量 m_j 正相关，故该式完全体现了介入机会模型的基本思想。介入机会模型可表述为，在给定

---

① 该公式前半部分的推导过程如下：
$\rho_k^{(i)}=\mathrm{Pr}(D>k)$
$\quad=\mathrm{Pr}(D>k-1)\mathrm{Pr}(D\neq k|D>k-1)$
$\quad=\mathrm{Pr}(D>k-1)(1-\mathrm{Pr}(D=k|D>k-1))$
$\quad=\rho_{k-1}^{(i)}(1-\tau_k^{(i)})$

从地点 i 出发的人群总流量 O_i 的前提下，从地点 i 出发到达地点 j 的出行流量等于：

$$F_{ij} = O_i P_{ij} = O_i \frac{e^{-\alpha(S_{ij}-m_j)} - e^{-\alpha S_{ij}}}{1 - e^{-\alpha M}} \tag{10-25}$$

与经典的引力模型相比，介入机会模型具有以下特点：①以概率框架表达了个体移动时选择目的地的决策过程，解释了空间交互的微观机制；②没有显式包括空间距离，而是引入与距离相关的介入机会，暗含距离对空间交互的影响；③两个地点之间的空间交互强度不仅与出发地和目的地本身的属性有关，也受两地之间其他潜在目的地的影响，任何一个地点的属性变化都可能对整体空间交互的分布产生影响；④计算所得的空间交互强度是不对称的，即从甲地到乙地的群体流流量可能与从乙地到甲地的流量有较大差别。介入机会模型作为经典的微观机制模型，已成为后续辐射模型等其他介入机会类模型研究的基础（闫小勇，2019）。

10.2.2 辐射模型

借鉴介入机会模型中个体由近及远依序选择出行目的地的微观决策机制，Simini 等（2012）进一步提出了辐射模型。与前述引力模型和介入机会模型相比，辐射模型中不含待估参数，实际应用时不依赖地点之间的历史流量数据，适用场景更加广泛。

辐射模型的基本思想是：在选择目的地时，个体会先评估各个地点的机会数量可能带来的收益，然后选择比起点收益更大且距起点更近的地点作为出行的目的地。具体地，辐射模型假设个体移动分为两个步骤。第一步，在出发阶段，个体考察每个地点（包括其出发地）所带来的可能收益，由于收益具有随机性，可用随机变量 Z 表示。模型假设一次机会所带来的收益 Z 服从概率密度为 $p(z)$ 的随机分布，故一个机会数量为 m 的地点所带来的收益为 m 个独立同分布的随机变量 Z_1，Z_2，$\cdots$，Z_m，而这些随机变量的最大值，也即个体在该地点所获得的最大收益，可以看作为从 $Z\sim p(z)$ 中随机抽样 m 次得到的最大值 $Z^{(m)}$。所以，最大收益 $Z^{(m)}$ 小于某值 z 的概率 $\Pr(Z^{(m)}<z)$ 等于抽样所得的各收益 Z_1，Z_2，$\cdots$，Z_m 均小于 z 的概率，若以 $p(<z)$ 表示从 $p(z)$ 中单次随机抽样所得的收益小于 z 的概率，则：

$$\Pr(Z^{(m)}<z) = \prod_{i=1}^{m} \Pr(Z_i<z) = p(<z)^m \tag{10-26}$$

由此可得最大收益 Z 大于 z 的概率 [式 (10-27)] 和最大收益 Z 恰好等于 z 的概率 [式 (10-28)]：

$$\Pr(Z^{(m)}>z) = 1 - \Pr(Z^{(m)}<z) = 1 - p(<z)^m \tag{10-27}$$

$$\Pr(Z^{(m)}=z) = \frac{d\Pr(Z^{(m)}<z)}{dz} = \frac{dp(<z)^m}{dz} = mp(<z)^{m-1}\frac{dp(<z)}{dz} \tag{10-28}$$

第二步，在到达阶段，个体在收益高于出发地的候选地点中选择离出发地最近的那个作为其出行目的地。根据辐射模型的基本思想，从地点 i 出发的个体选择地点 j 作为目的地就意味着，无论个体从出发地 i 能获取的最大收益 Z 为何值（ $0\sim\infty$ ），其在地点 j 能获取的最大收益均大于 Z，且在距出发地 i 比目的地 j 更近的所有地点能获取的最大收益均小于 Z。因此，令从地点 i 出发的个体选择地点 j 作为目的地的概率为 P_{ij}，则：

$$P_{ij} = \int_0^\infty \Pr\left(Z^{(s_{ij})} < z\right) \Pr\left(Z^{(m_i)} = z\right) \Pr\left(Z^{(m_j)} > z\right) \mathrm{d}z \tag{10-29}$$

式中，m_i 和 m_j 分别为地点 i 和 j 的机会数量；s_{ij} 为地点 i 与地点 j 之间的介入机会（如图 10-3 所示，不包括起终点）。$\Pr(Z^{(s_{ij})} < z)$ 表示在地点 i 和 j 之间抽样 s_{ij} 次后所获不同的收益均小于 z 的概率，$\Pr(Z^{(m_i)} = z)$ 表示在地点 i 从 $p(z)$ 中抽样 m_i 次后所获最大收益为 z 的概率，$\Pr(Z^{(m_j)} > z)$ 表示在地点 j 抽样 m_j 次后至少有一次收益大于 z 的概率。将式 (10-26)~式 (10-28) 代入式 (10-29) 可得：

$$
\begin{aligned}
P_{ij} &= \int_0^\infty m_i\, p(<z)^{m_i-1} \frac{\mathrm{d}p(<z)}{\mathrm{d}z} p(<z)^{s_{ij}} \left[1 - p(<z)^{m_j}\right] \mathrm{d}z \\
&= m_i \int_0^1 \left[p(<z)^{s_{ij}+m_i-1} - p(<z)^{m_j+s_{ij}+m_i-1} \right] \mathrm{d}p(<z) \\
&= m_i \left[\frac{1}{s_{ij}+m_i} p(<z)^{s_{ij}+m_i} \Big|_0^1 - \frac{1}{m_j+s_{ij}+m_i} p(<z)^{m_j+s_{ij}+m_i} \Big|_0^1 \right] \\
&= m_i \frac{1}{s_{ij}+m_i} - m_i \frac{1}{m_j+s_{ij}+m_i} \\
&= \frac{m_i m_j}{\left(s_{ij}+m_i\right)\left(m_j+s_{ij}+m_i\right)}
\end{aligned}
\tag{10-30}
$$

进一步可得辐射模型的最终表达式，即如果已知从地点 i 出发的人群总流量 O_i，则从地点 i 出发到地点 j 的流量为

$$F_{ij} = O_i \frac{m_i m_j}{\left(s_{ij}+m_i\right)\left(m_j+s_{ij}+m_i\right)} \tag{10-31}$$

可以看出，上述个体选择移动目的地的过程与物理学中粒子辐射的发射–吸收过程类似，这也是该模型被称为辐射模型的原因。具体地，第一步中个体的出发阶段可以类比于粒子辐射的发散过程：辐射源 i（出行起点）随机发射 m_i 个（起点机会数量）粒子（出行个体），各粒子具有随机的吸收阈值 $Z \sim p(z)$（随机收益），且吸收阈值高的粒子不容易被吸收。第二步中个体的到达阶段可以类比于粒子辐射的吸收过程：在粒子由近及远向外发散的过程中，具有单位密度的介质其吸收能力 Z（随机收益）服从随机分布 $p(z)$，故对于密度为 m_j 的介质 j（具有 m_j 机会数量的某地点 j），其吸收能力为从 $p(z)$ 中抽样 m_j 次得到的所有 Z 值中的最大值 $Z^{(m_j)}$，当介质 j 的吸收能力大于粒子的吸收阈值时（地点 j 收益大于起点收益），粒子便被吸收（个体在地点 j 停留）。在整个发射–吸收过程中，粒子被最靠近辐射源且吸收能力大于粒子吸收阈值的介质吸收，此时辐射粒子穿透介质的距离（终点到起点的距离）依赖于辐射源与吸收处之间的介质总质量（起点与终点之间的介入机会数量）。

辐射模型与介入机会模型都采用了个体由近及远依序选择出行目的地的微观决策机制，以介入机会数量而非距离远近刻画空间交互强度的衰减。但是，二者对于具体参数

的假设形式又有所不同：介入机会模型中，假设个体到达目的地 k 时其选择停留的概率 $\tau_k^{(i)} \propto m_k$，若替换其为 $\tau_k^{(i)} = m_k/S_k^{(i)}$，则可得到辐射模型[①]。作为介入机会模型的进一步发展，辐射模型形式简洁、计算方便，且没有待估参数，仅需要各个地点的机会数量与出行总量就能实现空间交互的预测与模拟，相对于传统空间交互模型有着更广泛的适用范围。

10.2.3　应用案例

本节以中国城市间的人群流动为例，基于城市人口统计数据，构建城市间人群流动的辐射模型，预测城市间人群流动强度，并将其与腾讯迁徙大数据进行对比，以验证模型的有效性。

1. 研究区与数据

人口分布数据是构建辐射模型的基础。由于人口统计标准的差异，本案例的研究区为中国（不包括港澳台）。本案例使用的人口统计数据来自《中国城市统计年鉴——2020》（中华人民共和国国家统计局，2020），包括 2019 年 4 个直辖市、15 个副省级市、277 个地级市共 296 个城市市辖区[②]的年平均人口[③]。

为了验证模型的预测效果，选取腾讯迁徙大数据（https://heat.qq.com/bigdata/qianxi.html）作为人群流动的参照。腾讯迁徙大数据记录了任意两个城市之间每天的人群流量。本研究将 2019 年 1 月 1 日～4 月 1 日城市间人群流量的平均值作为城市间人群流动的真实值与计算结果进行对比。

2. 辐射模型构建

以城市 i 作为流动起点，用各城市中心的经纬度计算其他每个城市与城市 i 的距离，并按距离递增对它们进行排序。对于某一城市 j，将与城市 i 之间的距离小于 i 与 j 之间距离的所有城市（除城市 i 外）的人口数相加得到介入机会 s_{ij}，再将介入机会 s_{ij}、城市 i 的人口数 m_i、城市 j 的人口数 m_j 代入式 (10-31)，可以得到从城市 i 出发的个体流向城市 j 的概率 P_{ij}。对于从城市 i 出发的人流总量 O_i，可以直接使用城市 i 与其他城市之间的腾讯迁徙人流量 F_{ij}^{data} 计算：$O_i = \sum_j F_{ij}^{\text{data}}$。最后将 P_{ij} 与 O_i 相乘 [式 (10-31)] 就可得到从城市 i 到城

[①] 由 $\tau_k^{(i)} = m_k / S_k^{(i)}$ 可得从地点 i 出发的个体到达地点 k 但继续前进的概率为

$$q_k^{(i)} = q_{k-1}^{(i)}\left(1 - \frac{m_k}{S_k^{(i)}}\right) = q_{k-1}^{(i)}\left(\frac{S_k^{(i)} - m_k}{S_k^{(i)}}\right) = q_{k-1}^{(i)}\left(\frac{S_{k-1}^{(i)}}{S_k^{(i)}}\right) = \prod_{l=1}^{k}\frac{S_{l-1}^{(i)}}{S_l^{(i)}} = \frac{S_0^{(i)}}{S_k^{(i)}} = \frac{m_i}{S_k^{(i)}}$$

进一步，从地点 i 出发的个体最终停留在地点 k 的概率 $P_k^{(i)}$ 为

$$P_k^{(i)} = q_{k-1}^{(i)} - q_k^{(i)} = \frac{m_i}{S_{k-1}^{(i)}} - \frac{m_i}{S_k^{(i)}} = \frac{m_i(S_k^{(i)} - S_{k-1}^{(i)})}{S_{k-1}^{(i)}S_k^{(i)}} = \frac{m_i m_k}{\left(s_k^{(i)} + m_i\right)\left(m_k + s_k^{(i)} + m_i\right)}$$

将式中有关 k 的变量用 j 代替，即得辐射模型公式 (10-31)。

[②] "市辖区"包括所有城区，不包括辖县和辖市。

[③] 年平均人口数是综合反映年内的人口规模的主要指标，也是计算出生率、死亡率、自然增长率、人均国内生产总值等经济指标的必要指标。其计算原理为：将一年中 12 个月的月末人口相加除以 12，在实际工作中，常根据年初人口数加年末人口数除以 2 的方式计算得到（中华人民共和国国家统计局，2020）。

市 j 的人流量的预测结果。

3. 模型预测结果评估

下面将从三个角度评估模型预测结果与腾讯迁徙数据的符合程度。第一，由于出行距离的概率密度分布是空间交互研究中的重要统计特性，故分别计算模型预测结果和腾讯迁徙数据中距离为 d 的两个城市之间人流量 $P_{flow}(d)$，并对二者 $P_{flow}(d)$ 的统计分布进行双样本 K-S（Kolmogorov-Smirnov）检验，以验证模型预测结果和实际数据概率分布的一致性。第二，辐射模型中只限制了各城市的出发人流总量，并没有对其到达人流总量进行限制，因此，城市到达人流总量与实际数据的一致性也可以作为结果检验的重要指标。在具体计算中，可按到达城市人口统计城市到达人流总量 $P_{flow}(pop)$，并以此比较模型预测结果和腾讯迁徙数据的一致性。第三，还可以采用皮尔逊相关系数 [Pearson correlation coefficient，式 (10-32)] 和对离群值不敏感的索伦森 – 骰子系数 [Sørensen-Dice coefficient，式 (10-33)] 计算模型预测值和实际数据的相关性，并以此对结果进行评价。其计算公式如下：

$$R = \frac{\sum_{i,j}^{n}\left(F_{ij}^{data} - \overline{F^{data}}\right)\left(F_{ij}^{model} - \overline{F^{model}}\right)}{\sqrt{\sum_{i,j}^{n}\left(F_{ij}^{data} - \overline{F^{data}}\right)^2}\sqrt{\sum_{i,j}^{m}\left(F_{ij}^{model} - \overline{F^{model}}\right)^2}} \tag{10-32}$$

$$\text{Sørensen} = \frac{2\sum_{i,j}^{n}\min\left(F_{ij}^{data}, F_{ij}^{model}\right)}{\sum_{i,j}^{n}F_{ij}^{data} + \sum_{i,j}^{n}F_{ij}^{model}} \tag{10-33}$$

式中，F_{ij}^{data} 和 F_{ij}^{model} 分别为腾讯迁徙和模型预测的人流量；n 为城市的数目。

以上述三种方式进行模型预测效果的评估，结果如图 10-4 所示。可以看出，模型预测结果和腾讯迁徙数据的 $P_{flow}(d)$ 分布总体趋势一致，但仍有一定差别 [图 10-4(a)]。具体表现为，当流动距离达到 800~1200km 时，腾讯迁徙数据中出现局部高峰，且明显高于模型预测流量。其中可能的原因是，高铁和飞机等交通工具大大促进了相距 1000km 左右的城市之间的人流交互，这类点对点的现代交通方式在出发和到达城市之间建立了人流的"超链接"，减弱了途经城市的介入机会对人流的负面影响，因此基于介入机会的辐射模型估计结果偏低（Simini et al.，2012）。对于 $P_{flow}(pop)$ 的分布 [图 10-4(b)]，模型预测结果与腾讯迁徙数据符合较好，说明辐射模型对人口和流量的关系刻画较为准确。图 10-4(c) 显示，模型预测结果与腾讯迁徙数据存在一定程度的相关性，皮尔逊相关系数达到 0.53，索伦森 – 骰子系数达到 0.45。然而，模型在实际人口流量较高的部分倾向于低估流量，其原因是模型未能合理估计现代交通方式对大城市间出行的促进作用。总体上，辐射模型可以体现城市间人群流动的统计性规律，预测结果与腾讯迁徙数据大致相符，但对现代交通方式下的人群流动建模效果仍存在一定不足。

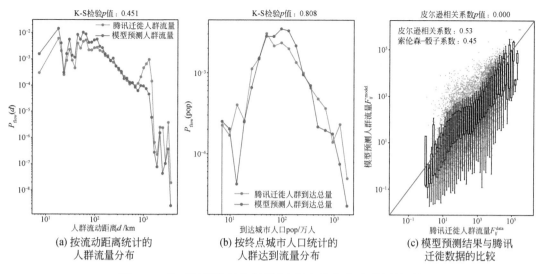

图 10-4　基于辐射模型的中国城市间人群流动预测效果评估

10.3　多尺度统一模型

前述引力模型、介入机会模型、辐射模型都是通过人口分布、空间距离等数据预测地点之间的人流量，故均属于大尺度群体静态模型。此类模型适用于研究人口迁移、居住或就业地选址等大尺度的群体空间交互行为，但会丢失个体层面的详细动态特征，无法再现个体移动模式，因而难以适用于个体时空移动的研究，如传染病控制（Giles et al.，2020；Jia et al.，2020）、交通拥堵（Huang et al.，2018）、信息传播（Shang et al.，2010）等。

针对小尺度个体移动的研究产生了列维飞行（Viswanathan et al.，2011）、连续时间随机游走（Ben-Avraham and Havlin，2000）、记忆性随机游走（Szell et al.，2012）等模型，它们可以通过模拟微观个体在空间中的连续游走，探索人类自身的空间移动规律，如地点访问频率的异质性分布和访问地点的异速增长现象等。然而，此类模型只能解释和再现个体移动中的各种模式，而无法完整再现群体移动模式，当然也无法用于地点间流量的预测。

以上人类移动模型均为单一尺度模型，可以在小尺度或大尺度上模拟或解释人类的移动模式，但不能二者同时兼顾。然而，在实际应用中，有时需要兼顾二者以提升模型的实用性。例如，在疫情预测中，如果可以同时实现大尺度人群移动和小尺度个体移动的模拟，就能建立一个由个体（病毒）感染，然后传播到群体，群体之间再交叉感染，最后成为大流行的传染病动力学模型。为此，Yan 等（2017）提出了能够量化不同尺度下人类移动的多尺度统一模型（universal model of individual and population mobility on diverse spatial scales），即一种能够预测个体和群体在所有空间尺度上移动的模型。本节首先以该模型为例，对经典的多尺度统一模型进行说明；然后，介绍改进后的多尺度统一模型；最后，以北京市个体轨迹和群体移动模式的模拟为例，验证多尺度统一模型的应用效果。

10.3.1　多尺度统一模型

任何空间尺度下的个体或群体移动模式，均由个体移动行为产生，只是因为研究者的统计角度不同，才认为个体和群体的移动机制不同，因此，应该存在某种统一方法来同时描述和预测个体或群体移动模式（Yan et al.，2017）。在多尺度模型中，这个统一方法的核心就是构建个体在任意时间从一个位置移动到另一个位置的出行概率，而这种出行概率的构建依赖于两个基本要素：位置相对吸引力和个体记忆效应。

针对位置相对吸引力，模型假设不同位置具有不同的吸引力，而人类的移动往往会偏向于更具吸引力的位置。如前所述，在空间交互模拟中，通常认为位置的吸引力与当地的人口规模有关，因此，可基于一个位置的人口数量构建其相对吸引力指标：

$$B_{ij} = \frac{m_j}{w_{ij}}$$

(10-34)

式中，B_{ij} 为促使个体从位置 i 前往位置 j 的相对吸引力；w_{ij} 为以 i 为中心、i 和 j 之间距离为半径的圆形区域内的总人口数；m_j 为位置 j 的人口数。B_{ij} 的计算考虑了个体由位置 i 前往位置 j 的过程中所有潜在目的地的人口总数，因此 B_{ij} 可代表位置 j 相对这些潜在目的地的吸引力，同时也反映了 j 与其他潜在目的地之间的一种竞争关系。例如，i 和 j 之间其他潜在目的地的人口越多，则 B_{ij} 的数值越小，即这些潜在目的地的吸引力越大，个体最终前往位置 j 的可能性就越小。

针对个体记忆效应，大量实证研究（Song et al.，2010；Gonzalez et al.，2008）发现，个体在移动过程中具有强烈的记忆性，即倾向于频繁地重访之前访问过的地点，这也是将人类移动与粒子物理扩散区分开来的一个重要特征。其原因在于，个体在移动过程中会对已到访过的地点形成记忆性偏好，这种记忆性偏好会随个体对一个地点访问频次的增加而不断得到强化。在多尺度统一模型的建模过程中，可借鉴记忆性偏好随机游走模型，通过给之前访问过的位置分配一部分额外吸引力来量化这一效应，其数学表达式为

$$A_j = 1 + \frac{\lambda}{r_j}$$

(10-35)

式中，A_j 为位置 j 对某个体的额外吸引力，代表了个体对位置 j 的记忆效应；λ 为记忆效应强度参数，可以根据经验数据确定；r_j 为将个体轨迹中的所有目的地按照个体到访频率进行降序排列后位置 j 的序号。式 (10-35) 采用序号而非频率来量化记忆效应产生的额外吸引力是基于以下两个原因。其一是采用序号更加稳健。序号的大小既能反映常去位置的吸引力优势，又能避免某个位置的到访频率过高，产生过大的额外吸引力，从而形成"离群值效应"（即因为少数离群值的存在导致总体统计指标的显著变化），最终降低模型的预测精度。其二是在齐普夫定律（Zipf's Law）下，序号和频率是等价的。齐普夫定律原指词频分布定律，即在长文章中将每个单词的出现频率降序排列，每个单词的序号和其频率的积近似为一个常数，后来在地理学、社会学、经济学等领域中也发现了此定律，如城市排序与人口、企业排序与收入之间的关系等，自此齐普夫定律被认为是自然界的普遍规律。已有研究对现实人类轨迹数据进行观察后发现其也服从齐普夫定律，即个体访问地点的频次与其降序排列后的序号的积近似为一个常数，说明序号和频率这两个因素是平等的

（Schläpfer et al.，2021；Gonzalez et al.，2008）。综合上述两个原因，记忆效应的表达优先选择序号而非到访频率。

在定义位置的相对吸引力和个体的记忆效应后，可将二者组合起来形成完整的统一模型（Yan et al.，2017）：

$$P_{ij} \propto \frac{m_j}{w_{ij}}\left(1+\frac{\lambda}{r_j}\right)$$

(10-36)

式中，P_{ij} 为促使个体从位置 i 前往位置 j 的出行概率；当位置 j 为全新的目的地时，$\lambda=0$，即个体将完全按照位置的相对吸引力选择新目的地。经典的多尺度统一模型仅包含一个参数 λ，当参数 λ 固定后，模型可以同时在个体和群体层面模拟出多种移动模式，且在任意空间尺度下的研究中均取得较好的模拟效果（Yan et al.，2017）。

10.3.2　经典多尺度统一模型的改进

经典多尺度统一模型中位置的相对吸引力取决于目的地的人口数量，这在尺度相对较大（国家、城市等）的研究中适用，但在城市内部，个体的移动意愿可能与目的地的功能（商业、教育、娱乐等）以及人流量关系更密切。为此，可对传统的多尺度统一模型进行改进，将其中仅依赖于人口数量的位置相对吸引力 [式 (10-34)] 修改为多因素构成的综合相对吸引力。

位置的吸引力指潜在目的地能满足个体出行需求的机会总和，传统的多尺度统一模型使用潜在目的地居住人口数量来反映位置的吸引力，即潜在目的地的居住人口越多其吸引力越大。然而，在城市内部，居住人口数量并不能完全决定吸引力，如商业区的吸引力强，人流量大，但实际居住人口少；相反，居民小区的吸引力弱，人流量少，但居住人口多。为此，可将相对吸引力中的潜在目的地居住人口数量改为其人流量。此外，个体不会只根据潜在目的地的人流量而决定出行的方向，也会考虑目的地的功能，如商业、教育、医疗等，这一特征可以通过不同类别的 POI 表达。综上，位置相对综合吸引力的计算公式如下：

$$B_{ij}^c = \frac{m_j^c}{w_{ij}^c} = \frac{\alpha \dfrac{\text{flow}_j}{\text{Flow}} + \beta \sum_{k=1}^{n} \dfrac{\text{poi}_j^k}{\text{Poi}^k}}{w_{ij}^c}$$

(10-37)

式中，B_{ij}^c 为促使个体从位置 i 前往位置 j 的综合相对吸引力；m_j^c 为位置 j 的综合吸引力；w_{ij}^c 为以 i 为中心、i 和 j 之间距离为半径的圆形区域内所有位置综合吸引力的和；Flow 为研究区的总人流量；flow_j 为位置 j 的人流量；poi_j^k 为位置 j 第 k 类 POI 的数量；Poi^k 为研究区第 k 类 POI 数量的总和；n 为 POI 的类别数；α 和 β 分别为人流量和 POI 的权重。后述章节中，将 $\text{flow}_j/\text{Flow}$ 称为"人流量比值"，将 $\sum_{k=1}^{n}(\text{poi}_j^k/\text{Poi}^k)$ 称为"POI 比值"。

将式 (10-36) 和式 (10-37) 综合之后，可得到改进后的多尺度统一模型：

$$P_{ij} \propto \frac{\left(\alpha \dfrac{\text{flow}_j}{\text{Flow}} + \beta \sum_{k=1}^{n} \dfrac{\text{poi}_j^k}{\text{Poi}^k}\right)\left(1+\dfrac{\lambda}{r_j}\right)}{w_{ij}}$$

(10-38)

式中，各变量含义与式 (10-36) 和式 (10-37) 相同。

10.3.3 应用案例

本节以手机信令数据记录到的个体移动轨迹和由其推算出的不同位置的人流量，以及 POI 数据反映的位置吸引力作为建模素材，构建多尺度统一模型，模拟个体移动轨迹，分析结果中个体与群体的移动模式，并解析其与手机信令记录的个体移动轨迹之间移动模式的差异，从而验证改进后的多尺度统一模型的有效性。

1. 研究区与数据

案例以北京市六环以内区域为研究区，以 500m×500m 的正方形作为建模的基本空间单元，将研究区划分为包含 9304 个单元的格网。所用数据包括手机信令数据和 POI 数据。具体地，手机信令数据的采集时间为 2019 年 3 月 4~10 日，共包含 1200 万手机用户，数据记录了手机用户在基站之间的移动轨迹以及驻留时间；POI 数据共 45 万条，可分为 5 类，分别是商业（公司、超市、商场等）、教育（大学、中学、小学等）、娱乐（酒吧、KTV、电影院等）、医疗（综合医院、专科医院等）和交通（地铁站、公交站等）。

2. 建模及参数确定

基于手机信令数据和 POI 数据的多尺度统一模型的构建主要包括以下步骤。

（1）手机信令数据预处理：从 1200 万用户中筛选出一周移动轨迹均在北京市六环以内，且每天至少每 8h 移动一次的个体，再剔除错误和异常轨迹，最终得到 40 万条轨迹（后文亦称真实数据）作为本次实验的模拟对象；

（2）使用手机信令数据初始化个体：记录手机信令数据中每个个体到访的所有目的地，并依据前往的频率从高到低排列组成序列，再依据序列的长度判断个体去往新地点的倾向，确定个体的 λ 值（具体细节见后文）；

（3）综合吸引力与额外吸引力的计算：个体在移动之前，先依据式 (10-37) 计算出所有位置的综合吸引力，再根据式 (10-35) 计算出不同位置对个体的额外吸引力；

（4）出行概率的计算：将每个位置各自的综合吸引力与额外吸引力相乘再归一化，作为个体前往每个目的地的出行概率 [式 (10-38)]；

（5）目的地的确定：个体通过概率决策（轮盘赌等算法）对潜在目的地进行逐一判断，以确定当前阶段的目的地；

（6）到达目的地与终止：个体前往第（5）步中确定的目的地，且对该目的地的记忆频次加 1，个体到达目的地后，如果达到终止条件，模型终止，否则模型返回第（3）步（额外吸引力计算）；本次实验的终止条件为迭代次数，模型要求模拟时间每 8h 迭代一次，达到 7 天 21 次迭代后模型即终止。

在上述计算中，位置综合吸引力 m_j^c 与 λ 参数的确定是关键，下面进行详细说明。对于位置综合吸引力，首先，依据个体移动轨迹计算出人流量比值 [式 (10-37)]，用于代表人流量的作用，其空间分布如图 10-5(a) 所示，其中，最高值为 0.0014，最低值为 0；其次，为了突出城市功能的作用，需要加入 POI 比值这一分量 [式 (10-37)] 以区分不同区域（尤其是主城区内部）之间的吸引力，POI 比值如图 10-5(b) 所示，其中，最高值为 0.0029，最低值为 0。相较于人流量比值，POI 比值的高值主要集中于北京市中心城区，反映出城市中心和外围吸引力的不同。将人流量比值与 POI 比值进行结合，可从人流和城市功能两方面突出不同区域之间综合吸引力的差异。据此，可依据式 (10-37) 将两部分组合起来形成位置综合吸引力 m_j^c，其中，人流量比值的权重系数 α 和 POI 比值的权重系数 β 均设置为 0.5。综合吸引力计算结果见图 10-5(c)，其中的最高值为 0.0018，最低值为 0。

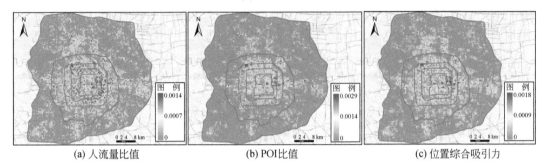

(a) 人流量比值　　　　　　　　　　(b) POI比值　　　　　　　　　　(c) 位置综合吸引力

图 10-5　位置综合吸引力空间化结果

POI 比值的引入虽然提升了北京市中心城区和周边位置综合吸引力的区分度，但对于北京市中心城区内部，如四环以内的大部分区域，位置综合吸引力的差异仍未得到充分体现，导致模拟中个体前往周围区域的出行概率相当，以至于出现目的地选择困难。为此，可通过设定合理的个体记忆强度参数 λ[式 (10-35)]，进一步改善不同区域出行概率的区分度。记忆效应强度参数 λ 代表了个体选择目的地的倾向，高 λ 值表示此个体更倾向于前往曾经到访过的位置，而低 λ 值代表此个体具有强烈的探索性倾向，喜欢访问不同的地方。传统多尺度统一模型通常为研究区内所有个体设置一个固定的 λ 值（Yan et al., 2017），但这种方式仅适用于大尺度研究。因为在大尺度研究中，目的地数量通常较少且吸引力差别大，即使固定 λ 值使得大量个体选择目的地的倾向一致，模拟结果也会与现实情况基本相符，即模拟结果中个体大量前往高吸引力地区（例如，国家尺度：美国、日本、英国等，城际尺度：北京、上海、深圳等）。然而，在城市内部等小尺度研究中，目的地数量大且吸引力差别小，如果固定 λ 值，将会使模拟实验产生近乎随机的结果，从而偏离实际情况。为此，可应用手机信令数据中个体轨迹的多样性信息去修正记忆强度参数，从而将记忆强度参数细化到个体：

$$\lambda_i = \lambda_{base} \frac{1}{Div_i} \tag{10-39}$$

式中，λ_i 为个体 i 的记忆强度参数；λ_{base} 为北京的大众记忆强度参数；Div_i 为个体 i 的轨迹多样性，即个体的轨迹中出现的不同目的地的数量。个体前往不同目的地的数量越多，其轨迹多样性越强，探索倾向越强烈，λ_i 值越小，即越不依赖记忆出行；反之，λ_i 值则越大，出行更加依赖记忆。将式 (10-38) 中的 λ 替换为 λ_i，即可得到顾及个体记忆强度差异的多尺度统一模型。本案例中，轨迹多样性的最大值为 55，最小值为 2（两地点一线出行模式）。对于 λ_{base}，计算中将其值设定为 200，详细的理由如下。由模型原理可知，出行概率的大小决定着模型能否顺利运行及模拟效果的好坏，当出行概率过小时，会导致个体出行的随机算法无法快速确定下一个出行地点（即随机算法产生一个随机数大于该地的出行概率），而长时间处于判断和循环的状态，以至于大幅度降低模拟的精度和效率；当出行概率过大时，依照由近到远的判断顺序，会导致算法一直将个体出发地附近的某个位置判定为目的地，如家附近的商场，而非工作地等常去的目的地，从而降低模拟精度；而经过多次模拟发现，只有当出行概率的最大值接近 0.1 时，才能保证模型模拟结果与个体真实出行情况最接近。为了使出行概率最大值接近 0.1，需使记忆强度参数 λ_i 接近 100 才行，这是因为，出行概率是位置综合相对吸引力与记忆强度参数的积 [式 (10-38)]，而实验中所有位置综合相对吸引力的最高值为 0.0013（归一化后），因此，当 r_j 为 1 时 [其所对应的目的地为个体到访最多的位置，具体含义见式 (10-35)]，λ_i 只有接近 100 才能使出行概率达到模型运行的最佳条件，即 0.1；而要使 λ_i 接近 100，则据式 (10-39)，由于轨迹多样性 Div_i 的最小值为 2，故只有将 λ_{base} 设为 200 左右时，记忆强度参数 λ_i 才能接近 100。

3. 模型结果评估

为了评价模型的效果，我们将模拟结果与真实数据进行对比。总体上，模型估计出研究区内一周的总人流量为 1.19×10^8 人次，而真实数据中记录的人流量为 8.69×10^7 人次，误差为 36.94%；模型模拟的平均轨迹长度为 16.85km，真实数据为 11.44km，误差为 47.29%。模型结果的误差虽然较大，但仍可接受，其原因在于，多尺度统一模型将个体视为不断移动的对象，低估了个体因为工作和作息导致的静止状态，故而从整体上高估了个体的移动性，导致人流量和轨迹长度比真实数据明显偏高。为了更系统地解析模型的模拟结果与真实数据的差异，下面从个体轨迹、群体移动、流量三个方面进行对比，并探究二者之间误差的原因。

1）个体轨迹

研究区内大多数个体在一周内均频繁往返于少数位置，移动模式为两地点或三地点 [图 10-6(a)]。这种移动模式在真实数据中占比为 42.23%，而在模拟结果中仅为 19.01%（表

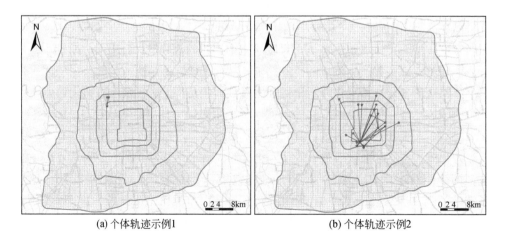

(a) 个体轨迹示例1　　　　　　　　　　　　(b) 个体轨迹示例2

图 10-6　个体轨迹模拟结果示例

10-3）。造成这种差异的原因是，多尺度统一模型在细粒度时空轨迹模拟中并没考虑个体的停留情况，即个体有可能长时间停留而不产生移动轨迹，如上班、上课、睡觉等，然而，模型每次迭代（8h）都要求个体移动，从而低估了移动模式为两地点或三地点的个体数量，且高估了结果中 5 地点至 9 地点的移动模式占比（表 10-3）。对于移动模式较为复杂的个体 [>10 地点，图 10-6(b)]，模拟结果比真实数据低了 19.48 个百分点，其原因在于本案例未考虑个体因素（职业、年龄、生活习惯等）对出行模式的影响，从而低估了移动模式特别复杂的个体数量。总体上，模型对复杂移动模式低估，而对普通模式高估，但由于后者所占比例较大，从而造成了上文所说的模型对人群整体移动性（即人流量和轨迹长度）的高估。

表 10-3　模拟结果与真实数据移动模式对比　　　　（单位：%）

移动模式（地点数）	真实数据	模拟结果	差值
2	24.99	10.03	−14.96
3	17.24	8.98	−8.26
4	11.58	11.64	0.06
5	7.77	10.54	2.77
6	4.79	15.32	10.53
7	3.05	15.51	12.46
8	1.99	11.87	9.88
9	1.21	6.37	5.16
10	0.74	2.58	1.83
>10	26.64	7.16	−19.48

　　2）群体移动

　　为了分析模拟结果中居民的群体移动模式，首先将所有轨迹的起点与终点聚合到其所在的格网单元，从而将个体的移动轨迹（图 10-6）简化为格网单元之间代表人群移动的群体流，并用两个单元之间的连线表示。图 10-7 显示了研究区内模拟产生的轨迹简化为流之后的结果，其中，线段颜色越浅（亮），表明流量越大，而颜色越深（暗），则表明流量越小。从图中可以发现，研究区内群体移动模式具有明显的分层现象。具体地，颜色较深的流多分布于研究区周边，并汇聚于局部次中心，指示了北京的多中心结构；颜色较浅的流多朝向北京市中心区域（王府井、国贸等地），显示出北京的多中心结构中存在优势中心。

　　3）流量

　　为了分析模拟结果中人流量的分布模式，我们首先统计了每个格网单元的人流量，并识别出高流量区域（图 10-8）。具体地，北京市人流量较高的区域为王府井、国贸和三里屯，其次为西单、中关村等地。然后，通过对比高流量区域与其周围的低值区域，识别出次级区域中心，如回龙观、天通苑、通州新华大街、石景山苹果园、房山良乡、大兴黄村等。相对于真实数据（图 10-5(a) 可以代表实际流量的空间格局），模拟结果的流量高值更集中于城市的中心区域（三里屯、国贸、中关村等），导致其他区域的流量相对较少，因此，模拟流量的分布整体表现为优势中心区域最高，次中心较高，其他区域较低的分布模式。然而，模拟结果与实际数据的空间格局 [图 10-5(a)]，尤其是区域之间的相对高低，

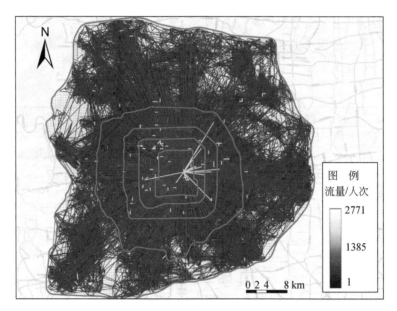

图 10-7　代表人群移动的群体流模拟结果

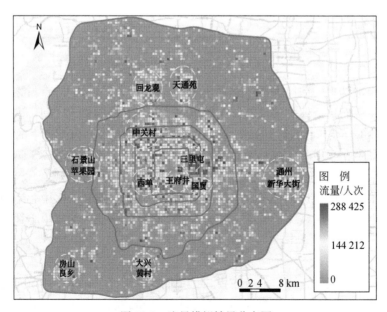

图 10-8　流量模拟结果分布图

基本类似。

从多尺度统一模型的个体轨迹、群体移动与流量模拟结果可以发现一个显著的特点，即大量个体选择市中心为出行目的地，导致轨迹与流量向市中心集中。造成这种现象的原因有二：①当人口移动模型的尺度较小时，为了保证精度就必须要考虑更多的细节（如停留机制等），而本模型虽然研究尺度小，但相关的细节考虑不够充分，故导致个体向吸引力更高的区域流动；②当研究粒度细化到个体时，每个个体都有自己的"个性"，如果考虑的个性化参数（职业、年龄等）不够，模型中的个体移动将不可避免地同质化，导致个体的"个性化"移动变成群体的"集体"移动。这些因素反映到结果上，就会呈现出流量聚集于市中心的现象。本案例引入了新的位置吸引力计算方式和个体轨迹多样性的概念，凸显了城市内部不同位置吸引力的差异，细化了个体的部分"个性"，因此，对于局部区域及其中心的人群移动模式和流量的模拟效果较好，如图 10-7 中的深色流集中区和图 10-8 中的次级中心，但模型在整体移动模式和流量分布的模拟上仍有进一步提升的空间。

综上，本研究采用改进的多尺度统一模型模拟了北京六环以内 40 万手机用户的个体移动轨迹以及群体移动模式，为人群移动的多尺度模拟提供了一种新思路。案例研究结果可为传染病疫情防控、基于人群流量的商业选址、应急事件人群疏解等实践提供参考。然而，模型也存在一定不足，即随着模拟尺度和粒度的缩小，仍然需要更全面、更精细的信息优化参数以确保模拟的精度。

参 考 文 献

闫小勇 . 2017. 空间交互网络研究进展 . 科技导报 , 35(14): 15-22.

闫小勇 . 2019. 超越引力定律——空间交互和出行分布预测理论与方法 . 北京 : 科学出版社 .

中华人民共和国国家统计局 . 2020. 中国城市统计年鉴 . 北京 : 中国统计出版社 .

曾锵 . 2010. 零售商圈吸引力：基于雷利法则和赫夫模型的实证研究 . 财贸经济 , (4): 107-113.

郑清菁，戴特奇，陶卓霖，等 . 2014. 重力模型参数空间差异研究 —— 以中国城市间铁路客流为例 . 地理科学进展 , (12): 1659-1665.

Afandizadeh S, Hamedani S M Y. 2012. A fuzzy intervening opportunity model to predict home-based shopping trips. Canadian Journal of Civil Engineering, 39(2): 203-222.

Ben-Avraham D, Havlin S. 2000. Diffusion and Reactions in Fractals and Disordered Systems. Cambridge: Cambridge University Press.

Cai M. 2021. Doubly constrained gravity models for interregional trade estimation. Papers in Regional Science, 100(2): 455-474.

Converse P D. 1949. New laws of retail gravitation. Journal of Marketing, 14(3): 379-384.

de Dios Ortúzar J, Willumsen L G. 2011. Modelling Transport. New Jersey: John Wiley & Sons.

Giles J R, Erbach-Schoenberg E Z, Tatem A J, et al. 2020. The duration of travel impacts the spatial dynamics of infectious diseases. Proceedings of the National Academy of Sciences, 117(36): 22572-22579.

Gonzalez M C, Hidalgo C A, Barabasi A L. 2008. Understanding individual human mobility patterns. Nature, 453(7196): 779-782.

Huang Z, Wang P, Zhang F, et al. 2018. A mobility network approach to identify and anticipate large crowd gatherings. Transportation Research Part B: Methodological, 114: 147-170.

Huff D L. 1962. Determination of intra-urban retail trade areas. Real Estate Research Program, University of California, Los Angeles, 11-12.

Huff D L. 1963. A probabilistic analysis of shopping center trade areas. Land Economics, 39(1): 81-90.

Jia J S, Lu X, Yuan Y, et al. 2020. Population flow drives spatio-temporal distribution of COVID-19 in China. Nature, 582(7812): 389-394.

Jin P J, Cebelak M, Yang F, et al. 2014. Location-based social networking data: exploration into use of doubly constrained gravity model for origin-destination estimation. Transportation Research Record, 2430(1): 72-82.

Kang C, Liu Y, Guo D, et al. 2015. A generalized radiation model for human mobility: spatial scale, searching direction and trip constraint. PLoS One, 10(11): e0143500.

Kotsubo M, Nakaya T. 2021. Kernel-based formulation of intervening opportunities for spatial interaction modelling. Scientific Reports, 11: 950.

Liang Y, Gao S, Cai Y, et al. 2020. Calibrating the dynamic huff model for business analysis using location big data. Transactions in GIS, 24(3): 681-703.

Liu E J, Yan X Y. 2020. A universal opportunity model for human mobility. Scientific Reports, 10: 4657.

Liu Y, Sui Z, Kang C, et al. 2014. Uncovering patterns of inter-urban trip and spatial interaction from social media check-in data. PLoS One, 9(1): e86026.

Mikkonen K, Luoma M. 1999. The parameters of the gravity model are changing—how and why? Journal of Transport Geography, 7(4): 277-283.

Morley C, Rosselló J, Santana-Gallego M. 2014. Gravity models for tourism demand: theory and use. Annals of Tourism Research, 48: 1-10.

Piovani D, Arcaute E, Uchoa G, et al. 2018. Measuring accessibility using gravity and radiation models. Royal Society Open Science, 5(9): 171668.

Ravenstein E G. 1885. The laws of migration. Journal of the Statistical Society of London, 48(2): 167-235.

Reilly W J. 1929. Methods for the Study of Retail Relationships. Austin: University of Texas.

Schläpfer M, Dong L, O'Keeffe K, et al. 2021. The universal visitation law of human mobility. Nature, 593(7860): 522-527.

Schneider M. 1959. Gravity models and trip distribution theory. Papers in Regional Science, 5(1): 51-56.

Shang M S, Lü L, Zhang Y C, et al. 2010. Empirical analysis of web-based user-object bipartite networks. EPL (Europhysics Letters), 90(4): 48006.

Simini F, González M C, Maritan A, et al. 2012. A universal model for mobility and migration patterns. Nature, 484(7392): 96-100.

Song C, Koren T, Wang P, et al. 2010. Modelling the scaling properties of human mobility. Nature Physics, 6(10): 818-823.

Stouffer S A. 1940. Intervening opportunities: a theory relating mobility and distance. American Sociological Review, 5(6): 845-867.

Szell M, Sinatra R, Petri G, et al. 2012. Understanding mobility in a social petri dish. Scientific Reports, 2: 457.

Tang J, Jiang H, Li Z, et al. 2016. A two-layer model for taxi customer searching behaviors using GPS trajectory data. IEEE Transactions on Intelligent Transportation Systems, 17(11): 3318-3324.

Viswanathan G M, Da Luz M G E, Raposo E P, et al. 2011. The Physics of Foraging: an Introduction to Random Searches and Biological Encounters. Cambridge: Cambridge University Press.

Wang C, Li W, Sun M, et al. 2021. Exploring the formulation of ecological management policies by quantifying interregional primary ecosystem service flows in Yangtze River Delta region, China. Journal of Environmental Management, 284: 112042.

Wang Y, Jiang W, Liu S, et al. 2016. Evaluating trade areas using social media data with a calibrated Huff model. ISPRS International Journal of Geo-Information, 5(7): 112.

Wuerzer T, Mason S G. 2016. Retail gravitation and economic impact: a market-driven analytical framework for bike-share station location analysis in the United States. International Journal of Sustainable Transportation, 10(3): 247-259.

Yan X Y, Wang W X, Gao Z Y, et al. 2017. Universal model of individual and population mobility on diverse spatial scales. Nature Communications, 8: 1639.

Zhang X N, Wang W W, Harris R, et al. 2020. Analysing inter-provincial urban migration flows in China: a new multilevel gravity model approach. Migration Studies, 8(1): 19-42.

Zhou W X, Wang L, Xie W J, et al. 2020. Predicting highway freight transportation networks using radiation models. Physical Review E, 102(5): 052314.

Zipf G K. 1946. The $P_1 P_2/D$ hypothesis: on the intercity movement of persons. American Sociological Review, 11(6): 677-686.

第 11 章   多元地理流空间分析

地理系统的复杂性导致一些地理现象产生多种不同性质的流，只有综合分析这些不同流之间的空间关系才能揭示地理现象的成因。例如，研究城市群中不同城市之间联系的强弱时，不仅需要关注城市之间的交通流，同时还应关注货物流、资金流等多种流的信息，才能综合评估城市间联系的强度以及内在原因（马丽亚等，2019）。本书将多种存在于同一研究时空范围内、并具有一定时空关系的流称为多元地理流。与一元流类似，多元流也有多元个体流和多元群体流之分，其中前者指具有时空关系的多种个体流，而后者为具有时空关系的多种群体流。多元地理流之间的空间关系可以分为位置之间的关系以及属性之间的关系，位置之间的关系称为空间关联性，而属性之间的关系是指异类流属性之间的差异与其之间距离的统计关系，即空间互相关性。前者主要用于指代多元个体流的关系，而后者主要用于描述多元群体流的关系。因此，本章首先在 11.1 节介绍多元个体流的空间关联性及其判别方法。在此基础上，针对多元个体流空间关联中的典型模式，即不同类型的流相互聚集形成的交叉聚集模式，11.2 节提出了一种基于密度的多元流聚类方法对其进行挖掘。11.3 节主要介绍多元群体流的空间互相关性的含义及描述方法。多元流的相互关联与聚合可形成多元流网络，其中蕴藏了复杂的多元流网络模式，为此，11.4 节着重介绍多元流网络分析的方法和应用。

11.1   多元个体流的空间关联性

在复杂地理系统中，不同空间位置之间多种地理对象的移动形成多元个体流。如上文所述，多元个体流之间在位置上表现出的多种空间关系统称为空间关联性。空间关联性最终体现为多元个体流之间的相对空间分布，即空间交叉分布。与多元点模式类似，多元个体流空间交叉分布模式也分为三种类型，分别是空间交叉随机、空间交叉聚集以及空间交叉排斥。如以两类编号分别为 1 和 2 的流为例，如果 2 类流相对于 1 类流随机分布（如外卖流与出租车流），则 2 类流与 1 类流相互独立，二者呈空间交叉随机分布；如果 2 类流相对于 1 类流聚集分布（如交通出行流与职住流），则 1 类流对 2 类流具有空间吸引或引导作用，二者呈空间交叉聚集；而如果 2 类流相对于 1 类流排斥分布（如高铁出行流与飞机出行流），则 1 类流和 2 类流之间可能存在空间竞争关系，二者呈空间交叉排斥。

空间交叉分布模式是认识多元个体流之间关联性的重要依据，而在对多元个体流展开空间关联性分析之前，首先必须对多元个体流之间的关系进行判别，即判别二者之间的交叉分布模式是何种类型，这是进一步分析空间关联性的基础。为此，本节将介绍多元个体流交叉分布模式的判别方法。需要说明的是，在多元流的三种交叉分布模式中，空间交叉聚集是多元流研究中最受关注的空间分布模式之一，与第 6 章中提到的仅涉及一类流的一元流空间聚集尺度类似，多元个体流中也存在空间交叉聚集尺度，其定义为空间交叉聚集程度达到最大时对应的尺度，该尺度是多元流模式分析的重要参数。为了估计空间交叉聚集尺度，本节以包含两类流的二元流数据为例，基于流空间及其中的基本度量，将衡量二元点（数据集中包含两类点）交叉聚集尺度的交叉 L 函数拓展到流，提出流的交叉 L 函数。相比于流的交叉 K 函数（Tao and Thill，2019），流的交叉 L 函数不仅能更容易判别不同尺度下多元流的空间交叉分布模式，而且可以准确估计二元流的交叉聚集尺度。

11.1.1　流的交叉 L 函数

本节以第 2 章中的流空间框架为基础，定义最大距离度量下的二元流交叉 K 函数，并推导其在二元流独立假设下的空模型（null model），从而将其标准化为流的交叉 L 函数。与第 6 章介绍的一元流 L 函数类似，流的交叉 L 函数同样受边界效应的影响，故本节还将介绍对应的边界修正方法。

1. 流的交叉 K 函数

二维空间中，二元点的交叉 K 函数可用于判断两类点是否存在空间交叉聚集，即一类点相对于另一类点的空间聚集，并衡量其随尺度的变化情况。假设存在两个编号分别为 1 和 2 的点过程，则它们的交叉 K 函数可表达为（Dixon，2002；Hanisch and Stoyan，1979）

$$K^{(12)}(r) = \frac{\sum_{i=1}^{n_1} \sum_{j=1}^{n_2} \sigma_{ij}^{(12)}(r)}{\lambda_1 \lambda_2 |A|} \tag{11-1}$$

式中，r 为 1 类点与 2 类点之间的距离；λ_1 为 1 类点过程的强度；λ_2 为 2 类点过程的强度；$|A|$ 为研究区 A 的面积；n_1 为 1 类点的数目；n_2 为 2 类点的数目；当 1 类点 i 与 2 类点 j 之间的距离不超过 r 时，$\sigma_{ij}^{(12)}(r)=1$，否则，$\sigma_{ij}^{(12)}(r)=0$。请注意，如不考虑边界效应，$K^{(12)}(r)$ 和 $K^{(21)}(r)$ 的数值相同（Dixon，2002），因此，仅凭其数值无法判断哪类点对哪类点聚集，抑或哪类点对哪类点排斥，如需确定两类点之间具体的聚集 / 排斥关系，则必须依据经验或局部 K/L 函数的计算。

为了判断二元流是否存在空间交叉聚集，可将点的交叉 K 函数推广至流。假设存在两个编号分别为 1 和 2 的流过程，其交叉 K 函数可表达为（Tao and Thill，2019）

$$K^{(12)}(r) = \frac{\sum_{i=1}^{n_1} \sum_{j=1}^{n_2} \sigma_{f,ij}^{(12)}(r)}{\lambda_f^{(1)} \lambda_f^{(2)} V_A} \tag{11-2}$$

式中，r 为 1 类流与 2 类流之间的距离，本节中，流之间的距离采用 2.2.1 节中定义的最大距离；$\lambda_f^{(1)}$ 为 1 类流过程的强度；$\lambda_f^{(2)}$ 为 2 类流过程的强度；V_A 为流空间中研究区的体积；

n_1 为 1 类流的数目；n_2 为 2 类流的数目；当 1 类流 $f_i^{(1)}$ 与 2 类流 $f_j^{(2)}$ 之间的距离不超过 r 时，$\sigma_{f,ij}^{(12)}(r)=1$，否则，$\sigma_{f,ij}^{(12)}(r)=0$。

2. 流的交叉 L 函数

当两类点空间独立时，其交叉 K 函数 $K^{(12)}(r)$ 的期望值与一元随机点 K 函数的期望值相同，即 $E(K^{(12)}(r))=\pi r^2$。类似地，对于二元流，如果两类流之间相互空间独立，即两类流的空间分布相互无关，则 $K^{(12)}(r)$ 的期望值与 6.3.2 节中完全空间随机假设下一元流 K 函数的期望值相同，即 $E(K^{(12)}(r))=\pi^2 r^4$。据此，可将流的交叉 K 函数标准化以构建流的 L 函数：

$$L^{(12)}(r) = \sqrt[4]{\frac{K^{(12)}(r)}{\pi^2}} - r \tag{11-3}$$

将式 (11-2) 代入式 (11-3) 可得：

$$L^{(12)}(r) = \sqrt[4]{\frac{\sum_{i=1}^{n_1}\sum_{j=1}^{n_2}\sigma_{f,ij}^{(12)}(r)}{\pi^2 \lambda_f^{(1)} \lambda_f^{(2)} V_A}} - r \tag{11-4}$$

式中，r、$\lambda_f^{(1)}$、$\lambda_f^{(2)}$、V_A、n_1、n_2 和 $\sigma_{f,ij}^{(12)}(r)$ 的含义与式 (11-2) 中相同。由此可知，在两类流空间独立的情况下，$L^{(12)}(r)=0$ 在所有尺度上均成立。如需刻画特定尺度下每条 1 类流周围 2 类流的聚集特征，则可使用流的局部交叉 L 函数：

$$L_i^{(12)}(r) = \sqrt[4]{\frac{\sum_{j=1}^{n_2}\sigma_{f,ij}^{(12)}(r)}{\pi^2 \lambda_f^{(2)}}} - r \tag{11-5}$$

式中，各参数的含义与式 (11-4) 相同。

流的交叉 L 函数有两方面的作用，其一是判别二元流之间是否存在交叉聚集，其二是估计交叉聚集对应的尺度，简称交叉聚集尺度。如果二元流数据集中存在多个不同尺度下的聚集模式，则交叉 L 函数所反映的是流数目较多且聚集程度较高的主导聚集模式的尺度。具体地，当交叉 L 函数取最大值时，其所对应的尺度（即横坐标上的值 $[L^{(12)}]$）即为主导聚集模式的尺度。需要说明的是，交叉聚集模式的背后是多元流之间因聚集形成的交叉簇，而构成主导聚集模式的簇被称为主导交叉簇。基于交叉 L 函数所具有的上述性质，将交叉 L 函数与局部交叉 L 函数结合，还可以用来提取主导交叉簇。具体的思路与第 6 章中一元流主导簇的提取方法类似，即选择局部交叉 L 函数值排名前 20 的 1 类流及周围距其小于 $[L_{max}^{(12)}]$ 的 2 类流，求其并集即可得主导交叉簇。

3. 流交叉 L 函数计算的边界修正

第 6 章 6.3.2 节中提到三种一元流 L 函数的边界修正方法，其中的"保护区"方法和加权方法的效果优于其他方法，而在计算流的交叉 L 函数时，"保护区"和加权边界修正方法同样适用。在使用"保护区"边界修正时，限制交叉 L 函数的计算只使用研究区内的 1 类流，而研究区和"保护区"中的所有 2 类流均参与计算。鉴于"保护区"边界修正方法相对简单，此处不再赘述，仅介绍加权边界修正。在此之前，先回顾一元流 L 函数加权

边界修正的权重参数:

$$w_{ij} = \frac{4\pi^2}{\alpha_{in}^O \alpha_{in}^D} \tag{11-6}$$

式中,α_{in}^O 为以流 f_i 的起点为圆心、经过流 f_j 的起点的圆周落在 O 区域(流的起点所在区域)内的部分所对应的圆心角;而 α_{in}^D 为以流 f_i 的终点为圆心、经过流 f_j 的终点的圆周落在 D 区域(流的终点所在区域)内的部分所对应的圆心角(参考第 6 章图 6-17)。

对于二元流,令上述方法中的 f_i 为 1 类流,f_j 为 2 类流,即可得到流的交叉 L 函数加权边界修正的权重参数:

$$w_{ij}^{(12)} = \frac{4\pi^2}{\alpha_{in}^{O(12)} \alpha_{in}^{D(12)}} \tag{11-7}$$

式中,$\alpha_{in}^{O(12)}$ 为以 1 类流 $f_i^{(1)}$ 的起点为圆心,经过 2 类流 $f_j^{(2)}$ 的起点的圆周(图 11-1 中的 O 点修正圆)落在 O 区域内的部分所对应的圆心角,而 $\alpha_{in}^{D(12)}$ 为以 1 类流 $f_i^{(1)}$ 的终点为圆心,经过 2 类流 $f_j^{(2)}$ 的终点的圆周落在 D 区域内的部分所对应的圆心角。以 O 区域的情形为例,图 11-1 展示了以 1 类流的起点为圆心、经过 2 类流起点的圆周(C)与研究区相交的三种情况。图中 $O_i^{(1)}$ 表示 1 类流 $f_i^{(1)}$ 的起点,$O_j^{(2)}$ 表示 2 类流 $f_j^{(2)}$ 的起点,d_{ij} 表示 $O_i^{(1)}$ 和 $O_j^{(2)}$ 之间的距离,C_{in}^O 表示 C 落在 O 区域内的部分,C_{out}^O 表示 C 落在 O 区域外的部分。不难看出,$\alpha_{in}^{O(12)}$ 指 C_{in}^O 对应的圆心角。需要注意的是,对于图 11-1(c) 中的情形,$\alpha_{in}^{O(12)} = \alpha_{in1}^{O(12)} + \alpha_{in2}^{O(12)}$。$D$ 区域的情形和计算方式与 O 区域相同,此处不再赘述。

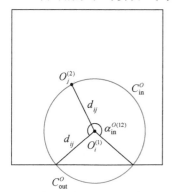 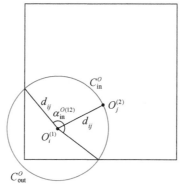 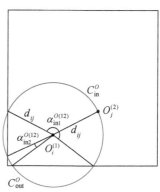

(a) O 点修正圆与 O 区域一条边界相交 (b) O 点修正圆包含 O 区域的一个顶点 (c) O 点修正圆与 O 区域两条边界相交

图 11-1 流的交叉 L 函数 O 区域边界修正示意图

将 $w_{ij}^{(12)}$ 加入式 (11-4) 中的交叉 L 函数,可得加权边界修正后的流的交叉 L 函数:

$$L^{(12)}(r) = \sqrt[4]{\frac{\sum_{i=1}^{n_1} \sum_{j=1}^{n_2} w_{ij}^{(12)} \sigma_{f,ij}^{(12)}(r)}{\pi^2 \lambda_f^{(1)} \lambda_f^{(2)} V_A}} - r \tag{11-8}$$

同理,加权边界修正后的二元流局部交叉 L 函数为

$$L_i^{(12)}(r) = \sqrt[4]{\frac{\sum_{j=1}^{n_2} w_{ij}^{(12)} \sigma_{f,ij}^{(12)}(r)}{\pi^2 \lambda_f^{(2)}}} - r \tag{11-9}$$

式 (11-8) 和式 (11-9) 中，$w_{ij}^{(12)}$ 为边界修正的权重参数，其余各参数的含义与式 (11-4) 相同。下文的模拟实验及案例研究中，均采用加权法进行边界修正。需要说明的是，虽然 $L^{(12)}(r)$ 与 $L^{(21)}(r)$ 在理论上的数值应该一样，但其边界修正的结果却不相同，因此在实际计算中，二者的 L 函数值也会有所差异。限于篇幅，本章后续部分计算时所用的交叉 K 函数和交叉 L 函数均以 $K^{(12)}(r)$ 和 $L^{(12)}(r)$ 为例。

11.1.2 模拟实验

二元流数据集中，"两类流相互空间独立"假设下的交叉 K/L 函数称为流的交叉 K/L 函数空模型（null model）。此假设下，1 类流与 2 类流的空间分布不存在关联性。如果两类流存在空间关联，则交叉 K/L 函数会偏离空模型，因此，交叉 K/L 函数空模型可作为二元流空间交叉聚集模式判别的基准。此外，与点的交叉 L 函数类似，流的交叉 L 函数的值随着计算尺度的变化而变化，且两类流之间的关联性越强，其值越大，即偏离空模型的程度越大，因此，流的交叉 L 函数空模型还可作为估计流的空间交叉聚集尺度的参照基准。为了验证流交叉 K/L 函数的正确性，本节首先对二元流空间独立假设的不同情形进行讨论，然后根据不同的空间独立假设生成模拟数据集进行 K/L 函数空模型的验证，最后，通过模拟生成的具有特定交叉聚集尺度的二元流数据集，验证流的交叉 L 函数估计交叉聚集尺度的能力。

1. 空模型验证

二元流空间独立假设存在两种基本情况，其一是 1 类流与 2 类流各自随机分布且相互空间独立，其二是 1 类和 2 类流空间分布非同时随机（如 1 类流聚集，2 类流随机）且两类流相互空间独立。为此，本节设计了两个模拟流数据集：数据集 1 如图 11-2(a) 所示，

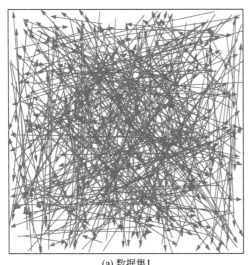
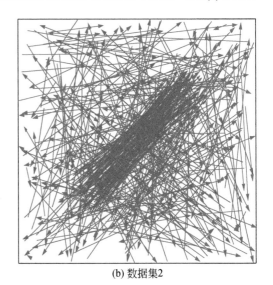

(a) 数据集1　　　　　　　　　　　　　　　(b) 数据集2

图 11-2　流的交叉 L 函数空模型验证数据集

橙色箭头表示 1 类流，蓝色箭头表示 2 类流

由 200 条随机分布的 1 类流和 200 条随机分布的 2 类流组成，代表上述第一种独立假设情况；数据集 2 如图 11-2(b) 所示，由 200 条聚集的 1 类流和 200 条随机分布的 2 类流组成，作为上述第二种独立假设情况的代表。以上数据集中每类流的产生都不依赖于另一类流，即每类流的产生与另一类流的分布无关。图中箭头表示流向，1 类流为橙色，2 类流为蓝色。

模拟实验的结果如图 11-3 所示，图中红色带星号曲线为流的交叉 K/L 函数的理论曲线，黑色曲线为蒙特卡洛模拟实验曲线的平均，灰色条带为 95% 置信带。从图中可以看出，理论曲线均落在置信带内，且模拟曲线与理论曲线基本重合。实验结果证明，只要二元流满足空间独立这一前提，它们之间的交叉 K/L 函数的期望值就符合空模型，而与它们各自的空间分布模式无关（Wiegand and Moloney，2004）。

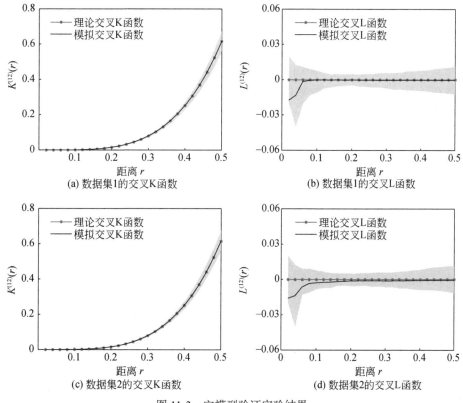

图 11-3　空模型验证实验结果

2. 利用交叉 L 函数估计交叉聚集尺度

前已述及，流的交叉 L 函数可判别两类流的空间交叉聚集并估计聚集尺度，本节通过模拟实验对此进行验证。模拟数据集如图 11-4(a) 所示，图中 20 条橙色流为 1 类流，1000 条蓝色流为 2 类流，其中，2 类流由 600 条聚集流和 400 条随机流组成，且 600 条聚集流分布在 20 个簇中，每个簇均以一条 1 类流为簇中心，簇半径均为 0.05，每个簇中 2 类流的数目均为 30。

模拟数据集的交叉 K 函数、交叉 L 函数和交叉 L 函数导数的计算结果如图 11-4(b)~(d) 所示。从图中可以看出，由于 2 类流相对于 1 类流空间聚集，流的交叉 K 函数和 L 函数值均在一定尺度范围内大于相同尺度下的空模型值，即二者均能判别二元流之间是否存在空间交叉聚集。对于交叉 K 函数，观测值 [图 11-4(b) 蓝色曲线] 大于空模型 [图 11-4(b) 黑色曲线] 的区间，是 2 类流相对于 1 类流空间聚集的尺度范围；对于交叉 L 函数，观测值 [图 11-4(c) 蓝色曲线] 大于 0 的区间，代表 2 类流在该尺度范围内相对于 1 类流空间聚集。此外，如图 11-4(c) 所示，相对于交叉 K 函数，交叉 L 函数的值在尺度 0~0.05 范围内递增，此后呈下降趋势，这与模拟数据集中设计的交叉聚集情况一致。由此说明，流的交叉 L 函数不仅能判别多元流数据中是否存在交叉聚集，还可显示聚集程度随尺度变化的情况。因此，流的交叉 L 函数还可用于估计 2 类流相对于 1 类流的交叉聚集尺度，即 2 类流围绕 1 类流聚集的主导模式的半径 $[L_{max}^{(12)}]$（$[L_{max}^{(12)}]$ 为 $L^{(12)}(r)$ 达到最大时对应的尺度，图 11-4(c) 中此值为红色虚线对应的 0.05），也即任意一条 1 类流的周围 2 类流形成的主导聚集模式的半径。需要说明的是，交叉 K 函数虽然也可以反映聚集程度随尺度的变化，但没有交叉 L 函数直观。此外，与第 6 章中介绍的一元流 L 函数不同，二元流交叉 L 函数不需要与其导数 $L^{(12)'}(r)$[图 11-4(d)] 结合便能实现聚集半径的估计。其原因在于，流的交叉 L 函数在计算某一尺度下流的数目时，只需考虑 1 类流周围的 2 类流，这样就避免了一元流 L 函数中的累积效应（Kiskowski et al.，2009），故流的交叉 L 函数能直接估计交叉聚集的尺度而无需借助其导数。

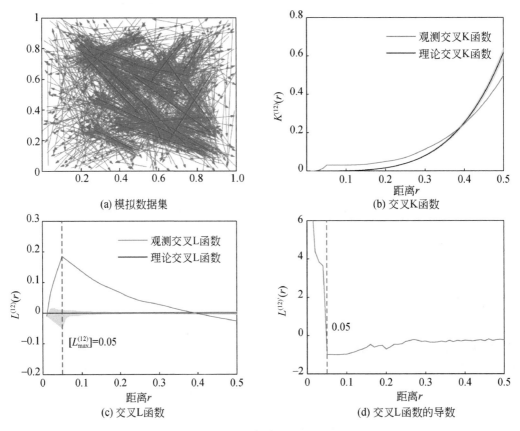

图 11-4　模拟二元流数据集及其交叉 K/L 函数

模拟数据集中橙色箭头表示 1 类流，蓝色箭头表示 2 类流

11.1.3　应用案例

城市中不同类型的公共交通之间存在相互的影响，其呈现出的空间特征通常表现为不同类型交通流之间的空间交叉模式及其尺度。为此，本节以地铁站点形成的 OD 流和出租车 OD 流为例，计算二者的交叉 L 函数并据此估计交叉聚集半径，从而揭示两类流之间的相互作用关系，并比较工作日和节假日之间的差异。上述案例研究的结果，一方面可验证多元流交叉 L 函数的正确性，另一方面可为城市交通规划提供参考。

1. 数据与研究区

案例以北京地铁 1 号线和八通线各自的 1km 缓冲区为研究区，数据包括地铁站点 OD 流和出租车 OD 流。具体地，令地铁站点 OD 流为 1 类流，由同一条地铁线上站点的两两连接构成，代表了所有可能的地铁出行 OD 流（图 11-5）；令出租车 OD 流为 2 类流，其采集日期为：2014 年 10 月 20~24 日、27 和 28 日（均为工作日），以及 2014 年 10 月 1~7 日（为国庆假期）。为保证出租车 OD 流与地铁 OD 流在时间上的一致性，将出租车 OD 流的时间范围限定在每天 6:00~23:00，即地铁的运行时段。

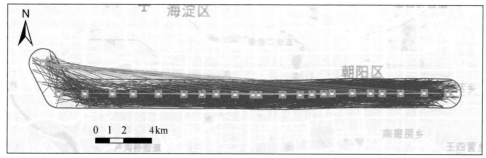

(a) 地铁1号线

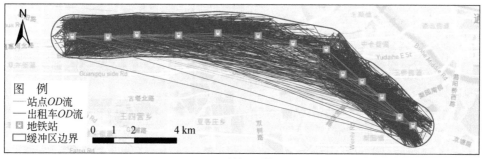

(b) 地铁八通线

图 11-5　地铁站点 OD 流及出租车 OD 流

图中出租车 OD 流仅以工作日为例

2. 交叉聚集尺度估计及主导交叉簇提取

上述 1 类流与 2 类流的交叉 L 函数计算结果如图 11-6 所示，其中，图 11-6(a) 和 (b) 分别为工作日和节假日与地铁 1 号线相关的结果，图 11-6(c) 和 (d) 分别为工作日和节假日与地铁八通线相关的结果。图中灰色条带为根据蒙特卡洛模拟得到的 95% 置信带，具体模拟的思路为：将地铁站点 *OD* 流固定，在研究区内随机生成相同数量的出租车 *OD* 流，然后针对模拟产生的数据计算交叉 L 函数值，最后根据 199 次重复的实验结果得到 95% 置信带。从图中可以看出，对于地铁 1 号线，工作日的交叉聚集尺度大于节假日，而地铁八通线工作日和节假日的交叉聚集尺度相近。其原因在于，1 号线大部分区段位于北京市中心城区，且沿线有天安门、国家博物馆、西单、王府井等引流能力强的商业中心和旅游地，节假日人流十分密集，导致地铁服务能力不足，即使乘客出行起点和终点离地铁站点很近，依然有相对密集的出租车出行；而地铁八通线服务范围从东四环到东六环，主要位于郊区，且沿线大型商业和旅游设施较少，因而无论工作日还是节假日，其对周边出租车流的影响无明显差别，导致工作日和节假日交叉聚集的尺度差异不大。

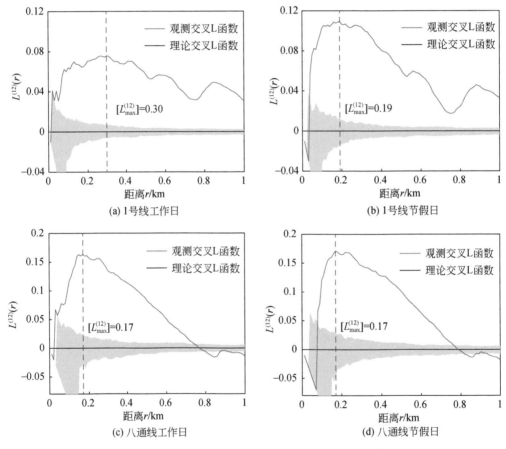

图 11-6　地铁站点 *OD* 流与出租车 *OD* 流交叉 L 函数

与一元流类似，在应用交叉 L 函数估计出地铁站点 *OD* 流与出租车 *OD* 流的主导交叉聚集模式半径后（即图 11-6 中红色虚线对应的尺度 $[L_{\max}^{(12)}]$），还可以提取其对应的主导交叉簇（具体思路见 11.1.1 节）。主导交叉簇提取的结果如图 11-7 所示，其中，图 11-7(a)~(d) 分别为 1 号线工作日、1 号线节假日、八通线工作日、八通线节假日结果。对于 1 号线，相对于节假日，工作日五棵松到万寿路及五棵松到公主坟区段地铁站点 *OD* 流

两边伴有出租车 *OD* 流簇，而节假日期间则基本消失。其可能的原因是，五棵松地铁站紧邻解放军总医院，工作日的就医出行导致出租车 *OD* 流的聚集。此外，工作日主导交叉簇的另一部分位于西单到大望路地铁站之间，而节假日除了这一区段外，主导交叉簇还向西延伸至军事博物馆。造成这种差异的主要原因是，地铁军博站邻近军事博物馆这一知名旅游目的地，且是换乘车站，节假日参观军事博物馆和到军事博物馆换乘地铁的出租车出行需求增加，从而导致这一区段的流出现在主导交叉簇内。对于地铁八通线，节假日与工作日主导交叉簇的主要区别在于，节假日的主导交叉簇增加了双桥与梨园站之间、双桥与通州北苑站之间的流。产生这种差别的原因是，相对于工作日，居民节假日出行目的多样性更强，致使地铁沿线更多区段存在站点 *OD* 流与出租车 *OD* 流的交叉聚集，从而导致主导交叉簇的空间范围更大。

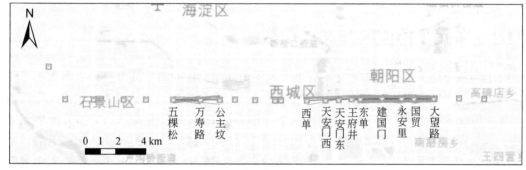

(a) 1号线工作日

(b) 1号线节假日

(c) 八通线工作日

(d) 八通线节假日

图 11-7　地铁站点 *OD* 流与出租车 *OD* 流主导交叉簇

11.2　多元个体流的交叉簇提取

上一节介绍了多元个体流交叉聚集模式的识别及其尺度的估计方法，而多元流之所以体现出交叉聚集模式是因为其蕴含有交叉簇。基于流交叉 L 函数的方法虽然可用于提取交叉簇，但仅局限于主导交叉簇的提取，为了实现从数据集中完整提取所有多元个体流交叉簇，本节介绍一种二元流密度聚类方法。受二元点丛集定义（Pei et al.，2015）的启发，二元流的交叉簇可以从另一个角度理解：由两类流组成的簇，其中至少一类表现出聚集模式。图 11-8 展示了一元流簇 [图 11-8(a)] 和二元流交叉簇 [图 11-8(b)] 的示意图，其中的二元流交叉簇表现为二元流交叉聚集模式。由于本节所讨论的二元流交叉聚集模式更关注两类流密度之间的相对高低及组合，故相对于一元流丛集模式包含了更丰富的信息，下面举例说明。

（1）两种动物的移动流构成的二元流交叉簇可反映它们的集体移动行为（Dutta，2010），并可用于进一步分析两种动物之间的共生或竞争关系（Shaw et al.，2021）。

（2）不同公司出租车 *OD* 流的二元交叉聚集模式可以反映两个公司之间的空间竞争情况（Tao and Thill，2019）。例如，一个二元交叉流簇中，来自 A 公司的出租车 *OD* 流

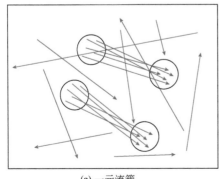

(a) 一元流簇

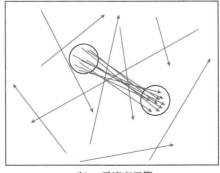

(b) 二元流交叉簇

图 11-8　一元流簇和二元流簇示意图

橙色箭头表示 1 类流，蓝色箭头表示 2 类流

密度较高，而来自 B 公司的出租车 *OD* 流稀疏，则可认为在此流簇覆盖的区域内 A 公司在空间竞争方面处于优势。此类丛集模式的发现，有助于合理评估并改善不同出租车公司之间的空间竞争状况。

（3）将居民早晚高峰出行流视作两类不同的流，类编号分别为 1 和 2，将 2 类流倒转方向后，如果 1 类流和倒转方向的 2 类流形成交叉簇，且流簇中 1 类流和 2 类流的密度均高，则说明 1 类流和 2 类流构成潮汐交通模式。这类交叉聚集模式可为城市交通管理和规划提供依据。

二元流交叉聚集模式的提取是后续模式机理解析的前提。为此，本节将密度聚类算法的思想拓展至二元流，建立了一种可从含有噪声的二元流数据集中发现交叉簇的聚类方法（Shu et al.，2022）。下面首先介绍方法的原理，然后分别用模拟实验和应用案例证明方法的有效性及其应用价值。

11.2.1　基本概念

二元流密度聚类方法的目的是从二元流数据中提取交叉簇，而要实现这一目的需要解决两个关键问题，其一是如何判断每条流是否属于交叉聚集模式，其二是如何从属于交叉聚集模式的流中将簇提取出来。为解决这两个问题，首先需要定义二元流密度聚类方法所涉及的若干基本概念。

（1）混合 eps 邻域。对于流 f，其混合 eps 邻域为以 f 为球心、eps 为半径的流球所包含的多元流的集合：

$$N_{eps}(f)=\{p_i,q_j|d(f,p_i)\leqslant eps, d(f,q_j)\leqslant eps, i=1,2,\cdots,n_1, j=1,2,\cdots,n_2\} \quad (11\text{-}10)$$

式中，$N_{eps}(f)$ 为流 f 的混合 eps 邻域；$p_i(i=1,2,\cdots,n_1)$ 为 1 类流；$q_j(j=1,2,\cdots,n_2)$ 为 2 类流；n_1 为 1 类流的数目；n_2 为 2 类流的数目；$d(f,p_i)$ 为流 f 到 p_i 的距离，本节采用第 2 章中定义的最大距离。令 $n_1=4$，$n_2=2$，则流的混合 eps 邻域如图 11-9 所示。

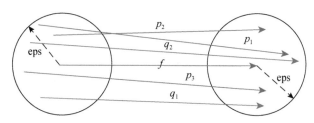

图 11-9　流 f 的混合 eps 邻域
橙色箭头表示 1 类流，蓝色箭头表示 2 类流

（2）H1-H2（混合）核心流。如果一条流 f 的 eps 邻域内包含（自身在内的）至少 $MinFw_1$ 条 1 类流和至少 $MinFw_2$ 条 2 类流，则 f 为一条 1 类流和 2 类流密度均高的混合核心流，简称 H1-H2 核心流，其中，"H1-H2" 是 "1 类流密度高且 2 类流密度高" 的缩写。

定义（2）中，流的密度可以用 eps 邻域内流的数目表达。如图 11-10 所示，f_1、f_2、f_3 为参数 eps=e、$MinFw_1$=2、$MinFw_2$=2 条件下的 H1-H2 混合核心流。

与 H1-H2 类似，"1 类流密度高而 2 类流密度低"简称为 H1-L2，"1 类流密度低而 2 类流密度高"简称为 L1-H2，"1 类流密度适中且 2 类流密度适中"简称为 MA-MB。同样地，还可以定义 L1-L2，M1-H2，H1-M2 和 L1-M2。本章后续部分仅关注 H1-H2、H1-L2、L1-H2 这三类具有代表性的流密度混合类型（即交叉聚集模式）及其交叉簇。

（3）H1-L2 核心流。如果一条流 f 的混合 eps 邻域内包含至少 $MinFw_1$ 条 1 类流和至多 $MaxFw_2$ 条 2 类流，则 f 为 H1-L2 核心流。L1-H2 核心流的定义与 H1-L2 核心流类似，不再赘述。

（4）H1-H2 混合密度可达。如果一组流 $f_1, f_2, \cdots, f_n (p=f_1, q=f_n)$ 满足 $f_{i+1} \in N_{eps}(f_i)(i=1,2,\cdots n-1)$，且 $f_i(i=1,2,\cdots,n-1)$ 为 H1-H2 核心流，则从 p 出发到流 q 是 H1-H2 混合密度可达的。如图 11-10 所示，在给定 eps=e、$MinFw_1=2$、$MinFw_2=2$ 的条件下，f_3 是从 f_1 出发 H1-H2 混合密度可达的。其他类型的混合密度可达的定义与此类似，不再赘述。

（5）H1-H2 混合密度相连。如果流 p 和 q 均从同一条流 H1-H2 混合密度可达，则 p 和 q H1-H2 混合密度相连。其他类型的混合密度相连的定义与此类似，不再详述。

（6）H1-H2 交叉簇。对于流 $p \in C$，且为给定参数 eps、$MinFw_1$、$MinFw_2$ 条件下的 H1-H2 核心流，则 H1-H2 交叉簇 C 为所有与 p 都 H1-H2 混合密度相连的流的集合。其他类型二元流交叉簇（如 H1-L2 和 L1-H2 等）的定义方式类似，此处不再赘述。

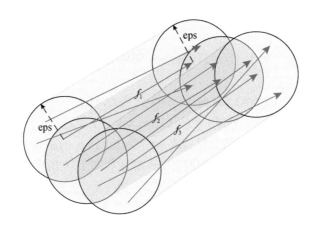

图 11-10 混合核心流及混合密度可达

橙色箭头表示 1 类流，蓝色箭头表示 2 类流；给定 eps=e、$MinFw_1=2$、$MinFw_2=2$ 的条件下，f_1、f_2、f_3 为 H1-H2 混合核心流，f_3 是从 f_1 出发 H1-H2 混合密度可达的

11.2.2　二元流密度聚类方法

二元流的密度聚类方法分为四步：①合理估计 eps 参数以表达流的局部混合密度；②将二元流数据转换至密度域，图 11-11 展示了二元流密度域的结构，其中 x 坐标表示 1 类流的密度，y 坐标表示 2 类流的密度；③估计不同类别流的密度阈值，这一步需要估计四个参数，即 1 类的低密度上限阈值（$MaxFw_1$）、1 类的高密度下限阈值（$MinFw_1$）、2 类流的低密度上限阈值（$MaxFw_2$）、2 类流的高密度下限阈值（$MinFw_2$），从而将密度

域划分为 9 个区域；④选取某一类别（如 H1-H2）的混合核心流，通过密度相连规则逐步扩展簇，最终发现数据集中该类型的二元交叉簇。回顾 11.2.1 节中提到的构建二元流密度聚类方法所面临的两个关键问题，其中，"如何判断每条流是否属于交叉聚集模式"是通过步骤①②③实现的，而"如何从属于交叉聚集模式的流中将簇提取出来"是通过步骤④实现的。

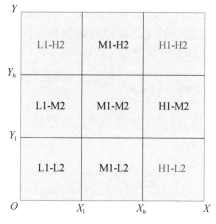

图 11-11　二元流的密度域

1. 估计 eps 参数

密度域反映了二元流数据集中每条流周围 1 类流和 2 类流的局部密度分布。将二元流数据集转换到密度域的过程中，eps 是关键参数。针对点密度聚类的研究表明，Ripley's L 函数（Kiskowski et al.，2009；Besag，1977；Ripley，1976）探测到的点集聚集尺度可用来估计 eps（Fu et al.，2017；Pei et al.，2015）。借鉴这一思路，可以用第 6 章中介绍的流的 L 函数来估计二元流聚类中的 eps 参数。基于流 L 函数的 eps 估计分为两步：①将两类流视为同一类流并估计整个数据集的聚集尺度；②将聚集尺度乘以缩放因子 α 以得到合适的 eps。

由第 6 章可知，L 函数最大值对应的尺度 $[L_{max}]$ 与流数据集的聚集尺度有关。因此，本方法以 $[L_{max}]$ 为基础估计 eps，使 eps=$\alpha[L_{max}]$。模拟实验发现，当缩放因子 α=5/8 时，聚类效果最好。α 的率定过程将在 11.2.3 节中讨论。

2. 构建密度域

在估计出 eps 之后，可以每条流为中心计算其 eps 邻域内 1 类和 2 类流的混合密度，进而将二元流数据集转换至密度域。如图 11-11 所示，根据 1 类流的低密度阈值 X_l 和高密度阈值 X_h、2 类流的低密度阈值 Y_l 和高密度阈值 Y_h，将密度域划分为 9 个区域，其中，每个区域代表一种类型的密度混合。需要说明的是，在一般情况下，X_l、X_h、Y_l 和 Y_h 分别对应 11.2.1 节中的 MaxFw$_1$、MinFw$_1$、MaxFw$_2$ 和 MinFw$_2$。如前所述，由于本书只关注 H1-H2、H1-L2、L1-H2 这三种密度混合类型，故在丛集模式挖掘时仅提取与此相关的交叉簇。

3. 估计密度阈值

X_l、X_h、Y_l、Y_h 是区分二元流不同类型密度混合（即不同类型二元流交叉簇）的参数，下面以 1 类流为例，介绍高/低密度阈值（X_h/X_l）的估计方式。X_l 和 X_h 分别为 eps 邻域内 1 类流数目的概率密度函数置信区间的左右边界，具体估计方法分为两步。第一步，推导随机假设下的流 eps 邻域内流数目的概率密度函数。假设有一个总体密度（单位流空间体积中流的期望数目）与 1 类流相同的完全随机流数据集，则任意一条流 eps 邻域内流数目的概率密度函数为（具体推导过程见第 7 章 7.2.3 节）：

$$P(x=k) = e^{-\lambda_f \pi^2 \text{eps}^4} \frac{(\lambda_f \pi^2 \text{eps}^4)^k}{k!} \tag{11-11}$$

式中，λ_f 为 eps 邻域内的流密度，k 为 eps 邻域内流的数目。λ_f 可通过式 (11-12) 估计（Shu et al., 2021；Song C et al., 2020）：

$$\lambda_f = \frac{1}{\pi^2 E(d_{i,1}^4)} = \frac{n}{\pi^2 \sum_{i=1}^{n} (d_{i,1}^4)} \tag{11-12}$$

式中，$d_{i,1}$ 表示流 f_i 的一阶邻近距离；n 表示数据集中流的数目。

第二步，基于式 (11-11) 中的概率密度函数，给定一个显著性水平，并根据相应的置信区间确定 X_l 和 X_h，即当流密度低于 X_l 时为显著低，高于 X_h 时则为显著高。不过需要注意的是，流空间是一个 $R^2 \times R^2$ 空间，在很多实际应用中，其密度通常都较为稀疏。例如，在二维平面上 1×1 的研究区内产生 10 000 条流，任意一条流周围半径为 0.1 的缓冲区内流的期望数目大致仅为 10 条。因此，通过随机假设下的概率密度函数得到的 X_l 和 X_h 通常较小，尤其是当 X_h 出现接近或小于 1 的情况时，会导致无法得到有意义的二元流交叉簇。换言之，在大多数情况下，如果流的 eps 邻域内只要包含除其本身以外的另一条流，那么其局部密度就会超过 X_h，这种情况下得到的流簇几乎没有什么实际价值。为解决这一问题，在确定 X_l 和 X_h 时，通常会提高标准。具体思路为，只用 1 类流数据中小于 eps 的一阶邻近距离估计 1 类流的密度 [式 (11-13)]，以此产生随机流及其概率密度函数：

$$\lambda_f^* = \frac{1}{\pi^2 E(d_{i,1}^4)} = \frac{n}{\pi^2 \sum_{i=1}^{n} (d_{i,1}^4)} \quad (d_{i,1} \leqslant \text{eps}) \tag{11-13}$$

式中，eps 和 λ_f^* 的含义与式 (11-12) 相同。然后，再使用 λ_f^* 下的概率密度函数产生 X_l 和 X_h。由于使用了小于 eps 的一阶邻近距离估计 λ_f^*，致使 λ_f^* 得到"提升"，最终也导致 X_l 和 X_h"提升"。需要注意的是，eps 的计算针对的是 1 类和 2 类流构成的整体数据集（将 1 类流和 2 类流视为同一类流），而 λ_f^* 的计算只针对 1 类流。本章中，将显著性水平设为 0.2，可得到 X_l 和 X_h 的估计值，即对于一个密度为 λ_f^* 的随机流数据集，其中有 10% 的流的密度低于 X_l，10% 的流的密度高于 X_h。需要注意的是，前述所有的参数估计均以 1 类流为例，对于 2 类流，其参数估计的方法相同，不再赘述。

4. 生成二元流簇

在密度域划分的基础上，从中找出不同类型的混合核心流，并应用混合密度相连规则，将二元流数据集划分为不同的簇和噪声。以 H1-H2 交叉簇为例，提取这类簇的思路为：首先，随机从密度域的 H1-H2 区域选取一条流 f，赋予其簇编号（如 id）；然后，找出与流 f H1-H2 密度相连的所有流，赋予其簇编号 id，如此完成一个二元流交叉簇的提取；如果 H1-H2 区域中还存在未赋值簇编号的流，则重复上述步骤，直到 H1-H2 区域内所有的流都被赋值。基于相应的密度相连规则，可用同样的方式提取 H1-L2 和 L1-H2 流簇，而数据集中不属于任何二元流交叉簇的流被视为噪声。

11.2.3　模拟实验

本节用模拟实验测试二元流密度聚类方法的有效性。在实验过程中，针对方法中的重要参数 eps，本书利用流数据的聚集尺度 $[L_{max}]$ 对其进行估计，即 eps=$\alpha[L_{max}]$，其中的缩放因子 α 可根据其不同取值下的实验结果进行率定。

1. 模拟数据集

图 11-12 展示了实验所用的数据集，其中，图 11-12(a) 和 (b) 为两类流的起点（圆圈）和终点（三角），而图 11-12(c) 为两类流的平面图，其中 1 类流及其起终点用橙色表示，2 类流及其起终点用蓝色表示。图 11-12(d) 展示了数据集所包含的三种不同类型的流簇及噪声，其中，红色簇为 100 条 1 类流和 100 条 2 类流组成的 H1-H2 交叉簇，绿色簇为 180 条 1 类流和 20 条 2 类流组成的 H1-L2 交叉簇，两个蓝色簇均为 L1-H2 类型，每个均由 20 条 1 类流和 180 条 2 类流组成，灰色流为噪声，包含 1 类流和 2 类流各 500 条。

2. 模拟实验结果

图 11-12 所示模拟数据集的 L 函数计算结果如图 11-13(a) 所示，通过求取 L 函数最大值所对应的横坐标值，可得 $[L_{max}]$=9.5。实验过程中，缩放因子 α 分别被设为 1/8、1/4、

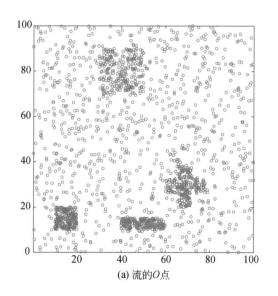

(a) 流的 O 点

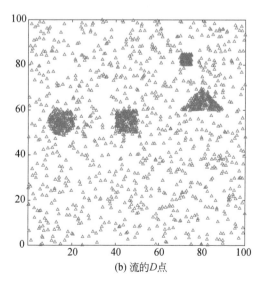

(b) 流的 D 点

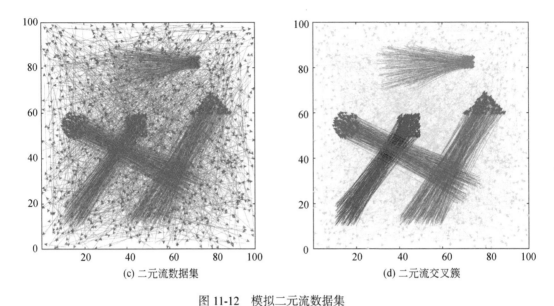

(c) 二元流数据集　　　　　　　　　(d) 二元流交叉簇

图 11-12　模拟二元流数据集

图 (a)~(c) 中，橙色代表 1 类流，蓝色代表 2 类流；图 (d) 中红色代表 H1-H2 交叉簇，绿色代表 H1-L2 交叉簇，蓝色代表 L1-H2 交叉簇，灰色代表噪声

3/8、1/2、5/8、3/4、7/8 和 1。为了确保结果的可信度，针对每个缩放因子，实验重复进行 100 次，则可得不同缩放因子下聚类结果的平均准确率（表 11-1）。针对系列结果的对比分析表明，当缩放因子 α=5/8 时（eps=5.94），聚类结果的平均准确率最高，达到 99.22%。根据上述结果，设 eps=5.94 且显著性水平为 0.2，则可计算出密度阈值 X_l、X_h、Y_l、Y_h 分别为 16、27、11、22[据式 (11-11)，见图 11-13(b)]。基于上述参数，即可进行二元流的聚类分析，图 11-13(c) 显示了其中一次实验的结果。总体实验结果表明，二元流密度聚类方法能准确提取不同类型的二元流交叉簇，并且在应用时，其中的重要参数缩放因子 α 应设为 5/8。

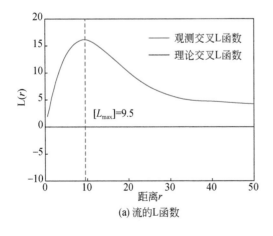

(a) 流的L函数

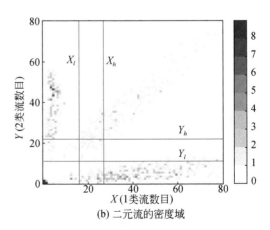

(b) 二元流的密度域

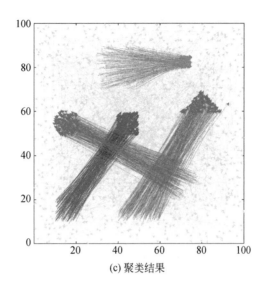

(c) 聚类结果

图 11-13　二元流密度聚类参数估计及聚类结果

图 (c) 中红色箭头代表 H1-H2 交叉簇，绿色箭头代表 H1-L2 交叉簇，蓝色箭头代表 L1-H2 交叉簇，灰色箭头代表噪声

表 11-1　不同缩放因子条件下的聚类精度

缩放因子	1/8	1/4	3/8	1/2	5/8	3/4	7/8	1
100 次实验平均 /%	55.57	55.87	82.26	97.12	99.22	99.11	86.39	71.83

11.2.4　应用案例

相对于一元流丛集模式，从多元流的交叉模式中可以发现更多不同类型流之间的关系。为了说明如何利用二元流密度聚类方法解析交叉聚集模式的思路，并验证该方法的有效性，本节以北京市出租车 *OD* 流数据为素材开展研究，具体方案为：首先将不同时段的出租车 *OD* 流视为不同类别的流，组合构成二元流数据集；然后，采用二元流的密度聚类方法提取数据集中的二元流交叉簇，并利用相关信息对结果进行解释。

1. 数据与研究区

案例所使用的素材为两个 *OD* 流数据集，其分布范围均为由三环以内区域、三环至五环之间的区域构成的流空间子区域。每个数据集均系二元流数据，由不同时段出租车 *OD* 流组合而成，具体地，数据集 1 由工作日（2014 年 10 月 23 日）上午（7:00~12:00）和工作日夜间（19:00~24:00）两个时段的出租车 *OD* 流构成，前者为 1 类流，后者为 2 类流；数据集 2 由 2015 年清明节（2015 年 4 月 5 日）与清明假期后第一个工作日（2015 年 4 月 7 日）上午（7:00~12:00）的出租车 *OD* 流构成，前者为 1 类流，后者为 2 类流。两个数据集的基本情况介绍见表 11-2。

表 11-2　二元出租车 *OD* 流基本情况介绍

数据集	流类别	流数目	日期	时间段	描述
数据集 1	1	20 147	2014 年 10 月 23 日	7:00~12:00	工作日上午
	2	17 478	2014 年 10 月 23 日	19:00~24:00	工作日夜间
数据集 2	1	11 906	2015 年 04 月 05 日	7:00~12:00	清明节上午
	2	21 352	2015 年 04 月 07 日	7:00~12:00	工作日上午

2. 逐步聚类策略

出租车 *OD* 流中包含大量的短距离出行流，相对于长距离出行流，短距离出行流更有可能集中出现在某些局部小区域中，因而更容易形成高密度簇。因此，在对大范围的出租车 *OD* 流模式进行挖掘时，由短距离出行流构成的"簇"更有可能成为主导簇（Shu et al.，2021）（之所以称其为"短"是因为其长度小于其所形成的主导簇的直径）。然而，这类簇通常表现为一团杂乱无序的流，且簇的 *O* 区域和 *D* 区域大部分重叠在一起，通常代表中心城区的高密度短距离出行，并可能掩盖了具有较长距离且交互较强的流模式。为消除此类流簇在大尺度模式挖掘中的影响，可采用逐步聚类的策略将其从数据中剥离开来。具体思路为：①针对第 i 次迭代时的剩余（二元）流数据集（第 1 次迭代时为原始数据集），计算其 L 函数并估计聚集尺度 $[L_{max}^{(i)}]$；②提取长度超过 $2[L_{max}^{(i)}]$ 的流（$2[L_{max}^{(i)}]$ 近似等于流数据集中主导簇的直径）作为候选流数据集，其余流作为剩余流数据集；③对于第②步中的剩余流数据集，重复执行第①步和第②步，直至剩余流数据集为空时停止，这样就得到所有的候选流数据集；④采用本节介绍的流密度聚类方法分别对每个候选流数据集聚类，并将结果合并形成最终聚类结果。

3. 结果及讨论

对于每个候选数据集，采用与模拟实验中相同的方式和显著性水平（即 0.2）估计参数 eps 和密度阈值，结果如表 11-3 所示。在此基础上，采用二元流密度聚类方法分别针对两个数据集进行聚类。对于数据集 1，共发现 18 个 H1-H2 交叉簇、113 个 H1-L2 交叉簇和 114 个 L1-H2 交叉簇。对于数据集 2，共发现 12 个 H1-H2 交叉簇、20 个 H1-L2 交叉簇和 116 个 L1-H2 交叉簇。由于聚类结果过于庞杂，以下仅以每类簇中规模排名前 10 的簇为例进行分析（如图 11-14 所示）。其中，图 11-14(a)~(c) 分别为数据集 1 中的 H1-H2、H1-L2、L1-H2 交叉簇，图 11-14(d)~(f) 分别为数据集 2 中的 H1-H2、H1-L2、L1-H2 交叉簇。

图 11-14(a) 中的簇由高密度的工作日上午出行流（1 类流）和工作日夜间出行流（2 类流）构成。综合两类流的时间、密度组合特征可知，这些簇主要与工作、休闲、归家等出行有关。此结论可通过簇的 *OD* 区域功能进一步佐证，例如，簇 1 的 *O* 区域为望京和酒仙桥区域，

二者的商务和居住属性均较突出，而簇 1 的 D 区域包含位于二环东北部的居住区，以及三里屯、工体、朝阳门和国贸等地的商务及休闲区。该交叉簇反映了 OD 区域之间上午的上班流和晚间的休闲流的组合特征。图 11-14(b) 中的簇由高密度的工作日上午出行流和低密度的工作日夜间出行流构成。由于这类簇中的流以工作日上午出行为主，且这些簇的目的地主要分布在商务区，如国贸、大望路、朝外、东单、王府井、西单、金融街、中关村等，再加上 2 类流的密度较低，因而该类交叉簇反映的是"较纯"的工作日的商务出行模式。图 11-14(c) 中的簇由低密度的工作日上午出行流和高密度的工作日夜间出行流构成。例如，簇 1 和 2 中的流主要集中在夜间，且 O 区域主要是商业区和休闲区，如王府井、国贸、工体、三里屯等，因而交叉簇 1 和 2 可视为夜生活休闲后的归家流，且由于上述区域功能的单一性，较少产生相关的工作流。

表 11-3　候选流数据集的聚类参数

数据集	候选数据集流数目	eps/km	X_l	X_h	Y_l	Y_h
数据集 1	20 645	0.9313	2	7	1	6
	15 863	0.4250	1	6	1	5
	1 117	0.1563	1	6	1	6
数据集 2	17 583	0.8625	1	6	1	6
	14 769	0.4063	1	5	1	6
	906	0.1063	3	8	1	4

图 11-14(d) 中的簇由高密度的清明节出行流和工作日出行流组成，其出行目的应不受工作日和节假日的影响。例如，簇 1、2、3、4、5、6 和 10 主要为到达北京南站、北京西站以及从北京站出发的出行流，这些流的主要目的可能是准备跨城外出和外出返程，故而与是否节假日无关，不同日期均呈现出高密度出行流。图 11-14(e) 中的簇由高密度的清明节出行流和低密度的工作日出行流构成。由二者的组合特征可知，此类流的目的应为清明节假期外出和市内旅游出行。例如，簇 3、4、5、7、8、9、10 的目的地为北京西站、北京站和北京南站，其主要目的可能是跨城外出；簇 1、2、6 的目的地主要是颐和园、天安门和北京欢乐谷等知名景点，其出行的主要目的可能是旅游。图 11-14(f) 中的簇由低密度的清明节出行流和高密度的工作日出行流组成。这些簇应与工作日的常规工作出行相关，原因在于，交叉簇中的工作日出行流密度远高于清明节，而且目的地主要位于重要的商务区，如东直门、三里屯、工体、朝阳门、国贸、王府井、东单、望京、酒仙桥、亮马桥、中关村、北京金融街等。

综上，相对于一元流簇的提取方法，二元流密度聚类方法可以提取不同时段或不同类型的流组合而成的二元流交叉簇，通过分析簇中两类流的密度组合以及起点和终点所在区域的土地利用类型，可以更准确地推断簇中流的出行目的及形成簇的原因。

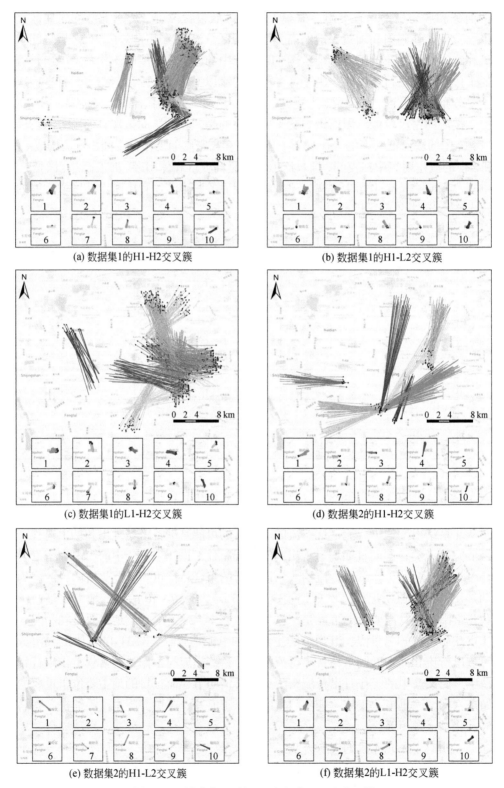

(a) 数据集1的H1-H2交叉簇

(b) 数据集1的H1-L2交叉簇

(c) 数据集1的L1-H2交叉簇

(d) 数据集2的H1-H2交叉簇

(e) 数据集2的H1-L2交叉簇

(f) 数据集2的L1-H2交叉簇

图 11-14　排名前 10 的二元出租车 *OD* 流交叉簇

11.3 多元群体流的空间互相关性

第 11.1 节介绍了多元个体流的空间关联性，并通过交叉 K/L 函数探测多元个体流空间分布的依赖关系。对于多元群体流，其空间关系表现为空间邻近关系下多元流属性之间的互相关性。以城市内出租车和网约车载客出行所形成的两类群体流为例，如果空间邻近的出租车 OD 流和网约车 OD 流的流量相近，则表明二者竞争激烈，呈正互相关，网约车正在瓜分出租车的市场；如果空间邻近的出租车 OD 流和网约车 OD 流中，网约车流量高而出租车流量低，则表明网约车在市场竞争中占据上风，二者呈负互相关。由此可见，揭示多元群体流的空间互相关模式，对理解地理系统中多元流的空间相互作用具有重要的意义。

为揭示多元群体流的空间互相关性，Tao 和 Thill（2020）将探索性空间数据分析中的二元局部空间关联指标（bivariate local indicators of spatial association，简称二元 LISA）拓展至二元流，提出了二元流局部空间关联指标（bivariate flow LISA，简称二元流 LISA），用于评估空间邻近的两类群体流属性值之间的互相关性。本节将详细介绍二元流 LISA，相关内容安排如下：首先，简要介绍传统探索性空间数据分析中的二元 LISA；其次，基于二元 LISA 的理念，介绍其在二元流数据上的拓展——二元流 LISA，并阐述其显著性检验方法；再次，使用模拟数据集验证二元流 LISA 的有效性；最后，将二元流 LISA 用于探究北京市不同年龄组居民出行流的空间互相关性。

11.3.1 二元局部空间关联指标

空间数据中存在空间相关性，在众多空间相关性分析工具中，探索性空间数据分析方法（exploratory spatial data analysis，ESDA）是非常有效的手段，其中，局部空间关联指标（local indicators of spatial association，LISA）是最具代表性的方法之一。LISA 旨在衡量地理现象在某局部区域的属性与其邻近区域属性的相关性强弱，并可用于识别局部区域的空间聚集或者异常（Anselin，1995）。根据所研究的属性类别的数目，可进一步将其分为一元 LISA，二元 LISA 和多元 LISA（Anselin，2019）。其中，二元 LISA 用于衡量某局部区域内空间邻近的两类地理现象属性之间的相关性，常用指标为二元局部莫兰指数（bivariate local Moran's I）（Anselin et al.，2002）。假定研究区由 n 个空间单元构成（编号为 1 到 n），且每个空间单元具有两类属性 x 和 y，则对于某空间单元 $i(i=1,2,\cdots,n)$，其二元局部莫兰指数 I_{xy}^i 的计算公式如下：

$$I_{xy}^i = x_i \sum_{j=1}^n w_{ij} y_j \tag{11-14}$$

式中，x_i 为区域 i 的 x 属性值；y_j 为区域 j 的 y 属性值；w_{ij} 为区域 i 和区域 j 之间的空间权重，用于反映区域之间的邻近程度或相邻关系（苏世亮等，2019）。需要注意的是，属性 x 和 y 一般需要标准化处理（即通过变换使其均值为 0，方差为 1），才可以保证二者的相关性不会因属性量级的差别而被错误估计。由于该指标能够量化两类属性之间的空间相关性,因而被广泛应用于探索贫困和死亡率、自然灾害和社会脆弱性、水资源稀缺和用水效率、经济水平和空气质量等之间的空间互相关性（Song W et al., 2020；Long and Pijanowski, 2017）。

11.3.2　二元流局部空间关联指标

为揭示两类群体流之间的空间互相关性，可将传统的二元 LISA 扩展至二元流数据，得到二元流 LISA。其思路为：假设研究区由 n 个空间单元构成（编号为 1 到 n），且存在两类群体流：1 类流 F_{kl}^x 和 2 类流 F_{pq}^y，其中，上标 x 和 y 用于区分两种不同类型的流，下标 k、l 为 x 流起点和终点空间单元的编号，p、q 为 y 流起点和终点空间单元的编号。图 11-15 展示了以正六边形网格为空间单元的研究区中，两类群体流的示意图。与研究区内只存在一元流的情况不同，两类流的起点空间单元和终点空间单元可能会重合，如图中的 F_{kl}^x 与 F_{kl}^y。

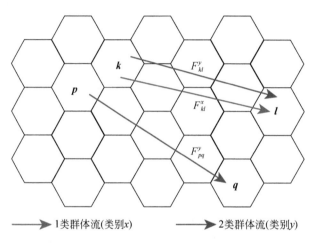

图 11-15　两类群体流示例

令 $x(k,l)$ 表示 F_{kl}^x 的属性值，$y(p,q)$ 表示 F_{pq}^y 的属性值，且属性 x 和 y 的值分别经过了标准化处理，参照式 (11-14)，则 F_{kl}^x 的二元流 LISA 的计算公式如下（Tao and Thill, 2020）：

$$\text{BFI}_{x(k,l)} = c \cdot x(k,l) \sum_{(p,q) \neq (k,l)} w_{kl,pq}^F \cdot y(p,q) \tag{11-15}$$

式中，$\text{BFI}_{x(k,l)}$ 用于衡量 2 类流 F_{pq}^y 与 1 类流 F_{kl}^x 的空间互相关性；c 为比例常数；$w_{kl,pq}^F$ 为流 F_{kl}^x 与 F_{pq}^y 的空间权重，本节中，该权重采用 5.2.2 节式 (5-6) 中的定义。由式 (11-15) 可以看出，$\text{BFI}_{x(k,l)}$ 的计算未考虑 1 类流和 2 类流起终点均相同的情况，因而忽略了 F_{kl}^y 与 F_{kl}^x 的相关性。当群体流的起终点空间单元粒度较粗或形状不规则时，忽略这一信息可能不利于全面衡量两类流之间的空间互相关性（Tao and Thill, 2020）。例如，当流 F_{kl}^x 与 F_{kl}^y 相关性较强，而与邻近流 F_{pq}^y 的相关性较弱时，是否考虑起终点相同的 1 类流和 2 类流可能会得到完全不同的结论。为此，可借鉴局部 G 统计量 G_i 和 G_i^* 指标（Ord and Getis，1995）的思想，建立考虑 F_{kl}^y 与 F_{kl}^x 相关性的二元流 LISA 指标 $BFI_{x(k,l)}^*$：

$$BFI_{x(k,l)}^* = c \cdot x(k,l) \sum_{(p,q)} w_{kl,pq}^F \cdot y(p,q) \tag{11-16}$$

式中，各符号含义同式 (11-15)。需要说明的是，为体现 F_{kl}^y 与 F_{kl}^x 的相关性，$w_{kl,kl}^F$ 应被设置为正值，如空间权重矩阵为二值矩阵时，一般令 $w_{kl,kl}^F=1$。

将研究区内每条 1 类流的 $BFI_{x(k,l)}$[式 (11-15)] 或 $BFI_{x(k,l)}^*$[式 (11-16)] 进行累加，可得到衡量 1 类流与 2 类流属性整体空间互相关性的全局指标 BFI_{xy} 和 BFI_{xy}^*：

$$BFI_{xy} = \frac{\sum_{(k,l)} \sum_{(p,q) \neq (k,l)} w_{kl,pq}^F \cdot y(p,q) \cdot x(k,l)}{\sum_{(k,l)} [x(k,l)]^2} \tag{11-17}$$

$$BFI_{xy}^* = \frac{\sum_{(k,l)} \sum_{(p,q)} w_{kl,pq}^F \cdot y(p,q) \cdot x(k,l)}{\sum_{(k,l)} [x(k,l)]^2} \tag{11-18}$$

式 (11-17) 和式 (11-18) 中各变量含义均与式 (11-15) 相同。在计算二元流 LISA 统计量之后，需要对其进行显著性检验，从而判断空间互相关性模式的真伪。由于特定空间位置上群体流流量的理论随机分布难以推导，因此需采用蒙特卡洛模拟方法进行显著性检验。该方法可分为两步：①产生模拟数据集并计算其统计量，通过多次实验产生统计量的分布；②根据模拟数据集的统计量分布和观测数据的统计量计算 p 值。

1. 模拟数据的生成方式

下面以推断 $BFI_{x(k,l)}$ 的统计显著性为例说明模拟数据的生成过程。在通过蒙特卡洛方法生成模拟数据集之前，保持 1 类流的空间位置和属性值，以及 2 类流的空间位置不变，而将观测到的 2 类流的属性值重新随机分配，即在随机改变 2 类流属性空间分布的同时，保持模拟的 1 类流和 2 类流属性值的统计分布分别与观测数据一致。这样做的原因是，该指标只关注 2 类流对 1 类流的空间互相关性，故 1 类流自身属性的统计分布不应成为影响显著性检验结果的因素。

群体流数据通常较为稀疏，即相当多的空间单元之间不存在流。以本书所收集到的北京市五环以内 2014 年 10 月 13 日的 288 494 条出租车 OD 数据为例，若将研究区划为 30 行 ×30 列的网格，其中仅有 55 个网格不存在 O 点或 D 点（约占 6%），但高达 90% 的网格对之间不存在出租车 OD 流。实际上，这种不存在流的 OD 对分为两种情况，其一是 OD 对之间不可能存在流，如两个空间单元分别是湖泊和森林公园，则二者之间不可能存在出租车 OD 流；其二是 OD 之间连通，但流量为 0，如城市中某两个空间单元之间在观测时间段内恰好没有出租车 OD 流。针对这两种情况，在模拟过程中应区别对待。具体地，在随机分配流的属性值的过程中，属于第一种情况的 OD 单元对将不予考虑，而属于第二种的 OD 单元对则会被随机分配流量。

2. p 值计算方法

在产生一系列模拟数据集并计算其二元流 LISA 统计量后，可通过式 (11-19) 计算 p 值：

$$p = \frac{\min(R+1, N+1-R)}{N+1} \tag{11-19}$$

式中，$\min(\ )$ 为取最小值函数，N 为模拟的总次数，通常取 999 次，则模拟数据与观测数据的统计量共有 $N+1$ 个，R 为观测数据集的统计量在从大到小排序的 $N+1$ 个统计量中的位次。比较 p 值和给定的显著性水平即可推断统计量的显著性。如果统计量显著，则结合标准化后的 1 类和 2 类流属性值的高低组合（H_xH_y、H_xL_y、L_xH_y、L_xL_y），可进一步推断不同类型的局部互相关模式。具体地，H_xH_y，即 1 类流高，2 类流高，代表空间正互相关；H_xL_y，即 1 类流高，2 类流低，代表空间负互相关；L_xH_y，即 1 类流低，2 类流高，代表空间负互相关；L_xL_y，即 1 类流低，2 类流低，代表空间正互相关。其中，H 意为 "High"，即高值（大于平均值），L 意为 "Low"，即低值（小于平均值），故 H_xH_y 的具体含义为：1 类流 F_{kl}^x 的属性值大于其平均值，同时其邻域内的 2 类流的属性值也大于其平均值，即一条高值的 1 类流与高值的 2 类流邻近，故 1 类流和 2 类流为空间正互相关，其他组合的含义以此类推。

11.3.3 模拟实验

本节使用模拟数据集验证二元流 LISA 度量二元群体流空间互相关性的能力。如图 11-16 所示，研究区由 37 个正六边形网格单元构成，编号为 1 到 37。模拟数据产生方式为，在任意两个单元组合之间均同步生成 1 类流和 2 类流，如此共得到 1 类流 F_{kl}^x 和 2 类流 F_{kl}^y 各 1369 条。为便于可视化，将 O 区域和 D 区域分开绘制，同时，图 11-16 仅保留存在空间互相关性的流。两类流属性值的生成过程如下：首先，分别对两类流的属性进行赋值，其中，F_{kl}^x 的属性值从均值为 4000、标准差为 200 的正态分布中随机产生，F_{kl}^y 的属性值从均值为 400、标准差为 20 的正态分布中随机产生；然后，修改 4 条 1 类流 $F_{1,1}^x$、$F_{12,12}^x$、$F_{20,20}^x$、$F_{33,33}^x$（图中橙色 OD 空间单元对之间的流）的属性值及其空间邻近的 2 类流的属性值，使其具有特定的空间互相关模式。这里所使用的空间权重采用第 5 章 5.2.2 节中式 (5-6) 的定义，即若两条流的 O 点区域相同且 D 点区域空间邻接，或 D 点区域相同且 O 点区域空间邻接，则二者空间邻近。因此，与这 4 条 1 类流空间邻近的 2 类流各有 12 条，例如，与 $F_{1,1}^x$ 空间邻近的 2 类流为 $F_{1,2}^y$、$F_{1,3}^y$、$F_{1,4}^y$、$F_{1,5}^y$、$F_{1,6}^y$、$F_{1,7}^y$、$F_{2,1}^y$、$F_{3,1}^y$、$F_{4,1}^y$、$F_{5,1}^y$、$F_{6,1}^y$ 和 $F_{7,1}^y$。图 11-16 展示了所有属性值被修改的 1 类流（直线表示）和 2 类流（弧线表示），属性值的修改方式具体如下。

（1）修改 4 条 1 类流的属性值：将 $F_{1,1}^x$ 和 $F_{20,20}^x$ 修改为 4200 以代表高值，如图中红色直线所示；将 $F_{12,12}^x$ 和 $F_{33,33}^x$ 的属性值修改为 3800 以代表低值，如图中蓝色直线所示。

（2）修改与 4 条 1 类流空间邻近的 2 类流的属性值：将分别与 $F_{1,1}^x$、$F_{33,33}^x$ 空间邻近的 2 类流的属性值改为低值（如图中蓝色弧线所示），其值从均值为 200、标准差为 10 的正态分布中随机选取。将分别与 $F_{12,12}^x$、$F_{20,20}^x$ 空间邻近的 2 类流的属性值改为高值（如

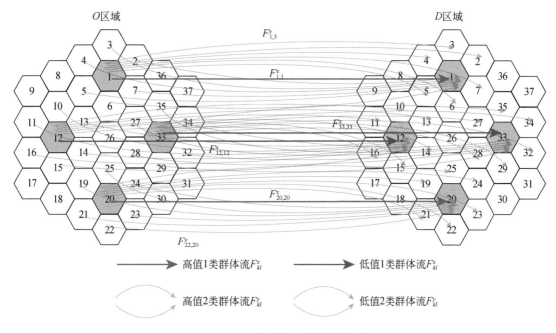

图中 O 区域与 D 区域之间的流。

图 11-16　两类群体流的模拟数据集

图中红色弧线所示），其值从均值为 600、标准差为 30 的正态分布中随机选取。

从图 11-16 中可以观察到所设计的四类空间关联模式：$F_{1,1}^{x}$ 的局部空间互相关模式为 H_xL_y，即高值的 1 类流（红色直线）与低值的 2 类流（蓝色弧线）邻近；$F_{12,12}^{x}$ 的局部空间互相关模式为 L_xH_y，即低值的 1 类流（蓝色直线）与高值的 2 类流（红色弧线）邻近；$F_{20,20}^{x}$ 的局部空间互相关模式为 H_xH_y，即高值的 1 类流（红色直线）与高值的 2 类流（红色弧线）邻近，$F_{33,33}^{x}$ 的局部空间互相关模式为 L_xL_y，即低值的 1 类流（蓝色直线）与低值的 2 类流（蓝色弧线）邻近。

我们根据式 (11-15) 求出上述四条 1 类群体流的二元 LISA，其中，空间权重应用第 5 章 5.2.2 节中的式 (5-6) 计算，显著性检验采用 999 次蒙特卡洛模拟。结果表明，群体流 $F_{1,1}^{x}$ 的局部呈现出 H_xL_y 模式（$p=0.001$），$F_{12,12}^{x}$ 的局部呈现出 L_xH_y 模式（$p=0.001$），$F_{20,20}^{x}$ 的局部呈现出 H_xH_y 模式（$p=0.001$），$F_{33,33}^{x}$ 的局部呈现出 L_xL_y 模式（$p=0.001$）。这些结果均与预先设计的模式吻合，说明该方法可有效识别二元群体流的局部空间互相关模式。

11.3.4　应用案例

不同年龄居民对城市设施的需求和面临的社会问题各异，导致其出行模式不尽相同。揭示不同年龄居民出行模式的差异，可为城市基础设施的服务公平性评价以及空间布局优化提供参考。为此，本节以北京市五环以内年轻居民和老年居民的出行流为例开展案例研究。下面首先介绍研究区和两类出行流数据，然后，根据二元流 LISA 结果，评估两类出行流的空间互相关性，最后，对实验结果进行解释和讨论。

1. 数据与研究区

案例所用数据为 2019 年 9 月 16 日（周一）北京市五环以内居民的手机信令数据。居民个体出行流由其手机信令数据中时间上相邻的锚点（停留时长超过 30 分钟的位置）确定，将其聚合至 1km² 的正六边形网格形成群体流数据。根据手机信令数据中用户的年龄属性，将流数据分为两类：年轻居民（25~40 岁）出行流和老年居民（大于等于 60 岁）出行流。图 11-17 展示了两类出行流的空间分布，为便于可视化，流的起终点用正六边形中心表达，并隐去流的箭头和部分流量较低的流，流量大小以流的粗细和颜色的深浅表达。

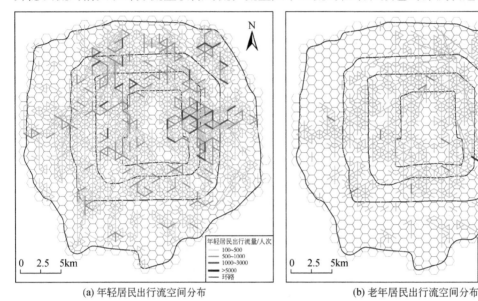

(a) 年轻居民出行流空间分布   (b) 老年居民出行流空间分布

图 11-17　研究区与数据

2. 实验及结果分析

将年轻居民出行流视为 1 类流，其流量属性用 x 表示，老年居民出行流视为 2 类流，其流量属性以 y 表示，采用式 (11-17) 和式 (11-15) 分别计算两类流的全局和局部的空间互相关性。结果显示，两类流呈显著的全局空间正互相关，表明五环以内年轻居民和老年居民的出行在空间上高度匹配。图 11-18 进一步展示了三种显著的局部空间互相关模式的空间分布。

（1）"H_xH_y"表示高流量的年轻居民出行流与高流量的老年居民出行流邻近，据统计，共有 2025 条 1 类流呈现该模式。从图中可以看出，该模式的流（红色的流）主要为相邻单元间的短距离出行流，其产生的原因在于，不同年龄组群体的出行均遵循距离衰减规律，即单元之间的流量随二者距离的减少而增加，因此，两类群体流在较短距离内表现出较强的空间互相关性。

（2）"H_xL_y"表示高流量的年轻居民出行流与低流量的老年居民出行流邻近，共有 28 条 1 类流呈现该模式。从图中可以看出，该模式的流（蓝色的流）主要为跨多个单元的长距离出行流，其产生的原因在于，与老年人相比，年轻人的移动性更强，因而远距离的出行显著多于老年人；不仅如此，该类流的终点多集中于商业和文化区，如国贸和中关村（图中红色圆框），故该类模式的流可能体现了部分年轻居民长距离通勤的现象。

（3）"L_xH_y"表示低流量的年轻居民出行流与高流量的老年居民出行流邻近，图中显示仅有 2 条流（绿色的流）表现为该模式，且为同一对单元之间的往返流（图中绿色圆框内）。结合相关信息可知，该类流连接了住宅区和公园，故其产生的原因可能是，2 类流主要为老年人由住宅到公园的高密度休闲出行，而年轻居民在工作日的此类出行较少，因而沿这一路线及其周边的出行较少。

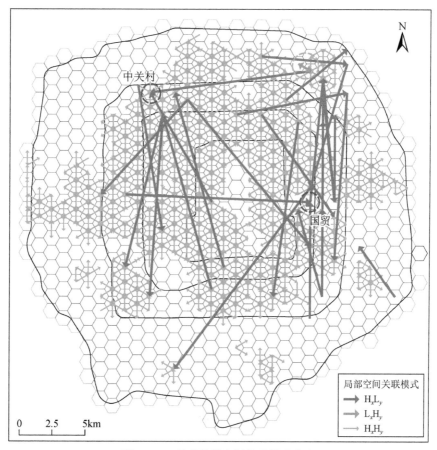

图 11-18　显著局部空间关联模式分布

11.4　多元流网络分析

地理系统中相互关联的多元流通过起终点的聚合形成多元流网络，进而产生出复杂的关系和模式，对其进行挖掘与分析，有助于理解地理系统的格局和演化机制。例如，国际人口迁徙流、航空航班流和商品贸易流分别从不同视角反映了国家（地区）间的合作或冲突，这三类流以国家（地区）为节点聚合成多元流网络，其结构隐含了错综复杂的国际关系，揭示此类结构有助于理解和分析国际关系态势。为此，本节将对多元流网络分析的方法和应用进行介绍，主要内容安排如下：首先，介绍多元流网络的数学表达模型；其次，介绍定量描述多元流网络结构特征的度量指标；再次，介绍多元流网络社区结构的识别方法；最后，以国际关系多元流网络为例，分析其结构特征并识别其中的社区，进而据此解析其中的国际关系格局。

11.4.1　多元流网络模型及表达

多元流网络的结构一般用多层网络（multilayer network）模型表达。多层网络的常用数学模型包括二元组和四元组模型。本节首先介绍这两种模型；其次，以二元组模型为例，介绍在其基础上建立的两种常用的多元流网络模型：多路复用网络（multiplex networks）和多切片网络（multislice networks）模型；最后，介绍用于表达多层网络的超邻接矩阵。

1. 二元组模型

在二元组模型中，多层网络 M 是将多个单独的网络通过特殊的边连接形成的整体，其中每个单独的网络称为层，由节点和层内边组成，而特殊的边称为层间边。因此，二元组模型由层和层间边两部分组成，其结构如图 11-19 所示（Boccaletti et al.，2014）。

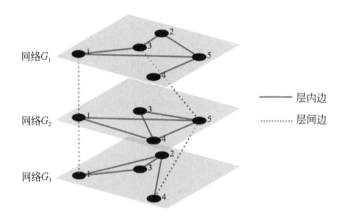

图 11-19　二元组模型示意图

根据二元组模型构造的多层网络 M 由单层网络的集合 $\breve{G}$ 及层间边的集合 C 两部分组成，即 $M = (\breve{G}, C)$，其中，单层网络集合 $\breve{G}$ 包含 L 个单层网络（L 表示最大层数）。例如，图 11-19 所示的二元组模型中，单层网络集合 $\breve{G}$ 包含 3 个单层网络：G_1、G_2 和 G_3。单层网络集合 $\breve{G}$ 可用式 (11-20) 表达：

$$\breve{G} = \{G_\alpha; \alpha \in \{1, 2, \cdots, L\}\} \tag{11-20}$$

式中，G_α 为第 α 层单层网络，由第 α 层内的节点（不同层既可以共用节点，也可以包含其特有的节点）和边构成。单层网络内的边称为层内边，而不同层的节点连接形成的特殊边称为层间边。层间边集合 C 的表达式如下：

$$C = \{E_{\alpha\beta} \subseteq V_\alpha \times V_\beta; \alpha, \beta \in 1, 2, \cdots, L, \alpha \neq \beta\} \tag{11-21}$$

式中，$E_{\alpha\beta}$ 为连接第 α 和第 β 层（$\alpha \neq \beta$）单层网络的节点形成的层间边，其是第 α 层的节点集 V_α 和第 β 层的节点集 V_β 笛卡儿积（$V_\alpha \times V_\beta$）的子集。

根据二元组模型构建的多元流网络中的各单层网络为一元流网络，层间边表示不同类别流起终点之间的连接。例如，Gallotti 和 Barthelemy（2015）利用通过英国开放数据计划获得的英国地面公共交通数据，构造了英国公共交通的多层网络，其中各层分别代表公交流网络、铁路流网络和地铁流网络，节点为公交、铁路和地铁站点，层内边代表同一类型的两站点之间的线路，层间边代表不同类别交通站点之间的步行可达线路。

2. 四元组模型

二元组模型是最经典的多元流网络模型，具有简单、直观等优点，然而，当多元流网络每层由多个网络构成时，二元组模型就难以胜任，故需要更复杂的模型表达。目前，可描述具有这种复杂层结构的多元网络的常用模型是四元组模型。相对于二元组模型，四元组模型的同一层可包含多个不同属性的网络，每个属性不同（如不同的交互类型）的网络称为"基本层"。如图 11-20 所示，该四元组模型包括 A、B 两层，层 A 包括两个基本层，即 X_A 和 Y_A，层 B 同样包括两个基本层，即 X_B 和 Y_B。

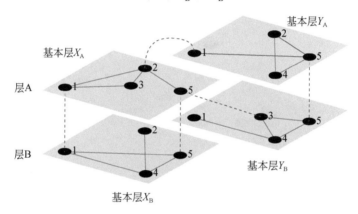

图 11-20　四元组模型示意图

四元组模型记作 $M=(V, \breve{L}, V_M, E_M)$，其中 V 为网络中所有节点的集合；$\breve{L}$ 为层集合，V_M 为"节点–层"构成的元组，用于表达带有层信息的网络节点；E_M 为所有层的边集合（Kivelä et al., 2014）。在图 11-20 所示的四元组模型中，如果以 v_i 表示编号为 i 的节点，则网络中所有节点的集合 $V=\{v_1, v_2, v_3, v_4, v_5\}$ 共包含 5 个节点；$\breve{L}$ 为两个层的集合，即 $\breve{L}=\{A, B\}$，其中，每层由两个基本层 $\{X, Y\}$ 构成；每个基本层中的节点均为节点集合 V 的子集，所有"节点–层"的集合 $V_M \subseteq V \times \breve{L}$（$V$ 与 $\breve{L}$ 的笛卡儿积），其中的每个元素为节点、层、基本层构成的三元组，例如，图 11-20 中，$V_M=\{(v_1, A, X_A), (v_2, A, X_A), (v_3, A, X_A), (v_5, A, X_A), (v_1, A, Y_A), (v_2, A, Y_A), (v_4, A, Y_A), (v_5, A, Y_A), (v_1, B, X_B), (v_2, B, X_B), (v_4, B, X_B), (v_5, B, X_B), (v_1, B, Y_B), (v_3, B, Y_B), (v_4, B, Y_B), (v_5, B, Y_B)\}$；所有层的边集合 $E_M \subseteq V_M \times V_M$，包含层内边和层间边两种类型，分别对应图 11-20 中的实线（层内边）和虚线（层间边）。四元组模型通过定义"基本层"，扩展了多层网络中"层"的维度。特别地，当基本层数为 1 时，四元组模型与二元组模型相同。

四元组模型常用于表达具有多主题、多时相等特征的网络。例如，Kang 等（2021）利用北京市交通出行数据构造的多元流网络，其节点为交通分析小区，层代表不同年份，基本层对应相同年份的多种交通出行方式，如出租车、地铁等，同一基本层内的边代表不同小区之间特定交通方式的出行流，而层间边则表达了不同层之间的时空依赖关系。

3. 多路复用网络和多切片网络

多路复用网络（multiplex networks）和多切片网络（multislice networks）是多元流网络常用的两种特殊模型（Solá et al., 2013；Mucha et al., 2010），二者均可基于二元组模型或四元组模型构造而成。下面以基于二元组模型构造的多路复用网络模型和多切片网络模型为例进行说明。多路复用网络模型的结构如图 11-21 所示，其各层节点集合相同，即 $V_1=\cdots=V_\alpha=\cdots V_L$，各层之间相同的节点称为"重复节点"（replica nodes）；层间边仅存在于重复节点之间，又称为"耦合边"（coupling edges），如图 11-21 中的虚线所示。

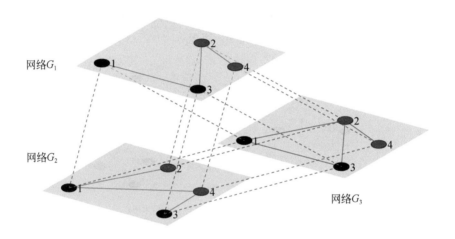

图 11-21　多路复用网络示意图

多切片网络是一种特殊的多路复用网络，其结构与多路复用网络类似，不同之处在于其各单层网络具有时间切片的含义，在时间上先后相邻的层之间才具有层间边（图 11-22）。多路复用网络和多切片网络在多元流网络研究中得到了广泛应用。例如，在城市群研究中，可以首先构建交通流、信息流、企业流等一元流网络，然后连接不同一元流网络之间相同的城市构成层间边，形成城市群多路复用网络（马丽亚等，2019）；在传染病研究中，Sarzynska 等（2016）以秘鲁各省为节点，将不同年份作为层，层内边为省份之间登革热感染人数的相关性，层间边连接相邻年份的相同省份，从而形成国家传染病流多切片网络。

4. 超邻接矩阵

网络结构一般用邻接矩阵表达。一个具有 N 个节点的网络可表示为一个 $N\times N$ 的矩阵，其行列代表节点，而元素值表示节点之间是否存在边或边权重。对于多层网络，其结构无法用普通邻接矩阵描述，需要借助超邻接矩阵表达。相较于普通邻接矩阵，超邻接矩阵的

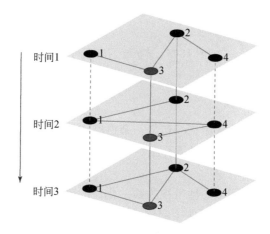

元素不仅需要表达层内边，还要描述层间边。对于每层有 N 个节点的 L 层网络，其超邻接矩阵为一个 $(L \times N) \times (L \times N)$ 的矩阵，矩阵元素表示层内或层间边是否存在（或为边的权重）。如图 11-23 所示，一个 $L=3$、$N=10$ 的多路复用网络的超邻接矩阵为一个 30×30 的矩阵，其中，橙色、黄色和浅绿色元素对应各层网络的层内边，而蓝绿色元素对应网络的层间边。

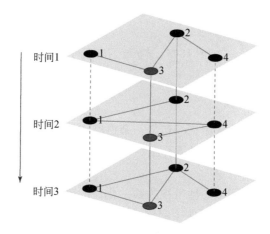

图 11-22　多切片网络示意图

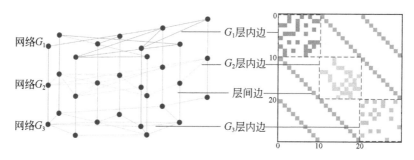

图 11-23　超邻接矩阵示意图

橙色、黄色和浅绿色连线对应各层网络的层内边，而蓝绿色竖线对应网络的层间边

11.4.2　多元流网络结构度量

多元流网络结构的度量指标由一元流网络的相关指标扩展而来，包括度、度分布、中心性、聚集系数、最短路径等，其中，度是指节点的邻居（与该节点之间存在边的其他节点）的数量，度分布指节点邻居数量的概率分布，中心性是节点在网络中接近中心的程度，聚集系数是节点的邻居之间互为邻居的比例，而最短路径则是连接两节点所需边最少或长度最短的边的序列。在这些网络结构度量指标中，中心性和聚集系数较为常用，下面以多路复用网络为例，分别介绍多元流网络的中心性和聚集系数。在指标介绍时，以图 11-24 所示的多路复用网络为例进行说明，其中，图 11-24(a) 为网络结构图，图 11-24(b) 所示为超邻接矩阵。

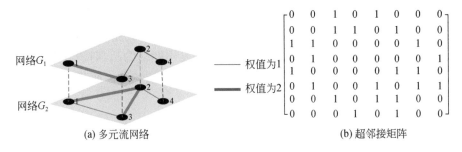

图 11-24　多元流网络示例

1. 多元流网络的中心性

度量多元流网络中心性的常用指标包括：节点度中心性、节点强度中心性、特征向量中心性和介数中心性等，下面分别进行介绍。

1）节点度中心性

在一元流网络中，节点度中心性可视为归一化后的度，即某节点的度占网络中所有节点度总和的比例。例如，图 11-24 示例中网络 G_1 内节点 1 的度中心性 $k_1^{[1]}$=1/(1+2+2+1)=1/6。在多元流网络中，由于节点 i 在各层都可以单独计算度中心性，因此，在一个 L 层的多元流网络中，节点 i 的度中心性可用向量 $\boldsymbol{k}_i=(k_i^{[1]},\cdots,k_i^{[L]})$ 表达，其中，向量元素的上标为网络各层编号（Battiston et al., 2014），例如，图 11-24 所示的多元流网络中，节点 1 的度中心性 $\boldsymbol{k}_1$=(1/6, 1/4)。此外，针对节点 i，还可将其在所有层的度中心性进行累加，得到一个标量形式的中心性 o_i：

$$o_i = \sum_{\alpha=1}^{L} \boldsymbol{k}_i^{[\alpha]} \tag{11-22}$$

式中，i 为节点编号；α 为层编号。对于图 11-24 中的示例网络，有 o_1=5/12。

2）节点强度中心性

对于加权多元流网络，节点度中心性无法描述边权重（一般指流量）对中心性的影响，为此需要定义考虑权重的多元流网络中心性，即节点强度中心性。节点强度中心性指节点 i 的加权度 s_i 占整个网络所有节点加权度总和的比例，而一个节点的加权度定义为与其相连的所有边的权重之和。以图 11-24 中的网络为例，网络 G_1 中节点 1 的节点强度中心性为 $c_1^{[1]}$=2/(2+2+3+1)=1/4。与多元流网络的节点度中心性类似，对每层中的一元流网络都可以计算其节点强度中心性，从而得到一个向量 $\boldsymbol{c}_i=(c_i^{[1]},\cdots,c_i^{[L]})$，其中，上标为网络各层编号。此外，同样可以通过元素加和、模、凸包、范数等计算将该向量映射为一个标量形式的中心度（Boccaletti et al., 2014），从而使不同节点的中心性可比较。以图 11-24 中的网络为例，可得 $\boldsymbol{c}_1$=(1/4, 1/4)，$\boldsymbol{c}_2$=(1/4, 5/12)，将向量中各层强度中心性加和后分别得到 c_1^{sum}=1/2，c_2^{sum}=2/3，即在此度量下，节点 2 的强度中心性大于节点 1。

3）特征向量中心性

特征向量中心性（eigenvector centrality）的基本思想是，一个节点的中心性既取决于其邻居节点的数量（即该节点的度），也取决于其邻居节点的重要性，即对于一个节点，其邻居的邻居越多，则其中心性越强。这一思想可通过式 (11-23) 表达：

$$E_i = \gamma \sum_{j=1}^{N} A_{ij} E_j$$ (11-23)

式中，E_i 和 E_j 分别为节点 i 和 j 的中心性；A_{ij} 为邻接矩阵元素；γ 为比例系数。该公式相当于邻接矩阵 A 的特征方程。据此，对于一元流网络，其特征向量中心性的计算方式为，首先计算邻接矩阵的特征值，然后选取最大特征值并计算其对应的特征向量，则该特征向量的各个分量即为各个节点特征向量中心性的值。

对于多元流网络，其特征向量中心性计算的关键问题是使用何种矩阵计算特征向量，目前有两种思路（Solá et al.，2013）。其一是先计算各层一元流网络（各节点）的特征向量中心性，再将各层结果组合，得到每个节点中心性的向量 $E_i=(E_i^{[1]},\cdots,E_i^{[L]})$，其中，$E_i^{[L]}$ 表示节点 i 在第 L 层网络的特征向量中心性，然后对中心性向量进行模、范数等的计算，得到一个可以用于比较的中心性标量。其二则是首先将各层邻接矩阵按式 (11-24) 进行聚合：

$$\hat{A} = \sum_{\alpha=1}^{L} (A^{[\alpha]})^{\mathrm{T}}$$ (11-24)

式中，$(A^{[\alpha]})^{\mathrm{T}}$ 表示第 α 层网络邻接矩阵的转置，聚合后得到一个表征整个多元流网络的邻接矩阵 $\hat{A}$；然后，再基于该矩阵计算特征向量中心性，这种中心性又称"统一类特征向量中心性"（uniform eigenvector-like centrality）。对于图 11-24 中的示例网络，使用第二种方式计算出的四个节点的特征向量中心性分别为 0.464、0.599、0.568、0.320，其中 2 号节点在两层中均有较多连接，故中心性最强，而 4 号节点在两层中连接都较少，故中心性最弱。

4）介数中心性

多元流网络介数中心性的定义与一元流网络类似，即经过节点的最短路径条数占所有最短路径的比重，其不同之处在于多元流网络中的最短路径是基于超邻接矩阵计算得到的。多元流网络介数中心性是各单层网络介数中心性之和（Solé-Ribalta et al.，2014）。具体地，单层网络的介数中心性计算公式为

$$g(v_i^{[\alpha]}) = \sum_{\substack{s,t=1 \\ s \neq t \neq v_i}}^{N} \frac{\sigma_{s,t}(v_i^{[\alpha]})}{\sigma_{s,t}}$$ (11-25)

式中，$v_i^{[\alpha]}$ 为网络第 α 层编号为 i 的节点；$\sigma_{s,t}$ 为从节点 s 出发到节点 t 的最短路径的条数；$\sigma_{s,t}(v_i^{[\alpha]})$ 为这些最短路径中经过节点 $v_i^{[\alpha]}$ 的条数；N 为每层中节点的数目（多路复用网络中每层节点的数目相同）。如前所述，多元流网络的全局介数中心性等于各单层介数中心性的累加：

$$g(v_i) = \sum_{\alpha=1}^{L} g(v_i^{[\alpha]})$$ (11-26)

对于图 11-24 中的示例网络，四个节点的全局介数中心性为分别 0、4、2、0。

2. 多元流网络的聚集系数

在一元流网络中，一个节点的聚集系数是指该节点邻居之间的边数与其邻居之间的最

大可能边数的比值，即节点与邻居通过边形成的三角形数占节点与邻居构成的节点三元组数目的比值。以图 11-24 中的网络 G_2 为例，互为邻居节点的 1、2、3 构成一个三角形（图 11-25），节点 1 和 2 的聚集系数分别为 1 和 1/3。

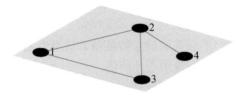

图 11-25　节点邻居形成的三角形示意

节点 1 的邻居为节点 2 和 3，节点 1 和其邻居最多可构成 1 个三角形，而实际通过边构成 1 个三角形，故其聚集系数为 1；节点 2 的邻居为节点 1、3 和 4，节点 2 和其邻居最多可构成 3 个三角形，而实际通过边构成 1 个三角形，故其聚集系数为 1/3

将上述概念拓展至多元流网络中，可以计算多元流网络中节点的聚集系数（Boccaletti et al.，2014）：

$$C(v_i) = \frac{2\sum_{\alpha=1}^{L} |\bar{E}^{[\alpha]}(v_i)|}{\sum_{\alpha=1}^{L} |N^{[\alpha]}(v_i)|(|N^{[\alpha]}(v_i)|-1)} \tag{11-27}$$

式中，$N^{[\alpha]}(v_i)$ 为节点 v_i 在第 α 层网络中的邻居集合；$\bar{E}^{[\alpha]}(v_i)$ 为 $N^{[\alpha]}(v_i)$ 中节点之间边的集合；$||$ 为集合的模。由于节点 v_i 的邻居之间只要存在边，则一条边连接的两个邻居与节点 v_i 一定组成三角形，故节点 v_i 的邻居节点之间边的数目等于节点 v_i 与邻居通过边形成的三角形数。因此，将分子中的常数项 2 变换到分母，则该公式分子可理解为节点及其重复节点在各层与邻居节点形成的三角形总数，分母可理解为节点及其重复节点在各层与邻居节点形成的节点三元组总数。根据式 (11-27)，图 11-24 中所示网络中节点 1 和节点 2 的多元流网络聚集系数分别为 1 和 0.25。

11.4.3　多元流网络社区结构识别

社区是网络的重要结构特征，一元流网络社区的内涵及识别方法已在 7.4 节中阐述。对于多元流网络，社区指在多层网络中均紧密连接的一组节点。下面首先总结多元流网络的社区划分方法，然后以基于广义模块度的社区划分方法为例，介绍多元流网络社区划分的具体实现过程。

1. 多元流网络社区划分方法概述

在多元流网络中，社区结构反映了各层连接紧密的节点的分布，而多元流网络的社区发现的核心是将网络划分为一组互不相交的模块序列（如 $\{C_1, C_2, C_3\}$），其中的每个模块由一组内部密集连接、向外松散连接的节点组成。根据对多元流网络结构信息利用方式的不同，可将多元流网络社区划分方法分为三类，即展平法（flattening methods）、聚合法（aggregation methods）和直接法（direct methods）（Huang et al.，2021），下面分别介绍。

1）展平法（flattening methods）

展平法的核心思想是将多元流网络的多层信息直接进行累加，得到一个累加后的单层网络，然后基于传统的社区检测算法，对累加后的单层网络进行社区提取。例如，可将图 11-24 中的网络展平后形成如图 11-26 所示的网络（各边权值为不同层边权值之和），然后再对其进行社区检测。现有基于"展平"策略的多元流网络社区检测方法包括 multidimensional community discovery（MCD）算法、community detection via heterogeneous interaction analysis（CDHIA）算法等，具体细节请参考 Berlingerio 等（2011）和 Tang 等（2012）。展平法的优点在于操作较简单，但缺点是往往会丢失各层特有的信息和层间信息。

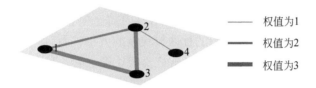

——— 权值为1

——— 权值为2

——— 权值为3

图 11-26　展平法压缩后的网络

2）聚合法（aggregation methods）

聚合法的思想为：首先采用传统方法对多元流网络中的每层网络进行社区检测，然后通过一定的聚合机制将各层社区结果进行合并，以去除冗余信息。然而，对于一个拥有 L 层的多元流网络，各层社区划分结果的聚合需要进行不同层之间的多次比较，因而时间开销可能会比较大（Kao and Porter，2018）。为此，有研究者基于这一思想提出了改进算法，例如，基于异质性社区和模块度最大化的 ensemble-based multilayer community detection（EMCD）算法，以及改进的 enhanced modularity-driven ensemble-based multilayer community detection（M-EMCD*）算法，具体细节请参考 Tagarelli 等（2017）和 Mandaglio 等（2018）。

3）直接法（direct methods）

直接法是多元流网络社区划分方法中应用最广的一类，该方法通过对一些定量的社区结构评价指标进行优化，直接对多元流网络上的社区结构进行检测，从而避免展平法、聚合法或其他处理方法中存在的网络结构信息丢失的问题（Oselio et al.，2015）。基于这一思路的多元流社区划分方法请参考 Alimadadi 等（2019）、Ma 等（2018）和 Mucha 等（2010）。

2. 基于广义模块度的社区划分方法

模块度是评价社区划分合理程度的指标，但其只能用于单层网络，无法实现多元流网络中的跨层比较（Yildirimoglu and Kim，2018）。因此，Mucha 等（2010）扩展了模块度的定义，提出了广义模块度的概念，为多元流网络的模块度计算奠定了数学基础。在此基础上，可以构建基于广义模块度的社区划分方法。此方法属于直接法的一种，主要适用于多路复用网络。下面首先介绍广义模块度的定义，然后介绍一种基于广义模块度的多元流网络社区划分方法，即基于广义模块度的 Louvain 算法。

对于多元流网络，其广义模块度的计算公式如下：

$$Q_M = \frac{1}{2\mu} \sum_{i,j,\alpha,\beta} \left[\left(A_{ij}^{[\alpha]} - \gamma^{[\alpha]} \frac{s_i^{[\alpha]} s_j^{[\alpha]}}{2m^{[\alpha]}} \right) \delta(\alpha,\beta) + \delta(i,j) C_j^{[\alpha][\beta]} \right] \delta \left(g_i^{[\alpha]}, g_j^{[\beta]} \right) \tag{11-28}$$

式中，i、j 为节点编号；α、β 为网络层号；$A_{ij}^{[\alpha]}$ 表示第 α 层中节点 i 和 j 之间边的权重；$s_i^{[\alpha]}$、$s_j^{[\alpha]}$ 分别表示第 α 层中节点 i、j 的加权度；$\delta(*,*)$ 为克罗内克函数（Kronecker delta），即当括号内两元素相等时，$\delta(*,*)=1$，否则，$\delta(*,*)=0$；$g_i^{[\alpha]}$ 表示节点 i 在第 α 层网络中所属的社区；$m^{[\alpha]}$ 和 μ 为归一化参数，其中的 $m^{[\alpha]}=\sum_{i,j} A_{ij}^{[\alpha]}/2$，即第 α 层网络中边的权重总和之半，$\mu=\sum_{j,\beta} s_j^{[\beta]}/2$，即所有节点加权度总和之半；$\gamma^{[\alpha]}$ 为第 α 层中的分辨率参数，用于控制识别的社区大小，默认值为 1；$C_j^{[\alpha][\beta]}$ 为表征层间边强度的耦合参数，即 α 和 β 层的节点 j 之间存在耦合边的概率。公式中括号内前一项 $(A_{ij}^{[\alpha]}-\gamma^{[\alpha]} s_i^{[\alpha]} s_j^{[\alpha]}/2m^{[\alpha]})\delta(\alpha,\beta)$ 与传统模块度公式一致，代表了同一层内的社区模块度的大小，而后一项 $\delta(i,j) C_j^{[\alpha][\beta]}$ 则代表了不同层间的耦合边的强度，将两项相加构成广义模块度之后，其含义就变为：当同一层内的社区划分情况越好，且不同层间的节点耦合强度越高时，多层网络社区的结构就越显著。

在定义广义模块度的概念之后，可使用一元流网络中任何一种以模块度最优化为目标的算法进行多元流网络社区检测，如 Girvan-Newman（GN）算法、Louvain 算法等。以 Louvain 算法为例，融入广义模块度后的算法步骤如下。

（1）初始化：构造多层网络的超邻接矩阵，将网络中的每个节点分别视为一个社区，计算并保存此时的广义模块度值；

（2）遍历：针对每个节点，遍历该节点的所有邻居节点（包括层内相邻和层间相邻），计算把该节点加入其邻居节点所在社区的广义模块度增益，选择增益为正且最大时对应的邻居节点，加入其所在的社区；

（3）一级迭代：重复进行第（2）步，直至模块度不再增加，即每一个节点的社区归属都不再发生变化；

（4）折叠：把第（2）、（3）步迭代完成后产生的每个社区折叠成一个节点，分别计算这些新节点之间的边权重，以及社区内的所有节点之间的边权重之和（用以构成新节点的"自环"（self-loops））；

（5）二级迭代：重复第（2）至（4）步，直至整个网络的广义模块度值不再发生变化。

11.4.4　应用案例

国际关系研究涉及了全球范围内众多国家或地区间人、物以及信息等的流动与交互，是多元流网络理论与方法的重要应用领域之一（秦昆等，2019）。本节基于全球新闻事件流、全球航空航班流和国际人口迁移流构建国际关系三元流网络，计算网络节点中心性并识别其社区结构，为揭示错综复杂的国际关系提供一种新的视角。

1. 数据与多层网络模型

本节的案例研究涉及三种数据源，分别是"全球事件、语言和语调数据库"（The Global Database of Events, Language, and Tone，GDELT）、OpenSky Network 航空网络数据和 Twitter 签到数据。所用数据的时间范围从 2020 年 1 月 1 日至 1 月 7 日。本案例基于 GDELT 数据提取相关国家（地区）之间的新闻事件流（连接出现在同一篇新闻报道中的国家或地区所形成的流），基于 OpenSky Network 提取航班起降机场所在国家（地区）之间的航空流，基于 Twitter 签到数据构造国家（地区）之间的人群流（秦昆等，2019）。在此基础上，基于 11.4.1 节中介绍的多路复用网络模型，采用二元组模型表达并构建国际关系三元流网络。具体思路为：①提取公共节点，即三种流数据中均出现过的国家（地区），共 90 个；②以这些国家（地区）之间不同类型的流分别构成不同层的层内边，并将每类流的流量设为层内边权重，最终得到三个一元流无向加权网络；③用层间边连接三层网络之间的同名节点，构成三元流网络，并分别将各层的层内边权重归一化，以便于不同层的层内边之间可以进行权重的比较，且将层间边的权重统一设定为 1。

国际关系三元流网络的地理可视化结果如图 11-27 所示。图 11-27(a) 为全球新闻事件流网络，其边权重为新闻中不同国家（地区）共同出现的次数，边的颜色越深，表示两个国家（地区）在新闻中被共同报道的次数越多，关系越密切。图 11-27(b) 为全球航空航班流网络，其边权重为国家（地区）间的航班数，边的颜色越深，表示两个国家（地区）之间的航班数越多，航空交通联系越紧密。图 11-27(c) 为根据 Twitter 数据构建的全球人群流网络，其边权重为国家（地区）间流动的人数，边的颜色越深，表示两个国家（地区）之间的人流量越大。图 11-27(d) 为国际关系三元流网络的三维可视化。

边权重
很低
较低
中等
较高
很高

(a) 全球新闻事件流网络

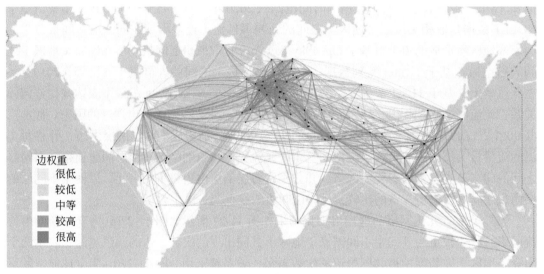

(b) 全球航空航班流网络

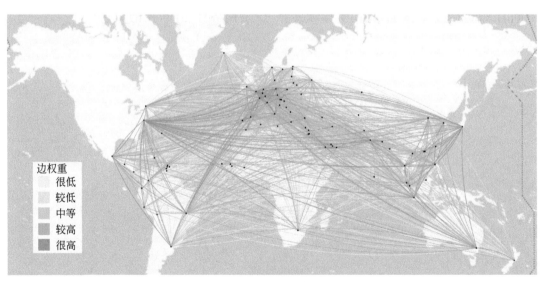

(c) 全球人群流网络

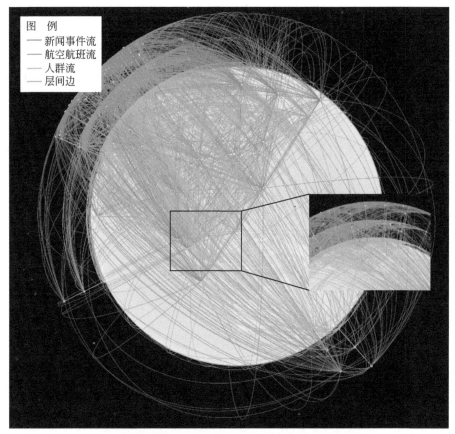

(d) 国际关系三元流网络（中间放大的部分展示了层间边）

图 11-27　国际关系三元流网络地理可视化

一元流网络根据边权重分层设色渲染，多元流网络不同层使用不同颜色渲染

2. 网络结构特征度量

本节以节点强度中心性和聚集系数为例，分析国际关系三元流网络的结构特征，其中，节点强度中心性的计算方法为：首先计算各节点的强度中心性向量，然后对向量元素求和，以此作为三元流网络节点强度中心性的值（具体方法见 11.4.2 节）。聚集系数的计算方法可参考式 (11-27)。计算结果的可视化见图 11-28 和图 11-29，其中节点符号大小表示节点中心性和聚集系数的大小。

国际关系三元流网络的节点强度中心性反映了国家（地区）在国际关系中的综合重要性。如图 11-28 所示，亚洲中心性较高的国家（地区）包括中国、日本和伊朗，美洲中心性最高的国家（地区）是美国，而欧洲则以英、法、德三国为主，不仅如此，美国还是全球中心性最高的国家（地区）。上述结果表明，中心性高的国家（地区）主要是综合实力较强的国家（美国、中国、英国等）和国际关注度较高的国家（如伊朗），这与当今国际形势的一般认知相符。聚集系数的空间分布与中心性不同，如图 11-29 所示，节点强度中心性排名靠前的国家（地区），如美国、英国等，其聚集系数反而很小。其原因在于：节点强度中心性较高的国家（地区）具有较多的邻居，但这些邻居之间的交互并不一定频繁。相比之下，某些节点强度中心性中等的国家（地区），聚集系数却相对较高，其中，值得关注的是塞尔维亚、克罗地亚、斯洛伐克与立陶宛等东欧国家。究其原因，东欧四国虽然仅有较少的相邻节点，但却与俄罗斯、欧盟等大型经济体相邻，且相邻节点之间互动频繁，在某种程度上，这可能暗示着这一区域内的国家（地区）有可能成为大国在国际交往中积极争取的对象，从而成为地缘政治博弈的一个中心。

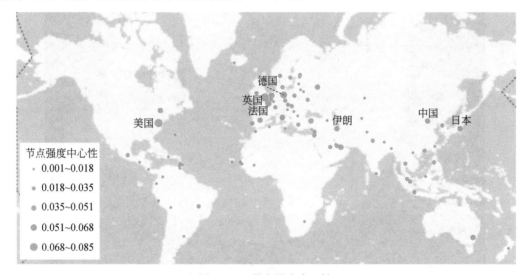

图 11-28　节点强度中心性

图 11-29　节点聚集系数

3. 社区结构识别

下面采用 11.4.3 节介绍的基于广义模块度的 Louvain 算法探测国际关系三元流网络的社区结构，结果如图 11-30 所示。从图中可以看出，国际关系三元流网络中存在四个社区。

社区一（红色）主要包括欧洲各国及靠近欧洲的西亚部分国家（地区）。此社区形成的原因在于：①欧洲国家因大多同属于欧盟，相互之间的各种联系较为紧密；②西亚部分地区长期以来局势动荡，导致相当多的难民经由东欧进入欧盟国家，增强了西亚部分地区与欧盟国家的联系。社区二（橙色）包含了美洲和部分西非国家（地区），其形成原因在于，"北美自贸区"的存在使得美国、加拿大、墨西哥三国联系比较紧密，且拉丁美洲地区（美国以南的南北美洲地区）和非洲西部地区长期以来又同美国保持了比较紧密的关系，从而奠定了这一社区的主体结构。社区三（草绿色）主要由亚太国家（地区）构成，这些国家（地区）在地理上邻近，且因太平洋和印度洋与世界上其他地区分隔，导致内部之间的各种联系强于与外部其他地区的联系。社区四（深绿色）主要包括中亚、西亚和北非的部分国家（地区），其形成的主要原因在于：一方面，这一区域内的国家（地区）多信奉伊斯兰教；另一方面，该社区内的大部分国家（地区）属于石油输出国组织（OPEC）的成员，文化和经济两方面的因素促使这一社区的形成。

综上所述，国际关系多元流网络社区划分综合考虑了各单层网络所包含的信息，揭示了新闻事件流、人群流动和航空航班流综合影响下的全球国际关系格局，其社区既有空间聚集效应，又体现了政治、文化和经济等的联系与分异，相比各一元流网络所代表的信息更具综合性，其中所蕴藏的深刻含义也更具分析价值。

图 11-30　国际关系三元流网络社区空间分布

参 考 文 献

马丽亚, 修春亮, 冯兴华. 2019. 多元流视角下东北城市网络特征分析. 经济地理, 39(8): 51-58.

秦昆, 罗萍, 姚博睿. 2019. GDELT 数据网络化挖掘与国际关系分析. 地球信息科学学报, 21(1): 14-24.

苏世亮, 李霖, 翁敏. 2019. 空间数据分析. 北京：科学出版社.

Alimadadi F, Khadangi E, Bagheri A. 2019. Community detection in facebook activity networks and presenting a new multilayer label propagation algorithm for community detection. International Journal of Modern Physics B, 33(10): 1950089.

Anselin L. 1995. Local indicators of spatial association—LISA. Geographical Analysis, 27(2): 93-115.

Anselin L. 2019. A local indicator of multivariate spatial association: extending Geary's C. Geographical Analysis, 51(2): 133-150.

Anselin L, Syabri I, Smirnov O. 2002. Visualizing multivariate spatial correlation with dynamically linked windows//Anselin L, Rey S. New Tools for Spatial Data Analysis: Proceedings of the Specialist Meeting. Santa Barbara, CA, University of California: 1-20.

Battiston F, Nicosia V, Latora V. 2014. Structural measures for multiplex networks. Physical Review E, 89(3): 032804.

Berlingerio M, Coscia M, Giannotti F. 2011. Finding and characterizing communities in multidimensional networks. 2011 International Conference on Advances in Social Networks Analysis and Mining. IEEE: 490-494.

Besag J E. 1977. Comment on 'Modeling spatial patterns' by B D Ripley. Journal of the Royal Statistical Society: Series B, 39(2): 193-195.

Boccaletti S, Bianconi G, Criado R, et al. 2014. The structure and dynamics of multilayer networks. Physics Reports, 544(1): 1-122.

Dixon P M. 2002. Ripley's K Function. Encyclopedia of Environmetrics, 3: 1796-1803.

Dutta K, 2010. How birds fly together: the dynamics of flocking. Resonance, 15(12): 1097-1110.

Fu J Y, Jing C F, Du M Y, et al. 2017. Study on adaptive parameter determination of cluster analysis urban management cases. The International Archives of the Photogrammetry, Remote Sensing & Spatial Information Sciences, XLII-2/W7: 1143-1150.

Gallotti R, Barthelemy M. 2015. The multilayer temporal network of public transport in Great Britain. Scientific Data, 2: 140056.

Hanisch K H, Stoyan D. 1979. Formulas for the second-order analysis of marked point processes. Statistics: A Journal of Theoretical and Applied Statistics, 10(4): 555-560.

Huang X, Chen D, Ren T, et al. 2021. A survey of community detection methods in multilayer networks. Data Mining and Knowledge Discovery, 35(1): 1-45.

Kang C G, Jiang Z J, Liu Y. 2021. Measuring hub locations in time-evolving spatial interaction networks based on explicit spatiotemporal coupling and group centrality. International Journal of Geographical Information Science, 36(2): 360-381.

Kao T C, Porter M A. 2018. Layer communities in multiplex networks. Journal of Statistical Physics, 173(3): 1286-1302.

Kiskowski M A, Hancock J F, Kenworthy A K. 2009. On the use of Ripley's K-function and its derivatives to analyze domain size. Biophysical Journal, 97(4): 1095-1103.

Kivelä M, Arenas A, Barthelemy M, et al. 2014. Multilayer networks. Journal of Complex Networks, 2(3): 203-271.

Long K, Pijanowski B C. 2017. Is there a relationship between water scarcity and water use efficiency in China? A national decadal assessment across spatial scales. Land Use Policy, 69: 502-511.

Ma X, Dong D, Wang Q. 2018. Community detection in multi-layer networks using joint nonnegative matrix factorization. IEEE Transactions on Knowledge and Data Engineering, 31(2): 273-286.

Mandaglio D, Amelio A, Tagarelli A. 2018. Consensus community detection in multilayer networks using parameter-free graph pruning//Phung D, Tseng, Webb G et al. Advances in Knowledge Discovery and Data Mining. AKDD 2018. Lecture Notes in Computer Science, vol 10939. Springer, Cham: 193-205.

Mucha P J, Richardson T, Macon K, et al. 2010. Community structure in time-dependent, multiscale, and multiplex networks. Science, 328(5980): 876-878.

Ord J K, Getis A. 1995. Local spatial autocorrelation statistics: Distributional issues and an application. Geographical Analysis, 27(4): 286-306.

Oselio B, Kulesza A, Hero A. 2015. Information extraction from large multi-layer social networks. Proceedings of the 2015 IEEE International Conference on Acoustics, Speech and Signal Processing (ICASSP). IEEE: 5451-5455.

Pei T, Song C, et al. 2022. Density-based clustering for bivariate-flow data. International Journal of Geographical Information Science, 36(9): 1809-1829.

Pei T, Wang W, Zhang H, et al. 2015. Density-based clustering for data containing two types of points. International Journal of Geographical Information Science, 29(2): 175-193.

Ripley B D. 1976. The second-order analysis of stationary point process. Journal of Applied Probability, 39(2): 172-192.

Sarzynska M, Leicht E A, Chowell G, et al. 2016. Null models for community detection in spatially embedded, temporal networks. Journal of Complex Networks, 4(3): 363-406.

Shaw A K, Narayanan N, Stanton D E. 2021. Let's move out together: a framework for the intersections between movement and mutualism. Ecology, e03419.

Shu H, Pei T, Song C, et al. 2021. L-function of geographical flows. International Journal of Geographical Information Science, 35(4): 689-716.

Shu H, Pei T, Song C, et al. 2022. Density-based clustering for bivariate-flow data. International Journal of Geographical Information Science, 36(9): 1809-1829.

Solá L, Romance M, Criado R, et al. 2013. Eigenvector centrality of nodes in multiplex networks. Chaos: An Interdisciplinary Journal of Nonlinear Science, 23(3): 033131.

Solé-Ribalta A, De Domenico M, Gómez S, et al. 2014. Centrality rankings in multiplex networks. Proceedings of the 2014 ACM conference on Web science, ACM: 149-155.

Song C, Pei T, Shu H. 2020. Identifying flow clusters based on density domain decomposition. IEEE Access, 8: 5236-5243.

Song W, Wang C, Chen W, et al. 2020. Unlocking the spatial heterogeneous relationship between per capita GDP and nearby air quality using bivariate local indicator of spatial association. Resources, Conservation and Recycling, 160: 104880.

Tagarelli A, Amelio A, Gullo F. 2017. Ensemble-based community detection in multilayer networks. Data Mining and Knowledge Discovery, 31(5): 1506-1543.

Tang L, Wang X, Liu H. 2012. Community detection via heterogeneous interaction analysis. Data Mining and Knowledge Discovery, 25(1): 1-33.

Tao R, Thill J C. 2019. Flow cross K-function: a bivariate flow analytical method. International Journal of Geographical Information Science, 33(10): 2055-2071.

Tao R, Thill J C. 2020. Measuring spatial association for bivariate flow data. Computers, Environment and Urban Systems, 83: 10159.

Wiegand T, A Moloney K. 2004. Rings, circles, and null-models for point pattern analysis in ecology. Oikos, 104(2): 209-229.

Yildirimoglu M, Kim J. 2018. Identification of communities in urban mobility networks using multi-layer graphs of network traffic. Transportation Research Part C: Emerging Technologies, 89: 254-267.

第 12 章　结论与展望

　　本书聚焦于地理流空间分析这一主题，系统介绍了地理流的基本概念、分析方法及其相关应用。本书的理论核心是流空间这一概念，而书中其他相关的概念及分析方法不仅是流空间概念下的产物，同时也是"流空间理论大厦"的组成部分。为了阐明"流空间理论大厦"的设计思路与建造过程，本书首先从地理流的定义和表达、流空间的概念和模型入手，论述流空间的内涵和特征，并在此框架下定义了流距离、夹角、密度等流空间的基本度量，推导了完全空间随机流模式的数学表达及其基本性质；在此基础上，以流空间模型及其基本度量为桥梁，将经典的空间分析方法拓展至流空间，构建了一系列地理流的空间分析方法，包括流的可视化、流的几何分析、流的空间相关性分析、流的空间异质性分析、流的空间模式挖掘、流的空间插值、流的分形特征分析、流的交互模拟及多元流空间分析方法。虽然本书提出了地理流空间分析理论的框架，厘清了地理流空间分析研究的脉络，但由于地理流空间的概念提出时间较短，相关研究还处于初级阶段，未来发展不仅面临着一些问题和挑战，同时也拥有巨大的发展空间。

12.1　面临的问题与挑战

　　地理流可视为由起点和终点构成的复杂对象，具有高维性、起终点的序连性（起点和终点顺序相连）、时空耦合性等特点，同时包含方向和长度等几何属性，以及流量等非几何属性。流的这些特征会给流的空间分析带来巨大的挑战。下面分别从流可视化的瓶颈，流模式的复杂性，流与轨迹、网络的关系，流大数据的计算效率等方面阐述流空间分析所面临的问题与挑战。

1. 流可视化的瓶颈

　　流的这种由起点和终点组合而成的特殊的双点结构会给其可视化带来极大的困难。第3 章中介绍的地理流可视化方法包括四种：流的聚合可视化、流的 *OD* 矩阵可视化、流的 *OD* 嵌套格网可视化以及流的起终点符号可视化。上述四种方法虽然都可以从某种角度对流进行可视化，但每种方法仍存在不同的局限性，无法同时有效克服流的结构特殊性和复杂性的难题。其中，第一种方法虽然直观，但无法应对因流向复杂而导致的流线交叠现象；第二种方法则丢失了流的实际空间信息；第三种方法虽然可以同时表达流的位置和交互信息，但嵌套的形式导致空间信息的表达不够直观，且粒度较粗；第四种方法虽然可以通过符号的多维特征在二维空间中表达流的分布，但这种方式过于抽象和简化，以至于降低了流模式可视化的直观性。因此，在对大量流进行展示的同时保留流的空间位置和交互信息，突出流对象或属性之间的关系，增加不同流模式的区分度，提升流模式的可读性，是流可视化所面临的瓶颈。

2. 流模式的复杂性

流模式的复杂性主要体现在如下三个方面。首先是流模式的种类繁多，主要表现为以下三点。①流的"零件"多，导致流的空间模式比点的空间模式类型更多。如第 7 章所述，根据地理流"方向－长度"模型中不同构成要素的分布模式，可得到 27 种流的单一模式。②流的单一模式多，致使其复合方式多。27 种单一模式可以通过组合衍生出一系列复合模式，如丛集－聚散模式、社区－聚散模式、丛集－社区模式等。③流的类别多，使得其组合方式多。对于包含不同类别流的多元流，还可形成各种多元流模式，如互相关、多元丛集、共位置模式等。其次是流模式形态的不规则性。流是由起终点顺序连接而成的，且时空有序，即空间上流的方向只能是起点到终点，且起点的时间不得晚于终点。这一特点可能会导致流的模式在形状、密度、方向上存在更强的异质性，从而造成流模式的表现形式更加不规则。第三是流模式的不确定性强。地理流可视为不同位置之间地理对象的流动，为了解释和模拟流模式，引力模型（Piovani et al.，2018；Morley et al.，2014；Zipf，1946；Ravenstein，1885）、介入机会模型（Schneider，1959；Stouffer，1940）、辐射模型（Simini et al.，2012）等先后诞生，然而，由于对象流动过程中影响因素的随机性和多样性，导致了流模式的分布具有较强的不确定性，并成为各种模型模拟与预测流模式的瓶颈。综上，流模式的种类繁多、形态不规则以及较强的不确定性，最终构成了流模式的复杂性，并成为流模式挖掘的难点。

3. 流与轨迹、网络的关系

1.5 节已经讨论过流与轨迹、网络两类数据模型之间的关系。简单说，流和轨迹之间的关系具有两重性。一方面，流可以视为起点和终点之间轨迹的简化，另一方面，流可以看作为位置和轨迹之间的"中间层"。对于后者，其原因在于，流是起、终点位置的组合，而轨迹可视为流首尾相连构成的集合，所以流是位置与轨迹之间的"中间层"。而对于流与网络之间的关系，同样又可将流描述为位置点与网络之间的"中间层"，这是因为，流不仅是网络节点之间的联系，同时也是搭建网络结构的单元。综上，流与轨迹、网络这两类数据模型的特殊关系，使其成为分析轨迹和网络数据的新视角。因此，如何建立流与轨迹分析、流与网络分析之间的桥梁，以便于更好地挖掘地理对象的行为特征以及网络结构，都将成为流空间分析理论研究未来所面临的难题。

4. 流大数据的计算效率问题

流数据的计算量主要取决于两个因素。首先是流的数据量。在实际研究中，随着位置服务以及通信技术的发展，记录人的社交与行为的流数据不仅在数量上，而且在时空分辨率上都有大幅提升，由此导致数据量骤增；而在理论研究中，由于流空间的高维特征会导致数据稀疏性问题，因而在一些流空间分析方法的验证中，需要模拟产生较大规模的数据集才能克服数据稀疏性问题，以保证验证的有效性。例如，在进行流的分形模拟时，需要产生千万级甚至更高数量级的流，才能保证分形维数的计算收敛于理论值。其次是分析模型的复杂度。流的复杂性致使其分析模型的复杂度较传统模型更高，例如，流的拓扑分析、流之间距离的计算、流的相关性计算等。流的数据量和模型复杂度所导致的计算效率问题给相关算法的设计以及计算工具的研发带来巨大的挑战。

12.2 未来研究展望

本书虽就地理流空间分析提出了初步的理论框架，但相关的探索仍然刚刚起步，流空间分析研究未来依然有巨大的发展空间。下面分别从理论及应用两方面就未来的研究方向进行展望。

12.2.1 理论研究展望

1. 流的可视化分析

流的可视化分析是发现流模式的重要手段，而流可视化分析的核心是流的可视化。上文已述及，流的可视化所需要解决的问题主要为，如何在可视化方法中包容流的高维性、起终点的序连性、时空耦合性及属性信息的多样性。为化解上述问题，一方面需要大力探索流可视化的理论模型，在保证时空分辨率的情况下，实现二维空间笛卡儿积的直观展示；另一方面，应充分应用先进的可视化技术，如虚拟现实、增强现实、数字孪生技术等，通过虚拟空间直观地显示流的时空分布模式。未来流的可视化分析研究可以流可视化为核心，通过与统计方法的结合，实现流模式的直观、显式的挖掘。

2. 复杂流模式的挖掘

上文已经阐明了流模式的复杂性是由于流的"零件"多、类型多、结构特殊、影响因素多样等原因所致。对此，未来的研究，一方面，需要面向流的不同模式有针对性地探索相应的挖掘方法，分别实现单一模式、复合模式和多元模式的挖掘；另一方面，需要充分融合多学科理论，如人工智能、复变函数、计算几何、几何代数等，构建可包容流的特殊结构以及内在机制的算法模型，在识别流模式的同时，模拟其演化过程，预测其发展趋势。

3. 广义流分析

已有的轨迹和网络研究大多将二者视为二维空间中的对象，通过二维空间下的计算实现轨迹与网络特征的分析。通过上一节的分析可知，流可以作为轨迹和网络的构成单元，那么在流空间中轨迹和网络将形成新的高维轨迹和网络（其中的每个点都是一条流）。如果将轨迹和网络不断的"折叠"，则最终可得到更高维的广义流空间，而轨迹和网络就可视为该流空间中的点，那么就可以将现有流空间中的理论拓展至广义流空间，对其模式进行挖掘，最终实现广义流分析理论的突破。

4. 流的计算技术与平台研发

针对数据量以及复杂性所导致的流的计算效率问题，未来的研究可充分应用大数据计算技术，包括分布式存储、分布式计算、并行计算等，研发地理流空间分析的分布式算法或并行算法。与此同时，通过云计算、计算中台、模块化服务等技术，实现流分析模型与计算资源的云端共享与模块化应用。

5. 其他流空间分析方法

除了本书所介绍的地理流空间分析方法之外，后续的研究还可在流空间的体系下，探索更多的理论与方法，包括流的多重分形、流的多元回归、流的因子分析、流的元胞自动机、流的栅格计算等。

12.2.2　应用研究展望

流空间分析理论作为一个刚刚问世的分析工具，无疑会给不少实际问题的解决提供新的视角。下面就城市功能识别、城市交通规划、传染病疫情防控、社会公平性评价、复杂地理对象运动模式解析等方面，对地理流空间分析的应用前景进行展望。

1. 城市功能识别

多源地理大数据已经成为识别城市功能的重要手段，现有成果多以位置上的地理要素（如 POI、手机通话量等）的分布模式作为功能识别的依据（Yao et al., 2017; Pei et al., 2014），较少考虑位置间地理对象的交互，而实际上，某区域的城市功能与相关地理对象流入和流出的模式密不可分，流同样可作为划分城市功能区的重要依据。例如：①根据交通流的聚散模式可识别城市的交通枢纽，即交通流发散模式的起点区域及汇聚模式的终点区域，对应交通枢纽所在地；②根据早晚高峰通勤流的起点和终点密集区域可识别城市中的居住地和工作地，即早高峰时段出行流起点所在地对应居住地，目的地对应工作地，而晚高峰的对应关系则相反；③根据居民出行流的社区模式可以识别城市中的次级中心，即不同社区中流汇聚的区域通常对应于城市的次级中心。

2. 城市交通规划

在城市交通规划领域，流空间的视角可为相关研究与实践提供新的思路。如第 4 章中关于流缓冲区的部分提到，相对于传统的可达性分析，基于流的视角兼顾出行过程中起点和终点的可达性，可更全面评价公共交通服务的效率（Chen et al., 2022）。第 7 章中提到的流模式挖掘研究亦可服务于交通规划，例如，根据出行流的丛集模式，可规划从流簇起点到终点的定制公交班车，从而实现满足实际出行需求的精准规划。从流空间的视角看，整个城市中交织着各种出行流，而其中的通勤流由于属于刚性出行，故其在城市中的分布会影响城市运转的效率，具体地，通勤流的空间异质性（方法见第 6 章）和空间填充度（方法见第 9 章）可能会对交通系统的效率产生影响。因此，在未来城市交通规划的实践中，如果能统筹考虑通勤流的统计特征与城市功能区分布，则有可能提升城市交通的运行效率。

3. 传染病疫情防控

地理空间分析在公共卫生领域的应用由来已久，如约翰·斯诺（John Snow）通过点事件空间分析的方法揭示了霍乱的传染源（Snow，1855）。随着飞机、高铁等快捷交通工具的不断普及，人们出行的频率、效率和距离都大幅提升，由此导致传染病的传播模式不再是单纯地从点到面、由内至外地扩散，还可能表现出由点到点、多点扩散的暴发模式（Anderson et al.，2020），扩散方式的转变和升级给传染病疫情防控带来极大挑战。流空间视角的引入有助于分析疾病传播流与人群移动流之间的关系，从而为传染病的防控提供支撑。以新冠疫情防控为例，通过分析可知人群移动流与新冠肺炎传播流强相关，那么孤立传染源并切断各地之间的交通，就可有效阻止疫情的大范围扩散。

4. 社会公平性评价

在城市公共服务设施的规划方案中，应力求做到为使用者提供公平享受服务的机会。这种公平性可通过公共设施所服务人群的空间分布进行推断和评价。对于常见的生活类公共设施（如医院、地铁站、学校等），距离某公共设施越近的人群，则有更大的机会享受到其提供的服务（Guo et al.，2019）。然而，受现实中的交通状况、经济水平、相关政策等因素影响，人群对公共设施的使用机会并非公平（Farrington and Farrington，2005）。例如，对于医疗资源的可达性，偏远地区的人群相对于主城区人群更低；对于地铁资源的可达性，高收入人群因为房价的原因比低收入人群可能更高；对于教育资源的可达性，本地居民比外来居民有更多的机会就读周边更好的学校。综上所述，在流空间框架下，可根据到访公共服务设施的出行流的空间分布特征揭示公共服务设施的真实使用情况，并评价其服务的公平性，从而为制定降低社会不公平性的政策提供参考。

5. 复杂地理对象运动模式解析

在自然地理的相关研究中，类似海洋中的涡旋、热带气旋等这种没有明确边界，且在运动过程中自身会发生分裂、消散、融合的地理对象称为复杂地理对象（Morrow et al.，2004；Chan and Gray，1982）。复杂地理对象的活动通常反映了其所在圈层（如大气圈、水圈等）的特征，并与全球气候变化有着密不可分的联系，故对其规律的研究具有重要的意义（Henderson-Sellers et al.，1998）。在对复杂地理对象的活动特征进行分析时，可以采用流空间分析的思想，将对象形成的位置作为流的起点、对象移动过程中状态发生突变（如热带气旋风速达到最大、登陆，以及海洋涡旋发生分裂等）的点作为终点，构建复杂地理对象移动流。在此基础上，通过分析此类流的空间模式，可增进对复杂地理对象活动规律的认识，从而提高其形成时间、发生地点和演化过程预测的准确性，并由此为气候变化的研究提供证据。

参 考 文 献

Anderson R M, Heesterbeek H, Klinkenberg D, et al. 2020. How will country-based mitigation measures influence the course of the COVID-19 epidemic? The Lancet, 395(10228): 931-934.

Chan J C L, Gray W M. 1982. Tropical cyclone movement and surrounding flow relationships. Monthly Weather

Review, 110(10): 1354-1374.

Chen X, Pei T, Song C, et al. 2022. Accessing public transportation service coverage by walking accessibility to public transportation under flow buffering. Cities, 125: 103646.

Farrington J, Farrington C. 2005. Rural accessibility, social inclusion and social justice: Towards conceptualisation. Journal of Transport Geography, 13(1): 1-12.

Guo S, Yang G, Pei T, et al. 2019. Analysis of factors affecting urban park service area in Beijing: perspectives from multi-source geographic data. Landscape and Urban Planning, 181: 103-117.

Henderson-Sellers A, Zhang H, Berz G, et al. 1998. Tropical cyclones and global climate change: a post-IPCC assessment. Bulletin of the American Meteorological Society, 79(1): 19-38.

Morley C, Rosselló J, Santana-Gallego M. 2014. Gravity models for tourism demand: Theory and use. Annals of Tourism Research, 48: 1-10.

Morrow R, Birol F, Griffin D, et al. 2004. Divergent pathways of cyclonic and anti-cyclonic ocean eddies. Geophysical Research Letters, 31: L24311.

Pei T, Sobolevsky S, Ratti C, et al. 2014. A new insight into land use classification based on aggregated mobile phone data. International Journal of Geographical Information Science, 28(9): 1988-2007.

Piovani D, Arcaute E, Uchoa G, et al. 2018. Measuring accessibility using gravity and radiation models. Royal Society Open Science, 5(9): 171668.

Ravenstein E G. 1885. The laws of migration. Journal of the Statistical Society of London, 48(2): 167-235.

Schneider M. 1959. Gravity models and trip distribution theory. Papers in Regional Science, 5(1): 51-56.

Simini F, González M C, Maritan A, et al. 2012. A universal model for mobility and migration patterns. Nature, 484(7392): 96-100.

Snow J. 1855. On the Mode of Communication of Cholera. London: John Churchill.

Stouffer S A. 1940. Intervening opportunities: a theory relating mobility and distance. American Sociological Review, 5(6): 845-867.

Yao Y, Li X, Liu X, et al. 2017. Sensing spatial distribution of urban land use by integrating points-of-interest and Google Word2Vec model. International Journal of Geographical Information Science, 31(4): 825-848.

Zipf G K. 1946. The P1 P2/D hypothesis: on the intercity movement of persons. American Sociological Review, 11(6): 677-686.

关 键 词 表